国家科学技术学术著作出版基金

黄河源区陆面过程观测与模拟

吕世华　孟宪红　等　著

科学出版社

北　京

内 容 简 介

本书详细介绍黄河源区陆面过程与气候环境综合观测网络以及相关研究成果。首先,利用观测资料分析黄河源区积雪、冻土、湖泊、草地等典型下垫面的水热交换和边界层物理过程;再在此基础上改进了陆面过程模式中有关黄河源区土壤质地(砾石、有机质等)、土壤冻融、积雪和湖泊等参数化方案和陆面过程模拟,最终揭示了黄河源区陆气相互作用特征、影响和机理。

本书可作为大气科学研究生课程的参考书,也可为气象学、自然地理学或其他领域相关的科学研究和教学提供参考。

图书在版编目(CIP)数据

黄河源区陆面过程观测与模拟/吕世华等著. —北京:科学出版社,2022.3
ISBN 978-7-03-071214-1

Ⅰ. ①黄… Ⅱ. ①吕… Ⅲ. ①黄河流域–陆面过程–研究 Ⅳ. ①P339
中国版本图书馆 CIP 数据核字(2021)第 278960 号

责任编辑:杨帅英 白 丹 / 责任校对:杨 赛
责任印制:吴兆东 / 封面设计:图阅社

科学出版社 出版
北京东黄城根北街 16 号
邮政编码:100717
http://www.sciencep.com

北京虎彩文化传播有限公司 印刷
科学出版社发行 各地新华书店经销
*
2022 年 3 月第 一 版 开本:787×1092 1/16
2022 年 3 月第一次印刷 印张:26
字数:617 000

定价:299.00 元
(如有印装质量问题,我社负责调换)

作者名单

（按姓氏汉语拼音排序）

安颖颖 中国科学院西北生态环境资源研究院，中国，兰州

奥银焕 中国科学院西北生态环境资源研究院，中国，兰州

边晴云 浪潮集团有限公司高效能服务器和存储技术国家重点实验室，中国，济南

常　燕 中国科学院西北生态环境资源研究院，中国，兰州

陈　昊 中国科学院西北生态环境资源研究院，中国，兰州

陈渤黎 江苏省常州市气象局，中国，常州

陈国茜 青海省气象科学研究所，中国，西宁

陈世强 中国科学院西北生态环境资源研究院，中国，兰州

陈玉春 中国科学院西北生态环境资源研究院，中国，兰州

郎嘉河 青岛市气象局，中国，青岛

李　璠 青海省气象科学研究所，中国，西宁

李锁锁 中国科学院西北生态环境资源研究院，中国，兰州

李晓东 青海省气象科学研究所，中国，西宁

李照国 中国科学院西北生态环境资源研究院，中国，兰州

刘宝康 青海省气象科学研究所，中国，西宁

罗斯琼 中国科学院西北生态环境资源研究院，中国，兰州

吕世华 成都信息工程大学，中国，成都

马　迪 中国科学院西北生态环境资源研究院，中国，兰州

马媛媛 中国科学院西北生态环境资源研究院，中国，兰州

孟宪红 中国科学院西北生态环境资源研究院，中国，兰州

潘永洁 中国科学院西北生态环境资源研究院，中国，兰州

权　晨　青海省气象科学研究所，中国，西宁

尚伦宇　中国科学院西北生态环境资源研究院，中国，兰州

苏淑兰　青海省气象科学研究所，中国，西宁

苏文将　青海省气象科学研究所，中国，西宁

王　婵　中国科学院西北生态环境资源研究院，中国，兰州

王少影　中国科学院西北生态环境资源研究院，中国，兰州

文莉娟　中国科学院西北生态环境资源研究院，中国，兰州

肖建设　青海省气象科学研究所，中国，西宁

校瑞香　青海省气象科学研究所，中国，西宁

严应存　青海省气象科学研究所，中国，西宁

张　宇　成都信息工程大学，中国，成都

赵　林　中国科学院西北生态环境资源研究院，中国，兰州

周秉荣　青海省气象科学研究所，中国，西宁

祝存兄　青海省气象科学研究所，中国，西宁

前　　言

20世纪八九十年代黄河连续多年出现断流，区域生态环境恶化，湖泊萎缩、径流减少、冻土退化、土地沙化等日趋严重，引发了社会各界对黄河流域水资源与生态环境的深切忧虑。特别是在黄河源区内部，源头区与东南部关键产流区的气候与径流变化差异巨大，达日以上区域近年来暖湿化明显，而达日至玛曲段则降水量显著减少，表现出高寒沼泽湿地→沼泽化草甸→湿草甸→干草甸→退化草甸的退化趋势，补给黄河的水量减少15%。上述气候和环境的多尺度变化必然对黄河源区水文水资源产生深刻影响，使得源区的气候与水资源演变事实及机制变得更为复杂。然而，直到21世纪初，关于黄河源区大气水文过程的基础研究仍很薄弱，其气候水文变化的动力机制仍不清楚。

在此背景下，中国科学院西北生态环境资源研究院（原中国科学院寒区旱区环境与工程研究所）于2005年在黄河源区最为重要的水源补给区——玛曲-若尔盖湿地建立了气候与环境综合观测场，率先开展了专门针对黄河源区气候与环境变化、地表过程及其与大气相互作用的连续监测，并逐步拓展建成了以黄河源区典型的水源涵养区草地和湿地下垫面、水源汇集区湖泊下垫面、水源形成区积雪冻土下垫面的陆气相互作用过程为主要监测对象的野外观测网络，旨在为黄河源区气候和水文水资源研究提供观测试验和研究平台。

本书全面介绍了黄河源区陆面过程与气候环境综合观测网络，包含站点布设情况、资料质量控制及相关的观测试验等，基于上述多年观测资料的积累分析给出了黄河源区冻土、湖泊、积雪、草地等典型下垫面水热交换过程的综合物理图像，改进了陆面过程模式中有关土壤质地（砾石、有机质等）、土壤冻融、积雪和湖泊陆面过程的模拟，最终揭示了黄河源区陆气相互作用特征、影响和机理。本书主要内容包括：①黄河源区气候变化特征；②黄河源区陆面过程观测试验与模式介绍；③湍流资料处理与分析；④黄河源区冻土冻融期地表水热及能量平衡观测及模拟研究；⑤黄河源区积雪对土壤冻融过程的影响；⑥黄河源区积雪反照率遥感和模式产品评估与积雪参数化方案发展；⑦基于野外观测和MODIS产品的青藏高原湖泊冰面反照率研究；⑧黄河源区陆面过程模式土壤砾石参数化研究；⑨黄河源区陆面过程湖泊模式参数化研究；⑩三江源国家公园气候环境与生态评估。书中对黄河源区积雪覆盖下的土壤冻融微物理过程、湖泊与大气相互作用中的关键参数及其与现有湖泊模型的差异、含砾石和有机质土壤水热属性等观测方面的认知属青藏高原陆面过程研究的前沿。

本书由吕世华、孟宪红、罗斯琼、文莉娟等撰写。第1章作者为吕世华、孟宪红、李锁锁、李照国、赵林等；第2章作者为吕世华、孟宪红、尚伦宇、王少影、李照国、赵林和张宇等；第3章作者为王少影、李照国、尚伦宇、陈昊、奥银焕等；第4章作者为罗斯琼、马迪、陈渤黎、方雪薇、王景元等；第5章作者为边晴云、文莉娟、陈世强等；第6章作者为孟宪红、安颖颖、王婵和马媛媛等；第7章作者为李照国、郎嘉河；

第 8 章作者为潘永洁；第 9 章作者为李照国、文莉娟、杜娟等；第 10 章作者为周秉荣、肖建设、李晓东、苏文将、校瑞香、陈国茜、权晨、李璠、苏淑兰、祝存兄、刘宝康、严应存。全书由孟宪红、陈昊、李照国、赵林、常燕统稿，由吕世华修改定稿。

本书由以下项目资助出版：①国家自然科学基金重点项目"气候变化背景下三江源区域水循环演变过程及机理研究（41930759）"；②国家自然科学基金区域创新发展联合基金重点项目"三江源冻土-植被相互作用及气候效应（U20A2081）"；③国家自然科学基金重点项目"黄河源区典型下垫面水热循环及其对区域气候的影响研究（41130961）"等。

黄河源区气候与环境综合观测站（又称若尔盖高原湿地生态系统研究站）得到了中国科学院西北生态环境资源研究院的大力支持，得到了中国科学院和甘肃省科技厅的鼎力相助，得到了多位专家的热情指导。野外试验中李子宁、彭小辉、杨文、郭长利几位师傅不辞辛劳，在此一并表示诚挚的感谢。由于时间仓促，书中难免存在不足之处，请广大读者指正。

作　者

2021 年 8 月

目　　录

第1章 黄河源区气候变化特征

1.1 黄河源区基本概况

黄河是中华民族的母亲河，孕育了博大精深的中华文明。黄河流域以其占全国 2.2% 的径流量，承担着占全国 15% 的耕地和 12% 的人口的供水任务(刘昌明等，2019；夏军等，2011)。作为黄河发源地的黄河源区位于青藏高原东北部，西望昆仑山，南界为巴颜喀拉山，北为布青山和鄂拉山，东抵岷山，横跨青海、四川、甘肃三省(图 1.1)，其包括黄河干流唐乃亥水文站以上流域面积约 $1.22 \times 10^5 \ \text{km}^2$，占黄河流域总面积的 16%，是黄河流域最重要的水源地、产流区和生态涵养地(郑子彦等，2020)。黄河源区年均径流量为 $2.002 \times 10^{10} \ \text{m}^3$，占全流域年总径流量的 37%，素有"黄河水塔"之称，对流域中下游地区和我国北方的农业生产、用水安全、生态环境保护和可持续发展具有重要意义(郑子彦等，2020)。黄河源区属于青藏高原寒带半湿润区，受西南季风和高原季风影响比较明显，多年平均气温在 0℃ 左右，年降水量为 250~750 mm，降水年内变化较大，主要集中在 6~9 月，其降水量占全年的 75%~90%(陈利群和刘昌明，2007)。区内阿尼玛卿山海拔为 6282 m，为流域内最高峰，大部分区域海拔在 3000~5000 m，分布有大片的连续、岛状多年冻土和季节性冻土(蓝永超等，2010，2016；刘蓉等，2016；刘希胜等，2016)。在全球气候变化和日趋频繁的人类活动影响下，黄河源区的区域气候、水分循环特征以及冰川、冻土和植被覆盖条件等在近年来都发生了显著的变化(陈利群和刘昌明，2007)，黄河源区原始的景观和脆弱的生态系统不同，呈现出由退化到一定程度恢复的趋势。

陆面状况的改变将会对黄河源区水循环过程产生明显的影响(文军等，2011)，进而可以对中下游地区的水资源安全、生态环境保护与区域可持续发展产生重大而深刻的影响(郑子彦等，2020)。一方面，黄河源区陆面状况的改变引起大气环流的变化，引起区域降水时空分布、强度和总量的变化以及气温、风速、辐射平衡的变化，导致冰川退缩，雪线上升，融雪径流增加等，进而引起空气湿度、陆面蒸发和土壤水分等水分循环要素的改变，即陆面水分循环过程的改变。另一方面，黄河源区陆面状况的改变，如草原退化和荒漠化引起土地利用/覆被变化，导致地表反照率、粗糙度和土壤水热特性等下垫面物理性质变化，最终将导致陆-气间能量与水分交换等陆面过程的变化(文军等，2011)。

因此基于观测和数值模拟研究黄河源区陆面过程及其对气候变化的响应和影响，不仅是深入理解黄河源区气候变化和水文循环机理的前提，也是准确把握源区及中下游水资源状况和生态环境的关键(文军等，2011；郑子彦等，2020)，更是贯彻习近平总书记"黄河流域生态保护和高质量发展"要求的核心问题。

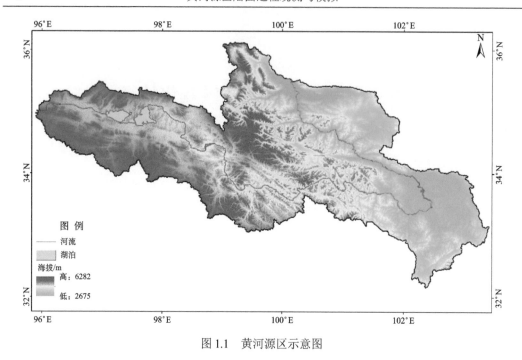

图 1.1　黄河源区示意图

1.2　黄河源区气候与环境特征

1.2.1　气候特征

图 1.2 展示了观测的 1960~2019 年黄河源区气温、降水量和径流的年际变化。近 60 年来，黄河源区气温升高了 1.5℃以上，尤其是 20 世纪 90 年代末以来，增温趋势更加显著。如果将 60 年划分为三个 20 年时段，三个时段的升温速率分别达到 0.025℃/a、0.033℃/a 和 0.048℃/a，最近 20 年的升温速率几乎是 1960~1979 年的两倍。降水量的变化较为复杂，1960～1979 年降水量微弱增加，1980～1999 年降水量明显减少，变化率为 −2.71 mm/a。21 世纪初是黄河源区近 60 年内降水量最少的时段，最少时年降水量仅为 430.16 mm。近 20 年，黄河源区降水量显著增加，增长率高达 7.26 mm/a，约是上一个 20 年变化率绝对值的 2.68 倍，并且 2018 年是近 60 年来降水量最丰沛的一年，黄河源区平均降水量高达 718.42 mm。1960～1979 年径流微弱增加，1980～1999 年显著减少，递减率为 −15.88 m³/(s·a)，近 20 年又显著增加，增长率达到 16.28 m³/(s·a)。总体上，径流与降水量的变化趋势是接近的，三个时段两者相关系数分别达到 0.86、0.89 和 0.88，通过了 $p<0.01$ 的显著性检验。这与以往研究认为黄河源区降水量增加而径流减少的结论是不一致的。气温与径流方面，前 20 年，两者几乎没有相关性，1980～1999 年两者呈现弱负相关，相关系数为 −0.25；最近 20 年呈现弱正相关，相关系数为 0.33，凸显了高寒地区气温对径流影响的复杂性。降水量与径流的变化趋势尽管总体一致，但变化幅度也存在差异。例如，1980～1999 年和 2000～2019 年降水量的降幅和增幅速率相差很大，但两个时段径流的降幅和增幅速率却非常接近，也就是说，在降水量恢复更迅速的情况

下，径流的恢复速率未能与降水相当。总之，在过去 60 年，黄河源区的气温、降水量和径流之间存在较为复杂的耦合关系；21 世纪以来，气温、降水量和径流都呈现显著增加的趋势，这与前 40 年有较大区别。

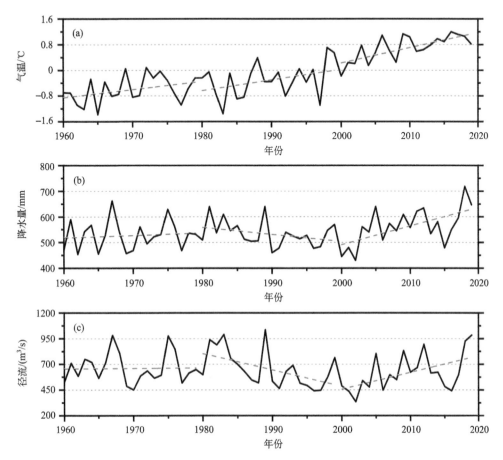

图 1.2　观测的 1960～2019 年黄河源区气温（a）、降水量（b）和径流（c）的年际变化及分段变化趋势（短虚线为趋势线）

1.2.2　蒸散发

自 1951 年以来，黄河源区的潜在蒸散发（evapotranspiration，ET）呈显著增加趋势，达到 2.29 mm/10a（$p<0.05$）。2000 年之后，在气候变暖、升温加速的作用下，黄河源区 ET 的增加相对于 1951～2000 年更加明显，高达 6.01 mm/10a。进入 21 世纪以来，黄河源区的水分正面临着由于 ET 迅速增大而加剧损耗的严峻局面。尽管从区域水储量的角度来看，降水的增速快于 ET，降水与 ET 之差依然显现出增大的趋势，但由于 2000 年之后无论是气温还是 ET 都有快速增加的趋势，可以预见，未来因升温导致的 ET 损耗依然会是黄河源区及中下游地区水资源状况改善的严重制约因素（图 1.3）。

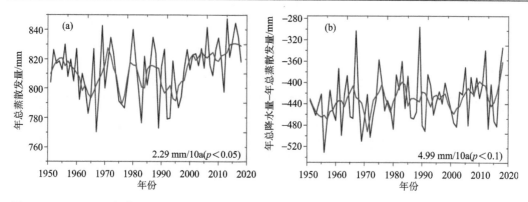

图 1.3　1951～2018 年黄河源区年总蒸散发量(a)及年总降水量–年总蒸散发量(P–ET)(b)的变化(郑子彦等, 2020)

注：黑线为原始序列，红线为 9 年滑动平均

对于黄河源区而言，在重力恢复与气候实验（gravity recovery and climate experiment, GRACE）卫星陆地水储量（terrestrial water storage, TWS）数据所能覆盖的 2002～2015 年，TWS 呈现出显著增加的趋势（1.26 mm/a, $p<0.03$），但增加的速度越来越慢；而兰州站下游区域的 TWS 呈明显减少趋势，且减少速度在加快（图 1.4）。造成这种现象的主要原因是黄河流域巨大的耗水量。黄河流域需为全国 15%的耕地和 12%的人口提供用水，这使得整个流域用水压力巨大，因而黄河流域已成为全国人均水资源最为匮乏的地区之一。上游和黄河源区的来水有限并在不断减少，中下游地区的地下水因农业灌溉连年超采，已在华北地区形成了严重的地下水漏斗，致使黄河源区下游的 TWS 呈现出下降趋势，这说明流域水资源的形势极其严峻。

在 GRACE 数据较为完备的 2003～2015 年，黄河源区降水量和蒸散发量均呈现不明显的减少趋势，但是地表蒸散发量减少的速度超过降水量，即 P–ET 表现为增加的趋势。在该相应的时间段内，黄河源区河川径流量呈现不显著的增加趋势，但是其增速快于 P–ET，其中极有可能是融雪在径流增加中起到了积极的作用。

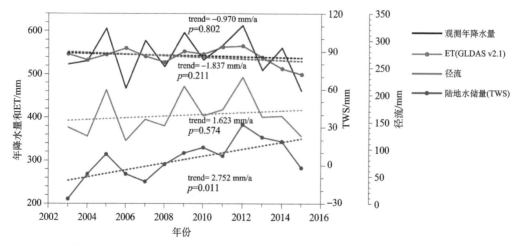

图 1.4　2002～2015 年黄河源区水循环主要变量的变化趋势(郑子彦等, 2020)

1.2.3　冻土

黄河源区特有的地理位置和地形、地貌、水文条件及干寒的气候决定了该区为季节冻土及岛状和大片连续多年冻土并存的分布格局。总体上，在青藏高原多年冻土区东北部边缘地带，多年冻土在垂向分布上主要有衔接和不衔接两大类。不衔接类中包括浅埋藏、深埋藏及双层多年冻土等形式。大部分地段多年冻土层温度较高、厚度较薄，属于不稳定和极不稳定型多年冻土。在大地构造、地形、地貌、河湖水系的综合控制，以及岩性、植被、坡向等局地因素的影响下，该区多年冻土厚度分布的地带性规律不甚明显，但海拔仍是控制多年冻土厚度分布的主导因素(金会军等，2010)。

20 世纪 80 年代以来，受气候变暖和人类活动的影响，黄河源区的冻土发生了区域性的退化，主要表现为冻土深度减小、地下水升温、永久冻土层向季节冻土转变(金会军等，2010；文军等，2011)。冻土退化可加速高寒山区生态环境的恶化，也能够改变地表的能量水分收支，对区域水循环和气候有重要的反馈。目前，针对黄河源区冻土的变化已开展了一定程度的研究，但结论尚存在较大的不确定性。例如，马帅等(2017)发现，1972～1992 年部分季节冻土变为多年冻土，增加的冻土面积为 323 km²，反映了源区 20 世纪 70 年代中后期到 80 年代短暂的降温效应；相较于前者，1992～2012 年多年冻土退化面积达 1056 km²，这与 90 年代后气温急剧上升有关。总体来看，1972～2012 年黄河源区多年冻土只有少部分发生退化，退化的冻土面积为 833 km²。RCP（representative concentration pathway）2.6、RCP 6.0、RCP 8.5 情景下，2050 年多年冻土退化为季节冻土的面积差别不大，面积分别为 2224 km²、2347 km²、2559 km²，占源区面积的 7.5%、7.9%、8.6%，相比于 1972～2012 年的退化面积较大，勒那曲、多曲、白马曲零星出现季节冻土，野牛沟、野马滩及鄂陵湖东部的玛多四湖所在黄河低谷大片为季节冻土；2100 年多年冻土退化为季节冻土的面积分别为 5636 km²、9769 km²、15548 km²，占源区面积的 19%、32.9%、52.3%，低温冻土变为高温冻土，RCP 2.6 情景下星宿海出现大片季节冻土，白马曲、勒那曲季节冻土面积扩大，RCP 6.0 情景下牟玛勒滩、多格茸出现大片季节冻土，白马曲、勒那曲、邹马曲地带的季节冻土已连为一片，RCP 8.5 情景下两湖流域的北部和源区的西部存在少量多年冻土，源区大部分退化为季节冻土。到 2100 年，RCP 2.6 情景下，源区多年冻土全部退化为季节冻土主要发生在目前年平均地温高于-0.15℃的区域，而-0.44～-0.15℃的区域部分发生退化；而 RCP 6.0、RCP 8.5 情景下，目前年平均地温分别高于-0.21℃及-0.38℃的区域多年冻土全部发生退化，而-0.69～-0.21℃及-0.88～-0.38℃的区域部分发生退化(图 1.5)（马帅等，2017)。

金会军等(2010)发现，20 世纪 80 年代以来，黄河源区气温以 0.02℃/a 的速率持续上升，加上日益增强的人类经济活动，导致源区冻土的区域性退化。其中，多年冻土下界普遍升高达 50～80 m，最大季节冻深平均减少 0.12 m，浅层地下水温度上升 0.5～0.7℃，气候变化对冻土产生了显著的影响。冻土退化的总体趋势是由大片连续状分布逐渐变为岛状、斑状分布，多年冻土层变薄，冻土面积缩小，部分多年冻土岛完全消融变为季节冻土。总之，气候持续转暖是造成该区多年冻土区域性退化的根本原因(金会军等，2010)。同样，黄荣辉和周德刚(2012)研究发现，黄河源区 20 世纪 80～90 年代明显升温并持续到 21 世纪初,使得黄河源区冻土的深度不断变浅,冻土上层位置不断下移,进而导致多年冻土层变薄,甚至个别小范围的多年冻土层消失,而季节性冻土层变厚。由于受观测条件和现有数据积累的限制、数值模拟具有难度及对机理机制理解得不全面,目前对黄河源区气候变化影响下的冻土退化研究依然存在较大的不确定性,需在未来进行更加充分的监测、分析和验证。

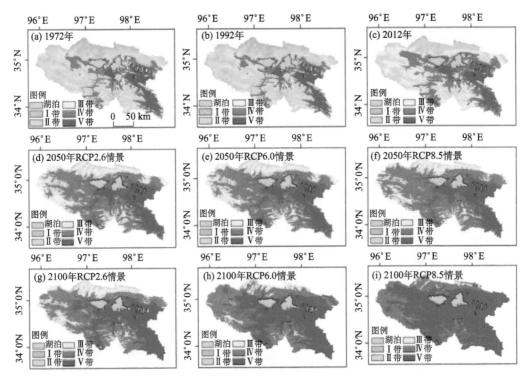

图 1.5　黄河源区多年冻土空间分布变化(马帅等, 2017)

1.2.4　积雪与冰川

　　积雪和冰川是影响高寒山区水循环的重要因素,也是主要淡水水源之一。高寒山区的冰川对河川径流有重要的调节作用,同时扮演着水汽源和汇的双重角色。在枯水年,高温少雨使得冰川消融加强,可对河川径流有所补充;而在多雨低温的丰水年,大量降水被储存于冰川,一定程度上又会减少河流的水量。黄河源区的冰川主要分布于阿尼玛卿山脉,覆盖面积约为 125 km^2。在气温升高的影响下,黄河源区的冰川和积雪呈现出持续的退缩状态,其缩减面积远大于临近的长江源区。据统计,黄河源区的冰川萎缩始于小冰期最盛期;20 世纪 60 年代~2000 年,黄河源区冰川面积缩减达到 17%(约 0.5%/a),缩减速率约 10 倍于小冰期最盛期至 1966 年(杨建平等,2003)。2000 年以后,黄河源区的冰川和积雪持续消融,引起所在区域的湖泊面积扩张、深度增大及陆地水储量增大(Long et al., 2017; Rodell et al., 2018; Zhang et al., 2011)。尽管期间有个别冰川存在前进现象,但无法扭转整体的退缩趋势(蒋宗立等,2018)。除了冰川之外,融雪也是高寒山区径流的来源之一。除了增加河川径流量之外，融雪还能改变径流的年内分配，进而影响中下游的水资源调配。黄河源区的积雪主要分布在巴颜喀拉山主峰的周边地区，年最大积雪深度为 140～250 mm。近 40 年来，由于降水增多，黄河源区冬季和春季累积积雪增加了 60.18%，但变化较为平缓，幅度不大。自 20 世纪 60 年代开始，黄河源区的融雪时间在升温的影响下不断提前，使得春季径流增加，夏季径流减少，年总河川径流量显著减少(吕爱锋等，2009)。春季径流的增多使得径流提前进入河道和水库，一方面增大 ET 损耗，另一方面使得中下游水库在春季的蓄水压力增大。为防御汛期夏季洪水，黄河源区中下游水库(如龙羊峡水库等)会在春季进行放水，这就导致提前融化的水量因风险规避而被放走，间接造成水资源的浪费。此外，有研究表明，黄河源区的冰川和积雪消融导致扎陵湖和鄂陵湖的湖面增加，会产生湖泊效应，与局地对流降水存在一定的正反馈效应，但受限于研究时段和假设前提，该结论尚存在一定的不确定性(Wen et al.,2015)。总体而言，尽管黄河源区冰川积雪的融化会在某些时间段增加径流，但同时也会增加损耗(增加的 ET 和水库放水)，这使得径流增加的总量非常少，并且在长时间尺度上，靠冰川积雪的消融来补充水资源显而易见是不可持续的。黄河源区的地理条件和脆弱生态使得该区域积雪冰川观测和模拟的难度较大，冰川积雪水文过程与陆面生态和区域气候的相互作用机制也非常复杂。

1.3 生态保护和高质量发展

黄河源区是中华民族的淡水资源库，也是高寒生物自然种质基因资源库。黄河源区高原地势和高原温带及亚寒带高寒气候孕育了独特的自然生态系统。黄河源区以草地生态系统、森林生态系统、水域系统和其他难利用土地系统为主(王根绪等，2005)。

草地是黄河源区地表最重要的植被覆盖，占整个源区面积比重高达 80%(张镱锂等，2006)。在气候变化的影响下，地表覆盖能够通过有效改变影响地表的水分、能量和辐射的分配及平衡，进而影响水文过程、水热循环和区域气候。地表植被覆盖的退化能引发水土流失、土地沙漠化、冰川退缩、冻土退化、湖泊萎缩、生态恶化及碳汇丧失等一系列严重的后果(邴龙飞等，2011；金会军等，2010；张镱锂等，2006；郑子彦等，2020)，因此黄河源区的草地对气候变化的响应和受人类活动影响一直以来是地学研究关注的焦点之一。

众多的研究表明，与 20 世纪 50 年代相比，草地退化是黄河源区近 30 年来土地利用/覆盖变化(land use/cover change，LUCC)的主要特征，具体表现为草地面积减小、草场质量下降和荒漠化土地面积增加(潘竟虎和刘菊玲，2005；郜妍飞等，2008；杨一鹏等，2013)。源区草地退化的空间特征主要表现为草地的斑块化、破碎化和分散化；70 年代至 2004 年草地持续退化，而 2004 年之后由于黄河源区进入暖湿周期，加上生态建设工程等举措的实施，草地覆盖状况有所好转(邵全琴等，2010)。以黄河源区草地退化状况最严重的两个县——达日县和玛多县为例：70 年代中期至 2000 年，达日县发生退化的草地总面积约占全县面积的 29.39%；玛多县约有 70% 的天然草场面积发生退化，其中大部分为重度退化(杜继稳等，2001；刘纪远等，2008；郑子彦等，2020)。

我国在黄河源区开展了生态保护工程，草地退化有所减缓，并呈现逐渐恢复的趋势。基于气象站逐日资料和模型研究了黄河源区生长季植被净初级生产量(net primary production, NPP)变化，结果表明 1971~2012 年黄河源区草地生长季植被 NPP 在增加和减少的年份上相当，但总的变化呈波动式缓慢上升趋势，NPP 上升趋势最明显的是位于西北部的玛多和兴海，并且由源区的西北部到东南部 NPP 上升趋势依次减弱。源区 NPP 在生长季存在较明显的空间分布特征，即地域特征较明显，随着源区海拔由南到北、自东向西降低，NPP 也呈逐步减小的态势。通过小波分析发现源区 NPP 的变化在 42 年中存在较明显的 10 年主周期变化和 5~6 年的次周期变化。源区 NPP 在生长季在空间分布上地域特征较明显，最大值中心在久治，最小值中心在玛多，并且由南向北、自东到西依次减小。源区 NPP 在生长季对影响其变化的各气象因子中对动力因子和热力因子的敏感性均为正效应，对水分因子(相对湿度)的敏感性为负效应，而对降水量的敏感性为正效应。在生长季，源区各气象因子在影响 NPP 变化的贡献中，最高气温与最低气温对 NPP 的贡献为正效应，降水量和相对湿度对 NPP 变化的贡献存在明显的地域差异，但个别产生的负效应不明显。各因子对 NPP 变化的多年贡献之和为正效应，并且在贡献大小上存在较明显的地域特点，从西北部到东南部气象因子的贡献总和依次减小，这与源区各站 NPP 的多年相对变化的地域特点是一致的(郭俊琴等，2015)。

虽然在国家政策的影响下，黄河源区草地呈现一定程度的恢复。然而，在源区的地理位置、海拔及由此形成的生态环境的影响下，这里所分布的植被的高山特化和寒旱化适应现象仍特别突出。在生活型方面，源区植被多为多年生草本而缺乏木本种类(吴玉虎，1995)。源区资源植物种类主要集中在豆科、菊科、禾本科和十字花科(司剑华等，2005)。植物种群主要由单优势结构组成，优势种和建群种突出，伴生种较少。对于源区的动物来说，湿地和湖泊是它们的主要栖息地。源区生态环境一旦受到破坏将很难恢复，动植物物种资源面临着缩小，甚至消失的威胁(王莺等，2015)。

黄河流域如何保护生态环境和提升发展质量，成为重大的国家战略问题。黄河流域高质量发展的首要战略性问题是必须以生态保护为重，将生态保护作为黄河流域高质量发展的生命底线。黄河流域生态系统上中下游差异显著，上游以水源涵养为重点，中游以水土保持与污染治理为核心，下游则是我国暖温带最完整的湿地生态系统。良好的生态环境是实现黄河流域高质量发展的根本保证(陈晓东和金碚，2019)。源区生态系统演变主要表现在植被、冻土和湿地生态系统不断退化上。物理环境演变主要表现在气候变化、径流变化、土壤侵蚀、土壤沙漠化、土壤碳流失、鼠害和人为影响 7 个方面。有学者建议应该形成完善的生态补偿机制，加强生态环境保护立法，划分功能区，发展生态旅游，强化全社会的环保意识。源区的可持续发展不仅要考虑以前的气候和环境变化及现在的状态，还必须考虑未来几十年、上百年的气候和水文变化。要做到可持续发展，就必须把黄河上游地区的气候、水文、生态环境和可持续发展等问题作为一个重要的系统科学问题来研究。

1.4　小　　结

（1）黄河源区年均降水 522 mm，近几十年的降水量距平显示降水大体经历了三个变化阶段，即 20 世纪 60 年代初期到 70 年代初期的相对偏少期，70 年代中期到 90 年代初期的相对偏多期，90 年代中期到现在的相对偏少期。源区年均温度为–1.25℃，60 年代后期到 70 年代相对偏冷，80～90 年代偏暖，气温总体的变化表现为很明显的升高趋势。

（2）黄河源区水循环主要表现为在降水变化不大或者略有增加的前提下，径流量呈现出明显的下降趋势，20 世纪 60 年代中期到 80 年代后期为相对偏丰期，90 年代初期到现在为相对偏枯期，90 年代黄河源区气温升高，ET 急剧增大。进入 21 世纪以来，黄河源区水循环由于 ET 迅速增大而加剧损耗。

（3）黄河源区受气候升温和人类活动的影响，冻土发生了区域性的退化，主要表现为冻土深度减小、地下水升温、永久冻土层向季节冻土转变。20 世纪 60 年代至 2000 年，源区冰川面积缩减达到 17%（约 0.5%/a），2000 年以后，源区的冰川和积雪持续消融，引起所在区域的湖泊面积扩张、深度增大及陆地水储量增多。

（4）近几十年来，黄河源区气温持续升高，降水波动略有增加，但是水循环受到显著影响，径流量明显下降，蒸发增加，冰冻圈加速变化，源区生态环境也发生显著变化。如何保护生态环境和提升发展质量，成为重大的国家战略问题。

参 考 文 献

邴龙飞, 邵全琴, 刘纪远. 2011. 近 30 年黄河源头土地覆被变化特征分析. 地球信息科学学报, 13(3): 289-296.

陈利群, 刘昌明. 2007. 黄河源区气候和土地覆被变化对径流的影响. 中国环境科学, 27(4): 559-565.

陈晓东, 金碚. 2019. 黄河流域高质量发展的着力点. 改革, (11): 25-32.

董晓辉, 姚治君, 陈传友. 2007. 黄河源区径流变化及其对降水的响应. 资源科学, 29(3): 67-73.

杜继稳, 梁生俊, 胡春娟, 等. 2001. 植被覆盖变化对区域气候影响的数值模拟研究进展. 西北林学院学报, 16(2): 22-27.

冯晓莉, 刘彩红, 林鹏飞, 等. 2020. 1953～2017 年黄河源区气温变化的多尺度特征. 气候与环境研究, 25(03): 333-344.

谷源泽, 李庆金, 杨风栋, 等. 2002. 黄河源地区水文水资源及生态环境变化研究. 海洋湖沼通报, (1): 18-25.

郭俊琴, 汪治桂, 王素萍. 2015. 近 42 a 黄河源区生长季植被净初级生产力变化及其对气象因子的敏感性分析. 干旱地区农业研究, 33(6): 210-215.

胡光印, 董治宝, 逯军峰, 等. 2011. 黄河源区 1975—2005 年沙漠化时空演变及其成因分析. 中国沙漠, 31(5): 1079-1086.

黄荣辉, 周德刚, 2012. 气候变化对黄河径流以及源区生态和冻土环境的影响. 自然杂志, 34(1): 1-9.

蒋宗立, 刘时银, 郭万钦, 等. 2018. 黄河源区阿尼玛卿山典型冰川表面高程近期变化. 冰川冻土, 40(2): 231-237.

金会军, 王绍令, 吕兰芝, 等. 2010. 黄河源区冻土特征及退化趋势. 冰川冻土, 32(1): 10-17.

蓝永超, 文军, 赵国辉, 等. 2010. 黄河河源区径流对气候变化的敏感性分析. 冰川冻土, 32(1): 175-182.

蓝永超, 朱云通, 刘根生, 等. 2016. 黄河源区气候变化的季节特征与区域差异研究. 冰川冻土, 38(3): 741-749.

李锁锁, 吕世华, 韦志刚, 等. 2006. 南水北调西线引水区和黄河上游径流及气候变化特征. 水利水电科技进展, 26(01): 10-13.

李振朝, 韦志刚, 吕世华, 等. 2006. 南水北调西线一期工程引水区和黄河上游区域气候特征分析. 冰川冻土, 28(2): 149-156.

刘昌明, 田巍, 刘小莽, 等. 2019. 黄河近百年径流量变化分析与认识. 人民黄河, 41(10): 11-15.

刘纪远, 徐新良, 邵全琴. 2008. 近 30 年来青海三江源地区草地退化的时空特征. 地理学报, 63(4): 364-376.

刘蓉, 文军, 王欣. 2016. 黄河源区蒸散发量时空变化趋势及突变分析. 气候与环境研究, 21(5): 503-511.

刘希胜, 李其江, 段水强, 等. 2016. 黄河源径流演变特征及其对降水的响应. 中国沙漠, 36(6): 1721-1730.

吕爱锋, 贾绍凤, 燕华云, 等. 2009. 三江源地区融雪径流时间变化特征与趋势分析. 资源科学, 31(10): 1704-1709.

马帅, 盛煜, 曹伟, 等. 2017. 黄河源区多年冻土空间分布变化特征数值模拟. 地理学报, 72(9): 1621-1633.

马柱国. 2005. 黄河径流量的历史演变规律及成因. 地球物理学报, 48(6): 1270-1275.

潘竟虎, 刘菊玲. 2005. 黄河源区土地利用和景观格局变化及其生态环境效应. 干旱区资源与环境, (04): 69-74.

郊妍飞, 颜长珍, 宋翔, 等. 2008. 近 30 a 黄河源地区荒漠遥感动态监测. 中国沙漠, (3): 405-409.

邵全琴, 赵志平, 刘纪远, 等. 2010. 近 30 年来三江源地区土地覆被与宏观生态变化特征. 地理研究, 29(08): 1439-1451.

司剑华, 胡文忠, 盛海彦, 等. 2005. 黄河源区植物组成及其资源分析. 中国农学通报, 21(7): 370-373.

王根绪, 丁永建, 王建, 等. 2005. 近15年来长江黄河源区的土地覆被变化与演变格局分析//青海省科学技术厅, 中国科学院西北高原生物研究所. 三江源区生态保护与可持续发展高级学术研讨会论文摘要汇编. 西宁: 中国科学院西北高原生物研究所.

王莺, 李耀辉, 孙旭映. 2013. 黄河源区域生态环境演变与对策建议. 干旱气象, 31(3): 550-557.

王莺, 李耀辉, 孙旭映. 2015. 气候变化对黄河源区生态环境的影响. 草业科学, 32(4): 539-551.

文军, 蓝永超, 苏中波, 等. 2011. 黄河源区陆面过程观测和模拟研究进展. 地球科学进展, 26(6): 575-585.

吴玉虎. 1995. 黄河源头地区植物的区系特征. 西北植物学报, (1): 82-89.

夏军, 刘春蓁, 任国玉. 2011. 气候变化对我国水资源影响研究面临的机遇与挑战. 地球科学进展, 26(1): 1-12.

杨建平, 丁永建, 刘时银, 等. 2003. 长江黄河源区冰川变化及其对河川径流的影响. 自然资源学报, (5): 595-602, 645.

杨一鹏, 郭泺, 黄琦, 等. 2013. 黄河源头地区土地覆盖的时空变化特征. 生态科学, 32(1): 98-103.

尹云鹤, 吴绍洪, 赵东升, 等. 2016. 过去 30 年气候变化对黄河源区水源涵养量的影响. 地理研究,

35(1): 49-57.

张国宏, 王晓丽, 郭慕萍, 等. 2013. 近 60 a 黄河流域地表径流变化特征及其与气候变化的关系. 干旱区资源与环境, 27(7): 91-95.

张士锋, 贾绍凤. 2001. 降水不均匀性对黄河天然径流量的影响. 地球科学进展, (4): 355-363.

张镱锂, 刘林山, 摆万奇, 等. 2006. 黄河源地区草地退化空间特征. 地理学报, 61(1): 3-14.

郑子彦, 吕美霞, 马柱国. 2020. 黄河源区气候水文和植被覆盖变化及面临问题的对策建议. 中国科学院院刊, 35(1): 61-72.

周德刚, 黄荣辉. 2012. 黄河源区水文收支对近代气候变化的响应. 科学通报, 57(15): 1345-1352.

Long D, Pan Y, Zhou J, et al. 2017. Global analysis of spatiotemporal variability in merged total water storage changes using multiple GRACE products and global hydrological models. Remote Sensing of Environment, 192: 198-216.

Lv M X, Ma Z G, Li M X , et al. 2019. Quantitative analysis of terrestrial water storage changes under the Grain for Green program in the Yellow River basin. Journal of Geophysical Research: Atmospheres, 124(3): 1336-1351.

Rodell M, Famiglietti J S, Wiese D N, et al. 2018. Emerging trends in global freshwater availability. Nature, 557(7707): 651-659.

Wen L J, Lv S H, Li Z G, et al. 2015. Impacts of the two biggest lakes on local temperature and precipitation in the Yellow River source region of the Tibetan Plateau. Advances in Meteorology, 2015(4): DOI: 10.1155/2015/248031.

Zhang G Q, Xie H Q, Kang S C, et al. 2011. Monitoring lake level changes on the Tibetan Plateau using ICESat altimetry data (2003–2009). Remote Sensing of Environment, 115(7): 1733-1742.

Zheng H X, Zhang L, Liu C M, et al. 2007. Changes in stream flow regime in headwater catchments of the Yellow River basin since the 1950s. Hydrological Processes: An International Journal, 21(7): 886-893.

第2章　黄河源区陆面过程观测试验与模式介绍

2.1　黄河源区不同下垫面观测网络介绍

　　玛曲位于黄河上游，甘肃省西南部，甘、青、川三省交界处，地处青藏高原东端。阿尼玛卿山、西倾山两大山系主脉形成的西部高山区、中南部阿尼玛卿山东南端和西倾山前山地带丘陵区及黄河沿岸河流阶地构成地形地貌格局，海拔330～4806 m。气候主要受青藏高原西风带控制，南面受喜马拉雅山脉阻挡，来自印度洋的暖湿气流难以到达，为典型的大陆性气候。黄河自青海奔腾而来，蜿蜒433 km，在玛曲境内绕了一个美丽的大湾，形成享誉世界的"天下黄河第一弯"。这里曾因草场广阔、水草丰美而被誉为"亚洲第一优质牧场"。黄河水量从入境时占黄河中上游总水量的20%增加到出境时的65%，水量增加了45%，被称为黄河的"蓄水池"。境内有草地、湖泊、沼泽、高山积雪等高原景观。有久负盛名的"天下黄河第一弯"，"中国高原明珠"之称的欧拉草原风景区，以及名扬天下的"亚洲一号天然草原"等自然景观。玛曲草原广袤，拥有连片集中、草质优良、耐牧性强的"亚洲第一优质牧场"1288万亩[①]，其中可利用草场面积1245万亩，占草场面积的96.7%。玛曲湿地为若尔盖湿地的重要组成部分，也是青藏高原湿地面积较大、特征明显以及最原始、最具有代表性的高寒沼泽湿地。湿地总面积37.5万 hm²，既有季节性沼泽湿地，也有一年四季积水达1 m 之深的深水沼泽湿地。因此，该区域是我国生态环境保护的前沿阵地，也是生态脆弱、敏感的区域，其生态环境的优劣直接影响着区域经济发展和藏族牧民生活水平的提高，甚至成为当地社会稳定、民族团结的隐患，同时也对黄河中下游地区生态环境产生深刻影响。但是，近年来，在全球变暖和人类活动的双重影响下，该地区温度升高，降水减少，湖沼湿地消失，草场严重退化，冻土消融，黄河沿岸甚至出现长达220 km 的沙丘带，27 条黄河的主要支流中，已有11 条常年干涸。这种生态环境的严重恶化已引起各级政府部门的高度重视。湿地研究在我国已开展了数十年，也已在不同的生态气候区建立了众多实验研究站，但在青藏高原向黄土高原过渡的高原湿地区域，迄今为止，还没有固定的专门以研究气候、水文和生态环境为专长的长期观测台站。鉴于在这一区域开展相关研究的重要性，在黄河上游玛曲于2005 年建立了"黄河源区气候与环境综合观测研究站"（简称黄河源站），2007 年得到中国科学院寒区旱区环境与工程研究所（现已更名为中国科学院西北生态环境资源研究院）的大力支持，正式成立所级站，2019 年被中国科学院纳入野外台站管理序列，2020 年被甘肃省纳入省级野外台站序列。目前已经正常运行约15 年。为进一步了解黄河源区气候和水文水资源演变过程，在以玛曲草原为核心水源涵养下垫面观测和研究的基础上，向黄河源区不同区域和下垫面进行拓展，以更加全面开展针对整个源区的气候与环境综合

---

　　① 1亩≈666.67 m²，全书同。

监测。经过十余年的发展，建成了以黄河源区典型的水源涵养区草地和湿地下垫面、水源汇集区湖泊下垫面、水源形成区积雪下垫面等高原特殊高寒草地、湿地、湖泊、积雪等大气和水文过程等为主要监测对象的气候与环境综合野外观测实验平台。总部位于甘肃省兰州市，观测站本部位于甘肃省甘南藏族自治州玛曲县，下辖河曲马场、花湖、花石峡、鄂陵湖、约古宗列(麻多)五大观测场。

玛曲县位于青藏高原东部边缘，甘肃省西南角，地处甘、青、川三省结合部，九曲黄河的第一曲(黄河首曲)穿城而过。玛曲海拔 3500～4800 m，年均气温由 20 世纪 50 年代的 1.2℃上升为 2015 年的 2.7℃，升高了 1.5℃，年降水量由 20 世纪 50 年代的 656.3 mm 减少为 2015 年的 541.9 mm，减少了 114.4 mm，气候寒冷阴湿。全县拥有天然草原面积 1335 万亩，有"亚洲第一牧场"之美誉。玛曲县及相邻的若尔盖县分布有世界最大的高原泥炭沼泽湿地，是黄河干流水源最重要的水源补给区，补给量超过黄河源区总径流量的 58%，对黄河源区径流的丰枯转换起着举足轻重的调节作用。包括玛曲在内的黄河源区是阻挡高原风沙东迁无可替代的绿色生态屏障，是世界上生物多样性最为丰富的高海拔地区之一，也是全球气候变化的敏感区，对黄河流域的生态与水资源安全起着至关重要的作用。源区下垫面包含冻土、积雪、冰川、湖泊、湿地、草地、退化草地、沙漠等，源区上游人类活动稀少，源区下游畜牧业发达，是开展自然状态和人类活动干扰下观测青藏高原气候与环境演化及其生态水文效应的绝佳实验场。

河曲马场观测场(简称玛曲草地站点)始建于 2005 年，海拔 3434 m，位于距离玛曲县城以南约 18 km 的河曲马场(102°08′45″E，33°51′50″N)，属于黄河首曲内侧。河曲马场包括万涎滩、文保滩、乔科滩，有"河曲水浒"之称。一路向东南奔流的黄河在这里遇上隆起的松潘高原阻隔，另辟出路环而北流，形成黄河首曲最大的一块生态湿地。河曲马场观测场下垫面为典型的发育良好的高寒草原，属于季节性冻土区(图 2.1)，测站周围地形开阔(图 2.2)，下垫面植被覆盖良好(夏季草高约 15 cm，冬季约 5 cm)，具有典型的代表性。

花湖观测场(简称花湖湿地或者若尔盖湿地站点)始建于 2012 年，海拔 3435 m，位于若尔盖县花湖湿地(102°49′09″E，33°55′09″N)，属于黄河首曲外侧，距离玛曲县城 70 km，下垫面为典型的高寒泥炭沼泽湿地，植被、水体和泥炭层发育良好，是观测气候变化背景下青藏高原湿地温室气体排放与生物地球化学循环过程的理想场所。

鄂陵湖观测场(简称鄂陵湖或湖泊站点，其中草地站点简称湖畔草地或玛多草地)始建于 2010 年，海拔 4280 m，位于青海省玛多县的鄂陵湖西侧(97°34′12″E，34°54′26″N)，距离玛曲县城 430 km，包含高寒草原和湖泊两个观测点，相邻 2.5 km。草原观测点下垫面为半干旱型高寒草原，属于多年冻土和季节性冻土的过渡区，湖泊观测点位于湖畔，鄂陵湖与扎陵湖 2005 年入选《国际重要湿地名录》，是三江源国家公园的核心区域。鄂陵湖观测场是研究自然状态下青藏高原湖泊-大气相互作用及其与陆地差异的理想场所。

麻多观测场(简称麻多站点)始建于 2011 年，海拔 4450 m，位于青海省曲麻莱县麻多乡黄河源头的约古宗列湿地(96°23′40″E，35°01′57″N)，距离玛曲县城 535 km，下垫面为稳定的高寒多年冻土湿地，植被发育良好，人类活动稀少，是研究黄河源头自然状态下积雪冻土气候效应及湿地生物地球化学循环的理想场所。

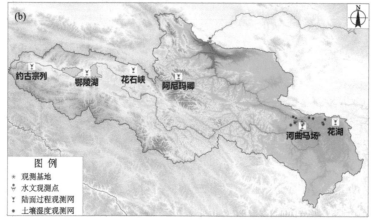

图 2.1　黄河源站园区(a)及"一站五场"观测布局示意图(b)

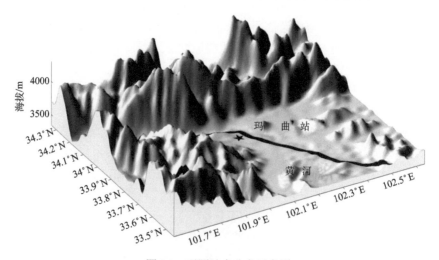

图 2.2　观测站点分布示意图

　　花石峡观测场（简称花石峡站点）始建于 2019 年，海拔 4290 m，位于青海省玛多县花石峡镇(98°33′36″E，34°57′53″N)，距离玛曲县城 340 km，下垫面为具有稀疏植被的退化型高寒湿地，土壤含水量高但地表水体较少，下伏不稳定的高寒多年冻土，是观测气候变化条件下高原多年冻土与高寒湿地退化的理想场所。

目前主要进行如下监测工作。

（1）微气象特征监测：监测要素包括空气温度、空气湿度、风向、风速的梯度观测、气压、降水、雪深、辐射、土壤温湿度、热通量、超声三维风及 CO_2 浓度。

（2）地表能量与物质收支特征观测：主要利用涡动协方差观测系统和温室气体观测系统，获取地表感热通量、潜热通量、二氧化碳通量、甲烷通量、辐射分量及土壤热通量等。

（3）生态系统监测：在高寒草地和高寒湿地生态系统下垫面布设 200 m × 200 m 的生态调查观测场，分生长期不同阶段和年终调查监测。主要指标有植物群落种类组成，优势种名、高度、盖度、密度，常见种名、高度、数量，少见种名、高度，群落地上生物量，地下 0～10 cm、10～20 cm、20～30 cm 生物量，以及不同土层土壤水分含量等。

为保证野外观测数据质量，每年进行两次观测系统标定，每 40 天进行一次人工数据采集，采集数据经过严格的质量控制与质量保证标准后进入野外观测数据库。经过 15 年的发展，该数据库已累计数据近 10 TB，并备有规范的数据共享协议，实现国内外数据共享 500 余次。

2.2　模　式　介　绍

由于数值模式的发展，人们对于大气运动的认识在过去的几十年里取得了很大进展。自 20 世纪 80 年代以来，随着全球气候观测系统的不断完善、国际大型外场观测实验的持续进行及高性能计算机的飞速发展，气候模式也得到了迅猛发展。但是，截至目前，气候模式对有些地区的模拟能力仍比较弱，其中有一部分原因是模式对陆面地表过程处理不当；Dickinson 和 Kennedy（1991）认为真实地模拟陆面过程仍是提高大气环流模式模拟精度和预报精度的重要途径。

陆面过程是一个理论和观测试验结合得非常紧密的研究领域。黄河源区地处青藏高原腹地，气候条件恶劣、地形复杂、观测稀疏等问题尤为突出，因而对该区域的陆面过程开展研究工作时，观测和数值模拟相结合的手段十分必要。在全球气候日益变化的背景下，加深对黄河源区陆面过程的认识和理解对于该区域陆面过程参数化方案的发展及提高模式的模拟水平起着至关重要的作用。在诸多模式中，主要采用了公共陆面模式（common land model, CoLM）、通用陆面过程模式（community land model, CLM）和中尺度区域天气模式（weather research and forecasting model, WRF）对黄河源区的陆面过程进行了全面的研究。

2.2.1　公共陆面模式 CoLM

CoLM 是由戴永久等发展的在国际上较为先进的陆面模式（Dai et al., 2003），它是由模式 common land model 初始版本（CLM initial version）发展起来的，该模式结合了公认的 LSM（Bonan, 1996）、BATS（Dickinson et al., 1993）、IAP94（Dai and Zeng, 1997）三个模式的主要特点。为了与 CLM 相区别，把由 common land model 发展起来的模式称为

CoLM（Dai and Ji, 2005）。

CoLM 完整地考虑了陆面的生态、水文等过程，对土壤—植被—积雪—大气之间能量与水分的传输进行了较好的描述。模式有一个基于 LSM 的可以实现光合作用的植被层；一个底部达到 3.43 m 深的 10 层不均匀的垂直土壤层；同时，模式考虑了向上的 5 层雪层。模式中的土壤水热性质参数化方案来自 Farouki（1986）、Clapp 和 Hornberger（1978）及 Cosby 等（1984）的参数化方案。

1. 土壤热性质

模式中的土壤热传导率参数化方案来自 Farouki（1986），土壤热传导率 k [W/(m·K)] 表示为

$$k = \begin{cases} K_e k_{sat} + (1-K_e)k_{dry} & S_r > 1 \times 10^{-5} \\ k_{dry} & S_r \leqslant 1 \times 10^{-5} \end{cases} \tag{2.1}$$

式中，k_{sat} 和 k_{dry} 分别是土壤饱和时与干燥时的热传导率；K_e 是 Kersten 数；S_r 是与饱和相关的土壤湿度。饱和土壤热传导率由土壤基质、水和冰的热传导率决定：

$$k_{sat} = \begin{cases} k_s^{1-\theta_{sat}} k_{liq}^{\theta_{sat}} & T > T_f \\ k_s^{1-\theta_{sat}} k_{liq}^{\theta_{sat}} k_{ice}^{\theta_{sat}-\theta_{liq}} & T \leqslant T_f \end{cases} \tag{2.2}$$

式中，T_f 为冰点；θ_{sat} 为土壤饱和含水量；θ_{liq} 为土壤液态水含量；k_{liq} 和 k_{ice} 为水和冰的热传导率，分别为 0.57 W/(m·K) 和 2.29 W/(m·K)；k_s 为土壤基质热传导率，由土壤质地决定：

$$k_s = \frac{8.80(\%sand) + 2.92(\%clay)}{(\%sand) + (\%clay)} \tag{2.3}$$

式中，(%sand) 和 (%clay) 为土壤中砂粒及黏粒的百分含量。干土壤热传导率是土壤干密度 ρ_d 的函数：

$$k_{dry} = \frac{0.135\rho_d + 64.7}{2700 - 0.947\rho_d} \tag{2.4}$$

土壤基质部分的密度取为 2700 kg/m³，则干密度 ρ_d 表示为

$$\rho_d = 2700(1 - \theta_{sat}) \tag{2.5}$$

Kersten 数是土壤饱和度 S_r 的函数：

$$K_e = \begin{cases} \lg(S_r) + 1 & T \geqslant T_f \\ S_r & T < T_f \end{cases} \tag{2.6}$$

$$S_r = \frac{\theta_{liq} + \theta_{ice}}{\theta_{liq}} \tag{2.7}$$

式中，θ_{ice} 为土壤含冰量。

土壤热容量 c_i [J/(m³·K)] 来自 de Vries（1963）公式，土壤热容量由土壤固体颗粒、液态水和冰的热容量共同组成：

$$c_{i} = c_{s,i}\left(1 - \theta_{sat,i}\right) + \frac{w_{ice,i}}{\Delta z_{i}}C_{ice} + \frac{w_{liq,i}}{\Delta z_{i}}C_{liq} \tag{2.8}$$

其中土壤固体颗粒的热容量为

$$c_{s,i} = \left(\frac{2.128(\%sand)_{i} + 2.385(\%clay)_{i}}{(\%sand)_{i} + (\%clay)_{i}}\right) \tag{2.9}$$

液态水和冰的热容量 C_{liq} 和 C_{ice} 为常数，分别为 $4.2 \mathrm{J/(m^3 \cdot K)}$ 和 $1.9 \mathrm{J/(m^3 \cdot K)}$。

2. 土壤水性质

$$K = \left\{\begin{array}{ll} k_{sat}\left(\dfrac{\theta_{liq}}{\theta_{sat}}\right)^{2b+3} & \theta_{e} \geqslant 0.05 \\ 0 & \theta_{e} < 0.05 \end{array}\right\} \tag{2.10}$$

式中，k_{sat} 为土壤饱和导水率；θ_{sat} 为土壤饱和含水量。

$$k_{sat} = 0.0070556 \times 10^{-0.884 + 0.0153(\%sand)} \tag{2.11}$$

$$\theta_{sat} = 0.489 - 0.00126(\%sand) \tag{2.12}$$

$$b = 2.91 + 0.159(\%clay) \tag{2.13}$$

未冻结土壤中：

$$\Psi = \Psi_{sat}\left(\frac{\theta_{liq}}{\theta_{sat}}\right)^{-b} \tag{2.14}$$

冻结土壤中 $(T \leqslant T_{frz})$，土壤水势仅是温度的函数：

$$\Psi = 10^{3}\frac{L_{f}\left(T - T_{frz}\right)}{gT} \tag{2.15}$$

式中，T_{frz} 为冰点；L_{f} 为融化潜热。

土壤饱和水势为

$$\Psi_{sat} = -10.0 \times 10^{1.88 - 0.0131(\%sand)} \tag{2.16}$$

3. 土壤水分相变

$$H_{fm} = C\Delta z\frac{T_{frz} - T^{N+1}}{\Delta t} \tag{2.17}$$

式中，Δz 和 Δt 分别是土壤层厚度和时间步长；T_{frz} 是冰点；T^{N+1} 是除了相变以外其他过程导致的土壤层温度。

含冰量的变化为

$$\Delta\theta_{ice} = H_{fm}\Delta t/\left(\rho_{ice}L_{f}\Delta z\right) \tag{2.18}$$

下一步长土壤含冰量为

$$w_{ice}^{N+1} = \min\left(w^{N}, w_{ice}^{N} + \Delta\theta_{ice}\Delta z\rho_{ice}\right) \tag{2.19}$$

式中，w^{N} 为总的土壤水质量 $\left(w_{liq} + w_{ice}\right)$。

2.2.2　通用陆面过程模式 CLM

CLM 是目前应用最为广泛的陆面过程模式之一。它是通用气候系统模式(community climate system model, CCSM)和通用地球系统模式(community earth system model, CESM)的陆面模块,由美国国家大气研究中心(National Center for Atmospheric Research, NCAR)开发并维护。早期的陆面过程模式大部分都集中在对生物地球物理过程的描述上,而 CLM 在集合了 NCAR LSM(Bonan, 1996, 1998)、BATS(Dickinson et al., 1993)、IAP(Dai and Zeng, 1997)等主流模式优点的基础上,将模式对陆面过程的数值描述扩展至碳循环、动态植被和河道流量演算领域。CLM 包含生物地球物理过程、水循环过程、生物地球化学过程。CLM 对生物地球物理过程的模拟主要包括太阳辐射的吸收、反射和透射;长波辐射的吸收和反射;感热通量、潜热通量,土壤蒸发和蒸腾;动量通量;多层土壤、湖泊的热传导等(图 2.3)。CLM 对水循环过程的模拟主要包括植被冠层对降水的拦截、树干茎流、净降水量;降雪的积累和融化;渗透和径流;多层土壤的水分迁移等。CLM 对生物地球化学过程的模拟主要包括植物的光合作用、呼吸作用和微生物呼吸作用;生物净初级生产量等(Bonan, 1996; Oleson et al., 2013)。

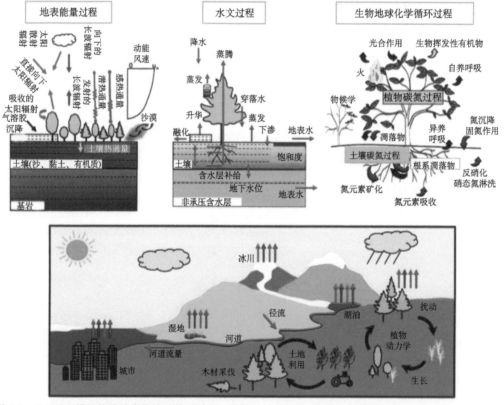

图 2.3　CLM4.5 模拟的陆地生物地球物理过程、生物地球化学过程和景观过程(引自 Lawrence et al., 2011)

本书中的模拟研究主要采用了 CLM3.5、CLM4.0 和 CLM4.5 版本。相较于它们各自之前的版本,CLM3.5 在 CLM3.0 的基础上主要做了以下改进:采用了基于 MODIS 产品的新的地表资料集；改进了植被冠层集水截留参数化方案；加入了一个基于 TOPMODEL 模型的地表和次地表径流模型；采用了一个新的冻土参数化方案等。CLM4.0 在 CLM3.5 的基础上对土壤水热传输过程做出了较大的改进，引入了有机质的水热物理特性 (Lawrence and Slater, 2007)。同时，通过增加 5 个地下水文不活跃的分层方式，将模型分层从原来的 10 层增加到 15 层，模型模拟深度拓展到了 50 米深(Lawrence et al., 2008)。CLM4.5 则在 CLM4.0 的基础上加入了近几年陆面过程的最新研究进展；扩展了模式性能并更新了地表和大气强迫数据集。其中包括对植被冠层辐射方案的修改及光合参数的校正(Bonan et al., 2011)，冻土存在时土壤水属性参数化方案的修改(Swenson et al., 2012)，可以对积雪覆盖度与给定雪深的积雪在积累和融化阶段间的滞后现象的新的积雪参数化方案(Swenson and Lawrence, 2012)及更为合理的湖泊模型参数化方案(Subin et al., 2012)做出反应。CLM4.5 同时引入了地表水存储的概念，替代了模式中的湿地单元，且各能量通量的计算相互独立(Swenson and Lawrence, 2012)。此外，CLM4.5 还添加了垂直解析的土壤生物化学过程参数化方案，可以根据土壤温度、湿度和氧气含量的变化计算土壤分解速率，并且可以根据生物扰动作用、融冰扰动作用和扩散作用改变土壤中的碳氮含量(Koven et al., 2013)。

由于本书重点利用 CLM 开展黄河源区冻土的模拟研究，下面详细介绍土壤水热传输过程。

1. CLM 模式土壤水属性参数化方案

CLM 采用达西定律来描述土壤中的水通量。在达西定律中，土壤水通量的计算依赖土壤导水率 k 及土壤基质势 ψ，而土壤导水率和土壤基质势又是土壤含水量的函数。在 CLM 框架中，土壤导水率 k 和土壤基质势 ψ 的数值描述为

$$k = k_{\text{sat}}\left(\frac{\theta}{\phi}\right)^{2B+3} \tag{2.20}$$

$$\psi = \psi_{\text{sat}}\left(\frac{\theta}{\phi}\right)^{-B} \tag{2.21}$$

式中，θ 是土壤体积水含量(mm^3/mm^3)；ϕ 是土壤孔隙度；k_{sat} 是土壤饱和导水率(mm/s)；ψ_{sat} 是土壤饱和基质势(mm)；B 是常数，它的值取决于土壤的机械组成(Oleson et al., 2013)。

在 CLM4.0 中，当土壤中含冰时，以上土壤水属性参数由土壤中的总含水量算得 $(\theta = \theta_{\text{liq}} + \theta_{\text{ice}})$。依照这种算法，土壤水属性参数不能及时对土壤中水的相变做出反应，导致土壤基质势梯度与热梯度不匹配。此外，模式也不能很好地模拟土壤冻结前的水分迁移现象。

为了减小由陆面模式在高纬多年冻土区的干偏差模拟所引起的通用气候模式 (CCSM4)中的碳循环模拟偏差，Swenson 等(2012)将 CLM 中的土壤水属性参数的计算方法改为：当土壤中含冰时，土壤水属性参数只由土壤中的液态水含量计算($\theta = \theta_{\text{liq}}$)。经检验，这种改进可以有效地减少高纬度多年冻土区的表层土壤干偏差，这种参数化修

改也被加入最新版本的 CLM4.5 中，作为该版本在冻土模拟方面主要的改进。结合冰抗阻函数 f_{frz}，新的参数化方案可以有效地增强模式中土壤水状态和地下水位的一致性，并允许冻土之上滞水层的存在(Swenson et al., 2012)。

CLM4.5 中，土壤导水率方程为

$$k = (1 - f_{\text{frz}})k_{\text{sat}}\left(\frac{\theta}{\phi}\right)^{2B+3} \tag{2.22}$$

$$f_{\text{frz}} = \frac{\exp\{-\alpha[1 - w_{\text{ice}}/(w_{\text{liq}} + w_{\text{ice}})]\} - \exp(-\alpha)}{1 - \exp(-\alpha)} \tag{2.23}$$

式中，w_{liq} 和 w_{ice} 分别为上层土壤的液态水含量和含冰量；α 为常数，模式将其设为 3。由于土壤冻结过程中存在过冷水(Niu and Yang, 2006)，f_{frz} 作为液态水含量 w_{liq} 的函数，可以将 k 的值有效地限制在 1 以下。当土壤处于完全冻结状态时，f_{frz} 的值无限接近 1，此时土壤导水率近乎为 0，当土壤开始融解时，f_{frz} 的值迅速减小，土壤导水率迅速增大。所以在新方案中，当土壤完全冻结时，土层间几乎没有水分下渗，只有当上层土壤开始融解时，土层间才会发生水分的迁移。

2. CLM 模式土壤有机质及导热率参数化方案

有机质可以显著改变土壤的水热属性(Lawrence and Slater, 2007)。由于有机质具有较低的导热率及较高的热容量，土壤中的有机物质可以显著改变土壤的热传导率。不考虑有机质的影响将会对地面的水热变化机制产生显著影响，特别是在高纬度土壤含碳量相对较高的地区。从 4.0 版本开始，CLM 模式已经在土壤的水热参数化方案中加入了有机质的影响。该模式中土壤的物理属性被视为矿物质土和纯有机土的加权平均，关于土壤水热属性的数值描述都被重新定义为有机质和矿物质的加权值。模式中土壤有机质的参数化方案为(Lawrence and Slater, 2007)

$$f_{\text{sc},i} = \rho_{\text{sc},i}/\rho_{\text{sc,max}} \tag{2.24}$$

式中，$\rho_{\text{sc},i}$ 是第 i 层土壤有机质密度；$\rho_{\text{sc,max}}$ 是土壤最大有机质密度，其值为 130 kg/m^3，相当于泥炭的标准体积密度(Farouki, 1981)。

CLM 结合 Johansen 和 Farouki 的工作对土壤间热量的导热率进行参数化描述。土壤导热率 λ 为

$$\lambda = \begin{cases} K_{\text{e}}\lambda_{\text{sat}} + (1 - K_{\text{e}})\lambda_{\text{dry}} & S_{\text{r}} > 10^{-7} \\ \lambda_{\text{dry}} & S_{\text{r}} \leqslant 10^{-7} \end{cases} \tag{2.25}$$

式中，λ_{sat} 和 λ_{dry} 分别为土壤饱和时的导热率和土壤干燥时的导热率；K_{e} 为 Kersten 数，是土壤饱和度 S_{r} 的函数。土壤饱和时的导热率 λ_{sat} [W/(m·K)] 由土壤基质、液态水及冰的导热率共同决定：

$$\lambda_{\text{sat}} = \lambda_{\text{s}}^{1-\theta_{\text{sat}}} \lambda_{\text{liq}}^{\frac{\theta_{\text{liq}}}{\theta_{\text{liq}}+\theta_{\text{ice}}}\theta_{\text{sat}}} \lambda_{\text{ice}}^{\theta_{\text{sat}}\left(1-\frac{\theta_{\text{liq}}}{\theta_{\text{liq}}+\theta_{\text{ice}}}\right)} \tag{2.26}$$

式中，θ_{sat} 为饱和土壤体积含水量；θ_{liq} 为土壤液态水含量；θ_{ice} 为土壤含冰量；$\lambda_{\text{liq}} = 0.57$

W/(m·K)，$\lambda_{\text{ice}} = 2.29$ W/(m·K)，分别为水和冰的导热率；土壤基质导热率 λ_s 为土壤矿物质导热率和有机质导热率的加权平均：

$$\lambda_s = (1 - f_{\text{om}})\lambda_{s,\min} + f_{\text{om}}\lambda_{s,\text{om}} \tag{2.27}$$

式中，f_{om} 为土壤有机质比例；$\lambda_{s,\text{om}} = 0.25$ W/(m·K)，为有机质导热率。矿物质导热率 $\lambda_{s,\min}$ 由土壤机械组成决定：

$$\lambda_{s,\min} = \frac{\lambda_{\text{sand}}(\%\text{sand}) + \lambda_{\text{clay}}(\%\text{clay})}{(\%\text{sand}) + (\%\text{clay})} \tag{2.28}$$

式中，$\lambda_{\text{sand}} = 8.80$ W/(m·K)，$\lambda_{\text{clay}} = 2.92$ W/(m·K)，分别为砂土和黏土的导热率；(%sand) 和 (%clay) 分别为砂土和黏土的质量百分比。土壤干燥时导热率 λ_{dry} 为

$$\lambda_{\text{dry}} = (1 - f_{\text{om}})\lambda_{\text{dry,min}} + f_{\text{om}}\lambda_{\text{dry,om}} \tag{2.29}$$

式中，$\lambda_{\text{dry,om}} = 0.05$ W/(m·K)，为干燥有机质导热率；干燥矿物质的导热率 $\lambda_{\text{dry,min}}$ 为

$$\lambda_{\text{dry,min}} = \frac{0.135\rho_{\text{d}} + 64.7}{2700 - 0.947\rho_{\text{d}}} \tag{2.30}$$

式中，$\rho_{\text{d}} = 2700(1 - \theta_{\text{sat}})$，为矿物质土壤孔隙度。

作为 S_r 的函数，K_e 表示为

$$K_e = \begin{cases} \lg S_r + 1 \geqslant 0 & T \geqslant T_f \\ S_r & T < T_f \end{cases} \tag{2.31}$$

式中，$S_r = \dfrac{\theta_{\text{liq}} + \theta_{\text{ice}}}{\theta_{\text{sat}}} \leqslant 1$。

2.2.3　中尺度区域天气模式 WRF

中尺度区域天气模式 WRF 是一种完全可压非静力模式，是集数值天气预报、大气模拟及数据同化于一体的模式系统，能够很好地服务于中尺度天气的模拟和预报，目前主要应用于有限区域的天气研究和业务预报。WRF 模式在发展过程中，由于科研与业务的不同需求，形成了两个不同的版本，一个是在 NCAR 的 MM5 模式基础上发展而来的 ARW (advanced research WRF)，另一个是在美国国家环境预报中心 (National Centers for Environmental Prediction, NCEP) 的 Eta 模式上发展而来的 NMM (non-hydrostatic mesoscale model)。该模式的 ARW 版本具有方便的前处理模块、后处理模块及同化观测资料模块，适合空间尺度从几公里到几千公里的天气数值模拟研究 (图 2.4)。其中，前处理部分主要由 WPS 和 OBSGRID 组成，主要用于格点气象数据、地形数据及同化数据的提取、整合和插值等；主模式部分主要包括 ARW 模式及其同化模块，是 WRF 模式的核心计算模块；后处理部分主要用于模式结果的处理和图形显示等。本书主要采用 WRF 模式的 ARW3.6.1 版本。

WRF 模式采用地形追随质量垂直坐标 (Laprise, 1992)，也称为地形追随流体静力气压垂直坐标，即垂直质量坐标 η (修正的 σ 面坐标) (图 2.5)，形式如下：

$$\eta = (p_{\text{h}} - p_{\text{ht}})/\mu \tag{2.32}$$

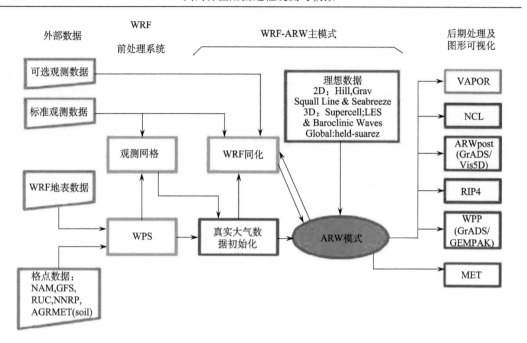

图 2.4　WRF-ARW 模式系统流程（Wang et al., 2009）

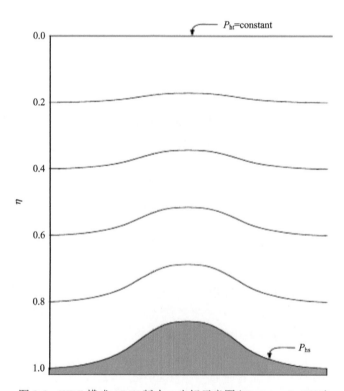

图 2.5　WRF 模式 ARW 版本 η 坐标示意图（Wang et al., 2009）

式中，$\mu = p_{hs} - p_{ht}$，p_{hs} 和 p_{ht} 分别为地表和上边界的气压；p_h 为气压的静力平衡分量。从地表到模式层顶，η 由 1 变化到 0。由于 $\mu(x,y)$ 可看作模式区域 (x,y) 内格点上的单位水平面积上气柱的质量，因此近似的通量形式的保守量则可写为

$$\vec{V} = \mu\vec{v} = (U,V,W), \Omega = \mu\dot{\eta}, \Theta = \mu\theta \tag{2.33}$$

式中，$\vec{v} = (u,v,w)$，为水平和垂直方向上的协变速率；$w = \dot{\eta}$，为逆变"垂直"速度；θ 为位温。另外，定义位势 $\phi = gz$、气压 p 和密度的倒数 $\alpha = 1/\rho$。

则可得到如下通量形式的欧拉方程：

$$\partial_t U + (\nabla \cdot \vec{V}u) - \partial_x\left(p\phi_\eta\right) + \partial_\eta\left(p\phi_x\right) = F_U \tag{2.34}$$

$$\partial_t V + (\nabla \cdot \vec{V}v) - \partial_y\left(p\phi_\eta\right) + \partial_\eta\left(p\phi_y\right) = F_V \tag{2.35}$$

$$\partial_t W + (\nabla \cdot \vec{V}\sum w) - g(\partial_\eta p - \mu) = F_W \tag{2.36}$$

$$\partial_t \Theta + (\nabla \cdot \vec{V}\theta) = F_\Theta \tag{2.37}$$

$$\partial_t \mu + (\nabla \cdot \vec{V}) = 0 \tag{2.38}$$

$$\partial_t \phi + \mu^{-1}[(\vec{V} \cdot \nabla \phi) - gW] = 0 \tag{2.39}$$

且方程组要求满足对于密度倒数的诊断关系：

$$\partial_\eta \phi = -\alpha\mu \tag{2.40}$$

以及气体状态方程：

$$p = p_0\left(R_d\theta / p_0\alpha\right)^\gamma \tag{2.41}$$

式 (2.34)～式 (2.36) 中的下标 x、y 和 η 分别表示微分，且

$$\nabla \cdot \vec{V}a = \partial_x\left(U_a\right) + \partial_y\left(V_a\right) + \partial_\eta\left(\Omega a\right) \tag{2.42}$$

$$\vec{V} \cdot \nabla a = U\partial_x a + V\partial_y a + \Omega\partial_\eta a \tag{2.43}$$

式中，a 代表任意一个一般变量；$\gamma = \dfrac{c_p}{c_v} = 1.4$；$R_d$ 为干空气的气体常数；p_0 为参考气压。

WRF-ARW 计算差分格式在水平空间上采用 Arakawa-C 跳点格式，将热力学变量和水汽变量定义在整数网格点上，u、v 和 w 则交错排列于 $1/2\Delta x$、$1/2\Delta y$ 和 $1/2\Delta z$，使得 w 与 u、v 在垂直方向上相差半个格距，从而使求解 w 时精度更高，Θ 与 u、v 在水平方向上错开半个格距可提高 π 的精度，减小地形影响。时间上采用时间分裂差分方案，即热力学变量向前差分、速度分量和气压项采用二阶蛙跃格式。采用 Runge-kutta 积分方案，垂直方向上采用隐式方案，在隐式方案下求解垂直气压梯度和垂直辐射时可取较大的时间步长。非静力方程完全可压缩，允许声波的存在，从数值计算的稳定性角度考虑，对快波处理采用短时间步长。模式采用张弛侧边界条件 (Skamarock, 2004, 2006; Skamarock and Klemp, 2008; Skamarock and Weisman, 2009; Wicker and Skamarock, 2002)。

参 考 文 献

Bonan G B. 1996. Land Surface Model (LSM version 1.0) for Ecological, Hydrological, and Atmospheric Studies: Technical Description and User's Guide. Technical note. Boulder, Colorado: National Center for Atmospheric Research.

Bonan G B. 1998. Land surface climatology of the NCAR Land Surface Model coupled to the NCAR Community Climate Model. Journal of Climate, 11(6): 1307-1326.

Bonan G B, Lawrence P J, Oleson K W, et al.2011. Improving canopy processes in the Community Land Model version 4 (CLM4) using global flux fields empirically inferred from FLUXNET data. Journal of Geophysical Research: Earth Surface, 116: G02014.

Clapp R B, Hornberger G M. 1978. Empirical equations for some soil hydraulic properties. Water Resources Research, 14(4): 601-604.

Cosby B J, Hornberger G M, Clapp R B, et al.1984. A statistical exploration of the relationships of soil moisture characteristics to the physical properties of soils. Water Resources Research, 20(6): 682-690.

dc Vries D A.1963. Thermal Properties of Soils. In: W.R. van wijk (editor) Physics of the Plant Environment.North-Holland: Amsterdam.

Dai Y J, Ji D Y. 2005. The Common Land Model (CoLM) User's Guide. Beijing: School of Geography, Beijing Normal University.

Dai Y J, Zeng Q C. 1997. A land surface model (IAP94) for climate studies part I: Formulation and validation in off-line experiments. Advances in Atmospheric Sciences, 14(4): 433-460.

Dai Y J, Zeng X B, Dickinson R E, et al. 2003. The common land model. Bulletin of the American Meteorological Society, 84(8): 1013-1024.

Dickinson R E, Henderson-Sellers A, Kennedy P J. 1993. Biosphere-Atmosphere Transfer Scheme (BATS) Version 1 e as Coupled to the NCAR Community Climate Model. Boulder, Colorado: National Center for Atmospheric Research. NCAR Tech. Note NCAR/TN-387+STR, 72 pp.

Dickinson R E, Kennedy P J. 1991. Land surface hydrology in a General Circulation Model N-global and regional fields needed for validation. Surveys in Geophysics, 12(1-3): 115-126.

Farouki O T. 1981. The thermal properties of soils in cold regions. Cold Regions Science and Technology, 5(1): 67-75.

Farouki O T. 1986. Thermal Properties of Soils (Series on Rock and Soil Mechanics). Switzerland: Trans Tech Publications.

Koven C D, Riley W J, Subin Z M, et al.2013. The effect of vertically resolved soil biogeochemistry and alternate soil C and N models on C dynamics of CLM4. Biogeosciences, 10(11): 7109-7131.

Laprise R. 1992. The euler equations of motion with hydrostatic-pressure as an independent variable. Monthly Weather Review, 120(1): 197-208.

Lawrence D M, Oleson K W, Flanner M G, et al. 2011. Parameterization improvements and functional and structural advances in version 4 of the Community Land Model. Journal of Advances in Modeling Earth Systems, 3(1): M03001.

Lawrence D M, Slater A G. 2007. Incorporating organic soil into a global climate model. Climate Dynamics,

30(2-3): 145-160.

Lawrence D M, Slater A G, Romanovsky V E, et al. 2008. Sensitivity of a model projection of near-surface permafrost degradation to soil column depth and representation of soil organic matter. Journal of Geophysical Research: Earth Surface, 113：F02011.

Niu G Y, Yang Z L. 2006. Effects of frozen soil on snowmelt runoff and soil water storage at a continental scale. Journal of Hydrometeorology, 7(5): 937-952.

Oleson K W, Lawrence D M, Bonan G, et al. 2013. Technical Description of Version 4.5 of the Community Land Model (CLM). Boulder, Colorado: National Center for Atmospheric Research.

Skamarock W C. 2004. Evaluating mesoscale NWP models using kinetic energy spectra. Monthly Weather Review, 132(12): 3019-3032.

Skamarock W C. 2006. Positive-definite and monotonic limiters for unrestricted-time-step transport schemes. Monthly Weather Review, 134(8): 2241-2250.

Skamarock W C, Klemp J B. 2008. A time-split nonhydrostatic atmospheric model for weather research and forecasting applications. Journal of Computational Physics, 227(7): 3465-3485.

Skamarock W C, Weisman M L. 2009. The impact of positive-definite moisture transport on NWP precipitation forecasts. Monthly Weather Review, 137(1): 488-494.

Subin Z M, Riley W J, Mironov D. 2012. An improved lake model for climate simulations: Model structure, evaluation, and sensitivity analyses in CESM1. Journal of Advances in Modeling Earth Systems, 4(1): M02001.

Swenson S C, Lawrence D M. 2012. A new fractional snow-covered area parameterization for the Community Land Model and its effect on the surface energy balance. Journal of Geophysical Research: Atmospheres, 117(D21).

Swenson S C, Lawrence D M, Lee H. 2012. Improved simulation of the terrestrial hydrological cycle in permafrost regions by the Community Land Model. Journal of Advances in Modeling Earth Systems, 4(3): 81-96.

Wang W, Bruyère C, Duda M, et al. 2009. ARW Version 3 Modeling System User's Guide. Boulder, Colorado: National Centre for Atmospheric Research.

Wicker L J, Skamarock W C. 2002. Time-splitting methods for elastic models using forward time schemes. Monthly Weather Review, 130(8): 2088-2097.

第 3 章　湍流资料处理与分析

3.1　涡动相关通量资料处理与质量控制

陆气相互作用一直都是大气科学领域研究的重点，其主要是指地面与大气之间的物质、热量、水分和动量的交换。随着科学技术的发展，很多先进的技术手段被用来观测陆气相互作用，其中涡动相关技术被认为是测量地气之间通量交换的最好方法。近二三十年，中国开始利用涡动相关方法进行通量的观测研究工作，但都限于短期和临时的观测。近几年，也开始用涡动相关技术进行通量的长期和连续观测研究。目前涡动相关通量的质量控制及资料处理是一个热点，也是一个难点。本节介绍了通量常用的计算方法：空气动力学法和涡动相关法，最后应用河曲马场观测点的实际观测资料，对应用涡动相关法计算通量过程中的资料质量控制及其通量修正进行了分析。

3.1.1　通量的计算

湍流通量(动量、感热通量、潜热通量和 CO_2 通量等)是描述陆地与大气之间能量与物质交换大小的量。利用微气象学原理测定地气间的热量、动量、水汽和 CO_2 交换通量的主要方法有空气动力学法、能量平衡法和涡动相关法(图 3.1)。在涡动相关法被广泛应用以前，主要利用基于能量和物质通量与它们垂直方向梯度成正比的空气动力学法测定地气间能量和物质交换，目前国际上以涡动相关技术为主要通量观测手段。

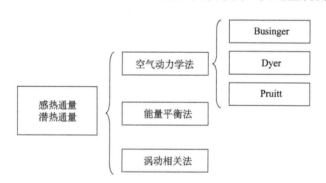

图 3.1　常用通量计算方法的比较

3.1.2　涡动相关法通量资料处理与质量控制

随着科学技术的发展，很多先进的技术手段被用来观测陆气相互作用，其中涡动相关法被认为是测量地气之间通量交换的最好方法。虽然涡动相关法被认为是目前最好的测定通量的技术，但其计算通量的过程是相对复杂的，且需要进行多个计算过程，图 3.2

为利用涡动相关法计算通量的主要流程。

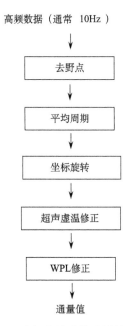

图 3.2 涡动相关法计算通量的流程图

1. 平均周期的选取

涡动相关法被认为是目前最好的测定地表通量的技术，但如果使用不当或没有进行各种必要的校正，通量计算所产生的误差和不确定性依然很大。Massman 和 Lee（2002）分析了涡动相关的不确定性，并且指出了主要误差源，主要包括：①仪器本身的相关参数（如仪器的响应时间常数）和仪器的野外安装问题；②采样问题（频率和平均周期）；③风速和其他物理量的功率谱，高频和低频衰减；④密度变化对 CO_2 通量计算的影响；⑤平流的订正和坐标系统转化；⑥夜间通量和重力波影响等方面的问题。Finnigan 等（2003）分析了一些在森林观测的数据，认为在森林进行观测时，通量计算的平均周期应该取 $2 \sim 4 \, h$，这样可以减少由丢失低频造成的影响。

2. 涡动相关计算的理论方法

对于具有某种属性的物理量 s，它的垂直通量 F 可以表示为

$$F = \rho_a \overline{w's'} \tag{3.1}$$

式中，ρ_a 是空气密度；w 是垂直风速，上撇号表示实际值与某段时间内的平均值之差，即物理量的瞬时脉动值；上横线表示该时间段内物理量的平均。对于给定的某一段时间间隔 T，F 等于 s 和 w 之间的协方差在 T 时间段内的时间积分：

$$F = \rho_a \frac{1}{T} \int_0^T \left(w_i'(t) s_i'(t) \right) \mathrm{d}t \tag{3.2}$$

在实际应用中，由于观测数据受观测技术和采样频率的制约，获取的只是离散数据，所以式(3.2)可以表达为

$$F = \rho_a \frac{1}{N} \sum_{i=1}^{N} \left(w_i'(t) s_i'(t) \right) \tag{3.3}$$

式中，N 是样本数，等于采样频率 f 和平均周期 T 的乘积，即 $N = f \times T$。在实际应用中，f 和 T 通常采用的取值范围分别是 5～20 Hz 和 10～30 min。理论上，采样频率越高，平均周期越长，其结果越接近真值。然而，采样频率越高，越需要更快响应的感应器、更大容量的数据存储器、更高的研究成本和高新技术的支撑。一方面，如果平均周期太长，则地表通量所包含的一些细节的变化过程可能会被遗漏；另一方面，由于平均值中包含长时间的非定常性或倾向，而这种倾向将对通量的计算产生影响。因此在确定平均周期时，一方面要求平均周期应足够短，以保证稳定的时间系列不受任何倾向的影响；另一方面又要求平均周期应足够长，以包含湍流谱中最慢的涨落。这是目前国际相关研究领域所关注的科学问题。

为了估算不同平均周期可能对通量总量的影响，通常采用两种统计平均方法，即分时段平均(block time average)和全时段平均(ensemble block time average)进行不同平均周期对通量总量的对比研究。

最简单的和广泛使用的平均方法是分时段平均，其基本公式为

$$\overline{s(t)} = \int_{0}^{T} s(t) \mathrm{d}t \tag{3.4}$$

全时段平均是由若干个平均长度为 T 的数据形成的更长时间的算术平均。使用符号 "$\langle \, \rangle$" 表示全时段平均，N 个 T 时段平均值的全时段平均为

$$\langle \overline{s} \rangle = \frac{1}{N} \sum_{n=1}^{N} \overline{Sn} \tag{3.5}$$

3. 平均周期确定的理论方法

基于涡动相关法测定植被大气水、热通量时，要考虑选择合适的数据平均周期：①可以分辨水、热通量日变化特征；②可以分辨短周期的零星事件的影响；③可以捕捉大部分低频通量成分。Kaimal 和 Finnigan(1994)提出了估计平均周期的简单方法：

$$T = \frac{2\sigma_\alpha^2 \tau_\alpha}{\overline{\alpha}^2 \varepsilon^2} \tag{3.6}$$

式中，σ_α 为所研究时间序列 α 的总体方差；τ_α 为积分时间尺度；ε 为容许误差($\varepsilon = \dfrac{\sigma_{\overline{\alpha}}}{\overline{\alpha}}$)。

为了检验不同平均周期对通量计算结果的影响，所选的平均周期分别是 5 min、10 min、15 min、30 min、60 min、90 min、120 min 和 240 min。目前通常采用 10 Hz 采样频率和 30 min 平均周期的处理模式。本书假设这一模式为与不同的平均周期计算结果对比的"标准"，通过不同平均周期与"标准平均周期"的通量对比，可以了解不同平均周期对通量计算结果的影响。

4. 不同平均周期对通量计算结果的影响

理论上,涡动相关法要求在平均周期内的平均垂直速度等于零,然而,在实际中的大多数情况下,在某一给定的时段内,各种原因使得平均垂直速度并不等于零。利用多个短平均周期计算的协方差的算术平均值与直接利用一个较长平均周期计算的协方差也是不相等的,平均周期的选择将会影响通量的最终结果。目前,在大多数通量观测中,平均周期取值为 10～30 min。下文将从理论上讨论平均周期改变时,结果将会发生什么样的变化。

图 3.3 是河曲马场通量观测站 2007 年 1 月 13 日的通量观测结果,是利用不同平均周期计算的感热通量和潜热通量的日变化,为了便于比较分析,将所有平均周期小于 30 min 的通量值都利用算术平均方法平均为 30 min 的平均值。从图 3.3 中可以明显看出,当平均周期分别取 5 min、10 min、15 min 和 30 min 时,平均周期越小,通量的绝对值变得越小,这种现象在中午左右最为明显;取 1 min 和 5 min 时,感热通量和潜热通量的值偏小得多,这可能就是由于损失了部分低频通量;当取 10 min、15 min 和 30 min 时,感热通量和潜热通量的差别不是很明显。图 3.4 是利用不同平均周期 5 min、10 min、15 min 计算的感热通量及潜热通量与平均周期 30 min 计算的热通量的散点图及线性回归方程,从图 3.4 中可以看出,当取不同平均周期时,通量变化趋势一致,它们之间有较好的线性关系。平均周期为 5 min、10 min、15 min 时的通量值均小于平均周期为 30 min 时的值。

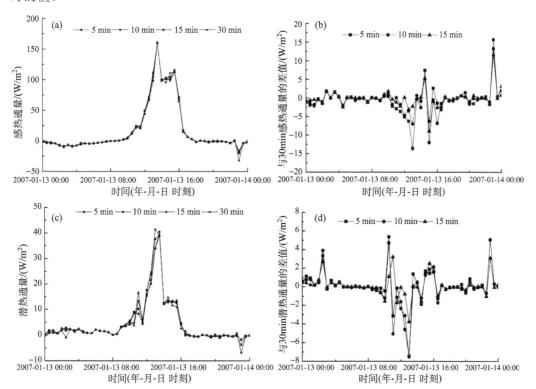

图 3.3　利用不同平均周期计算的感热通量(a)和潜热通量(c)及其差值[(b)、(d)]

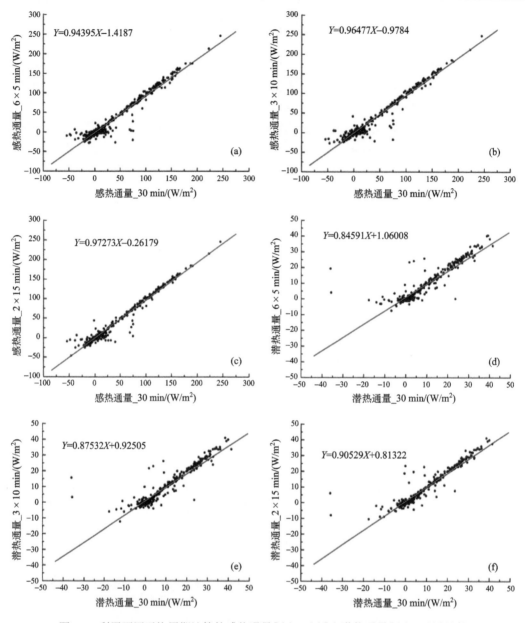

图 3.4　利用不同平均周期计算的感热通量[(a)～(c)]和潜热通量[(d)～(f)]比较

　　图 3.5 给出了感热通量和潜热通量随不同平均周期(5～240 min)变化的曲线。对于感热通量而言，当平均周期在 5～240 min 变化时，通量值有随着平均周期增大而增大的趋势；对于潜热通量而言，当平均周期在 5～90 min 变化时，通量值随着平均周期增大略有减小的趋势，但是变化不是很大，当周期值为 120 min、180 min、240 min 时，通量值波动，呈不稳定变化，但是变化幅度不是很大。

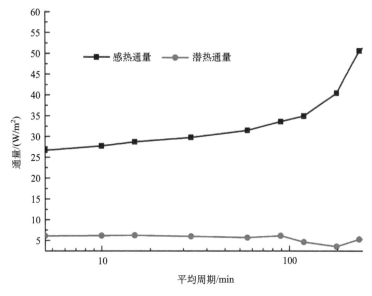

图 3.5　日平均感热通量和潜热通量随平均周期的变化

5. 确定平均周期参数范围的归一化比值方法

　　为了进一步说明平均周期与通量值之间的变化关系，这里采用孙晓敏等(2004)的归一化比值方法进行比较分析，其主要思想为：将以选择的每一个不同的平均周期值计算的通量值分别比以"标准"平均周期值计算的通量值，通过归一化比值方法来确定不同下垫面动态变化情景下的平均周期参数范围。图 3.6 给出了以不同平均周期计算的通量值与 30 min 通量值的比值。通过图 3.6 可以十分清楚地了解取不同平均周期值对感热通量和潜热通量计算的影响和差异，同时归一化比值方法是一种十分有效的方法。

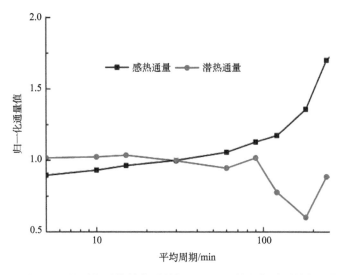

图 3.6　以不同平均周期计算的热通量与 30 min 平均周期结果的归一化对比

从图 3.6 中可以清楚地看出当平均周期在 5～240 min 变化时，感热通量和潜热通量与"标准"平均周期的相对比值。感热通量的平均周期在 5～240 min 变化时，通量值的相对变化范围小于 10%，若平均周期在 5～240 min 变化时，通量值的相对变化范围为32%；潜热通量的平均周期在 2～480 min 变化时，通量值的相对变化范围小于 10%，若平均周期在 1～720 min 变化时，通量值的相对变化范围最大为 15%，潜热通量随平均周期的变化没有感热通量那样显著。

综上，利用玛曲草地通量观测站 10Hz 原始超声数据，计算不同平均周期下感热通量和潜热通量值，对比分析发现：①由于某一特定时段内的垂直速度不等于零，或者在一定时段内存在垂直风速和物理量总体的趋势变化，因此取不同平均周期将会得到不同的涡动相关通量值；②对于玛曲草地通量观测站而言，计算通量值时，平均周期取 10～90 min 时，会产生 5% 的相对误差；③平均周期取 10～90 min 时，潜热通量相对于感热通量而言，误差会小一些。

6. 坐标旋转

用涡动相关法测量下垫面的地表通量的一个很重要的假设是在某段时间内(如 30 min)平均垂直风速为零。下垫面的非均匀性、超声风速仪的倾斜和其他因素都可能导致在观测的某一给定时间内的平均风速不等于零，而这种情况的出现会使得通量的计算结果出现误差。理论上，用涡动相关法测量通量时，如果已经测出地表坡度、坡向和仪器倾斜度，就可以用通用公式直接计算来校正。但实际上，很难测出地表坡度、坡向和仪器倾斜度。为了消除这方面的误差，以获得更加精确的通量数据，可以用坐标变换方法来消除这方面的影响，尤其是在坡地或不规则的下垫面下。目前国际上比较常用的 3 种方法是二次坐标旋转(double rotation, DR)、三次坐标旋转(triple rotation, TR)和平面拟合(plane fit，PF)。这里主要讨论二次坐标旋转和三次坐标旋转。

坐标旋转是利用一定时段内(一般为 1～30 min)以大地坐标下的三维平均风速为依据进行旋转。Wilczak 等(2001)用图解的方式介绍了这种旋转的理论和方法(图 3.7)。

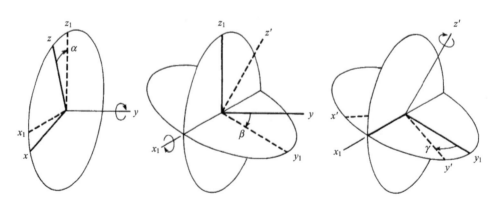

图 3.7　坐标旋转示意图(Wilczak et al., 2001)

根据旋转的次数不同,该方法又分为二次旋转法和三次旋转法。目前三次旋转法被认为是最好的方法之一,并且得到了广泛的应用。

第一次旋转的目的是使得 X 轴平行于平均气流,第一次变换后的 3 个方向的风速 u_1、v_1 和 w_1 分别为

$$u_1 = u_m \cos\theta + v_m \sin\theta \tag{3.7}$$

$$v_1 = -u_m \sin\theta + v_m \cos\theta \tag{3.8}$$

$$w_1 = w_m \tag{3.9}$$

$$\theta = \arctan\left(\overline{v_m} \Big/ \overline{u_m}\right) \tag{3.10}$$

式中,u_m、v_m 和 w_m 分别是用三维超声风速仪测定的纬向、经向和垂直方向的三维超声风速的平均值。

第二次旋转的目的是使得垂直风速为零,即

$$u_2 = u_1 \cos\varphi + w_1 \sin\varphi \tag{3.11}$$

$$v_2 = v_1 \tag{3.12}$$

$$w_2 = -u_1 \sin\varphi + w_1 \cos\varphi \tag{3.13}$$

$$\varphi = \arctan\left(\overline{w_1} \Big/ \overline{u_1}\right) \tag{3.14}$$

经过两次旋转后,$\bar{v}=0$,$\bar{w}=0$。此时已经基本消除了平均垂直风速不为零对通量结果的影响,其风速仪在新平面的方向与最初的方向有关。虽然此时经向的平均风速和垂直平均风速等于零,但它们的协方差不一定为零。为了避免这种模糊现象可能对动量计算产生的影响,McMillen(1988)建议再进行一次旋转,即第三次旋转。

第三次旋转使得 $\overline{vw}=0$,其计算公式如下:

$$u_3 = u_2 \tag{3.15}$$

$$v_3 = -v_2 \cos\psi + w_2 \sin\psi \tag{3.16}$$

$$w_3 = -v_2 \sin\psi + w_2 \cos\psi \tag{3.17}$$

$$\psi = \tan^{-1}\frac{\overline{2v_2 w_2}}{\overline{v_2^2 w_2^2}} \tag{3.18}$$

经过三次坐标旋转后,$\bar{v}=0$,$\bar{w}=0$,$\overline{vw}=0$。

图 3.8(a)比较了 DR 方法校正的感热通量、TR 方法校正的感热通量和没有进行任何坐标旋转的感热通量的时间序列,从图中可以看出三者之间无明显的差异,在夜间到凌晨经 DR 方法校正的感热通量和经 TR 方法校正的感热通量之间有较大的差异,且表现得不是很有规律,这可能是由夜间很稳定的湍流而造成的计算波动。图 3.8(b)~(d)是 DR 方法校正的感热通量、TR 方法校正的感热通量和没有进行任何坐标旋转的感热通量的散点图,从图中可以看出三者之间的互相比较,其差异不是很明显。

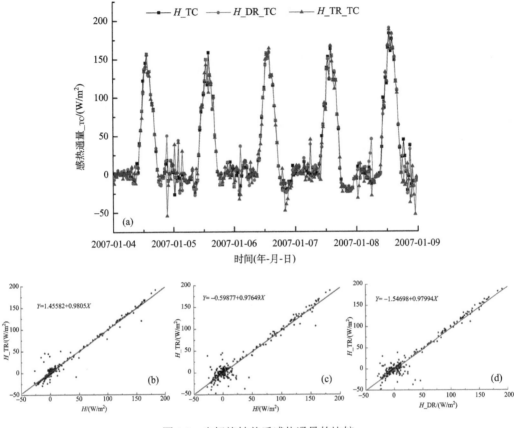

图 3.8　坐标旋转前后感热通量的比较

图 3.9(a)比较了 DR 方法校正的潜热通量、TR 方法校正的潜热通量和没有进行任何坐标旋转的潜热通量的时间序列，从图中可以看出三者之间有明显的差异，和感热通量相同，在夜间经 DR 方法和 TR 方法校正的潜热通量之间有较大的差异，且表现得不是很有规律，这可能是由夜间很稳定的湍流而造成的计算波动。图 3.9(b)～图 3.9(d)是 DR 方法校正的潜热通量、TR 方法校正的潜热通量和没有进行任何坐标旋转的潜热通量的散点图，从图中可以看出三者之间的互相比较处在零值附近相对比较离散，与感热通量的结果相比，潜热通量表现得更加离散。

7. 超声虚温的修正

三维超声风速仪是一种快速响应的仪器，它用声学的原理来测量大气运动，利用脉动观测来直接计算感热通量和潜热通量。通常情况下所得到的感热通量都是由超声虚温计算得到的，超声虚温会受到空气湿度和速度脉动的影响，因此需要进行虚温修正。

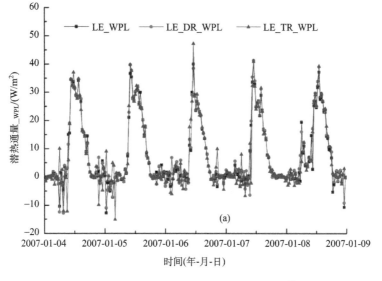

图 3.9　坐标旋转前后潜热通量的比较

Schotanus 虚温修正方法：声速波在传感器间传输和返回（图 3.10），假设传感器间是均匀风温场，声波在传感器间传输和返回的时间分别为

$$t_1 = \frac{l}{c\cos\alpha + v_l} \tag{3.19}$$

$$t_2 = \frac{l}{c\cos\alpha - v_l} \tag{3.20}$$

$$1/t_1 + 1/t_2 = (2c\cos\alpha)/l \tag{3.21}$$

$$c^2 = \gamma RT(1 + 0.51q) \tag{3.22}$$

式中，l 是路径距离；c 是声速；$\alpha = \sin^{-1}(v_n/c)$；$T$ 是绝对温度；q 是比湿，对于空气；$\gamma R = 403\,\mathrm{m}^2/(\mathrm{s}^2{\cdot}\mathrm{K})$。超声虚温可以由下式得到：

$$T_s = \frac{l^2}{4\gamma R}\left\{\frac{1}{t_1} + \frac{1}{t_2}\right\} \tag{3.23}$$

将式（3.21）～式（3.23）写成平均流与脉动流两部分，$c = \bar{c} + c'$，$\cos\alpha = \overline{\cos\alpha} + \cos\alpha'$，$T = \bar{T} + T'$，$q = \bar{q} + q'$，然后进行 Taylor 展开，就可以得到平均虚温［式（3.24）］与脉动虚温［式（3.25）］：

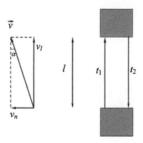

图 3.10　Schotanus 虚温修正方法示意图（Schotanus et al., 1983）

$$\overline{T}_{\text{s}} = \overline{T}\left(1 + 0.51\overline{q}\right) \tag{3.24}$$

$$T_{\text{s}'} = T' + 0.51q'\overline{T} - \frac{2\overline{T}}{c^2}v_n v_n' \tag{3.25}$$

这样就可以得出超声虚温与垂直速度的协方差：

$$\overline{w'T'} = \overline{w'T_{\text{s}}'} - 0.51\overline{T}\overline{w'q'} + 2\frac{\overline{T\,u}}{c^2}\overline{u'w'} \tag{3.26}$$

β 是波文比，$|\beta < 1|$，即 $|H| < |\text{LE}|$ 时，超声虚温修正是必须的。后文将通过实际观测数据来说明 Schotanus 虚温修正方法。

引入波文式（3.27），这样超声虚温与垂直速度的协方差就可以写为式（3.28），进一步可以简化为式（3.29）。

$$\beta = \frac{C_{\text{p}}}{\lambda}\overline{w'T'}\Big/\overline{w'q'} \tag{3.27}$$

$$\overline{w'T_{\text{s}}'} = \overline{w'T'}\left(1 + \frac{0.51\overline{T}C_{\text{p}}}{\lambda\beta}\right) - 2\frac{\overline{T\,u}}{c^2}\overline{u'w'} \tag{3.28}$$

$$\overline{w'T_{\text{s}}'} \approx \overline{w'T'}\left(1 + \frac{0.06}{\beta}\right) \tag{3.29}$$

Liu 等（2003）虚温修正方法：Schotanus 虚温修正方法对于通量计算是一个很大的改进，但是此方法主要针对垂直轴的超声风速仪（如 Kaijo Denki DAT-310/A），新型的超声风速仪使用三个轴的平均值求超声虚温，所以 Liu 在 Schotanus 虚温修正方法的基础上针对不同生产厂家不同类型的超声提出了一套更详细的虚温修正方法（表 3.1）。其大概原理如下：

$$T_{si} - T_{si}\left(1 + 0.51q\right) - \frac{V_{ni}^2}{\gamma_{\text{d}}R_{\text{d}}} \tag{3.30}$$

$$T_{si} = \frac{c_i^2}{\gamma_{\text{d}}R_{\text{d}}} \tag{3.31}$$

$$T_{\text{s}} = T\left(1 + 0.51q\right) - \frac{1}{3}\left(\frac{V_{n1}^2}{403} + \frac{V_{n2}^2}{403} + \frac{V_{n3}^2}{403}\right) \tag{3.32}$$

其中，$T_{\text{s}} = \left(c_1^2 + c_2^2 + c_3^2\right)$

$$V_{n1}^2 = \frac{3}{4}u^2 + v^2 \tag{3.33}$$

$$V_{n2}^2 = \frac{15}{16}u^2 + \frac{13}{16}v^2 + \frac{\sqrt{3}}{8}uv \tag{3.34}$$

$$V_{n3}^2 = \frac{15}{16}u^2 + \frac{13}{16}v^2 - \frac{\sqrt{3}}{8}uv \tag{3.35}$$

$$V_{n1}^2 = A_1 u^2 + B_1 v^2 + C_1 uv \tag{3.36}$$

$$V_{n2}^2 = A_2 u^2 + B_2 v^2 + C_2 uv \tag{3.37}$$

$$V_{n3}^2 = A_3 u^2 + B_3 v^2 + C_3 uv \tag{3.38}$$

表 3.1　不同超声风速仪的修正系数

因子	CSAT3	USA-1	Solent R3,R3A,HS	Solent R2
A_1	3/4	1	$1-\cos^2\varphi$	1/2
A_2	15/16	5/8	$1-1/4\cdot\cos^2\varphi$	0
A_3	15/16	5/8	$1-1/4\cdot\cos^2\varphi$	0
B_1	1	1/2	1	1
B_2	13/16	7/8	$1-3/4\cdot\cos^2\varphi$	0
B_3	13/16	7/8	$1-3/4\cdot\cos^2\varphi$	0
C_1	0	0	0	0
C_2	$\sqrt{3}/8$	$\sqrt{3}/4$	$\sqrt{3}/2\cdot\cos^2\varphi$	0
C_3	$-\sqrt{3}/8$	$-\sqrt{3}/4$	$-\sqrt{3}/2\cdot\cos^2\varphi$	0
A	7/8	3/4	$1-1/2\cdot\cos^2\varphi$	1/2
B	7/8	3/4	$1-1/2\cdot\cos^2\varphi$	1

$$T_s' = T' + 0.51q'\overline{T} - \frac{2\overline{T}}{c_2}(u'\overline{u}A + v'\overline{v}B) \tag{3.39}$$

$$\overline{(w'T_c')} = \overline{w'T_s'} - 0.51\overline{w'q'T} + \frac{2\overline{T}}{c^2}(\overline{w'u'uA} + \overline{w'v'vB}) \tag{3.40}$$

　　Liu 等(2003)虚温修正方法是在 Schotanus 虚温修正方法的基础上提出的，其比 Schotanus 虚温修正方法考虑得更全面，同时考虑了风速和不同类型仪器的影响。比较二者对通量修正的最终结果式(3.39)和式(3.40)，发现二者比较相似，等号右边的前两项相同，只是第三项不同，通过量级分析，发现第三项是一个小项，对整体的影响较小。

　　下文用实际观测资料对虚温修正进行计算比较说明，这里只使用了 Schotanus 虚温修正方法。图 3.11 是经过 Schotanus 虚温修正方法计算得到的感热通量值，从图中可以看出修正前后具有明显的差别，尤其是在中午感热通量取得最大值的时候[图 3.11(a)]，从图 3.11(b)中可以看出二者的最大差值可以达到 10W/m^2 以上，快接近感热通量的 10%，这是一个相对比较大的量。

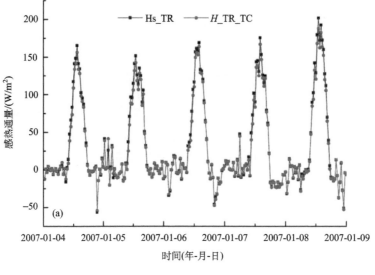

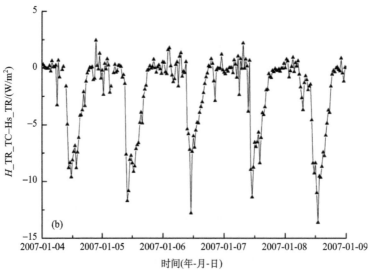

图 3.11　Schotanus 虚温修正后感热通量的比较

8. 潜热通量修正

1) WPL（Webb-Pearman-Leuning）修正

通量修正是指对潜热通量和 CO_2 通量的修正。因为热量和水汽的传输会引起空气体积发生变化，从而使测量的标量密度（浓度）中包含一部分体积变化产生的影响，这部分变化并不代表真实的物质增加或减少，因此需要对其进行修正。Webb 和 Pearman（1977）最早注意到这一问题。早期的研究通过体积变化引发空气垂直运动，求出平均空气垂直运动速度 $\bar{w}$，再将 $\bar{w}$ 对平均质量的输送附加到脉动输送上，以此来修正潜热通量和 CO_2 通量。其中最为经典且目前一直被广泛使用的就是 Webb 等（1980）在干空气质量守恒前提下提出的修正方法（简称 WPL 修正），其修正公式如下：

$$\overline{w} = \left(1 + \mu\sigma\right)\frac{\overline{w'T'}}{\overline{T}} + \mu\frac{\overline{w'\rho_v'}}{\rho_a} \tag{3.41}$$

$$LE = L_v\overline{w'\rho_v'} + \mu\sigma L_v\overline{w'\rho_v'} + \left(1 + \mu\sigma\right)\overline{\rho_v}\frac{L_v\overline{w'T'}}{\overline{T}} \tag{3.42}$$

式中，$\overline{LE}$ 为经 WPL 修正后的潜热通量；$L_v\overline{w'\rho_v'}$ 项为未经过 WPL 修正的潜热通量项；$\mu\sigma L_v\overline{w'\rho_v'}$ 项与水汽传输有关，称为潜热通量修正项；$(1 + \mu\sigma)\overline{\rho_v}\dfrac{L_v\overline{w'T'}}{\overline{T}}$ 项与感热通量传输有关，称为感热通量修正项；$\mu = \dfrac{m_a}{m_v}$，为空气和水汽的摩尔质量比；$\sigma = \dfrac{\rho_v}{\rho_d}$，为水汽混合比；$\rho_v$ 为水汽密度；ρ_d 为干空气密度。

$$LE \approx \left(1 + \mu\sigma\right)L\overline{w'\rho_v'}\left(1 + 8\overline{q}\beta\right) \tag{3.43}$$

$$q = \rho_v / \left(\rho_d + \rho_v\right) = \rho_v / \rho \tag{3.44}$$

$\beta = H/LE$，β 是波文比，由此可以看出当 $|\beta > 1|$，即 $|H| > |LE|$ 时，WPL 变换是必须的。就分析的玛曲草地站点资料而言，感热通量大于潜热通量，因此，WPL 变换是必须的。

图 3.12 是经过 WPL 修正的 WPL 修正项及潜热通量，由图 3.12(a)可以看出 WPL 修正中以感热通量修正为主，可以大约占潜热通量值的 6%，而潜热通量修正项很小，基本都在零值附近；因此整个 WPL 修正占潜热通量值的 6%左右，这会对潜热通量值造成较大的影响。

2) Liu 修正

Liu(2005)从新的思路提出了改进办法，指出垂直速度综合了多种机制，还有很大的不确定性，可以不计算垂直速度，也不需要任何假设，直接从湿空气膨胀(压缩)的物理过程出发，由湿空气密度变化推导潜热通量和 CO_2 通量的修正公式：

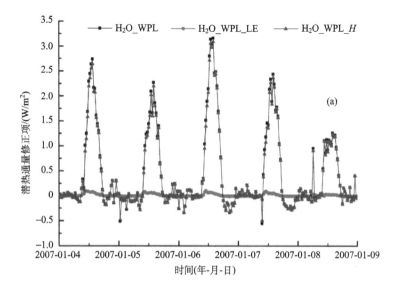

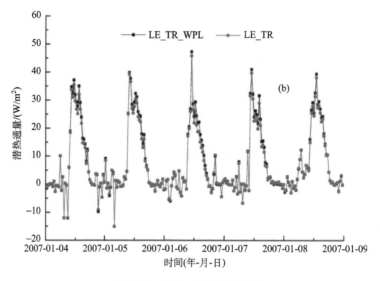

图 3.12　WPL 修正结果比较

$$\mathrm{LE_{\_Liu}} = L_v \overline{w'\rho_v'} + \frac{\overline{\rho_v}}{\overline{\rho}}(\mu-1)L_v\overline{w'\rho_v'} + \frac{\overline{\rho_a}}{\overline{\rho}}(1+\mu\sigma)\overline{\rho_v}\frac{L_v\overline{w'T'}}{\overline{T}} \tag{3.45}$$

　　WPL 修正在干空气质量守恒前提下推导 $\overline{w}$，设想如果忽略空气中原有的水汽，会高估水汽变化的作用。Liu 修正从湿空气膨胀/压缩原理出发推导密度变化，不需要任何假设，理论上应当对水汽的变化估计比较准确。从理论上看，Liu 修正更具有优势。

　　图 3.13 为 Liu 修正项及其修正后的潜热通量项，同样在 Liu 修正中以感热通量修正为主，潜热通量修正项很小，基本都在零值附近。对比就会发现 Liu 修正和 WPL 修正相似。

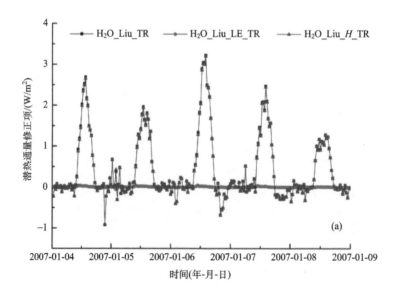

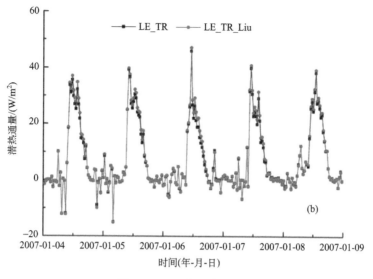

图3.13　Liu修正结果比较

3）WPL修正与Liu修正比较

图3.14为5天通量资料的修正计算分析，从图中可以看出Liu修正与WPL修正的结果基本相同，从图 3.14（c）中可以看出二者基本重合，这主要是因为修正项本身的量级就比较小，所以它们之间没有明显差异。

通量资料的计算周期不同会导致通量计算结果不同，而对通量值的坐标旋转校正、感热通量的虚温修正及潜热通量的 WPL 修正（Liu 修正）都对通量结果有最大近 6%的影响。

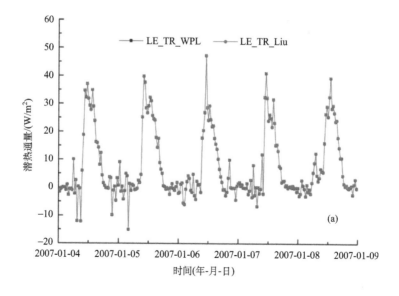

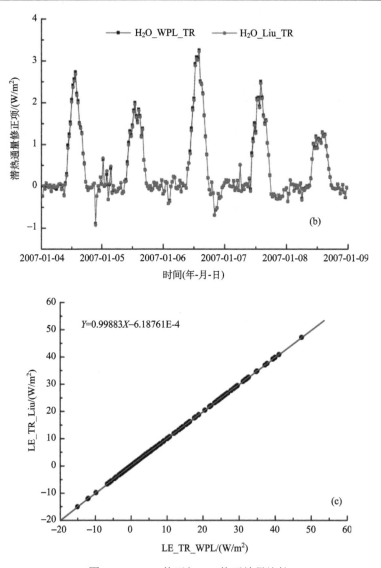

图 3.14　WPL 修正与 Liu 修正结果比较

3.1.3　小结

本节介绍了通量常用的计算方法：空气动力学法和涡动相关法，应用玛曲草地站点的实际观测资料，在应用涡动相关法计算通量过程中，对资料质量控制及其通量修正进行了计算分析，最后定性地分析了质量控制和通量修正对能量平衡的影响，得出以下主要结论。

(1) 利用玛曲草地站点涡动相关法 10 Hz 原始资料计算比较了不同平均周期下感热通量和潜热通量值：①对于玛曲草地站点而言，计算通量值时及平均周期取 10～90 min 时，会产生 5% 的相对误差；②平均周期取较为合理的 10～90 min 时，潜热通量相对于感热通量而言，误差会小一些。

(2)应用二次坐标旋转法和三次坐标旋转法对玛曲草地站点的涡动相关资料做了校正计算,结果表明:①经二次坐标旋转和三次坐标旋转校正后的感热通量差异不是很大;②经二次坐标旋转和三次坐标旋转校正后的潜热通量在零值附近比较离散,总体而言,三次坐标旋转校正结果比二次坐标旋转更为离散一点。

(3)首先介绍了 Schotanus 虚温修正方法原理和 Liu 虚温修正方法原理,并且应用 Schotanus 虚温修正方法计算了感热通量,发现修正前后具有明显的差别,尤其是在中午感热通量取得最大值的时候,二者的最大差值可以达到 $10W/m^2$ 以上,快接近感热通量的 10%。

(4)热量和水汽的传输会引起空气体积发生变化,从而使测量的标量密度中包含一部分体积变化产生的影响,因此需要对其进行修正。首先介绍了 WPL 修正和 Liu 修正,然后计算对比分析了 WPL 修正和 Liu 修正,修正项最大可以占潜热通量的 6%左右,而 WPL 修正与 Liu 修正的差异不是很大。

(5)综上分析,可以看出对于玛曲草地站点的通量资料而言,推荐取 30 min 平均周期,使用二次坐标旋转计算感热通量与潜热通量;计算感热通量的过程中进行虚温修正和计算潜热通量的过程中进行 WPL 修正(或 Liu 修正),可以较大幅度地改变通量值,建议以后在玛曲草地站点通量资料处理过程中使用。

3.2　湍流资料的质量评价及通量方差法的应用

涡动相关法的理论基础最早由 Reynolds 于 1895 年提出(Reynolds, 1895),后来流体力学与微气象学理论的长期发展促进了涡动相关法的成熟与发展。但由于微气象仪器、数据采集系统及计算机能力等方面的限制,涡动相关法直到 20 世纪 90 年代初才逐渐趋于成熟并应用于陆地生态系统物质与能量交换的长期观测研究中(Berbigier et al., 2001; Wofsy et al., 1993)。涡动相关法是通过测定和计算物理量的脉动与垂直风速脉动的协方差而求解湍流通量。涡动相关法客观地要求仪器安装在常通量层内,即湍流通量不随高度发生变化的大气边界层内(Moncrieff et al., 1996)。另外,对于 Monin-Obukhov 相似性理论(MOST)而言,其建立在均匀、平坦、定常的假设之上。但是由于现实生态系统的复杂性及观测仪器的自身限制,以上这些假设本质上很难得到满足(Tampieri et al., 2009),从而导致湍流通量的测定值(在不进行任何修正条件下,涡动相关观测系统所获得的观测结果)与真实值之间存在着一定的偏差(Baldocchi et al., 2000; Wilson et al., 2002)。例如,由于涡动相关系统传感器的分离,通量计算过程中滤波方法的选择和平均时间选取等均会造成高频损失(Moore, 1986),其通量损失最大可达 30%(Eugster and Senn, 1995; Horst, 1997; Leuning and Judd, 2010; Massman, 2000)。因此在通量计算过程中需要对其进行相应的订正,而这则建立在实际观测中对湍流能谱、协谱了解的基础之上(Massman, 2000; Moore, 1986)。

近年来大量的研究结果指出涡动相关系统观测得到的大气边界层中的湍流能谱结构并不完全与 MOST 一致(Andreas, 1987; Högström, 1990; Högström et al., 2002; McNaughton, 2004 a, 2004 b, 2006; McNaughton et al., 2007; McNaughton and Laubach,

2000; Smedman et al., 2007; Smeets et al., 1998; Wei et al., 2007; Zhang et al., 2010b）。有研究表明，大尺度的涡旋运动是造成大气边界层湍流能谱结构偏离 MOST 的主要原因。这些大尺度涡旋包括：稳定边界层内地形起伏所激发的平流运动（Andreas, 1987; Smeets et al., 2000, 1998）；中性层结下应力剪切作用所导致的涡旋运动（Kaimal, 1978; Mcnaughton and Brunet, 2002; Mcnaughton and Laubach, 2000）；对流边界层外层的对流运动（McNaughton, 2004 a, 2006）；地表非均匀性诱发的次级环流（Foken, 2008）等。这些大尺度的涡旋通过不同的方式影响大气边界层，导致湍流能谱、协谱偏离 MOST（Zhang et al., 2010b）。

方差相似性关系是 MOST 的重要部分，其应用主要有以下几个方面：①高阶湍流闭合模型的检验（Juang et al., 2006）。②标量间源/汇分布的相似性检验（Hill, 1989a, 1989b; Katul et al., 1995; Padro, 1993）。③湍流传输效率的评估（Debruin et al., 1993; Detto and Katul, 2007; Katul and Hsieh, 1999; Lamaud and Irvine, 2006; McBean and Miyake, 1972; Thom et al., 1975）。④涡动相关系统通量观测的质量评价方法（Foken et al., 2004）。⑤作为资料插补技术应用于长期通量观测中（Choi et al., 2004; Guo et al., 2009）。然而，受多种因素，如非局地调制作用（Cullen et al., 2007; Högström, 1990; Högström et al., 2002; Roth and Oke, 1995）、地表源/汇分布的非均匀性（Katul et al., 1995）、下垫面的季节性变化（Williams et al., 2007）的影响，方差相似性关系与 MOST 同样存在差异（Garratt, 1978; Katul et al., 1995; Lyons et al., 2001; Padro, 1993; Raupach, 1979; Thom et al., 1975）。甚至在均匀的下垫面上，仍有研究发现温度及水汽的方差相似性函数并不成立（Bruin et al., 1993），原因在于温度在湍流动能收支方程中扮演了一个更为主动的角色（active role）（Katul and Hsieh, 1999）。此外，在应用涡动相关技术在野外测定通量数据时，还需要充分考虑测定结果的不确定性。这种不确定性可能与涡动相关系统仪器响应能力的制约有关，也可能与涡动相关技术的常通量层假设所需条件不能得到满足有关。解释现实的涡动相关技术的测定结果，使其能够代表大气与植被间的物质交换信息，对当代微气象学家来说是个巨大的挑战（Aubinet et al., 2000; Baldocchi et al., 2000; Vickers and Mahrt, 1997; Foken and Wichura, 1996）。

虽然 MOST 及涡动相关技术有其理论假设的局限性，但在实际的野外观测中仍将其作为观测站点的选择、仪器安装及资料分析的重要参考（Tampieri et al., 2009），其也是湍流资料质量评价的重要标准（Foken et al., 2004）。基于此，本节选取玛曲草地站点 2010 年 7 月 1 日～9 月 30 日共 18 个典型晴天白天（北京时 10:00～17:00）、大气稳定度参数 $Z/L<0$，且满足定常性的涡动相关观测数据，对大气湍流谱与脉动方差的相似性关系进行分析讨论，进而在 5 种不同的湍流通量相对传输效率参数化方案的基础上应用通量方差方法进行湍流通量的估算。

3.2.1 谱相似性

Kolmogorov（1941）最早提出了惯性副区（inertial subrange）的概念，将含能区（energy containing ranges）和耗散区（dissipating range）分开，并指出在惯性副区中湍流能谱正比于 $\varepsilon^{2/3} k_1^{-5/3}$。根据 Kolmogorov 相似性理论，风速分量 u、v、w 的湍流能谱密度表示为

$$F_{u,v,w}(k_1) = a_{u,v,w} \varepsilon^{2/3} k_1^{-5/3} \tag{3.46}$$

式中，$a_{u,v,w}$ 为风速 u, v, w 分量的 Kolmogorov 常数（Högström, 1996）；ε 是湍流能耗率（m^2/s^3）；k_1 为波数（/m）。利用 Taylor 假设，将波数转换为周期频率，即 $k_1 = \dfrac{2\pi n}{U}$，其中，U 为平均风速（m/s），则式（3.46）变为

$$nS_{u,v,w}(n) = \frac{a_{u,v,w}}{2\pi^{2/3}} \varepsilon^{2/3} n^{-2/3} U^{2/3} \tag{3.47}$$

根据 MOST，利用摩擦速度 u_*^2（m^2/s^2）对式（3.47）进行归一化，则式（3.47）变为稳定度 z/L（其中 $L = -\dfrac{u_*^3 \overline{T}}{kg\overline{w'T'}}$，为莫宁-奥布霍夫长度）与归一化频率 $f = \dfrac{nz}{U}$ 的函数：

$$\frac{nS_{u,v,w}(n)}{u_*^2} = \frac{a_{u,v,w}}{(2\pi k)^{2/3}} \phi_\varepsilon^{2/3} f^{-2/3} \tag{3.48}$$

式中，$\phi_\varepsilon^{2/3} = \dfrac{kz\varepsilon}{u_*^3}$，为归一化的湍流动能消散率，是稳定度 z/L 的函数；$k = 0.4$，为卡曼常数。Corrsin（1951）的研究表明，温度的能谱在惯性副区同样具有式（3.46）的形式，即

$$F_T(k_1) = \beta_T \varepsilon^{-1/3} N_T k_1^{-5/3} \tag{3.49}$$

式中，$\beta_T = 0.8$，为温度的 Kolmogorov 常数（Högström, 1996）；N_T 为温度方差耗散率（K^2/s）。类似地，对于水汽含量（q）及 CO_2 浓度（c），其能谱可表示为（Anderson and Verma, 1985; Ohtaki, 1985; Sahlée et al., 2008）：

$$F_q(k_1) = \beta_q \varepsilon^{-1/3} N_q k_1^{-5/3} \tag{3.50}$$

$$F_c(k_1) = \beta_c \varepsilon^{-1/3} N_c k_1^{-5/3} \tag{3.51}$$

式中，N_q、N_c 分别为水汽含量与 CO_2 浓度的方差耗散率。Hill（1989b）指出，对所有的标量，Kolmogorov 常数均相等，$\beta_T = \beta_q = \beta_c = 0.8$。利用 Taylor 假设，以及各标量相应的尺度参数 $T_* = \dfrac{-\overline{w'T'}}{u_*}$，$q_* = \dfrac{-\overline{w'q'}}{u_*}$，$c_* = \dfrac{-\overline{w'c'}}{u_*}$ 对式（3.49）～式（3.51）归一化，可得

$$\frac{nS_T(n)}{T_*^2} = \frac{\beta_T}{(2\pi k)^{2/3}} \phi_\varepsilon^{-1/3} \phi_{N_T} f^{-2/3} \tag{3.52}$$

$$\frac{nS_q(n)}{q_*^2} = \frac{\beta_q}{(2\pi k)^{2/3}} \phi_\varepsilon^{-1/3} \phi_{N_q} f^{-2/3} \tag{3.53}$$

$$\frac{nS_c(n)}{c_*^2} = \frac{\beta_c}{(2\pi k)^{2/3}} \phi_\varepsilon^{-1/3} \phi_{N_c} f^{-2/3} \tag{3.54}$$

式中，$\phi_{N_T} = \dfrac{kzN_T}{u_*T_*^2}$，$\phi_{N_q} = \dfrac{kzN_q}{u_*q_*^2}$，$\phi_{N_c} = \dfrac{kzN_c}{u_*c_*^2}$ 为稳定度 z/L 的函数，分别为温度、水汽含量与 CO_2 浓度的归一化耗散率。

3.2.2　湍流能谱

图 3.15(a)～图 3.15(c)给出了不同稳定度条件下归一化的湍流速度(u, v, w)双对数坐标能谱图，横坐标为归一化后的自然频率。将近中性条件下 Kansas 实验(Kaimal et al., 1972)所得能谱曲线绘出，以做参考。在惯性副区，不同稳定度条件下，归一化湍流速度能谱合并在一起，满足 Kolmogorov 的 –2/3 指数规律；在低频区，能谱曲线呈明显分散状态，分布特征满足 $\dfrac{nS_u(n)}{u_*^2} > \dfrac{nS_v(n)}{u_*^2} > \dfrac{nS_w(n)}{u_*^2}$ 关系，随着大气稳定性的增大，能谱曲线向右下方移动，湍流能量逐渐减小，最大能量所对应的频率增大，也就是说湍流尺度在减小。这些特征与 Kansas 实验(Kaimal et al., 1972)、EBEX2000 实验(刘树华等, 2005)、HEIFE 实验(王介民等, 1993)等得到的结果是一致的。谱峰频率是湍流能量最大值对应的频率，反映出对湍流能量贡献最大的涡的尺度(刘树华等, 2005)。在近中性条件下($-0.3 \leqslant z/L < 0$)，湍流速度谱谱峰所对应的频率与 Kansas 实验(Kaimal et al., 1972)的结果基本一致。在不同稳定度条件下，谱峰频率均表现为垂直速度谱峰频率 < 纵向速度谱峰频率 < 横向速度谱峰频率，也就是说，垂直速度谱相比于纵向速度谱、横向速度谱在含能区包含更多的高频涡旋，低频运动对横向速度谱、纵向速度谱的贡献大于垂直速度谱。

Ohtaki(1985)指出，温度、水汽含量及 CO_2 的能谱曲线具有相似的变化特征。图 3.15(d)～(f)给出了不同稳定度条件下归一化的湍流标量(T, q, CO_2)能谱图，并将近中性条件下 Kansas 实验(Kaimal et al., 1972)得到的温度能谱曲线绘出，以做参考。可以看到温度、水汽、CO_2 的能谱曲线具有相似的变化趋势，谱峰位于 $f = 0.1$ 附近。在高频区，当 $f > 0.2$ 时，三个标量的能谱曲线满足 –2/3 指数规律，这与以往的研究结果是一致的(Anderson and Verma, 1985; Ohtaki, 1985; Sahlée et al., 2008)。大气边界层中的湍流运动是动力作用与热力作用共同作用的结果，湍流能谱在低频区受大气稳定度状况的影响要明显大于高频区(Kaimal et al., 1972)。本书中，随着大气不稳定性的增大，归一化的能谱呈现出逐渐减小的趋势，这与尺度参数(T_*^2, q_*^2, c_*^2)随着大气不稳定性的增大而增大有关。

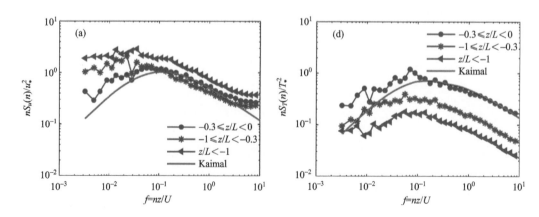

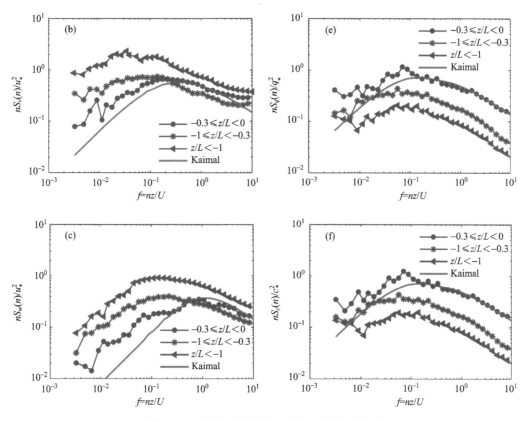

图 3.15　不同大气稳定度下的归一化湍流能谱

(a)横向速度；(b)纵向速度；(c)垂直速度；(d)温度；(e)水汽含量；(f)CO_2浓度

3.2.3　湍流协谱

湍流协谱可用来分析不同尺度的涡旋对湍流通量的贡献(Ohtaki，1985)。图 3.16(a)～(c)给出了不同稳定度条件下垂直速度(w)与湍流标量(T，q，CO_2)的协谱，并利用相应的协方差($\overline{w'T'}$，$\overline{w'q'}$，$\overline{w'c'}$)进行归一化。可以看到，温度、水汽及 CO_2 的归一化协谱在惯性副区均满足 $-4/3$ 指数规律，在不同稳定度条件下均具有相似的变

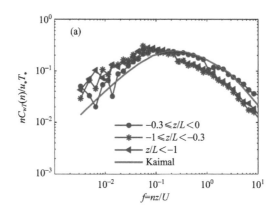

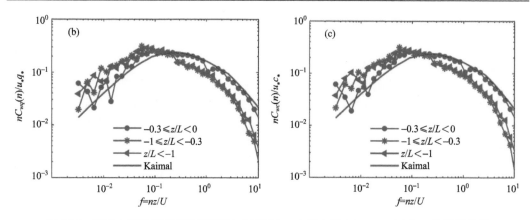

图 3.16　不同大气稳定度下垂直速度与温度(a)、水汽含量(b)、CO_2(c)归一化湍流协谱

化特征。Kaimal 等(1972)得到的温度协谱曲线同样能够很好地反映水汽及 CO_2 协谱在整个频率区间的变化特征，相对而言 CO_2 的协谱与水汽的协谱更相似。本书中的结果与以往的研究结果(Andreas, 1987; Kaimal et al., 1972; Ohtaki, 1985)一致。

3.2.4　湍流谱局地各向同性

　　根据 Kolmogorov 湍流理论，在惯性副区，若纵向速度谱 $S_u(n)$、横向速度谱 $S_v(n)$、垂直速度谱 $S_w(n)$ 满足 $S_v(n)/S_u(n) = S_w(n)/S_u(n) = 4/3$，则湍流是各向同性的。图 3.17(a)是不同稳定度条件下横向速度谱和纵向速度谱的比值随频率的变化特征，图中相应地给出了 $S_v(n)/S_u(n) = 4/3$ 直线作为参考。可以看出，曲线在低频区分散，且存在波动，而在高频区聚在一起，其值收敛在 4/3 附近很小的范围内，比 4/3 略小。可见湍流谱在高频区各向同性特征满足得较好，而在低频处不能满足，这就是 Kaimal 等(1972)提出的湍流各向同性的低频限制(lower limit for isotropy)。从图 3.17(b)中可以看出，垂直速度谱和纵向速度谱的比值同样基本满足局地各向同性特征。但同图 3.17(a)相比，$S_w(n)/S_u(n)$ 的低频限制表现得更为严重，即低频处的值离 4/3 更远，$S_w(n)/S_u(n)$ 达到

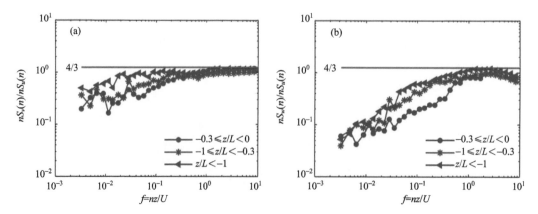

图 3.17　不同大气稳定度下湍流谱的局地各向同性特征

(a) $S_v(n)/S_u(n)$；　(b) $S_w(n)/S_u(n)$

4/3 时所对应的频率向更高频区转移。另外，$S_v(n)/S_u(n)$ 与 $S_w(n)/S_u(n)$ 随大气不稳定性的增强表现为逐渐增大的过程，这与 EXEB-2000 实验得到的结果一致（刘树华等，2005）。

3.2.5　方差相似性

根据 MOST，在水平均匀、平坦且定常的条件下，任一无量纲的统计量均可表示为稳定度参数 $\zeta = \dfrac{z-d}{L}$ 的函数，其中，z 为观测高度，d 为零平面位移 $[\approx 0.65h$，h 为植被冠层高度（Campbell and Norman, 1998）]，L 为莫宁-奥布霍夫长度，定义为

$$L = -\frac{u_*^3 \overline{T}}{kg\overline{w'T'}} \tag{3.55}$$

式中，$\overline{w'T'}$ 为热量通量；$\overline{T}$ 为平均空气温度；$k=0.4$，为卡曼常数；g 为重力加速度；u_* 为摩擦速度

$$u_* = (\overline{u'w'}^2 + \overline{v'w'}^2)^{1/4} \tag{3.56}$$

式中，u'、v' 及 w' 分别为横向、纵向及垂直方向上的湍流脉动量。对任一标量 s（如 T 代表温度，q 代表水汽含量，c 代表 CO_2），其标准差 σ_s 可表示为大气稳定度 ζ 的函数：

$$\frac{\sigma_s}{s_*} = \varPsi_s(-\zeta) \tag{3.57}$$

式中，$s_* = \overline{w's'}/u_*$，为相应标量的尺度参数。函数 $\varPsi_s(-\zeta)$ 的普适形式必须满足下面两个条件（Bruin et al., 1993; Katul et al., 1995; Wesson et al., 2001）：①在近中性条件下，当 $-\zeta$ 趋近零时，$\varPsi_s(-\zeta)$ 收敛为一常数；②在自由对流条件下（也就是大的 $-\zeta$），$\varPsi_s(-\zeta)$ 则独立于摩擦速度 u_*。满足上述条件，则 $\varPsi_s(-\zeta)$ 表示为

$$\varPsi_s(-\zeta) = C_{s1}(C_{s2} - \zeta)^{-1/3} \tag{3.58}$$

式中，C_{s1} 与 C_{s2} 为经验化常数。Tillman（2010）的研究表明，对于温度，$C_{T1}=0.95$，$C_{T2}=0.05$。在中性条件下（$-\zeta=0$），$\varPsi_s(-\zeta)$ 趋于常数 $C_{s1}C_{s2}^{-1/3}$；在自由对流条件下，式（3.58）则表示为

$$\varPsi_s(-\zeta) = C_{s3}(-\zeta)^{-1/3} \tag{3.59}$$

图 3.18 给出了温度、水汽含量及 CO_2 归一化的标准差随大气稳定度的变化情况。可以看到，σ_T/T_*、σ_q/q_*、σ_c/c_* 随 $-\zeta$ 的变化均满足 $-1/3$ 规律，根据式（3.58）与式（3.59）得到的曲线在不稳定条件下（$-\zeta > 0.08$）并没有明显差别。相似性常数 C_{T3}、C_{q3} 及 C_{c3} 分别为 1.12、1.19、1.17。Llody 等（1991）与 Hsieh 等（1996）指出，方差相似性关系具有普适性，与下垫面的类型无关。但从表 3.2 中可以看到 C_{T3}、C_{q3}、C_{c3} 分别介于 0.92～1.16、0.92～1.49 与 0.95～1.32，且森林下垫面相似性常数的差异大于农田及草地下垫面，方差相似性关系对于不同的下垫面并不是完全普适的。本节中，相对而言，C_{q3} 与 C_{c3} 略高于 C_{T3}，这与表 3.2 中的部分研究结果一致。这也在一定程度上反映出标量间的方差相似性关系中存在着非相似性（Detto and Katul, 2007; Gao et al., 2006）。其原因可能是温度

在湍流动能收支方程中扮演了一个更为主动的角色(Guo et al., 2009; Katul and Hsieh, 1999)。

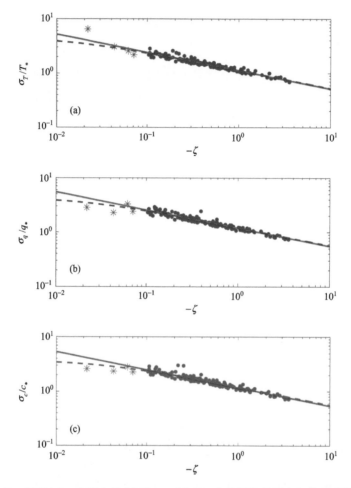

图 3.18　温度(a)、水汽含量(b)及 CO_2(c)归一化的标准差随大气稳定度的变化

星号与实心圆点分别代表 $-\zeta \leqslant 0.08$ 和 $-\zeta > 0.08$；虚线与实线分别代表由式(3.58)和式(3.59)拟合得到的曲线

表3.2　相似性常数(C_{T3}、C_{q3}、C_{c3})汇总

文献	C_{T3}	C_{q3}	C_{c3}	生态系统
本书	1.12	1.19	1.17	草地
Tillman (2010)	0.95			草地
Högström 和 Smedman-Högström (1974)	0.92	1.04		农田
Ohtaki (1985)	0.95	1.1	1.1	农田
Katul 等 (1995)	0.95	1.3		草地
Choi 等 (2004)	1.1	1.1		草地
Lamaud 和 Irvine (2006)	0.95	1.3		森林
Gao 等 (2006)	1.09	1.49		农田

续表

文献	C_{T3}	C_{q3}	C_{c3}	生态系统
Hsieh 等 (2008)	1.1	1.1	0.95	草地
Hsieh 等 (2008)	1.0	1.0	1.0	农田
Hsieh 等 (2008)	1.25	1.5	1.7	森林
Detto 和 Katul (2007)		0.99	0.99	草地
Guo 等 (2009)	1.16	0.92	1.1	农田
Cava 等 (2008)	1.09	1.61	1.32	森林

3.2.6 通量方差法对湍流通量的估算

根据莫宁-奥布霍夫长度(L)及温度尺度参数(T_*)的定义,感热通量(H)可表示为

$$H = \rho C_p \overline{w'T'} = \rho C_p \left(\frac{\sigma_T}{C_{T3}} \right)^{3/2} \left(\frac{kg(z-d)}{\overline{T}} \right)^{1/2} \tag{3.60}$$

进一步,以温度作为参考量,潜热通量(LE)和二氧化碳通量(F_c)可由式(3.61)进行估算:

$$\overline{w's'} = \frac{R_{ws}\sigma_s}{R_{wT}\sigma_T} \times \overline{w'T'} \tag{3.61}$$

式中, $R_{ws} = \overline{w's'}/\sigma_w\sigma_s$ 为垂直速度脉动量 w' 与标量脉动量 s' 的相关系数。McBean 和 Miyake(1972)将 R_{wT}/R_{ws} 定义为感热通量相对标量通量的传输效率,记为 λ_{Ts}。因此式(3.61)表示为

$$\overline{w's'} = \lambda_{Ts}^{-1} \times \frac{\sigma_s}{\sigma_T} \times \overline{w'T'} \tag{3.62}$$

因此,当利用式(3.62)对 LE 和 F_c 进行估算时,相对传输效率 λ_{Tq} 和 λ_{Tc} 必须首先确定。文献中关于 λ_{Tq} 与 λ_{Tc} 的参数化方法见表 3.3。

表 3.3 湍流通量相对传输效率参数化方案

方案	λ_{Tq}	λ_{Tc}	适用条件	文献
S1	1	1	理想的相似性关系	Hill(1989a)
S2	R_{Tq}	R_{Tc}	湿润条件	Padro(1993) Katul 等(1995) Bink 和 Meesters(1997)
S3	R_{Tq}^{-1}	R_{Tc}^{-1}	干条件	Katul 和 Hsieh(1997) Bink 和 Meesters(1997) Katul 和 Hsieh(1997)
S4	C_{q3}/C_{T3}	$-C_{c3}/C_{T3}$	Flux-variance similarity	Katul 和 Hsieh(1999) Hsieh 等(1996) Katul 和 Hsieh(1997) Hsieh 等(2008)
S5	$f(R_{Tq}, K')$	$-f(-R_{Tc}, M)$	中等干湿条件	Guo 等(2009) Lamaud 和 Irvine(2006)

方案 S1: Hill(1989a)假设标量间存在非常理想的相似性,即 $R_{wT} = R_{wq}$, $R_{wT} = -R_{wc}$, 由式(3.60)和式(3.62)可得

$$\mathrm{LE} = L_v \overline{w'q'} = L_v \times \frac{\sigma_q}{\sigma_T} \times \overline{w'T'} = \frac{L_v \sigma_q}{\sigma_T} \left(\frac{\sigma_T}{C_{T3}} \right)^{3/2} \left(\frac{kg(z-d)}{T} \right)^{1/2} \tag{3.63}$$

$$F_c = \overline{w'c'} = -\frac{\sigma_c}{\sigma_T} \times \overline{w'T'} = -\frac{\sigma_c}{\sigma_T} \left(\frac{\sigma_T}{C_{T3}} \right)^{3/2} \left(\frac{kg(z-d)}{T} \right)^{1/2} \tag{3.64}$$

方案 S2: Bink 和 Meesters(1997)与 Katul 和 Hsieh(1997)在 Katul 等(1995)工作的基础上指出,当水汽通量的传输效率相比于感热通量非常高时($\lambda_{Tq} < 1$),即下垫面非常湿的情况下,湍流通量相对于传输效率参数化方案 $\lambda_{Tq} = R_{Tq}$ 具有一定的可行性。相应地,LE 与 F_c 表示为

$$\mathrm{LE} = L_v \overline{w'q'} = L_v \times R_{Tq} \times \frac{\sigma_q}{\sigma_T} \times \overline{w'T'} = \frac{L_v \sigma_q R_{Tq}}{\sigma_T} \left(\frac{\sigma_T}{C_{T3}} \right)^{3/2} \left(\frac{kg(z-d)}{T} \right)^{1/2} \tag{3.65}$$

$$F_c = \overline{w'c'} = \frac{\sigma_c}{\sigma_T} \times R_{Tc} \times \overline{w'T'} = \frac{\sigma_c R_{Tc}}{\sigma_T} \left(\frac{\sigma_T}{C_{T3}} \right)^{3/2} \left(\frac{kg(z-d)}{T} \right)^{1/2} \tag{3.66}$$

方案 S3: Bink 和 Meesters(1997)与 Katul 和 Hsieh(1997)重新评估参数化方案 S2 时指出,当下垫面非常干时,即感热通量的传输效率高于水汽通量时($\lambda_{Tq} > 1$),λ_{Tq} 近似等于 R_{Tq}^{-1}。因此, LE 与 F_c 表示为

$$\mathrm{LE} = L_v \overline{w'q'} = L_v \times R_{Tq}^{-1} \times \frac{\sigma_q}{\sigma_T} \times \overline{w'T'} = \frac{L_v \sigma_q}{\sigma_T R_{Tq}} \left(\frac{\sigma_T}{C_{T3}} \right)^{3/2} \left(\frac{kg(z-d)}{T} \right)^{1/2} \tag{3.67}$$

$$F_c = \overline{w'c'} = \frac{\sigma_c}{\sigma_T} \times R_{Tc}^{-1} \times \overline{w'T'} = \frac{\sigma_c}{\sigma_T R_{Tc}} \left(\frac{\sigma_T}{C_{T3}} \right)^{3/2} \left(\frac{kg(z-d)}{T} \right)^{1/2} \tag{3.68}$$

方案 S4: 根据标量特征尺度的定义 $s_* = \overline{w's'} / u_*$,结合式(3.60)、式(3.62)可得

$$\mathrm{LE} = L_v \overline{w'q'} = L_v \times \frac{C_{q3}}{C_{T3}} \times \frac{\sigma_q}{\sigma_T} \times \overline{w'T'} = L_v \frac{\sigma_q}{C_{q3}} \left(\frac{kg\sigma_T(z-d)}{C_{T3}T} \right)^{1/2} \tag{3.69}$$

$$F_c = \overline{w'c'} = -\frac{\sigma_c}{\sigma_T} \times \frac{C_{c3}}{C_{T3}} \times \overline{w'T'} = -\frac{\sigma_c}{C_{c3}} \left(\frac{kg\sigma_T(z-d)}{C_{T3}T} \right)^{1/2} \tag{3.70}$$

方案 S5: Lamaud 和 Irvine(2006)将 λ_{Tq} 定义为一个关于 R_{Tq} 的函数:

$$\lambda_{Tq} = R_{Tq}^K \begin{cases} K = 1 & 0 < \beta \leqslant 0.10 \\ K = -1 - 2\lg\beta & 0.10 < \beta \leqslant 1 \\ K = -1 & 1 < \beta \end{cases} \tag{3.71}$$

式中, β 为波文比(H/LE)。λ_{Tq} 与 R_{Tq}^K 的这一关系不仅适用于干($K = 1$)或湿($K = -1$)的下垫面条件,同样适用于中性水文条件($K = -1 - 2\lg\beta$)。Guo 等(2009)进一步指出,λ_{Tc} 同样可以表示成与式(3.71)类似的形式,但该表达式独立于下垫面的干、湿状况。

$$\lambda_{Tc} = -(-R_{Tc})^{M} \tag{3.72}$$

式中，$M = 1.16 - 1.33 \lg(-\alpha)$，$\alpha = H/\varepsilon\overline{w'c'}$，$\varepsilon = 1.0886 \times 10^{6}$ J/kg，$\varepsilon\overline{w'c'}$ 与 H 具有相同的量纲，可理解为植被与大气碳交换过程中化学作用所消耗的能量(Laubach and Teichmann, 1999)。相应地，α 则与波文比 β 类似(Moene and Schüttemeyer, 2008)。因此，LE 与 F_c 可表示为

$$\text{LE} = L_{v}\overline{w'q'} = L_{v} \times R_{Tq}^{K} \times \frac{\sigma_{q}}{\sigma_{T}} \times \overline{w'T'} = \frac{L_{v}\sigma_{q}R_{Tq}^{K}}{\sigma_{T}}\left(\frac{\sigma_{T}}{C_{T3}}\right)^{3/2}\left(\frac{kg(z-d)}{T}\right)^{1/2} \tag{3.73}$$

$$F_{c} = \overline{w'c'} = -\frac{\sigma_{c}}{\sigma_{T}} \times (-R_{Tc})^{M} \times \overline{w'T'} = \frac{\sigma_{c}(-R_{Tc})^{M}}{\sigma_{T}}\left(\frac{\sigma_{T}}{C_{T3}}\right)^{3/2}\left(\frac{kg(z-d)}{T}\right)^{1/2} \tag{3.74}$$

3.2.7　垂直速度与标量的相关系数

湍流通量传输过程中的总体效率可用垂直速度与标量的相关系数来衡量(Roth and Oke, 1995)。图 3.19 给出了垂直速度与温度、水汽含量、CO_2 的相关系数随稳定度变化的特征。从图 3.19 中可以看到 $0.02 < -\zeta < 1$，此范围内，R_{wT} 随着 $-\zeta$ 的增大而逐渐增大，而当 $-\zeta$ 进一步增大时，R_{wT} 趋于常数。R_{wT} 的这一变化特征与以往的研究结果是一致的(Bruin et al., 1993; Lamaud and Irvine, 2006; Moriwaki and Kanda, 2006)，其原因与相对较低的 σ_{w}/u_{*} 有关(Moriwaki and Kanda, 2006)。Cava 等(2008)指出，R_{wq} 与 R_{wc} 随 $-\zeta$ 的变化特征与 R_{wT} 类似，但量值相对较小，本节中，R_{wT}、R_{wq}、R_{wc} 的平均值分别为 0.52、0.49、-0.5。

图 3.19(d)～图 3.19(f)给出了感热通量相对于水汽通量、二氧化碳通量的传输效率，以及水汽通量相对于二氧化碳通量的传输效率随稳定度的变化特征。在近中性条件下，$-\zeta < 0.08$，λ_{Tq} 与 $-\lambda_{Tc}$ 随着 $-\zeta$ 的增大而增大，表明水汽通量与二氧化碳通量在近中性条件下的传输相比于感热通量更加有效。而在不稳定条件下($-\zeta > 0.08$)，感热通量的传输相对于水汽通量和二氧化碳通量更加有效，λ_{Tq}、$-\lambda_{Tc}$、λ_{qc} 与 $-\zeta$ 没有明显的变化关系。

MOST 指出，在均匀下垫面上，感热通量、水汽通量、二氧化碳通量的传输机制是完全相同的，λ_{Tq}、$|-\lambda_{Tc}|$ 和 λ_{qc} 均等于 1(Guo et al., 2009)。本节相对传输效率随稳定度的变化特征并不完全与 MOST 一致，湍流通量间的传输机制存在一定的差别，而这已被大量的研究所证实(Cava et al., 2008; Katul et al., 1995; Katul and Hsieh, 1999; Lamaud and Irvine, 2006; Moriwaki and Kanda, 2006; Roth and Oke, 1995)。Hill(1989a)认为，温度和水汽对浮力作用响应的差异是造成这一现象的主要原因。Katul 等(1995)、Moriwaki 和 Kanda(2006)指出，温度相对于水汽和二氧化碳扮演了一个更为主动的角色，而这将导致标量地表源/汇分布的非均匀性。地表源/汇分布的非均匀性产生不仅与地表结构的非均匀性(Roth and Oke, 1995)及云对太阳辐射的影响有关，也与中尺度运动的调制作用有关(Asanuma et al., 2007; Mcnaughton and Laubach, 1998; Moriwaki and Kanda, 2006)。

本节所用资料的下垫面为均匀、平坦的低草植被，选取典型晴天且满足定常的资料。因此，地表结构的非均匀性、云对太阳辐射的影响及中尺度运动的调制作用均可忽略。所以感热通量的传输相对于潜热通量、二氧化碳通量更加有效($-\zeta > 0.08$)的可能原因与

温度相对于水汽及 CO_2 更为主动有关。

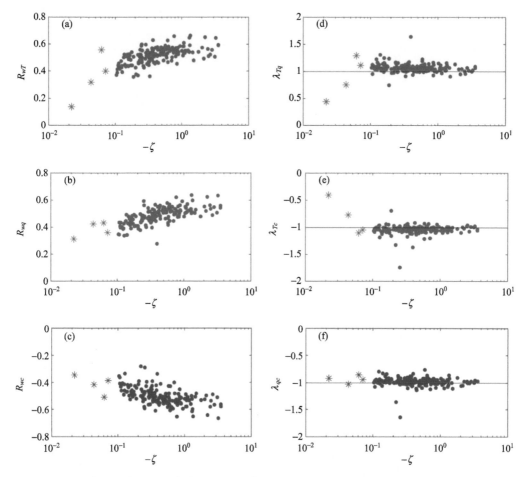

图 3.19　垂直速度与温度(a)、水汽含量(b)、湿度(c)的相关系数，感热通量相对于水汽通量(d)、CO_2
通量(e)的传输效率，水汽通量相对于 CO_2 通量(f)的传输效率

星号、实心圆点的定义同图 3.18

3.2.8　通量方差法对感热通量的估算

利用观测得到的温度标准差，结合式(3.60)便可利用通量方差法进行感热通量的估算。图 3.20 给出了用通量方差法估算的感热通量与实际观测的比较，并利用回归模型 $H_{EC} = A \times H_{FV} + B$ 对其估算效果进行分析。可以看到，通量方差法对感热通量具有较好的估算效果，复相关系数 R^2 与标准误差估计 SEE 分别为 0.92 和 10.22(表 3.4)，前人的研究指出，利用通量方差法对感热通量的估算中，SEE 介于 8.9～49.4(Hsieh et al., 2008; Katul et al., 1995; Sugita and Kawakubo, 2003)。本节利用通量方差法对感热通量较好的估算效果也意味着对以估算得到的感热通量作为参考量对潜热通量和二氧化碳通量进行估算提供了保证。

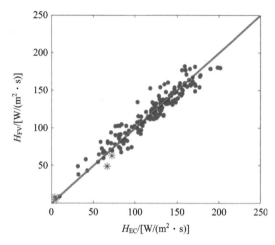

图 3.20　通量方差法估算的感热通量（H_{FV}）与涡动相关系统观测到的感热通量（H_{EC}）的比较

星号、实心圆点的定义同图 3.18

表 3.4　对用通量方差法估算的湍流通量与实测结果的回归分析系数

通量	斜率（A）	截距（B）	R^2	SEE
H	0.92	11.64	0.92	10.22
LE_S1	0.96	31.52	0.88	28.05
LE_S2	0.98	68.56	0.49	78.62
LE_S3	0.88	12.51	0.88	25.33
LE_S4	0.90	29.21	0.88	26.27
LE_S5	0.92	33.37	0.79	39.88
F_c_S1	0.98	−0.06	0.80	0.11
F_c_S2	0.99	−0.16	0.62	0.16
F_c_S3	0.88	−0.03	0.82	0.08
F_c_S4	0.95	−0.05	0.85	0.09
F_c_S5	0.88	−0.13	0.81	0.12

3.2.9　通量方差法对潜热通量的估算

通量方差法对潜热通量估算的关键在于 λ_{Tq} 的合理参数化。图 3.21 给出了在 5 种 λ_{Tq} 参数化方案的基础上,应用通量方差法对潜热通量（LE_{FV}）的估算同涡动相关系统观测到的潜热通量（LE_{EC}）的比较。从图 3.21 中可以看到,方案 S1 对潜热通量的估算存在偏高约 6% 的现象, R^2 与 SEE 分别为 0.88 和 28.05（表 3.4）,其原因与 MOST 假设的在均匀下垫面上感热通量与水汽通量具有相同的传输效率（$\lambda_{Tq}=1$）(Guo et al., 2009) 有关,但本节感热通量相对于潜热通量的传输更有效（图 3.22）, λ_{Tq} 的平均值为 1.06。

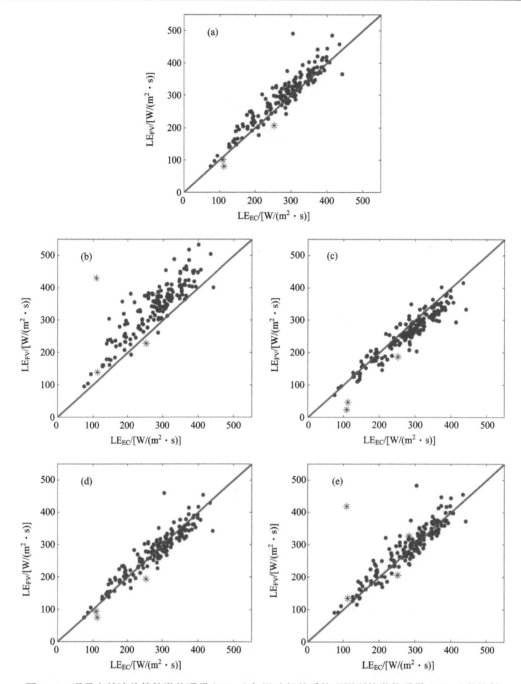

图 3.21　通量方差法估算的潜热通量（LE$_{FV}$）与涡动相关系统观测到的潜热通量（LE$_{EC}$）的比较

星号、实心圆点号的定义同图 3.18。(a)方案 S1；(b)方案 S2；(c)方案 S3；(d)方案 S4；(e)方案 S5

　　方案 S2 对潜热通量的估算偏高约 23%，R^2 与 SEE 分别为 0.49 和 78.62（表 3.4）。该方案应用的前提是湿下垫面，即 $\lambda_{Tq} < 1$，但本节中只有较少的数据点满足该条件，R_{Tq} 明显比 λ_{Tq} 偏小（图 3.22），其平均值为 0.87，与实际情况存在较大偏差。方案 S3 对潜热通

量的估算偏低约 8%，R^2 与 SEE 分别为 0.88 和 25.33（表 3.4）。$\lambda_{Tq} = 1.06$ 意味着本节中所应用的资料来自干下垫面，这与应用方案 S3 的前提是相符的。但从图 3.22 中可以看到，R_{Tq}^{-1} 明显高于 λ_{Tq}，其平均值为 1.18。Bink 和 Meesters（1997）指出，只有当感热通量的传输效率是潜热通量的 2 倍时，该方案才能成功地应用于潜热通量的估算。

方案 S4 对潜热通量的估算与实际观测基本一致，R^2 与 SEE 分别为 0.88 和 26.27（表 3.4）。从图 3.22 中可以看到方案 S4 对 λ_{Tq} 具有较好的描述，$C_{q3}/C_{T3} = 1.06$，等于 λ_{Tq} 的平均值。方案 S5 对潜热通量也具有较好的估算效果，R^2 与 SEE 分别为 0.79 和 39.88（表 3.4）。但从图 3.23 中可以看到，根据 Lamaud 和 Irvine（2006）的定义，绝大多数资料点处于中性水文条件下，参数 K 与波文比 β 的关系并不像 Lamaud 和 Irvine（2006）或 Guo 等

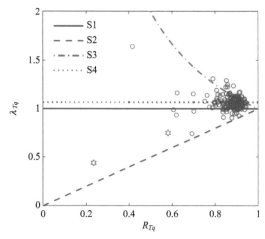

图 3.22　相对传输效率 λ_{Tq} 与相关系数 R_{Tq} 的关系

图中空心星号与空心圈号分别代表 $0 < \beta \leqslant 0.1$ 和 $0.1 < \beta < 1$

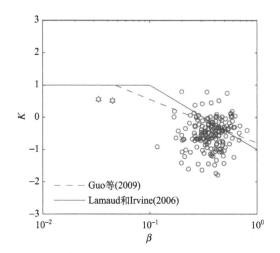

图 3.23　参数 $K(K = \lg \lambda_{Tq}/\lg R_{Tq})$ 与波文比 β 的关系

空心星号与空心圈号的定义同图 3.22

(2009)的研究中表现得那么清晰。Lamaud 和 Irvine(2006)指出，地表源/汇分布的非均匀性依赖于波文比的变化。由函数式(3.71)可以看到，当 $\beta = 0.316$ 时，$K = 0$，相应地，无论 T 与 q 的相关性如何，λ_{Tq} 都等于 1。正如 Moene 和 Schüttemeyer(2008)指出的，Lamaud 和 Irvine(2006)并没有对 $\beta\text{-}K$ 这一函数关系作出合理的解释。方案 S5 之所以对潜热通量有较好的估计只是一个巧合，应用式(3.71)计算得到的 R_{Tq}^{K} 刚好落在 λ_{Tq} 的范围内，其平均值 1.04 也与 λ_{Tq} 的平均值 1.06 较为接近。

因此，从本节的结果来看，方案 S4 对潜热通量的估算具有较高的可行性，其余四种方案在应用中则需谨慎对待，特别是 $\lambda_{Tq} > 1$ 表征的是干下垫面状态(Bink and Meesters, 1997; Katul et al., 1995)，而根据 Lamaud 和 Irvine(2006)的定义，下垫面的状态则可能处于中性水文条件下。

3.2.10　通量方差法对二氧化碳通量的估算

图 3.24 与图 3.21 类似，给出的是通量方差法对 CO_2 通量的估算与实际观测的对比。可以看到，方案 S1 对碳通量的吸收存在 5%的高估，R^2 与 SEE 分别为 0.80 和 0.11(表3.4)。由 3.2.7 小节可知，温度相对于 CO_2 而言更为主动，这使得感热通量相对于 CO_2 通量的传输更加有效[图 3.19(e)和图 3.25]，因此基于 MOST 得到的 $-\lambda_{Tc} = 1$ 在本节中并不适用，$-\lambda_{Tc}$ 均值为 1.04。

方案 S2 对 CO_2 通量的吸收存在 17%的高估，R^2 与 SEE 分别为 0.62 和 0.16(表3.4)。该方案应用的前提是 $-\lambda_{Tc} < 1$，但这与本节的实际情况刚好相反，$-R_{Tc} = 0.9$，明显低于实际观测到的 $-\lambda_{Tc}$(图 3.25)。尽管方案 S3 应用的前提与本节相符($-\lambda_{Tc} > 1$)，但从图 3.25 中可以看到 $-R_{Tc}^{-1}$ 明显高于 $-\lambda_{Tc}$，因此造成方案 S3 对 CO_2 通量的吸收存在 10%的低估，R^2 与 SEE 分别为 0.82 和 0.08(表 3.4)。

方案 S4 对 CO_2 通量的估算与实际观测基本一致，R^2 与 SEE 分别为 0.85 和 0.09(表3.4)。从图 3.25 中可以看到方案 S4 对 T_c 具有较好的描述，$C_{c3}/C_{T3} = 1.04$，等于 $-\lambda_{Tc}$ 的平均值。方案 S5 对 CO_2 通量同样具有较好的估算效果，R^2 与 SEE 分别为 0.81 和 0.12(表3.4)。Guo 等(2009)的研究表明，参数 M 与无量纲 α 很好地满足 $M = 1.16 - 1.33\lg(-\alpha)$ 函数关系，与下垫面的干、湿状况无关，但在本节中这一关系并不能得到体现。如图 3.26所示，资料点集中分布在 $-\alpha = 10$ 附近，参数 M 在 $-2.9 \sim 0.72$。值得注意的是，在 Guo 等(2009)的研究中，$-\lambda_{Tc} = 0.92$，下垫面为农田，但本节中 $-\lambda_{Tc} = 1.04$，也就意味着两个站点间的湍流传输机制存在着差异。正如 Guo 等(2009)所述，$M = 1.16 - 1.33\lg(-\alpha)$ 这一函数关系有可能随着观测站点的变化而变化，还需要进一步研究。因此，从本节的结果来看，方案 S4 对 CO_2 通量的估算具有较高的可行性。

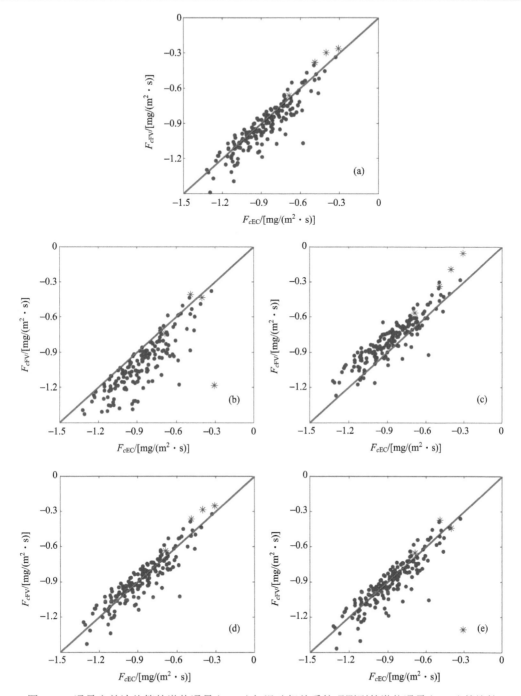

图 3.24 通量方差法估算的潜热通量(F_{cFV})与涡动相关系统观测到的潜热通量(F_{cEC})的比较

星号、实心圆点的定义同图 3.18。(a)方案 S1；(b)方案 S2；(c)方案 S3；(d)方案 S4；(e)方案 S5

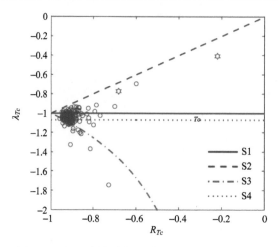

图 3.25 相对传输效率 λ_{Tc} 与相关系数 R_{Tc} 的关系

图中空心星号与空心圈号的定义同图 3.22

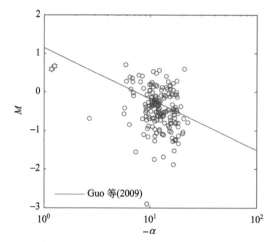

图 3.26 系数 $M[= \lg(-\lambda_{Tc})/\lg(-R_{Tc})]$ 与无量纲量 $-\alpha$ 的关系

图中空心星号与空心圈号的定义同图 3.22

3.2.11 小结

尽管 MOST 及涡动相关技术有其理论假设的局限性，但在实际的野外观测中仍将其作为观测站点的选择、仪器安装、资料分析的重要参考(Tampieri et al., 2009)，也是湍流资料质量评价的重要标准。本节从大气边界层相似性理论出发，在大气湍流谱相似性、方差相似性关系分析的基础上对玛曲草地站点涡动相关系统观测资料的质量状况进行评价，进而利用通量方差法对湍流通量进行估算。

湍流速度能谱与 Kansas 实验的计算结果具有较好的一致性。在惯性副区，归一化的湍流能谱均符合 Kolmogorov 的–2/3 指数规律，在低频区，不同稳定度条件下，能谱曲线的分布特征满足相似性关系。随着大气稳定性的增强，湍流能量逐渐减小，湍流尺度逐渐减小。

归一化的标准差 σ_T/T_*、σ_q/q_*、σ_c/c_* 随 $-\zeta$ 的变化均满足 $-1/3$ 规律，在中性条件下趋于常数，感热通量的相对传输效率低于潜热通量、二氧化碳通量；在不稳定条件下，相似性常数 C_{T3}、C_{q3} 和 C_{c3} 分别为 1.12、1.19 和 1.17，感热通量的传输效率则高于潜热通量、二氧化碳通量。

在大气热力层结和湍流摩擦等热力动力过程的作用下，大气运动的层流状态受到干扰和破坏，形成了各种尺度的不同湍涡，使得近地层具有很强的湍流运动特征。大气湍流的发生需具备一定的动力学和热力学条件：动力学条件是空气层中具有明显的风速切变；热力学条件是空气层必须具有一定的不稳定度，其中最有利的条件是上层空气温度低于下层对流，在风速切变较强时，上层气温略高于下层，仍可能存在较弱的大气湍流。理论研究认为，大气湍流运动是由各种尺度的涡旋连续分布叠加而成。其中大尺度的涡旋能量来自平均运动的动量和浮力对流的能量；中间尺度的涡旋能量则保持着从上一级大涡旋往下一级小涡旋传送能量的关系；在涡旋尺度更小的范围里，能量的损耗起主要作用，因而湍流涡旋具有一定的最小尺度。在大气边界层内，可观测分析到最大尺度涡旋为数百米到 1 km；而最小尺度约为 1 mm。大气湍流与大气稳定度层结、大气层动力、热力及地形植被扰动有直接关系，对研究近地层物质、能量的输送具有重要意义。

3.3　湍流统计特征及其参数

3.3.1　湍流统计特征

在计算湍流过程中，一些基本参数定义如下。

三维风速脉动量：$u' = u - \bar{u}$　　$v' = v - \bar{v}$　　$w' = w - \bar{w}$

风脉动标准差：$\sigma_u = \overline{(u'u')}^{1/2}$　　$\sigma_v = \overline{(v'v')}^{1/2}$　　$\sigma_w = \overline{(w'w')}^{1/2}$

湍流强度：$I_u = \sigma_u/\bar{u}$　　$I_v = \sigma_v/\bar{u}$　　$I_w = \sigma_w/\bar{u}$

摩擦速度：$u_* = \left(\overline{u'w'}^2 + \overline{v'w'}^2\right)^{1/4}$

温度尺度：$T_* = -\dfrac{\overline{w'T'}}{u_*}$

湿度尺度：$q_* = -\dfrac{\overline{w'q'}}{u_*}$

莫宁-奥布霍夫长度：$L = -\dfrac{Tu_*^3}{kg\overline{w'T'}}$

稳定度参数：$\zeta = \dfrac{z-d}{L}$

湍流动能（TKE）：$e = \dfrac{1}{2}\left(\overline{u'^2} + \overline{v'^2} + \overline{w'^2}\right) = \dfrac{1}{2}\left(\sigma_u^2 + \sigma_v^2 + \sigma_w^2\right)$

1. 湍流方差特征

多年来近地层中风速分量和温度方差随稳定度的变化关系一直受到人们的关注，

Arya 和 Sundararajan(1976)利用 Kansas 实验数据发现，在不稳定条件下，无量纲化的摩擦速度随稳定度 z/L 的增加而增大；Panofsky 等(1977)研究指出在平坦下垫面上有 1/3 次方函数关系；王介民等(1993)利用 HEIFE 实验中戈壁和绿洲下垫面上的观测资料得出了中性条件下的 σ_w/u_* ，并且验证了 σ_w/u_* 随着观测高度的增大而增大；马耀明等(2006)利用 GAME/Tibet 加强期安多地区湍流观测资料研究了无量纲化风速标准差随稳定度参数 z/L 的变化。

　　近地层三维风速脉动方差 σ_u、σ_v、σ_w，经过摩擦速度归一化处理后应为稳定度参数 z/L 的函数，即 $\sigma_u/u_* = \Phi_u(z/L)$，$\sigma_v/u_* = \Phi_v(z/L)$，$\sigma_w/u_* = \Phi_w(z/L)$，根据近地层相似理论，在中性层结下($z/L$ 接近零值)，近地层湍流主要由机械运动产生，各相似函数应分别为常数，即在中性层结下有：$\sigma_u/u_* = A$，$\sigma_v/u_* = B$，$\sigma_w/u_* = C$，其中 A、B、C 为常数。

　　图 3.27 为黄河源区玛曲草地站点地层无量纲化风速方差与稳定度的关系，从图3.27中可以看出无因次风速方差和稳定度的关系基本上满足"1/3 次方规律"，其最佳相似函数分别为式(3.46)～式(3.48)。

　　在近中性层结下，σ_u/u_*、σ_v/u_*、σ_w/u_* 分别趋于常数 $A=3.42$，$B=3.34$，$C=1.02$。随着大气不稳定度的加强，水平方向和垂直方向的湍流强度变大。图 3.27 与其他文献中的一些图相比，显得稍微离散一点，这可能受到该地区大范围水平流场的影响。总的来说，该地区的拟合公式系数虽然与其他地区有所不同，但是 σ_u/u_*、σ_v/u_*、σ_w/u_* 与 z/L 之间的 1/3 次方规律还是很明显的。表 3.5 给出了一些与玛曲县类似的下垫面的拟合系数，可以看出本节的拟合系数 A 和 B 相对大一点，但与其他结果范围相当，还是比较合理的；A 和 B 的大小反映了局地观测点周围地形的影响。

$$\sigma_u/u_* = \Phi_u(z/L) = \begin{cases} 3.42(1+0.05z/L)^{1/3} & (0.001 < z/L < 1000) \\ 3.42(1-0.21z/L)^{1/3} & (0.001 < -z/L < 1000) \end{cases} \quad (3.75)$$

$$\sigma_v/u_* = \Phi_v(z/L) = \begin{cases} 3.34(1+0.08z/L)^{1/3} & (0.001 < z/L < 1000) \\ 3.34(1-0.27z/L)^{1/3} & (0.001 < -z/L < 1000) \end{cases} \quad (3.76)$$

$$\sigma_w/u_* = \Phi_w(z/L) = \begin{cases} 1.02(1+0.05z/L)^{1/3} & (0.001 < z/L < 1000) \\ 1.02(1-0.02z/L)^{1/3} & (0.001 < -z/L < 1000) \end{cases} \quad (3.77)$$

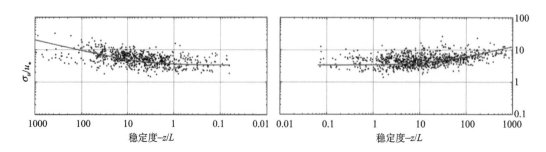

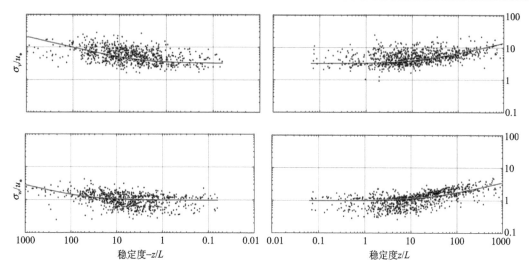

图 3.27 无量纲化风速方差与稳定度的关系

表 3.5 不同地区近中性条件下的无量纲化风速方差

下垫面	σ_u/u_*	σ_v/u_*	σ_w/u_*	作者
十多种平坦下垫面平均值	2.3±0.03	1.92±0.05	1.25±0.03	Panosfky 和 Dutton
青藏高原改则县	3.21	2.69	1.46	刘辉志
科尔沁草原	1.20	1.23	1.02	刘树华
玛曲草原	3.42	3.34	1.02	本书

无因次化温度脉动方差 $\sigma_T/|T_*|$ 和湿度脉动方差 $\sigma_q/|q_*|$ 与 z/L 的关系在不稳定情况下可表示为

$$\sigma_T/|T_*| = \alpha(-z/L)^{-1/3} \ (\alpha \text{ 为常数}) \tag{3.78}$$

$$\sigma_q/|q_*| = \beta(-z/L)^{-1/3} \ (\beta \text{ 为常数}) \tag{3.79}$$

图 3.28 为玛曲草地站点的温度方差和湿度方差随稳定度的变化,从图中可以看出温度方差和湿度方差随稳定度的变化都比较离散,基本上不能拟合出-1/3 次方规律。在稳定和不稳定的层结下,$\sigma_T/|T_*|$ 随着 $|z/L|$ 的减小而明显增大[图 3.28(a)和图 3.28(b)];在稳定和不稳定的层结下,$\sigma_q/|q_*|$ 随着 $|z/L|$ 变化的趋势不是很明显[图 3.28(c)和图 3.28(d)]。

2. 湍流脉动动能

大气湍流运动的瞬时速度可以分解为平均速度和脉动速度两部分,因而湍流运动的总动能(平均值)也由两部分组成,一部分是由平均速度产生的平均运动动能;另一部分是由脉动速度构成的脉动动能。湍流运动的发生、发展或减弱、消逝是由脉动动能增加或者减少造成的。湍流动能(turbulent kinetic energy, TKE)的大小标志着湍流的强弱,直接关系到边界层大气动量、热量和温度等属性的输送,因此它是微气象学的重要参量。

研究湍流脉动动能（简称湍能）的变化对大气边界层的研究有着十分重要的意义。

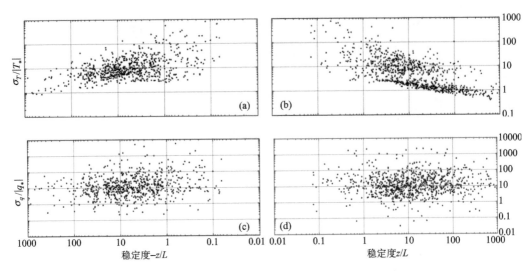

图 3.28　无量纲化温度和湿度方差与稳定度的关系

　　图 3.29 为湍流动能随风速的变化关系，从图 3.29 中可以看出，湍流动能随风速的增大而增大，白天比夜间明显，相比之下，夜间湍流动能较小，且随风速的增大比较缓慢。

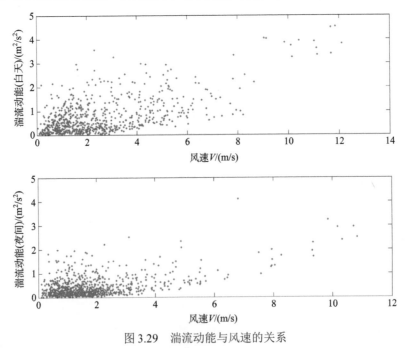

图 3.29　湍流动能与风速的关系

　　图 3.30 为湍流动能与稳定度的关系，从图 3.30 中可以看出湍流动能随稳定度的变化是非常明显的，当稳定度大于零时，相对而言，湍流动能变化比较缓慢，当稳定度小于零时，湍流动能比较离散，且值相对较大，这可能是由于局地对流促使动量的交换剧烈。

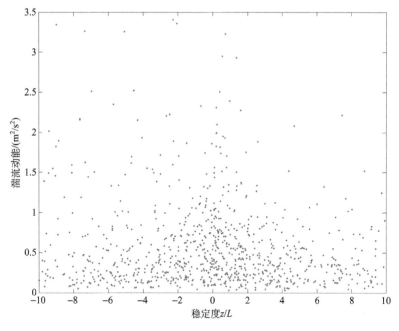

图 3.30　湍流动能与稳定度的关系

3. 湍流强度

在近地面大气中，脉动速度标准差 σ_u、σ_v、σ_w 通常随水平风速 $V=\sqrt{\overline{u^2}+\overline{v^2}}$ 的增大而增大，因此用它们的相对比值来定量表示湍流的强弱，并定义为湍流强度，简称湍强。

图 3.31 为白天湍流强度与风速的关系，由图 3.31 可见 I_u、I_v、I_w 随风速的增大而减小，当风速 V 为 0～2 m/s 时，湍流强度变化最明显，当 $V>2$ m/s 时，湍流强度变化很小。

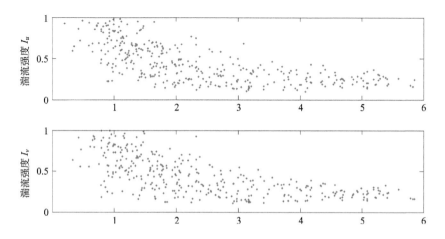

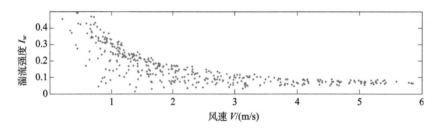

图 3.31　白天湍流强度与风速的关系

图 3.32 为白天湍流强度与稳定度的关系，从图中可以看出湍流强度对稳定度的变化响应很明显；相对而言，在稳定状态下，湍流强度变化比较小，在不稳定状态下，湍流强度有略微变大的趋势，这可能是由于局地对流促使动量的交换剧烈。夜间的湍流强度与稳定度的关系不明显。

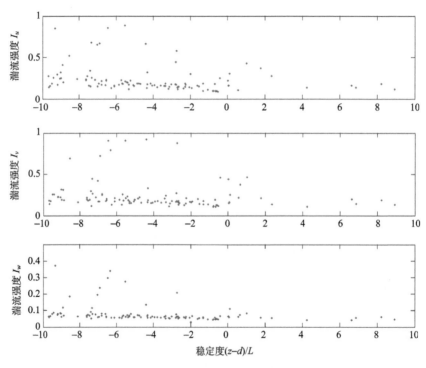

图 3.32　白天湍流强度与稳定度的关系

3.3.2　零平面位移与动力学粗糙度

空气动力学粗糙度 z_0 和零平面位移高度 d 是与地表物理属性相联系的具有高度尺度的参量，d 相当于抬升了的地面，z_0 则是地面上的粗糙元对风的拖曳作用使风速减小为 0 的高度(不等于粗糙元的高度)。理论上，二者不应当依赖于大气的状况，但本质上，二者却是与风速廓线的形状紧密联系的，是气流数据与相似理论表达式相适应的关键参量。传统上 d 的求解需要通过风速廓线来确定，Martano(2000)提出用单层超声数据确定

d 和 z_0 的方法。本节利用 Martano 的方法计算玛曲草地站点 d 和 z_0，在此基础上进行了印痕分析。Martano 方法概述如下。

根据莫宁-奥布霍夫相似理论，风速廓线 $U(z)$ 为

$$U(z) = (u_*/k)\left\{\ln\left[(z-d)/z_0\right] - \psi\left[(z-d)/L, z_0/L\right]\right\} \tag{3.80}$$

式中，$\psi\left[(z-d)/L, z_0/L\right] = \psi\left[(z-d)/L\right] - \psi(z_0/L)$，为集成的稳定度修正函数，为了计算式(3.80)中的 d 和 z，使用最小二乘拟合进行估算，问题的数学形式为

$$\left\langle\left\{kU/u_* - \ln\left[(z-d)/z_0\right] - \psi\left[(z-d)/L, z_0/L\right]\right\}^2\right\rangle_m = \min(z_0, d) \tag{3.81}$$

式中，算子 $\langle\ \rangle = (1/N)\sum_i^N$，定义为 N 组数据的平均值；$\min(z_0, d)$ 对应于 z_0、d 的最小值。这是一个二元的非线性最小二乘问题，式(3.81)可以改写为

$$\left\langle\left[S(z_0, d) - p(z_0, d)\right]^2\right\rangle = \min(z_0, d) \tag{3.82}$$

式中，$S = \left\{kU/u_* + \psi\left[(z-d)/L\right] - \psi(z_0/L)\right\}$，是一个统计量；$p = \ln\left[(z-d)/z_0\right]$，是一个参数，为 z、z_0 和 d 的函数；当满足条件 $\langle S(z_0, d)\rangle - p(z_0, d) = 0$ 或 $\ln[z-d/z_0] = \langle kU/u_* + \psi\left[(z-d)/L, z_0/L\right]\rangle$ 时，式(3.82)可写为

$$\left\langle\left[S(z_0, d) - p(z_0, d) - \langle S(z_0, d) - p(z_0, d)\rangle\right]^2\right\rangle = \min(z_0, d) \tag{3.83}$$

p 是一个参数，对于所有数据而言，$\langle p\rangle = p$，所以：

$$\begin{aligned}
&\left\langle\left[S(z_0, d) - p(z_0, d) - \langle S(z_0, d) - p(z_0, d)\rangle\right]^2\right\rangle \\
&= \left\langle\left[S(z_0, d) - \langle S(z_0, d)\rangle\right]^2\right\rangle = \sigma_s^2
\end{aligned} \tag{3.84}$$

当 $\psi(z_0, d) = O(z_0, d)$ 时，一般情况下，$z_0 << (z-d) << |L|$，则有 $\psi\left[(z-d)/L, z_0/L\right] = \psi\left[(z-d)/L\right] - \psi(z_0/L) = \psi\left[(z-d)/L\right]$，在此约束条件下，变量为 d、z_0 的方程，等价于寻找 $S = kU/u_* + \psi\left[(z-d)/L\right]$ 随 d 的变化的最小方差问题。即式(3.81)简化为单变量的条件最小化问题。当方差 σ_s^2 最小时，可确定 d 值(图 3.33)，根据式(3.85)，利用最小方差法则，可以容易地计算出粗糙度 z_{0e}。

$$z_{0e} = (z-d)\exp\langle -S\rangle \cong (z-d)\langle\exp(-S)\rangle = \langle z_0\rangle_m \tag{3.85}$$

Martano 根据莫宁-奥布霍夫相似理论，利用单层超声风速资料，将计算零平面位移和空气动力学粗糙度的问题简化为一个可由最小二乘法求单变量的过程。该过程着眼于一个代表着粗糙度不确定的函数 σ_s，当 σ_s 取得最小值时，对应地就可以计算出 d 和 z_0。

由此可以得出 $d = 0.143$ m，$z_0 = 0.035$ m。表 3.6 列举了一些其他类似下垫面动力学粗糙度，由于地表植被的影响，玛曲地区的动力学粗糙度比安多和北 PAM 大一些，但是比 HEIFE 绿洲的豆田小一些，处于一个合理的范围内。

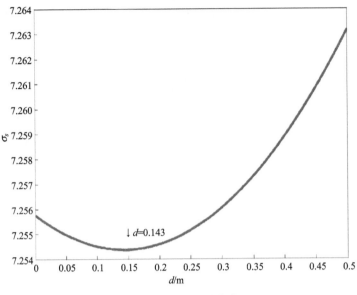

图 3.33　　σ_s 随 d 的变化

表 3.6　　不同下垫面动力学粗糙度比较

观测点	下垫面/cm	观测高度/m	动力学粗糙度/m
HEIFE 绿洲	豆田(40)	2.9	0.0610
北 PAM	草垫(15)	5.6	0.0139
安多	草垫(5)	2.9	0.0046
玛曲	草原(15)	3.2	0.0351

注：部分数据引自马耀明等(2006)。

3.3.3　地表通量的"印痕"分析

近年来涡动相关技术被越来越广泛地应用于生态系统与大气间 CO_2、水汽通量的观测，传感器所测定通量的空间代表性就成为相关领域的热点问题。例如，在铁塔上一定高度安装的仪器，受水平平流和垂直湍流的影响，测量值不仅受到点的影响，而且可能代表面上或者更大范围的值。那么在一点测得的通量值，能反映多大面积上的源汇？这一源汇在观测点的什么方向？本小节将讨论这两个问题。

Schuepp 等(1990)根据扩散方程求得了通量印痕分析的解析解公式，上风向地表通量积累的标准化贡献可表达为

$$\mathrm{CNF}\left(\chi_L\right) = \mathrm{e}^{-U(z-d)/ku_*\chi_L} \tag{3.86}$$

式中，χ_L 为观测点的上风向距离。

$$U = \int_{d+z_0}^{z} u_z \mathrm{d}z \Big/ \int_{d+z_0}^{z} \mathrm{d}z = \frac{u_*\left\{\ln\left[(z-d)/z_0\right] - 1 + z_0/(z-d)\right\}}{k(1-z_0)/z-d} \tag{3.87}$$

相对通量密度(relative flux density)的表达式为

$$\frac{1}{Q_0}\frac{\mathrm{d}Q}{\mathrm{d}x} = \frac{U(z-d)}{u_* k \chi^2}\exp\left[-U(z-d)/ku_*\chi\right] \tag{3.88}$$

根据式(3.86)和式(3.88)计算得到通量累积贡献及相对通量密度,如图 3.34 所示,由图 3.34 可以看出,当水平通量累积贡献率为 90% 时,其源区水平范围在 0~1025 m。通量密度在 80 m 左右取得最大值,也就是说 80 m 附近位置对通量的影响最大。

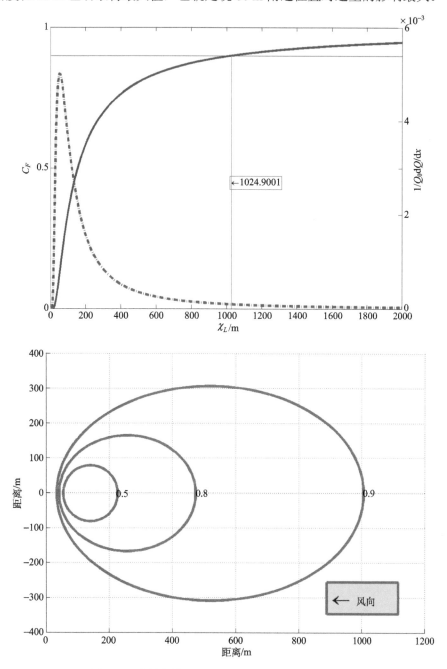

图 3.34 中性条件下,通量累积贡献及相对通量密度

3.3.4 小结

近地层大气具有很强的湍流特征，本节利用玛曲草地站点通量观测资料，分析了湍流方差、湍流动能和湍流强度等湍流特征，然后计算了玛曲草地站点零平面位移高度和动力学粗糙度，最后根据 Schuepp 等(1990)求得的通量印痕分析的解析解公式，分析了玛曲草地站点通量的"印痕"，得出以下主要结论。

(1)湍流统计特征：①σ_u/u_*、σ_v/u_*、σ_w/u_* 与 z/L 之间的 1/3 次方规律很明显，大气处于中性层结时，σ_u/u_*、σ_v/u_*、σ_w/u_* 分别趋于常数 $A=3.42$，$B=3.34$，$C=1.02$。②湍流动能随风速的增大而增大，白天比夜间明显，相比之下，夜间湍流动能较小，且随风速的增大比较缓慢；湍流动能随稳定度的变化非常明显，在稳定度近中性时，湍流动能取得最大值；相对而言，在不稳定状态下，湍流动能比较离散，这可能是由于局地对流促使动量的交换剧烈。③I_u、I_v、I_w 随风速的增大而减小，当 V 为 0～2 m/s 时，湍流强度变化最明显，当 $V>2$ m/s 时，湍流强度变化很小；湍流强度对稳定度的变化响应很明显；相对而言，在不稳定状态下，湍流强度比较离散，这可能是由于局地对流促使动量的交换剧烈。

(2)根据 Martano(2000)提出的用单层超声数据确定 d 和 z_0 的方法计算了零平面位移高度和动力学粗糙度：$d=0.143$ m，$z_0=0.035$ m。由于地表植被的影响，玛曲草地站点的动力学粗糙度比安多和北 PAM 大一些，但是比 HEIFE 绿洲的豆田小一些，处于一个合理的范围内。

(3)根据 Schuepp 等(1990)求得的通量印痕分析的解析解公式，分析了玛曲草地站点通量的印痕，结果表明，当水平通量累积贡献率为 90% 时，其源区水平范围为 0～1025 m；通量密度在 80 m 左右取得最大值，也就是说 80 m 附近位置对通量的影响最大。

3.4 地表气象要素季节变化特征

太阳辐射是气候系统中各物理过程和生命活动的基本动力。大气层中的多种因素，如云的反射与散射、气溶胶的散射与吸收、水汽的吸收、大气的分子散射与气体吸收等均会对太阳辐射产生影响。同时，这些因子的时空分布变化也会在不同程度上引起到达地面的太阳辐射发生变化，进而可能对地表温度、蒸发和水循环，以及人类的生活环境和地球生态系统带来多方面的影响，产生较为深远的气候效应(石广玉，2007)。地表的能量交换过程表现为地表辐射收支与热量收支。太阳活动、地核能量释放、生态环境演变及人类活动等自然或人为因素对气候变化的影响主要通过对地表辐射收支、热量收支的改变来实现，而且它们对气候变化的响应也是通过地表辐射收支和热量收支过程来传递的。以地表辐射收支和热量收支为主的地表能量交换过程是地-气间相互作用的主要内容，它集中反映了地-气耦合过程的能量纽带作用(张强和曹晓彦，2003)，研究辐射收支、热量收支过程及其相关的环境因子对于了解当前的气候状态及对未来的气候变化的预估都具有重要的意义(Berbert and Costa, 2003; Kalma et al., 2000; Schaeffer et al., 2006)。

青藏高原以其地形的特殊性及对区域乃至全球尺度上能量、水分循环的重要作用成为气候研究中的热点地区(Flohn, 1957; Liu et al., 2003; Yeh, 1957)。青藏高原第一次、第二次大气科学实验,以及 GAME–Tibet 和 CAMP–Tibet 试验均将高原地区的能量、水分循环特征作为主要研究内容之一(Choi et al., 2004; 徐祥德和陈联寿, 2006)。研究表明:①在适当的云天条件下,在青藏高原上可观测到极大的太阳总辐射、净长波辐射和净辐射,青藏高原自西向东出现总辐射大于太阳常数的现象十分频繁(周明煜等, 2000);②在东亚季风开始之前,青藏高原主要以感热的形式加热大气,特别是高原西部、北部边缘沙漠地带的感热贡献可超过 70%,有的甚至在 90% 以上(Li and Yanai, 1996; 章基嘉等, 1988);③在雨季,感热通量贡献减小,潜热通量贡献显著增大,整个高原东半部的潜热通量贡献可达 50% 以上,而在青藏高原西部感热通量对大气的加热作用与潜热通量相当(Chen et al., 1985; 章基嘉等, 1988);④局地的水分循环对于高原西部的水分收支具有重要作用,而外来水汽对高原东部具有非常重要的意义(Luo and Yanai, 1984);⑤能量平衡不闭合问题普遍存在,不闭合率最大可达 20%(马耀明等, 2006)。

尽管以上研究对青藏高原能量、水分循环的源/汇分布特征,以及大气的加热机制等进行了多方面的探讨,但是这些研究多是建立在青藏高原中部、北部、西部地区的观测基础上,而在高原东部开展的工作相对较少。此外,长期观测资料缺乏使得关于青藏高原地表能量交换过程中各能量组分的变化特征,以及其对下垫面季节变化(植被生长期、冻结期、季节转换期)响应的研究相对较少(Gu et al., 2004; Zhang et al., 2010a)。基于此,本节利用玛曲草地站点 2010 年观测数据就地表能量收支过程中各组分的季节变化及其对下垫面的响应展开讨论。

3.4.1 气象要素的季节变化

图 3.35 给出了玛曲草地站点基本气象要素的季节变化特征。2010 年平均气温为 1.9℃,较 1967~2007 年多年平均气温偏高 0.48℃。日平均气温最高为 15.9℃,最低为 −16.5℃,分别出现在 7 月 29 日和 12 月 26 日。80 cm 土壤温度最大值为 14.9℃,其相比于日平均气温最大值出现的时间存在 20 天的延迟;5 cm 土壤温度日平均值有 128 天小于零,对应于 1 月 1 日~3 月 19 日和 11 月 11 日~12 月 31 日;季节性冻土最大深度为 80 cm。在 3 月下旬,随着冻土的消融,土壤中液态水含量增加,各层土壤湿度均表现出明显的增大趋势;受降水影响,4 层土壤湿度均有明显的季节变化,土壤体积含水量最大值出现在降水最为集中的 7 月,10 cm 土壤体积含水量最大可达 0.46 m³/m³。从降水的分布来看,2010 年玛曲草原夏季降水主要集中在 7 月,且频次高,强度大。8 月上旬及 9 月下旬则相对较为干旱。

为研究玛曲高寒草甸地表辐射、能量收支的季节变化,本节首先将 5 cm 日平均土壤温度连续小于零的时段定义为冻结期,即 1 月 1 日~3 月 19 日和 11 月 11 日~12 月 31日,除此之外的时段则为非冻结期;对于非冻结期,本节又将波文比连续大于 1(Gu et al., 2004)的时段定义为生长期,即 4 月 28 日~10 月 14 日;经上述划分后,则将剩余的两个时段,即 3 月 20 日~4 月 27 日和 10 月 15 日~11 月 10 日,根据时间先后顺序分别将其定义为生长期前和生长期后。

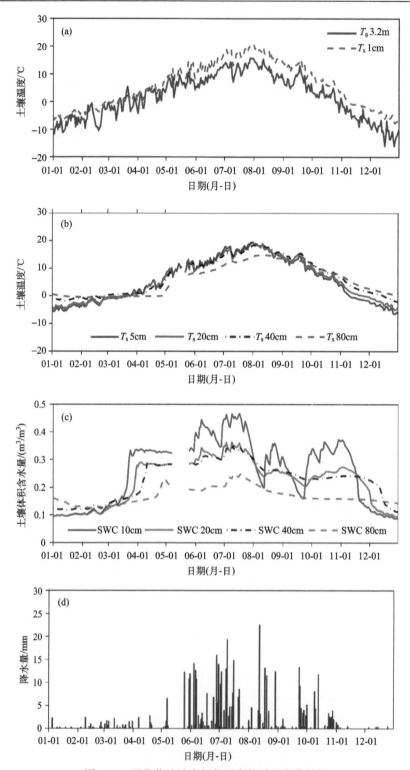

图 3.35　玛曲草地站点气象要素的季节变化特征

(a) 3.2 m 日平均空气温度和 1 cm 日平均土壤温度；(b) 5 cm、20 cm、40 cm、80 cm 日平均土壤温度；(c) 10 cm、20 cm、
40 cm、80 cm 日平均土壤体积含水量；(d) 日降水量

3.4.2　辐射收支的季节变化

1. 入射太阳辐射

入射太阳辐射是地表能量交换过程研究中的主要分量，是影响其他分量变化的基本特征因子。入射太阳辐射的变化特征主要取决于太阳高度角。如果大气完全透明，北半球入射太阳辐射最大值出现在 6 月，最小值出现在 12 月。但由于各地的海拔、大气透明度及云量等的影响，入射太阳辐射也存在一定的差异(邱金桓和陈洪滨, 2005; 魏丽和钟强, 1997)。研究表明，到达青藏高原地表的太阳辐射是同纬度低海拔地区的 1.2～2 倍(叶笃正和高由禧, 1979)。从图 3.36 中可以看到，受云的影响，入射太阳辐射的变化有明显的低值出现，在天气晴好的条件下，入射太阳辐射日累积量的季节变化大致可以分为三个阶段：①在冻结期和生长期前，入射太阳辐射日累积量迅速增大；②在植被生长期，入射太阳辐射日累积量缓慢减小；③生长期后及冻结期，入射太阳辐射日累积量减小速度加快。日累积量最大值、最小值分别出现在 5 月[32 MJ/(m²·d)]和 12 月[15 MJ/(m²·d)]。全年入射太阳辐射累积量为 6482.2 MJ/(m²·a)，与青藏高原唐古拉高寒草甸相当[6495.6 MJ/(m²·a)，海拔 5100 m](姚济敏等, 2009)，高于青藏高原海北高寒草甸[6298 MJ/(m²·a)，海拔 3250 m](Zhang et al., 2010a)，低于藏北高寒草甸[7253.3 MJ/(m²·a)，海拔 4722 m](马伟强等, 2005)。冻结期、生长期前、生长期和生长期后四个阶段所获得的入射太阳辐射分别占全年总量的 30%、12%、51% 和 7%。

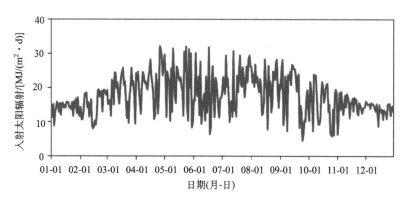

图 3.36　玛曲草地站点入射太阳辐射日累积量的季节变化

2. 地表反照率

地表反照率反映了下垫面对太阳辐射的反射能力，一个地区的实际反照率受该地区土壤成分、干湿状况、覆盖物类型及其颜色、地表粗糙度等因素的共同影响(Courel et al., 1984; Kukla and Robinson, 1980; Robock, 2009; Yamanouchi, 1983)。从图 3.37 中可以看到，在下垫面无雪条件下，日平均地表反照率介于 0.18～0.28。在冻结期和生长期前，地表反照率基本保持不变；在植被生长期的开始阶段，日平均地表反照率有一个快速的下降过程，然后基本保持不变至 6 月底；7 月中旬反照率有一定程度的增大，对应于 10 cm

土壤含水量的低值期，然后至植被生长期的结束阶段地表反照率变化幅度不大；生长期后和冻结期，植被的进一步衰退致使地表反照率又有所增大，至 12 月达到最大。在有积雪覆盖的条件下，地表反照率最大可达 0.81。全年日平均地表反照率为 0.25。冻结期、生长期前、生长期和生长期后四个阶段平均地表反照率分别为 0.28、0.27、0.22 和 0.28。研究表明，地表反照率与浅层土壤的液态含水量负相关，土壤液态含水量大则地表反照率小，土壤液态含水量小则地表反照率大（Bowker et al., 1985; Idso et al., 1975），这与本节的研究结果一致。青藏高原各站的平均地表反照率为 0.28，是全球平均地表反照率（0.13）及部分地区草地测站平均地表反照率（0.19）的 2.15 倍和 1.47 倍。

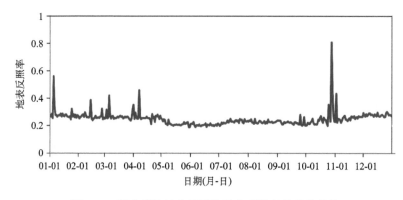

图 3.37　玛曲草地站点日平均地表反照率的季节变化

3.5　地表能量水分输送特征

下垫面非均匀性形成的水热条件差异，主要是由于获得太阳辐射量不同而产生的，而下垫面的能量平衡又是决定贴地气层与土壤上层气候特征的物理基础，同时也是影响气候差异的重要因素。近地面层辐射平衡和能量平衡的分配结构反映了大气与地面之间的湍流交换强弱，是决定局地气候形成的基本因素。

地表辐射平衡和土壤水热过程是地球系统的主要物理过程，也是地球系统转化太阳能量及实现热量和水分循环的主要环节。局地气候特征在很大程度上是由地表辐射平衡过程和土壤水热过程来决定的，区域气候的突变或变化大多是由地表辐射平衡和土壤水热过程的调整或演变引起的。其中，地面反照率、土壤温度和湿度对大气环流和气候变化有重要影响。在这些影响中还存在地表反照率、土壤温度和湿度间的相互作用，地表反照率同土壤湿度间有较强的负反馈，土壤温度和土壤湿度间也有负反馈，地面反照率同土壤温度间有弱的正反馈。大气环流和气候变化就是在这几种反馈机制间进行着，使得地面状况对气候的影响变得相当复杂。陆气相互作用在气候系统中是重要的，而土壤的热状况又在陆气相互作用中扮演着十分重要的角色。

20 世纪 80 年代以来，国际上开展了一系列涉及不同气候区不同下垫面的大型陆面过程观测实验，毫无例外地都将确定地表辐射能量通量特征作为主要研究内容之一。国内也相继开展完成了青藏高原气象科学试验计划 QXPMEX、黑河地区地气相互作用的观测试验 HEIFE、DHEX 以及金塔绿洲能量与水分循环过程观测试验等科学试验,在这些试验中,分别对不同下垫面的地表辐射和能量通量进行了全面而深入的观测分析,揭示了许多有意义的观测事实,取得了大量研究成果,而这些研究成果主要集中在青藏高原和西北干旱半干旱区。

黄河上游地区具有的独特陆面特征和生态属性使得该区域地气间能量循环过程与藏北高原和西北干旱半干旱区有很大不同,因此对这一地区地表和大气间的辐射收支和能量平衡等通量的交换特征开展研究就显得尤为重要。以往对这一地区的研究主要侧重于生态环境考察和土地利用等方面,有关能量水分特征的研究仍为空白区域。本小节拟利用玛曲草地站点的观测资料,从辐射的各个分量、地表反照率、土壤水热特征、能量平衡等方面对该地区能量水分特征进行分析讨论。

3.5.1 辐射平衡及地表反照率

太阳辐射是地球上各种能量的主要来源,是气候系统中各种物理过程和生命活动的基本动力。太阳辐射能作用于地面,土壤表层吸收辐射热后,一部分以反射辐射的形式再返回大气,另一部分则传给下层土壤,用于土壤本身的升温和土壤水分蒸发的消耗。对全球而言,地气系统的辐射平衡为零,但对于个别地区而言辐射平衡可正可负,它极大地影响着地球上各种天气过程的发生、发展,并产生时间、空间尺度的气候变化。因此研究辐射平衡收支对于研究大气环流和气候问题非常重要。

1. 辐射平衡特征

图 3.38 所示为黄河上游地区太阳辐射收支各分量的年变化特征,从图中可以看出太阳总辐射、大气逆辐射、地表长波辐射和地表净辐射的季节变化特征明显。太阳总辐射[图 3.38(a)]夏半年上升,7 月达到最大值,冬半年下降,在 1 月降至最小值,春秋季节为过渡时期,大小基本相等;该地区夏季太阳总辐射日变化较强,正午 10 min 平均值可达 1250 W/m^2,与 HEIFE 实验期间沙漠站的观测值相比要大 200 W/m^2,这可能与观测站的地理位置、空气密度、气溶胶含量、大气光学厚度等有关,同时与太阳高度角关系密切,日出日落时段出现最小值,而在正午时达到最大。大气逆辐射[图 3.38(b)]7 月最大,1 月最小,年变化分布于 100~400 W/m^2,这可能主要因为研究区域夏季较冬季湿润,与 HEIFE 实验期间沙漠站的观测值相比要大 50 W/m^2,这个结果是显然的,原因是该地区比黑河流域湿润。黄河上游地区大气逆辐射日变化特征不是很明显。地表长波辐射[图 3.38(c)]在 4 月、5 月达到最大值 500 W/m^2,而 1 月降至最小值 200 W/m^2,这与其他地区有较大差异,如 HEIFE 实验期间的沙漠观测站,7 月、8 月地表长波辐射值达到最大值 600 W/m^2,12 月、1 月则降至最小值。玛曲草原地区较湿润,且夏季多阴雨天气,而黑河流域干旱少雨,使得研究区域内地表长波辐射的峰值较黑河流域小且时间不同步。另外,地表温度存在明显的日变化特征,致使地表长波辐射也呈现明显的日变化特征,日出前和日落后最小,正午时最大。地面有效辐射没有明显的年变化特征[图 3.38(d)],最大值约 250 W/m^2,与其他地区,如藏北高原和西北干旱、半干旱区有较大的差异,可能主要由下垫面属性及其特殊的天气条件所致。但研究区域地面有效辐射日变化特征明显,正午达到最大值,

夜间较小。地表净辐射即地面收入辐射和支出辐射的差值，是表征地气系统辐射热交换结果的特征量，是各个辐射分量的综合结果，其大小和变化受到各个辐射分量的共同制约。图 3.38(e)所示为玛曲草地站点地表净辐射年变化，从图中可以看出，该地区净辐射夏半年增大，最大值达 850 W/m^2，冬半年降低。与图 3.38(a)对比可以发现该地区地表净辐射年变化和总辐射变化有着相同的变化趋势，这是因为辐射平衡四个分量中总辐射的量值较大，起决定性的作用。玛曲草地站点地面净辐射的日变化特征也很明显。

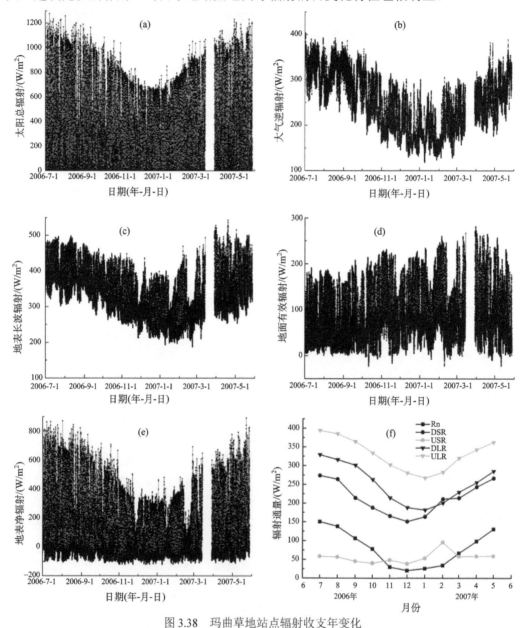

图 3.38　玛曲草地站点辐射收支年变化

(a)太阳总辐射年变化；(b)大气逆辐射年变化；(c)地表长波辐射年变化；(d)地面有效辐射年变化；(e)地表净辐射年变化；(f)辐射各分量

2. 地表反照率

图 3.39(a)为玛曲草地站点日平均地表反照率年变化,从图中可以看出,在观测期内,地表反照率的季节变化不是很明显,这主要是因为玛曲地区比较湿润,干湿季不明显;进入冬季降雪季节,直到次年的 4~5 月仍有个别天有降雪发生,地表反照率明显增大,最大可达 0.9 左右。计算得到黄河上游年平均地表反照率为 0.26,这个值远小于 HEIFE 实验中沙漠、戈壁,而大于绿洲。但黄河上游地表反照率具有明显的日变化特征,在日出日落时段,太阳高度角较小时,地表反照率较大,而在地方时正午前后太阳高度角较大时,地表反照率出现最小值,整个日变化表现出典型的 "U" 形特征。

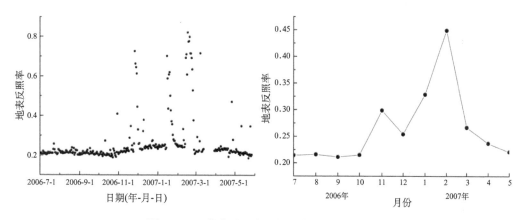

图 3.39 玛曲草地站点平均地表反照率年变化

3.5.2 土壤水热特征

土壤温度、湿度特征对大气环流和气候变化有着重要的影响,因此研究土壤水热特征很有必要。

1. 土壤湿度

图 3.40 所示为玛曲草地站点土壤湿度年变化特征及季节变化特征,图 3.40(a)是玛曲草地站点六层土壤湿度月平均变化特征,从图中可以看出 200 cm 深度土壤湿度基本常年维持在 $0.09 \, \text{m}^3/\text{m}^3$ 左右,其余五层土壤湿度具有明显的变化特征,其变化幅度在 $0.10 \sim 0.40 \, \text{m}^3/\text{m}^3$。受降水的影响,五层土壤湿度的最大值都出现在 9 月;受冬季冻土的影响,5 cm 和 10 cm 土壤湿度变化相似,最小值都出现在 1 月,约为 $0.11 \, \text{m}^3/\text{m}^3$,40 cm 土壤湿度 1 月和 2 月基本相同,都维持在 $0.14 \, \text{m}^3/\text{m}^3$ 左右,这可能由于该层处于冻结层内部,80 cm 和 100 cm 土壤湿度变化相似,最小值出现在 2 月,约为 $0.15 \, \text{m}^3/\text{m}^3$。

图 3.40(b)~图 3.40(e)是玛曲草地站点春、夏、秋、冬四季典型日六层土壤湿度变化情况,分别代表春、夏、秋冬四季变化,从图中可以看出四季近地层土壤湿度变化较剧烈,主要表现出明显的日变化特征,春、夏、秋季表现为近地层土壤湿度值较大,然后随着深度增大而逐渐减小,冬季由于土壤冻结,表现出与其他季节不同的特征,土壤

湿度值随深度由地表向下而增大，直到 80 cm 左右，然后又减小，由此可知土壤冻结深度约为 80 cm。

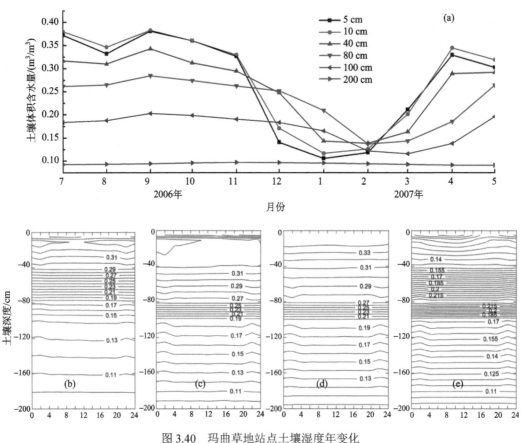

图 3.40 玛曲草地站点土壤湿度年变化

(a)六层土壤湿度月平均变化；(b)春；(c)夏；(d)秋；(e)冬

2. 土壤温度

图 3.41 所示为玛曲草地站点土壤温度年变化特征及季节变化特征，图 3.41(a)是玛曲草地站点六层土壤温度月平均变化特征，从图中可以看出土壤温度变化特征为夏半年和冬半年相反，具有明显的正弦波的特征，浅层土壤温度变化幅度大而深层土壤温度变化幅度小。

图 3.41(b)～图 3.41(e)是玛曲草地站点春、夏、秋、冬四季典型日六层土壤温度的变化情况，分别代表春、夏、秋、冬四季变化，从图中可以看出土壤温度各季近地层到 40 cm 变化较剧烈，表现为明显的日变化特征，从图 3.41(e)中可以明显地看出冬季土壤冻结深度基本在 70 cm。

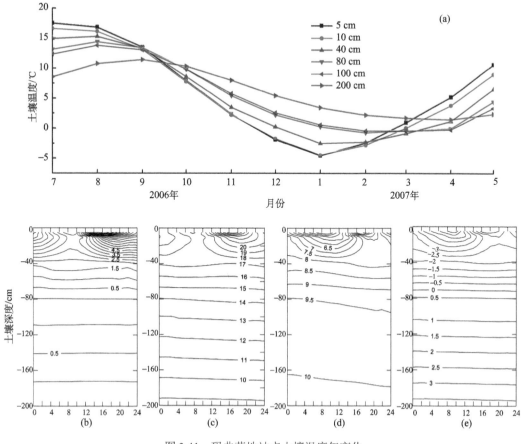

图 3.41　玛曲草地站点土壤温度年变化

(a)六层土壤温度月平均变化；(b)春；(c)夏；(d)秋；(e)冬

3. 土壤热通量

图 3.42 所示为玛曲草地站点土壤热通量年变化特征及季节变化特征，图 3.42(a)是玛曲草地站点四层土壤热通量月平均变化特征，从图中可以看出四层土壤热通量在 5 月出现最大值，最小值出现在 12 月或者 1 月；9 月到来年的 2 月基本都为负值，表示土壤热量传输方向由下层指向上层，下层土壤释放热量，而上层土壤吸收热量，其余月份则基本相反。

图 3.42(b)～图 3.42(e)是玛曲草地站点春、夏、秋、冬四季土壤热通量典型日变化特征，分别代表春、夏、秋、冬四季变化，从图中可以看出与土壤温度、湿度变化情况相似，同样是浅层变化剧烈，土壤热通量在地表到地下 20 cm 表现为日变化特征；春季和夏季地下 40～75 cm 热通量值基本保持在 5 W/m²，秋季地下 40～75 cm 热通量值基本保持在–5 W/m²，冬季在土壤冻结的影响下，土壤热通量变化比较明显，在深层 40～75 cm明显增大，浅层土壤从更深层土壤吸收热量。

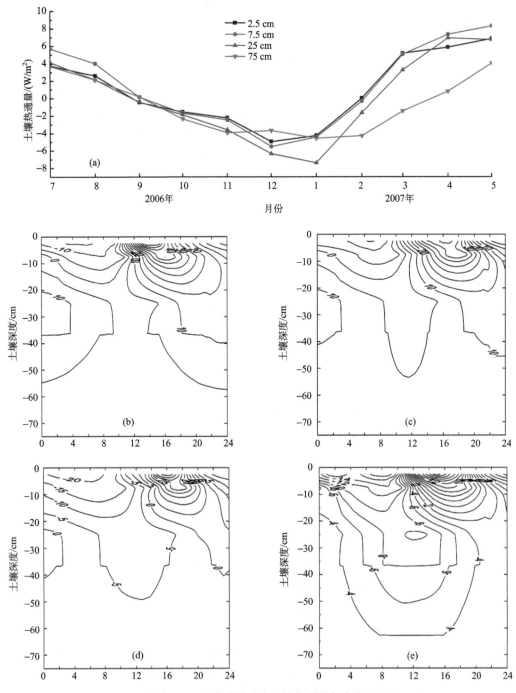

图 3.42　玛曲草地站点土壤热通量年变化

(a)四层土壤热通量月平均变化；(b)春；(c)夏；(d)秋；(e)冬

3.5.3　能量平衡季节变化特征

任何一点上的净辐射 Rn 是其他过程的能量交换及转化总量的确切度量，当下垫面获

得能量时，Rn 取正号。一般能量平衡可以表达为

$$LE+Hs = Rn - G - S \tag{3.89}$$

式中，LE 为潜热通量；Hs 为感热通量；Rn 为太阳净辐射；G 为土壤热（存储）通量；S 为植被层热存储通量。黄河上游玛曲地区四季差别不是很明显，主要分为冬半年和夏半年，且冬半年较长，植被层很低，夏半年植被层也比较低，这里忽略 S，因此式(3.89)可以写为如下形式：

$$LE + Hs = Rn - G \tag{3.90}$$

本节的土壤热通量 G_0 由观测值 G 及式(3.47)推算得到，其中 C_s 为土壤体积热容量。

$$G_0 = G_z + \int_0^z C_s \frac{\partial T}{\partial t} dz \tag{3.91}$$

能量平衡闭合度由式(3.48)计算得到：

$$EBR = \left[\sum(LE + Hs)\right] / \left[\sum(Rn - G_0)\right] \tag{3.92}$$

图 3.43 是玛曲草地站点春、夏、秋、冬四季典型四层日能量平衡各个分量及其能量平衡闭合度的变化，分别代表春、夏、秋、冬四季变化特征，从图中可以看出感热通量、潜热通量、净辐射和土壤热通量的日变化很明显[图 3.43 (a)、图 3.43 (c)、图 3.43 (e)、图 3.43 (g)]，一天中随着太阳高度角的增大，各个量随之增大，中午达到最大值，然后逐渐变小。净辐射是能量平衡四个分量中最大的一个量，起主要作用。感热通量和潜热通量在不同月份起着不同作用，夏季潜热通量比感热通量大，春季、秋季和冬季感热通量比潜热通量大，这主要是因为夏季降雨较多，相对于其他季节而言湿润得多，春季和秋季相对干燥，而冬季地表冻结，所以这三季以感热通量为主。从季节气候特征上看，黄河上游地区主要分为夏半年(夏季)和冬半年(春季、秋季和冬季)，玛曲草地站点感热通量和潜热通量夏半年、冬半年变化特征明显，夏半年潜热通量远比感热通量大，最大约为 400 W/m^2，比感热通量约大 300 W/m^2，冬半年感热通量远小于潜热通量，最多小 100 W/m^2。土壤热通量季节变化不明显，最大为 25 W/m^2，且日变化幅度也比较小。

图 3.43 (b)、图 3.43 (d)、图 3.43 (f)、图 3.43 (h) 分别为春、夏、秋、冬四季典型日白天能量平衡闭合度，从图中可以看出能量平衡闭合度同样有明显的日变化特征，日出后逐渐增大，直到午后达到最大。春节和夏季能量平衡闭合度略高于秋季和冬季，且存在明显的能量不闭合现象。

关于能量不闭合的原因已经有很多讨论，如：①测定的源区面积不一致造成的取样误差。涡动相关仪器观测的源区面积大于辐射仪器观测的源区面积，二者远大于土壤热通量板观测的面积。②仪器测定中的系统误差。涡动相关观测仪器及辐射仪器标定所引起的误差，土壤热通量板与周围土壤的导热系数不一致引起的观测误差。③低估或者忽略了某些能量汇。下垫面植被冠层在地表温度迅速变化时存储了部分能量，形成一个额外的能量汇，尽管量级比较小，通常会被忽略，但也会造成一定的误差。④高频或者低频的通量损失。涡动相关技术对总的湍流通量的低估与高频或低频损失(低通滤波或高频滤波)有关。超声风速仪和 CO_2 分析仪的空间距离可视为一个低通滤波器造成的高频损失，出现额外损耗从而低估了水汽通量，因此湍流通量被低估。对于某些下垫面而言，

湍流的时间尺度较大,高频低估量较小。因此对频率的响应进行校正也是减小能量不闭合的途径之一。⑤忽略了平流作用。目前在涡动相关研究中几乎所有的站点都认为包括 CO_2 在内的标量平流可以被忽略,通过坐标旋转可以忽略垂直平流,所以平均垂直速度为零。然而非零的平均垂直速度及垂直平流是存在的。夜间当脉动较弱时(低摩擦速度),较低的能量闭合往往伴随着漏流,即在低洼地区形成平流和水汽及 CO_2 聚集,从而造成能量平衡不闭合。玛曲草地站点能量不闭合也离不开以上几个方面的原因,但是观测的源区面积不一致造成的取样误差应该是主要方面。

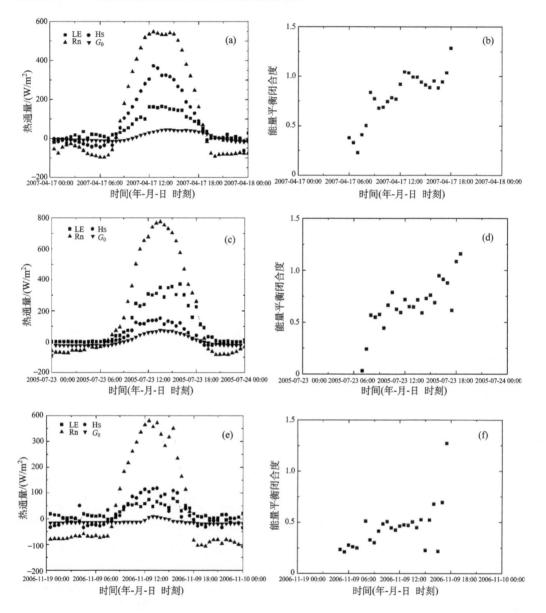

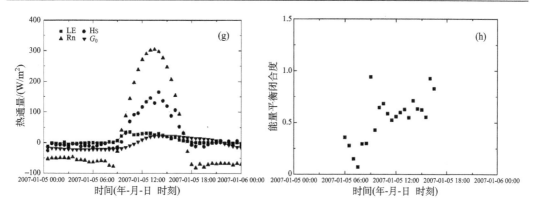

图 3.43　玛曲草地站点能量通量及能量平衡闭合度季节变化

3.5.4　土壤水热特征参数确定

1. 土壤温度梯度

土壤温度梯度可表示为

$$\mathrm{Gra} = \frac{\partial T}{\partial Z} \approx \left(\frac{\dfrac{\Delta T_1}{\Delta Z_1} + \dfrac{\Delta T_2}{\Delta Z_2}}{2} \right) \tag{3.93}$$

式中，Gra 表示土壤温度梯度（℃/m）；ΔT 和 ΔZ 分别表示两层间的温度差（℃）和深度差（m），其中两层间温度差可用下式计算：

$$\Delta T_1 = T_{05} - T_{00} \quad \Delta T_2 = T_{10} - T_{05} \tag{3.94}$$

式中，T_{00}、T_{05}、T_{10} 分别表示 0 cm、5 cm、10 cm 地温；$\Delta Z_1 = \Delta Z_2$，为 0.05 m。利用式（3.93）和式（3.94）计算获得玛曲草地站点日平均土壤温度梯度的年变化特征，如图 3.41 所示。由图 3.44 可以看出，土壤温度梯度 1 月为正值，且达到最大，表明冬季土壤温度梯度的方向指向地下，热量从土壤深层传向地表；4 月为负值，达到一年中最小；7 月到来年 1 月线性增加，达到最大，然后到 4 月又线性减小，然后又缓慢增大，1～4 月变化比较剧烈，这与青藏高原，如五道梁地区的土壤温度梯度变化相比差异很大。

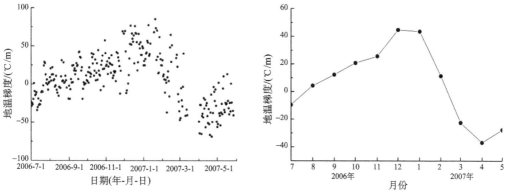

图 3.44　2006 年 7 月～2007 年 5 月玛曲草地站点平均地温梯度的年变化

土壤温度梯度主要由地表接受的净辐射及土壤自身的热状况(土壤含水量、土壤比热、土壤导热率等)决定,因此对土壤温度梯度和地表净辐射做了相关分析,两者呈现较好的线性关系。土壤温度梯度和净辐射相关系数为-0.61,通过了0.01的置信度检验,拟合得到线性回归方程为

$$Gra = -0.3644 \times Rn + 37.855 \tag{3.95}$$

2. 土壤热传导率

土壤表面在吸收太阳净辐射能之后,以分子传导的形式把热量传入深层,使下层土壤增温;相反,当土壤表面由于辐射冷却,温度下降到比深层的温度低时,热量将由深层向地表传输。土壤层的热量传输过程可以用方程描述为

$$G = -\lambda \frac{\partial T}{\partial Z} \tag{3.96}$$

式中,G 为土壤热通量(W/m²);λ 为土壤导热率[W/(m·℃)];$\frac{\partial T}{\partial Z}$ 为土壤温度梯度(℃/m),将式(3.52)稍做变形便可求出导热率 λ:

$$\lambda = -G/(\partial T/\partial Z) \tag{3.97}$$

根据式(3.97)可以很容易计算出黄河上游7.5 cm的土壤导热率。图3.45为玛曲草地站点日平均土壤导热率年变化,从图中可以看出土壤导热率在12月、1月有最大值,约为2.4 W/(m·℃),而3~4月相对较小。土壤导热率是土壤的一种物理性质,它不仅取决于组成土壤的成分,同时还与土壤的结构和构造有关,如水的导热率为0.59 W/(m·℃),冰的导热率为2.2 W/(m·℃),空气的导热率为0.024 W/(m·℃),相对而言,湿的土壤比干的土壤导热率大。在一定时期内,土壤导热率主要取决于土壤中不同导热性质物质的相对数量及其相互之间的联系。黄河上游地区冬半年土壤冻结,土壤含冰量增大,而冰的导热率约为水的4倍,这就使得冬季土壤导热率明显增大;3月、4月相对于其他月份较干,所以土壤导热率也相对较小。表3.7给出了玛曲草地站点春、夏、秋、冬四季的土壤导热率。

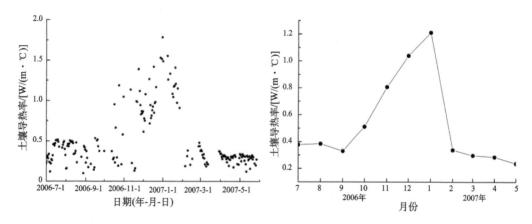

图3.45　2006年7月~2007年5月玛曲草地站点日平均土壤导热率的年变化

表 3.7　玛曲草地站点季节平均土壤导热率

项目	春季	夏季	秋季	冬季
7.5 cm 土壤导热率 /[W/(m·℃)]	0.27	0.38	0.55	0.83

3.5.5　小结

本节利用黄河上游玛曲气候与环境综合观测研究站观测资料分析了辐射平衡、地表反照率、土壤水热特征及其参数、能量平衡季节特征等，得出以下主要结论。

(1) 各辐射分量都具有显著的季节变化特征，夏半年显著增大，于 6～9 月达到最大值；冬半年明显减小，于 12～1 月达到最小值，各辐射分量的年变化呈现出典型的单峰结构。辐射平衡各分量都与太阳高度角关系密切：总辐射、地表长波辐射、地面有效辐射和地表净辐射都随太阳高度角的变化而变化，夜间出现最小值而白天出现最大值。地表反照率除冬季降雪期以外，季节变化不是很明显，年平均地表反照率为 0.26。其日变化与太阳高度角关系密切：当太阳高度角较小时，出现最大值，随着太阳高度角的增大而迅速减小，在太阳高度角最大时地表反照率达到最小值。

(2) 玛曲草地站点土壤温度、湿度及土壤热通量都有明显的年变化特征及季节变化特征。200 cm 土壤湿度基本常年维持在 0.09 m³/m³ 左右，其余五层土壤湿度具有明显的随时间变化特征，其变化幅度在 0.40～0.10 m³/m³。四季近地层土壤湿度变化较剧烈，主要表现出明显的日变化特征，春、夏、秋季表现为土壤湿度近地层较大，然后随着深度而逐渐减小，冬季由于土壤冻结，表现出与其他季节不同的特征，土壤湿度由地表向下到 80 cm 增大，然后又减小，由此可知土壤冻结深度在 80 cm 左右。土壤温度夏半年和冬半年相反，具有明显的正弦波变化特征，浅层土壤温度变化幅度大而深层土壤温度变化幅度小；同时可以看出玛曲草地站点的冻结深度大约为 100 cm。四层土壤热通量在 5 月达到最大值，最小值出现在 12 月或者 1 月；9 月到来年的 2 月基本都为负值，表示土壤热量传输方向由下层指向上层，下层土壤释放热量，而上层土壤吸收热量，其余月份则基本相反。四层土壤热通量与土壤温度、湿度变化相似，同样是浅层变化剧烈，土壤热通量在地表到地下 20 cm 表现为明显的日变化特征；地下 40～75 cm 春季和夏季土壤热通量值基本保持在 5 W/m²，秋季基本保持在–5 W/m²，冬季由于土壤冻结，土壤热通量变化比较明显，在深层 40～75 cm 明显增大，浅层土壤从更深层土壤吸收热量。

(3) 玛曲草地站点一年四季感热通量、潜热通量、净辐射和土壤热通量的日变化特征明显，一天中随着太阳高度角的增大，各个量随之增大，中午达到最大值。净辐射是能量平衡四个分量中最大的一个量。感热通量和潜热通量在不同的月份起着不同的作用，夏季潜热通量比感热通量大，春季、秋季和冬季感热通量比潜热通量大。土壤热通量季节变化不明显，且日变化幅度也比较小。能量闭合度同样有明显的日变化特征，日出后逐渐增大，直到午后达到最大。能量平衡闭合度春节和夏季略高于秋季和冬季，而且存在明显的能量不闭合现象。能量不闭合的原因是多方面的，但测量的源区面积不一致是主要方面。

(4)土壤温度梯度 1 月为正值，达到最大值，4 月为负值，达到最小值；土壤温度梯度和净辐射相关系数为−0.61，通过了 0.01 的置信度检验。由于冬季土壤含冰量的影响，土壤导热率在 1 月取得最大值，而 3～4 月相对较小；季节平均土壤导热率分别为：春季 0.27 W/(m·℃)、夏季 0.38 W/(m·℃)、秋季 0.55 W/(m·℃)、冬季 0.83 W/(m·℃)。

3.6　地表能量通量的数值模拟

本节首先利用黄河源区气候与环境综合观测研究站的观测资料，对 CoLM 在黄河源区玛曲地区的适用性进行检验；然后将计算的零平面位移高度和空气动力学粗糙度应用到模式中，检验其对模式模拟性能的影响。

3.6.1　玛曲地表能量通量的数值模拟

1. 模式强迫场及模式初始化

CoLM 的强迫变量共有 8 个：向下短波辐射、向下长波辐射、降水率、空气温度、水平风速 u 和 v、气压和比湿，图 3.46 给出了强迫变量的变化。本节选取黄河源区气候与环境综合观测研究站玛曲草地站点观测资料质量较好时段 2006 年 9 月 15～23 日进行数值模拟。所选时间共计 9 天，以晴天为主，其中也包括阴天和降水日，但降水日日降水量不超过 1 mm。

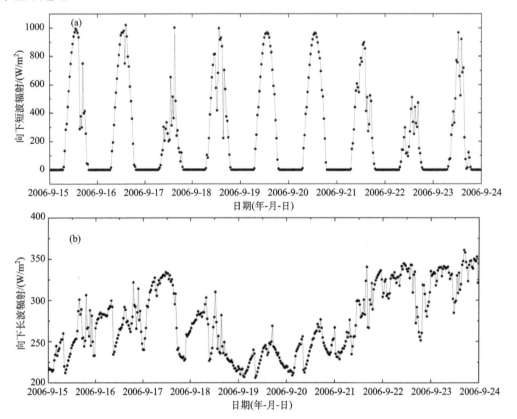

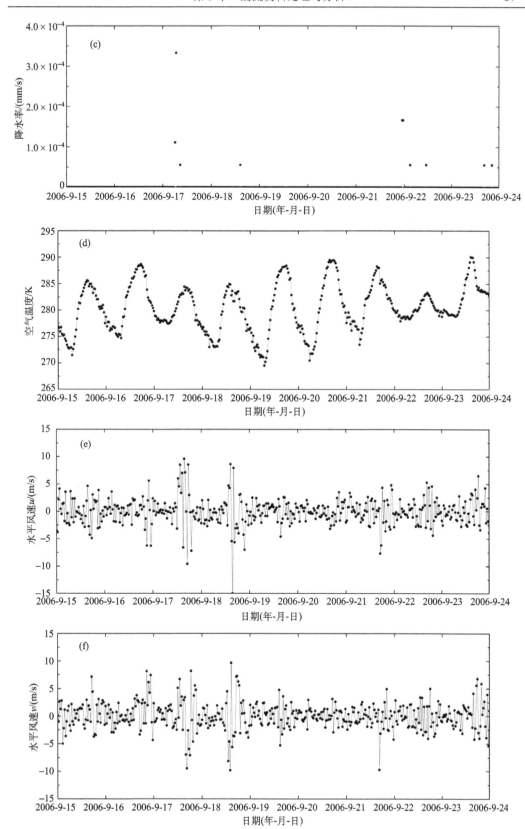

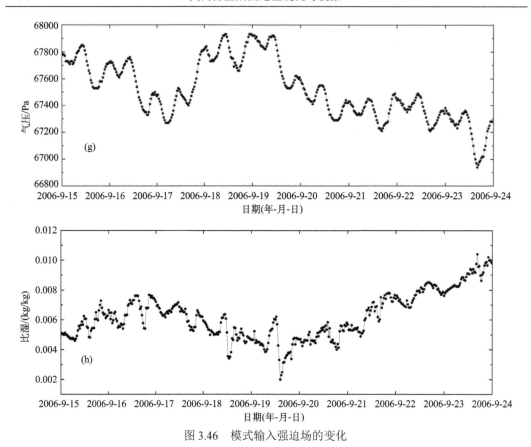

图 3.46　模式输入强迫场的变化

(a)向下短波辐射；(b)向下长波辐射；(c)降水率；(d)空气温度；(e)水平风速 u；(f)水平风速 v；(g)气压；(h)比湿

  CoLM 中土壤分为 10 层，模拟中，10 层土壤温度、湿度的初值均为实测值或由实测值插值得到；10 层土壤成分均为实测值或由实测值插值得到；模式中的植被类型定义为草原；其余参数均使用模式缺省值，详细信息见表 3.8。

表 3.8　模式的强迫场及模式初始化

强迫场	下垫面参数化	模式初始化
向下短波辐射/(W/m²)		
向下长波辐射/(W/m²)		
降水率/(mm/s)		
空气温度/K	各层砂土比例、黏土比例均来自实测值或	各层土壤温度、湿度初值均来自实测值或
水平风速 u/(m/s)	实测值插值；	实测值插值
水平风速 v/(m/s)	植被类型：草原	
气压/Pa		
比湿/(kg/kg)		

2. 模拟结果分析

1) 感热通量与潜热通量

图 3.47 是模拟与观测的感热通量与潜热通量的时间序列,从图 3.47(a)中可以看出,对感热通量日变化趋势的模拟比较准确,白天的模拟结果相对较好,尤其是后 7 d 的模拟量值与观测值基本相当;相对于白天,夜间的模拟结果差很多,主要表现为夜间出现大量的负值,而且量值相对较大,约有 50 W/m² 。从图 3.47(b)中可以看出,潜热通量模拟的趋势比较好,日变化模拟比较准确,但是白天峰值明显偏大,最大约为 150 W/m²。图 3.48 是模拟与观测的感热通量与潜热通量的散点图,从图 3.48(a)中可以看出模拟与观测的感热通量较为一致,具有很好的线性关系,二者的相关系数为 0.84;从图 3.48(b)中可以看出模拟与观测的潜热通量较为一致,具有很好的线性关系,二者的相关系数为 0.95。由以上分析可以看出 CoLM 对感热通量和潜热通量的模拟总体趋势比较好,但对量值大小的模拟并不理想。

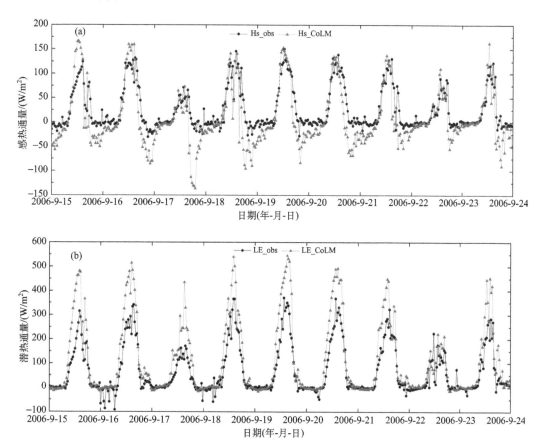

图 3.47　模拟与观测的感热通量(a)与潜热通量(b)时间序列

2) 净辐射与土壤热通量

图 3.49 是模拟与观测的净辐射与土壤热通量时间序列,从图 3.49(a)中可以看出净

辐射的模拟结果比较好，无论是净辐射的日变化还是由天气影响导致的净辐射的日变化都有明显的体现，但是模拟的值略大于观测结果。净辐射达到最大值时，误差值也达到最大值，最大约为 40 W/m^2。CoLM 模拟的土壤热通量是地表土壤热通量，因此将观测的 5 cm 土壤热通量计算成地表土壤热通量。从图 3.49(b)中可以看出对土壤热通量的模拟不是很理想，而对日变化趋势的模拟比较好，对于日极大值出现时间，模拟的早于实际观测的，而且模拟值也小于观测值。图 3.50(a)是模拟与观测的净辐射与土壤热通量的散点图，从图 3.50(a)中可以看出模拟与观测的净辐射较为一致，具有很好的线性关系，二者的相关系数为 0.987；从图 3.50(b)中可以看出模拟与观测的土壤热通量比较离散，二者的线性相关系数为 0.595。由以上分析可以看出 CoLM 对净辐射的模拟比较好，而对土壤热通量的模拟不是很理想，主要表现在峰值出现时间及量值大小两个方面。

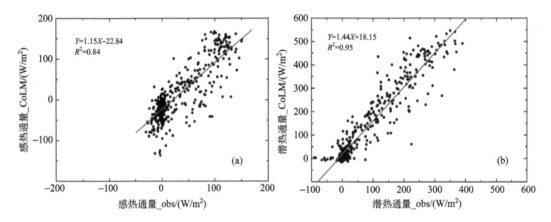

图 3.48　模拟与观测的感热通量(a)与潜热通量(b)的比较

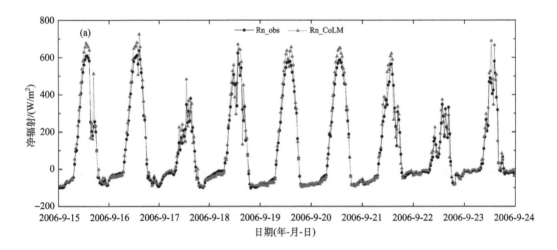

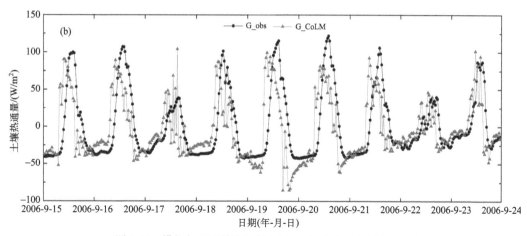

图 3.49 模拟与观测的净辐射(a)与土壤热通量(b)时间序列

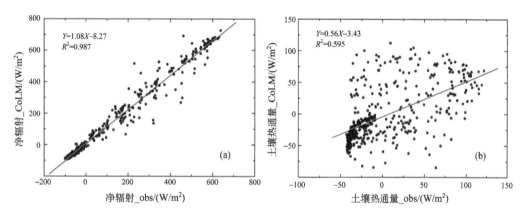

图 3.50 模拟与观测的净辐射(a)与土壤热通量(b)的比较

3.6.2 地表参数在 CoLM 中的应用

陆地表面物理状况对气候变化有重要的影响,下垫面土壤和植被状态的变化,如土壤含水量、植被覆盖变化、下垫面粗糙度变化可以改变太阳辐射在感热与潜热之间的分配,以及水循环总量在大气降水、植被土壤蒸散发和地表径流之间的分配,最终通过陆面对气候的反馈作用改变局地气候。尽管人们已经通过场地实验证实了土壤和植被过程对气候的重要性,也在定量描述这些物理、生化过程方面取得了卓越的进步,但这些用于陆面模式的参数和参数化方案仍存在较大的不确定性。许多单点陆面模拟实验和陆气耦合实验都证明这些不合理的参数和方法给数值模拟结果造成了较大的偏差。

1. 地表参数设置

z_0 和 d 不仅是微气象学描述下垫面空气动力学特征的重要参数,也是改善模式参数、提高模拟效果迫切需要的。本小节将 3.2 节计算的地表参数 z_0 和 d 应用于 CoLM 中,检验其在模式 CoLM 中的应用,具体参数的设置见表 3.9。

表 3.9　　模式中设置的 z_0 和 d

项目	z_0 /m	d /m
CoLM	0.100	0.667
本节计算	0.035	0.143

2. 模拟结果分析

1) 感热通量与潜热通量

图 3.51 是观测、原模式模拟和改进陆面参数后模拟的感热通量与潜热通量的时间序列，从图 3.51(a) 中可以看出改进陆面参数后模拟的感热通量与之前模拟的相比，改进陆面参数后模拟的感热通量无论是日最大峰值，还是夜间出现的负值，均有显著的改善，模拟的感热通量明显更接近观测值。从图 3.51(b) 中可以看出改进陆面参数后模拟的潜热通量也略有改进，但相对于感热通量而言，改进幅度并不明显。图 3.52 是改进陆面参数后模拟的与观测的感热通量与潜热通量的散点图，从图 3.52(a) 中可以看出改进陆面参数后模拟与观测的感热通量仍存在很好的线性关系，二者的相关系数为 0.86(表 3.10)；

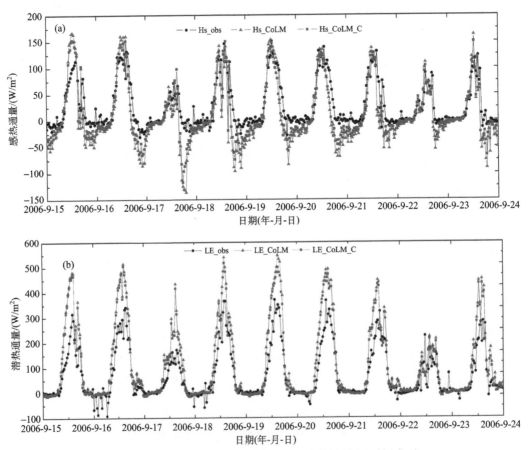

图 3.51　模拟与观测的感热通量(a)与潜热通量(b)时间序列

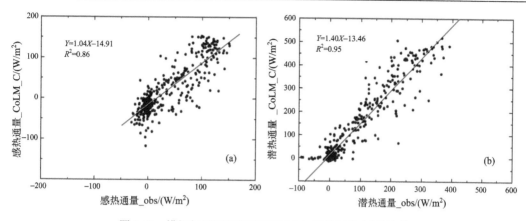

图 3.52　模拟与观测的感热通量(a)与潜热通量(b)的比较

潜热通量同样存在较好的线性关系，相关系数为 0.95[图 3.52(b)和表 3.10]。对比图 3.48 与图 3.52 不难发现，改进陆面参数后，模拟的感热通量与潜热通量均有不同程度的改进，相对而言，感热通量的改进更为明显。

2)净辐射与土壤热通量

图 3.53 是观测、原模式模拟和改进陆面参数后模拟的净辐射与土壤热通量的时间序列，从图 3.53(a)中可以看出改进陆面参数后模拟的净辐射与之前模拟的相比略有改善。从图 3.53(b)中可以看出改进陆面参数后模拟的土壤热通量略有改善，对于量值的模拟改善较大，而存在的问题仍然是白天峰值出现的时间早于观测的时间。图 3.54 是改进陆面参数后模拟与观测的净辐射与土壤热通量的散点图，从图 3.54(a)中可以看出改进陆面参数后模拟与观测的净辐射仍存在很好的线性关系，二者的相关系数为 0.987(表 3.10)；从图 3.54(b)中可以看出模拟与观测的土壤热通量仍然比较离散，二者的线性相关系数为 0.601(表 3.10)。对比图 3.50 与图 3.54 可以看出改进陆面参数后对净辐射与土壤热通量的改善并不明显。

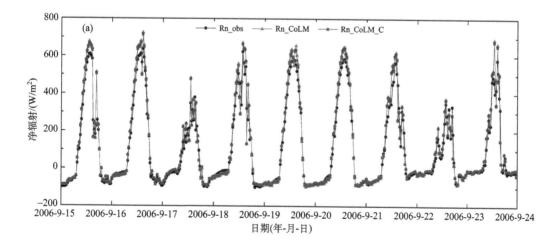

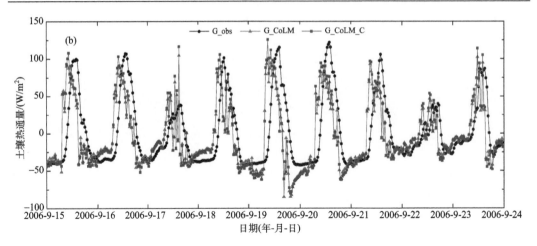

图 3.53　模拟与观测的净辐射(a)与土壤热通量(b)时间序列

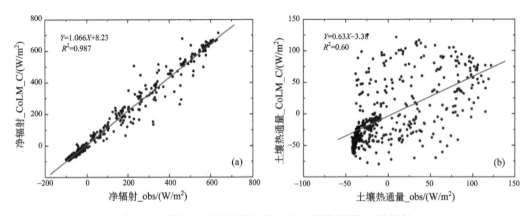

图 3.54　模拟与观测的净辐射(a)与土壤热通量(b)的比较

表 3.10　原参数与改进参数后 CoLM 模拟的热通量和观测值统计值比较

项目	观测 /(W/m²)	模拟 /(W/m²)		统计结果	
				相关系数	偏差/(W/m²)
感热通量	26.97	原参数	8.26	0.84	18.71
		改进参数	12.95	0.86	14.02
潜热通量	69.72	原参数	119.08	0.95	49.36
		改进参数	110.91	0.95	41.19
净辐射	105.87	原参数	123.01	0.987	17.14
		改进参数	120.64	0.987	14.77
土壤热通量	1.49	原参数	−2.67	0.595	4.16
		改进参数	−2.55	0.601	4.04

3.6.3 小结

本章首先检验了 CoLM 在黄河上游玛曲地区的适用性,其次将计算的地表参数 z_0 和 d 应用于 CoLM 中,研究其对地表能量通量数值模拟的改进,得出以下主要结论。

(1)CoLM 基本能够较好地模拟黄河上游玛曲地表能量通量。对于感热通量的日变化趋势模拟比较准确,白天的模拟结果也相对较好,尤其是后 7d 的模拟量值与观测基本相当;相对而言,夜间的模拟结果相对较差,主要表现为夜间出现大量的负值;对潜热通量模拟的趋势比较好,日变化模拟比较准确,但是白天峰值明显偏大;净辐射的模拟结果比较好,无论是晴天还是阴天,均能模拟出相应的日变化特征,但是模拟的净辐射值略大于观测结果,净辐射值达到最大值时,误差值也为最大值,最大约为 40 W/m^2;对土壤热通量的模拟不是很理想,对于土壤热通量日变化趋势,模拟的比较好,但是对于日极大值出现时间,模拟的早于实际观测的,而且模拟的量值也小于观测值。模拟与观测的感热通量、潜热通量、净辐射均有较好的线性相关,相关系数分别为 0.84、0.95、0.987,模拟与观测的土壤热通量散点图相对比较离散,其线性相关系数为 0.595。

(2)z_0 和 d 不仅是微气象学描述下垫面空气动力学特征的重要参数,也是改善模式参数、提高模拟效果迫切需要的。原模式中与用观测资料实际计算的 z_0 和 d 有较大差距。将 3.2 节计算的地表参数 z_0 和 d 应用于模式中,对地表能量通量有一定的提高。改进陆面参数后对感热通量的模拟无论是日最大峰值,还是夜间出现的负值,均有显著的改善,模拟的感热通量更接近观测值;对潜热通量的模拟也略有改进,但相对于感热通量而言,改进幅度并不明显;对净辐射的改善不是很明显;模拟的土壤热通量略有改善,对于量值的模拟相对改善较大,而存在的问题仍然是白天峰值出现的时间早于观测时间。

(3)改进陆面参数后,相比较而言,对感热通量和潜热通量的改善略微明显,这主要是由于陆面参数 z_0 和 d 对感热通量与潜热通量的计算产生直接影响,而对土壤热通量的影响是间接的,因此,对土壤热通量的影响小。改进陆面参数后模拟的感热通量与潜热通量与观测值仍然有一定的差距,这可能是由 CoLM 的陆面参数和物理过程所致。

参 考 文 献

刘少锋, 林朝晖. 2005. 通用陆面模式 CLM 在东亚不同典型下垫面的验证试验. 气候与环境研究, (3): 406-421.

刘树华, 李洁, 刘和平, 等. 2005. 在 EBEX-2000 实验资料中湍流谱和局地各向同性特征. 大气科学, (2): 213-224.

马伟强, 马耀明, 李茂善, 等. 2005. 藏北高原地区地表辐射出支和能量平衡的季节变化. 冰川冻土, (5): 673-679.

马耀明, 姚檀栋, 王介民. 2006. 青藏高原能量和水循环试验研究——GAME/Tibet 与 CAMP/Tibet 研究进展. 高原气象, (2): 344-351.

邱金桓, 陈洪滨. 2005. 大气物理与大气探测学. 北京: 气象出版社.

石广玉. 2007. 大气辐射学. 北京: 科学出版社.

孙晓敏, 朱治林, 许金萍, 等. 2004. 涡度相关测定中平均周期参数的确定及其影响分析. 中国科学(D

辑：地球科学)，(S2)：30-36.

王澄海，师锐. 2007. 青藏高原西部陆面过程特征的模拟分析. 冰川冻土，(1)：73-81.

王介民，刘晓虎，马耀明. 1993. HEIFE 戈壁地区近地层大气的湍流结构和输送特征. 气象学报，(3)：343-350.

魏丽，钟强. 1997. 青藏高原云的气候学特征. 高原气象，(1)：11-16.

辛羽飞，卞林根，张雪红. 2006. CoLM 模式在西北干旱区和青藏高原区的适用性研究. 高原气象，(4)：567-574.

徐祥德，陈联寿. 2006. 青藏高原大气科学试验研究进展. 应用气象学报，(6)：756-772.

姚济敏，赵林，谷良雷，等. 2009. 青藏高原唐古拉垭口地区小气候特征. 冰川冻土，31(4)：650-658.

叶笃正，高由禧. 1979. 青藏高原气象学. 北京：科学出版社.

张强，曹晓彦. 2003. 敦煌地区荒漠戈壁地表热量和辐射平衡特征的研究. 大气科学，(2)：245-254.

章基嘉，朱抱真，朱福康，等. 1988. 青藏高原气象学进展. 北京：科学出版社.

周明煜，朱祥德，卞林根，等. 2000. 青藏高原大气边界层观测分析与动力学研究. 北京：气象出版社.

Anderson D E, Verma S B. 1985. Turbulence spectra of CO_2, water vapor, temperature and wind velocity fluctuations over a crop surface. Boundary-Layer Meteorology, 33(1)：1-14.

Andreas E L. 1987. Spectral measurements in a disturbed boundary-layer over snow. Journal of the Atmospheric Sciences, 44(15)：1912-1939.

Arya S，Sundararajan A. 1976. An assessment of proposed similarity theories for the atmospheric boundary layer. Boundary-Layer Meteorology, 10(2)：149-166.

Asanuma J, Tamagawa I, Ishikawa H, et al. 2007. Spectral similarity between scalars at very low frequencies in the unstable atmospheric surface layer over the Tibetan plateau. Boundary-Layer Meteorology, 122(1)：85-103.

Aubinet M, Grelle A, Ibrom A, et al. 2000. Estimates of the annual net carbon and water exchange of forests: The EUROFLUX methodology. Advances in Ecological Research, 30：113-175.

Baldocchi D, Finnigan J, Wilson K, et al. 2000. On measuring net ecosystem carbon exchange over tall vegetation on complex terrain. Boundary-Layer Meteorology, 96(1-2)：257-291.

Berbert M L C, Costa M H. 2003. Climate change after tropical deforestation: Seasonal variability of surface albedo and its effects on precipitation change. Journal of Climate, 16(12)：2099-2104.

Berbigier P, Bonnefond J M, Mellmann P. 2001. CO_2 and water vapour fluxes for 2 years above Euroflux forest site. Agricultural and Forest Meteorology, 108(3)：183-197.

Bink N J, Meesters A. 1997. Comment On "Estimation of surface heat and momentum fluxes using the flux-variance method above uniform and non-uniform Terrain" By Katul et al. (1995). Boundary-Layer Meteorology, 84(3)：497-502.

Bowker D E, Davis R E, Myrick D L, et al. 1985. Spectral Reflectances of Natural Targets for Use in Remote Sensing Studies. Springfield, Virginia: National Technical Information Service.

Bruin H A R, Kohsiek W, Hurk B J J M. 1993. A verification of some methods to determine the fluxes of momentum, sensible heat, and water vapour using standard deviation and structure parameter of scalar meteorological quantities. Boundary-Layer Meteorology, 63(3)：231-257.

Campbell G, Norman J. 1998. Introduction to Environmental Biophysics. Berlin:Springer Verlag.

Cava D, Katul G G, Sempreviva A M, et al. 2008. On the anomalous behaviour of scalar flux-variance similarity functions within the canopy sub-layer of a dense alpine forest. Boundary-Layer Meteorology, 128(1): 33-57.

Chen L X, Reiter E R, Feng Z Q. 1985. The atmospheric heat source over the Tibetan Plateau: May-August 1979. Monthly Weather Review, 113(10): 1771-1790.

Choi T, Hong J, Kim J, et al. 2004. Turbulent exchange of heat, water vapor, and momentum over a Tibetan prairie by eddy covariance and flux variance measurements. Journal of Geophysical Research Atmospheres, 109(D21).

Corrsin S. 1951. On the apectrum of isotropic temperature fluctuations in an isotropic turbulence. Journal of Applied Physics, 22(4): 469-473.

Courel M F, Kandel R S, Rasool S I. 1984. Surface albedo and the Sahel drought. Nature, 307(5951): 528-531.

Cullen N J, Steffen K, Blanken P D. 2007. Nonstationarity of turbulent heat fluxes at Summit, Greenland. Boundary-Layer Meteorology, 122(2): 439-455.

Debruin H A R, Kohsiek W, Hurk B J J M. 1993. A verification of some methods to determine the fluxes of momentum, sensible heat, and water vapour using standard deviation and structure parameter of scalar meteorological quantities. Boundary-Layer Meteorology, 63(3): 231-257.

Detto M, Katul G G. 2007. Simplified expressions for adjusting higher-order turbulent statistics obtained from open path gas analyzers. Boundary-Layer Meteorology, 122(1): 205-216.

Dickinson R E. 1995. Land-atmosphere interaction. Reviews of Geophysics, 33(S2): 917-922.

Eugster W, Senn W. 1995. A cospectral correction model for measurement of turbulent NO$_2$ flux. Boundary-Layer Meteorology, 74(4): 321-340.

Finnigan J J, Clement R, Malhi Y, et al. 2003. A re-evaluation of long-term flux measurement techniques, Part I: Averaging and coordinate rotation. Boundary-Layer Meteorology, 107: 1-48.

Flohn H. 1957. Large-scale aspects of the "summer monsoon" in South and East Asia. Journal of the Meteorological Society of Japan, Ser II, 35A: 180-186.

Foken T. 2008. The energy balance closure problem: An overview. Ecological Applications, 18(6): 1351-1367.

Foken T, Gockede M, Mauder M, et al. 2004. Post-field data quality control//Lee X H, Massman W, Law B. Handbook of Micrometeorology: A Guide for Surface Flux Measurement And Analysis. Netherlands: Kluwer Academic Publisher, 29: 181-208.

Foken T, Wichura B. 1996. Tools for quality assessment of surface-based flux measurements. Agricultural and Forest Meteorology, 78(1): 83-105.

Gao Z Q, Bian L G, Chen Z G, et al. 2006. Turbulent variance characteristics of temperature and humidity over a non-uniform land surface for an agricultural ecosystem in China. Advances in Atmospheric Sciences, 23(3): 365-374.

Garratt J R. 1978. Flux profile relations above tall vegetation. Quarterly Journal of the Royal Meteorological Society, 104(439): 199-211.

Gu S, Tang Y H, Cui X Y, et al. 2004. Energy exchange between the atmosphere and a meadow ecosystem on the Qinghai-Tibetan Plateau. Agricultural and Forest Meteorology, 129(3): 175-185.

Guo X F, Zhang H S, Cai X H, et al. 2009. Flux-variance method for latent heat and carbon dioxide fluxes in unstable conditions. Boundary-Layer Meteorology, 131(3): 363-384.

Hill R J. 1989a. Implications of monin-obukhov similarity theory for scalar quantities. Journal of the Atmospheric Sciences, 46(14): 2236-2244.

Hill R J. 1989b. Structure functions and spectra of scalar quantities in the inertial-convective and viscous-convective ranges of turbulence. Journal of the Atmospheric Sciences, 46(14): 2245-2251.

Högström U. 1990. Analysis of turbulence structure in the surface layer with a modified similarity formulation for near neutral conditions. Journal of the Atmospheric Sciences, 47(16): 1949-1972.

Högström U. 1996. Review of some basic characteristics of the atmospheric surface layer. Boundary-Layer Meteorology, 78(3-4): 215-246.

Högström U, Hunt J C R, Smedman A S. 2002. Theory and measurements for turbulence spectra and variances in the atmospheric neutral surface layer. Boundary-Layer Meteorology, 103(1): 101-124.

Högström U, Smedman-Högström A. 1974. Turbulence mechanismsat an agricultural site. Boundary-Layer Meteorology, 7: 373-389.

Horst T W. 1997. A simple formula for attenuation of eddy fluxes measured with first-order response scale sensors. Boundary-Layer Meteorology, 82(2): 219-233.

Hsieh C I, Katul G G, Schieldge J, et al. 1996. Estimation of momentum and heat fluxes using dissipation and flux-variance methods in the unstable surface layer. Water Resources Research, 32(8): 2453-2462.

Hsieh C I, Lai M C, Hsia Y J, et al. 2008. Estimation of sensible heat, water vapor, and CO_2 fluxes using the flux-variance method. International Journal of Biometeorology, 52(6): 521-533.

Idso S B, Jackson R D, Reginato R J, et al. 1975. The dependence of bare soil albedo on soil water content. Journal of Applied Meteorology, 14(1): 109-113.

Juang J Y, Katul G G, Siqueira M B S, et al. 2006. Modeling nighttime ecosystem respiration from measured CO_2 concentration and air temperature profiles using inverse methods. Journal of Geophysical Research Atmospheres, 111(D8): 1-16.

Kaimal J C, Finnigan J J. 1994. Atmospheric Boundary Layer Flows: Their Structure and Measurement. New York :Oxford University Press.

Kaimal J C, Izumi Y, Wyngaard J C, et al. 1972. Spectral characteristics of surface-layer turbulence. Quarterly Journal of the Royal Meteorological Society, 98(417): 563-589.

Kaimal J C. 1978. Horizontal velocity spectra in an unstable surface layer. Journal of the Atmospheric Sciences, 35(1): 18-24.

Kalma J D, Perera H, Wooldridge S A, et al. 2000. Seasonal changes in the fraction of global radiation retained as net al. l-wave radiation and their hydrological implications. Hydrological Sciences Journal, 45(5): 653-674.

Katul G G, Goltz S M, Hsieh C I, et al. 1995. Estimation of surface heat and momentum fluxes using the flux-variance method above uniform and non-uniform terrain. Boundary-Layer Meteorology, 74(3): 237-260.

Katul G G, Hsieh C I. 1999. A note on the flux-variance similarity relationships for heat and water vapour in the unstable atmospheric surface layer. Boundary-Layer Meteorology, 90(2): 327-338.

Katul G, Hsieh C. 1997. Reply to the comment by Bink and Meesters. Boundary-Layer Meteorology, 84(3): 503-509.

Kolmogorov A N. 1941. The local structure of turbulence in incompressible viscous fluid for very large

Reynolds numbers. Cr Acad Sci URSS, 30: 301-305.

Kukla G J, Robinson D A. 1980. Annual cycle of surface albedo. Monthly Weather Review, 108(1): 207-211.

Lamaud E, Irvine M. 2006. Temperature-humidity dissimilarity and heat-to-water-vapour transport efficiency above and within a pine forest canopy: The role of the Bowen ratio. Boundary-Layer Meteorology, 120(1): 87-109.

Laubach J, Teichmann U. 1999. Surface energy budget variability: A case study over grass with special regard to minor inhomogeneities in the Source Area. Theoretical and Applied Climatology, 62(1-2): 9-24.

Leuning R, Judd M J. 2010. The relative merits of open-and closed-path analysers for measurement of eddy fluxes. Global Change Biology, 2(3): 241-253.

Li C F, Yanai M. 1996. The onset and interannual variability of the Asian summer monsoon in relation to land-sea thermal contrast. Journal of Climate, 9(2): 358-375.

Liu H P. 2005. An alternative approach for CO_2 flux correction caused by heat and water vapour transfer. Boundary-Layer Meteorology, 115:151-168.

Liu X D, Kutzbach J E, Liu Z Y, et al. 2003. The Tibetan Plateau as amplifier of orbital-scale variability of the East Asian monsoon. Geophysical Research Letters, 30(16): 337-356.

Lloyd C R, Culf A D, Dolman A J, et al. 1991. Estimates of sensible heat flux from observations of temperature fluctuations. Boundary-Layer Meteorology, 57(4): 311-322.

Luo H B, Yanai M. 1984. The large-scale circulation and heat sources over the Tibetan Plateau and Surrounding Areas during the early summer of 1979. Part II: Heat and moisture budgets. Monthly Weather Review, 112(5): 966-989.

Lyons T J, Li F Q, Hacker J M, et al. 2001. Regional turbulent statistics over contrasting natural surfaces. Meteorology and Atmospheric Physics, 78(3-4): 183-194.

Martano P. 2000. Estimation of surface roughness length and displacement height from single-level sonic anemometer data. Journal of Applied Meteorology, 39:708-715.

Massman W J. 2000. A simple method for estimating frequency response corrections for eddy covariance systems. Agricultural and Forest Meteorology, 104(3): 185-198.

Massman W J, Lee X. 2002. Eddy covariance corrections and uncertainties in long-term studies of carbon and energy exchanges . Agricultural and Forest Meteorology, 113：121-144.

McBean G A, Miyake M. 1972. Turbulent transfer mechanisms in the atmospheric surface layer. Quarterly Journal of the Royal Meteorological Society, 98(416): 383-398.

McMillen R T. 1988. An eddy correlation technique with extended applicability to non-simple terrain. Boundary-Layer Meteorology, 43(3): 231-245.

McNaughton K G. 2004a. Attached eddies and production spectra in the atmospheric logarithmic layer. Boundary-Layer Meteorology, 111(1): 1-18.

McNaughton K G. 2004b. Turbulence structure of the unstable atmospheric surface layer and transition to the outer layer. Boundary-Layer Meteorology, 112(2): 199-221.

McNaughton K G. 2006. On the kinetic energy budget of the unstable atmospheric surface layer. Boundary-Layer Meteorology, 118(1): 83-107.

McNaughton K G, Brunet Y. 2002. Townsend's hypothesis, coherent structures and Monin-Obukhov similarity. Boundary-Layer Meteorology, 102(2): 161-175.

McNaughton K G, Clement R J, Moncrieff J B. 2007. Scaling properties of velocity and temperature spectra above the surface friction layer in a convective atmospheric boundary layer. Nonlinear Processes in Geophysics, 14(90): 257-271.

McNaughton K G, Laubach J. 1998. Unsteadiness as a cause of non-equality of eddy diffusivities for heat and vapour at the base of an advective inversion. Boundary-Layer Meteorology, 88(3): 479-504.

McNaughton K G, Laubach J. 2000. Power spectra and cospectra for wind and scalars in a disturbed surface layer at the base of an advective inversion. Boundary-Layer Meteorology, 96(1-2): 143-185.

Moene A F, Schüttemeyer D. 2008. The effect of surface heterogeneity on the temperature-humidity correlation and the relative transport efficiency. Boundary-Layer Meteorology, 129(1): 99-113.

Moncrieff J B, Malhi Y, Leuning R. 1996. The propagation of errors in long-term measurements of land-atmosphere fluxes of carbon and water. Global Change Biology, 2(3): 231-240.

Moore C J. 1986. Frequency response corrections for eddy correlation systems. Boundary-Layer Meteorology, 37(1-2): 17-35.

Moriwaki R, Kanda M. 2006. Local and global similarity in turbulent transfer of heat, water vapour, and CO_2 in the dynamic convective sublayer over a suburban area. Boundary-Layer Meteorology, 120(1): 163-179.

Ohtaki E. 1985. On the similarity in atmospheric fluctuations of carbon dioxide, water vapor and temperature over vegetated fields. Boundary-Layer Meteorology, 32(1): 25-37.

Padro J. 1993. An investigation of flux-variance methods and universal functions applied to three land-use types in unstable conditions. Boundary-Layer Meteorology, 66(4): 413-425.

Panofsky H A, Tennekes H, Lenschow D H, et al. 1977. The characteristics of turbulent velocity components in the surface layer under convective conditions. Bound-Layer Meteor, 11(3): 355-361.

Raupach M R. 1979. Anomalies in flux-gradient relationships over forest. Boundary-Layer Meteorology, 16(4): 467-486.

Reynolds O. 1895. On the dynamical theory of incompressible viscous fluids and the determination of the criterion. Philosophical Transactions of the Royal Society A: Mathematical, Physical and Engineering Sciences, 186: 123-164.

Robock A. 2009. The seasonal cycle of snow cover, sea ice and surface albedo. Monthly Weather Review, 108(3): 267-285.

Roth M, Oke T R. 1995. Relative efficiencies of turbulent transfer of heat, mass, and momentum over a patchy urban surface. Journal of the Atmospheric Sciences, 52(11): 1863-1874.

Sahlée E, Smedman A S, Rutgersson A, et al. 2008. Spectra of CO_2 and water vapour in the marine atmospheric surface layer. Boundary-Layer Meteorology, 126(2): 279-295.

Schaeffer M, Eickhout B, Hoogwijk M, et al. 2006. CO_2 and albedo climate impacts of extratropical carbon and biomass plantations. Global Biogeochemical Cycles, 20(2): 1-15.

Schotanus P, Nieuwstadt F T M, Bruin H A R. 1983. Temperature measurement with a sonic anemometer and its application to heat and moisture fluxes. Boundary-Layer Meteorology, 26(1): 81-93.

Schuepp P H, Leclerc M Y, MacPherson J I, et al. 1990. Footprint prediction of scalar fluxes from analytical solutions of the diffusion equation. Boundary-Layer Meteorology, 50(1-4): 355-373.

Smedman A S, Högström U, Hunt J C R, et al. 2007. Heat/mass transfer in the slightly unstable atmospheric surface layer. Quarterly Journal of the Royal Meteorological Society, 133(622): 37-51.

Smeets C J P P, Duynkerke P G, Vugts H F. 1998. Turbulence characteristics of the stable boundary layer over a mid-latitude glacier. Part I: A combination of katabatic and large-scale forcing. Boundary-Layer Meteorology, 87(1): 117-145.

Smeets C J P P, Duynkerke P G, Vugts H F. 2000. Turbulence characteristics of the stable boundary layer over a mid-latitude glacier. Part II: Pure katabatic forcing conditions. Boundary-Layer Meteorology, 97(1): 73-107.

Sugita M, Kawakubo N. 2003. Surface and mixed-layer variance methods to estimate regional sensible heat flux at the surface. Boundary-Layer Meteorology, 106(1): 117-145.

Tampieri F, Maurizi A, Viola A. 2009. An investigation on temperature variance scaling in the atmospheric surface layer. Boundary-Layer Meteorology, 132(1): 31-42.

Thom A S, Stewart J B, Oliver H R, et al. 1975. Comparison of aerodynamic and energy budget estimates of fluxes over a pine forest. Quarterly Journal of the Royal Meteorological Society, 101(427): 93-105.

Tillman J E. 2010. The indirect determination of stability, heat and momentum fluxes in the atmospheric boundary layer from simple scalar variables during dry unstable conditions. Journal of Applied Meterology, 11(5): 783-792.

Vickers D, Mahrt L. 1997. Quality control and flux sampling problems for tower and aircraft data. Journal of Atmospheric and Oceanic Technology, 14(3): 514-526.

Webb E K, Pearman G I, Leuning R. 1980. Correction of flux measurements for density effects due to heat and water-vapor transfer. Quarterly Journal of the Royal Meteorological Society, 106(447): 85-100.

Webb E K, Pearman G I. 1977. Correction of CO_2 Transfer Measurements for the Effect of Water Vapour Transfer. In Bilger R W (ed.). Second Australasian Conference on Heat and Mass Transfer. University of Sydney: 469-476.

Wei L, Hiyama T, Kobayashi N. 2007. Turbulence spectra in the near-neutral surface layer over the Loess Plateau in China. Boundary-Layer Meteorology, 124(3): 449-463.

Wesson K H, Katul G, Lai C T. 2001. Sensible heat flux estimation by flux variance and half-order time derivative methods. Water Resources Research, 37(9): 2333-2344.

Wilczak J M, Oncley S P, Stage S A. 2001. Sonic anemometer tilt correction algorithms. Boundary-Layer Meteorology, 99(1): 127-150.

Williams C A, Scanlon T M, Albertson J D. 2007. Influence of surface heterogeneity on scalar dissimilarity in the roughness sublayer. Boundary-Layer Meteorology, 122(1): 149-165.

Wilson K, Goldstein A, Falge E, et al. 2002. Energy balance closure at FLUXNET sites. Agricultural and Forest Meteorology, 113(1): 223-243.

Wofsy S C, Goulden M L, Munger J W, et al. 1993. Net exchange of CO_2 in a mid-latitude forest. Science, 260(5112): 1314-1317.

Yamanouchi T. 1983. Variations of incident solar flux and snow albedo on the solar zenith angle and cloud cover, at Mizuho Station, Antarctica. Journal of the Meteorological Society of Japan, 61(6): 879-893.

Yeh T C. 1957. On the formation of quasi-geostrophic motion in the atmosphere. Journal of the Meteorological Society of Japan, 35A: 130-134.

Zhang X C, Gu S, Zhao X Q, et al. 2010a. Radiation partitioning and its relation to environmental factors above a meadow ecosystem on the Qinghaiâ Tibetan Plateau. Journal of Geophysical Research, 115(D10).

Zhang Y, Liu H P, Foken T, et al. 2010b. Turbulence spectra and cospectra under the influence of large eddies in the Energy Balance EXperiment (EBEX). Boundary-Layer Meteorology, 136(2): 235-251.

第4章　黄河源区冻土冻融过程地表水热及能量平衡观测及模拟研究

土壤是陆面过程的主体，土壤的冻融过程又是陆面过程的重要参量(陈渤黎等，2014)。青藏高原广泛分布着大面积的多年冻土和季节性冻土，土壤的冻融循环是青藏高原重要的陆面特征。季节性冻土的冻结融化过程中伴随的能量的释放和吸收将会影响陆面与大气间的能水交换(Wang et al., 2015)。在陆-气耦合模式中，陆面过程模式作为大气模式的边界部分，旨在模拟出地表的能量和水循环。陆面模式将地表的能量通量、水汽及质量变化量反馈给大气模式，进行进一步的气象预测。因此，陆面过程模式对青藏高原土壤冻融过程的模拟能力将制约着我们对青藏高原陆面热状况变化的认知及对气候的预测能力。

通常来说，数值模拟偏差主要来自四个不确定源(Refsgaard et al., 1990)：①强迫资料的偏差；②模式输出结果分析误差；③参数化方案不完善；④模式结构不合理。数值模式的参数化方案虽然不是模型验证的唯一鉴定标准，但是模式运行的首要驱动步骤(Hamby, 1994)。模式参数化方案的完善与否直接决定模式中各物理量计算的准确度。在青藏高原土壤冻融过程的数值模拟中，冻土模型参数化的确定至关重要。对土壤冻融过程合理、准确的数值描述可以提高陆面模式对土壤水热交换过程模拟的准确性，从而提高气候预报的准确性。

土壤质地(罗斯琼等，2009)对冻土的水热变化过程模拟有重要影响：不同的土壤质地决定不同的土壤基质热传导率，从而产生不同的土壤导热率。青藏高原下垫面复杂多变，土壤质地与其他地区相比也有很大差别：高原中部土壤粒度较粗，局部地区含有大量的碎石及砾石。因此，在青藏高原开展土壤冻融过程模拟对参数化方案要求较高。在其他地区具有较好模拟性能的通用陆面冻土参数化方案并不一定适用于青藏高原。在采用陆面过程模式对青藏高原土壤冻融过程进行大范围数值模拟之前，对青藏高原冻融过程参数化方案的单点评估及改进很有必要。通过数值模式的单点评估可以找出现有参数化方案的不足之处，进而改进方案提高陆面过程模式在青藏高原的模拟能量，从而为进一步合理、准确地模拟整个高原的土壤冻融特征提供基础和方向。

4.1　黄河源区冻融期地表水热及能量平衡观测研究

4.1.1　黄河源区冻融期的地表水热特征

1. 研究站点及数据简介

本小节仅分析 2010 年全年玛曲草地站点各气象要素、土壤温湿度、辐射分量及感热通量与潜热通量。土壤为季节性冻土，质地以砂土、壤土为主。观测系统包含一套微气象要素梯度观测系统和开路涡动相关系统，观测系统的观测仪器、架设高度和埋设深度见表 4.1。

表 4.1　玛曲草地站点观测系统各观测仪器及架设高度/埋设深度

观测项目	仪器	高度/深度
风向风速	WindSonic，Gill	2.35 m，4.20 m，7.17 m，10.13 m，18.15 m
空气温湿度	HMP45C，Vaisala	2.35 m，4.20 m，7.17 m，10.13 m，18.15 m
土壤温度	107L，Campbell	−5 cm，−10 cm，−20 cm，−40 cm，−80 cm，−160 cm
土壤湿度	CS616，Campbell	−5 cm，−10 cm，−20 cm，−40 cm，−80 cm，−160 cm
土壤热通量	HPF01，Hukeflux	−7.5 cm，−15 cm，−30 cm，−60 cm
大气压	CS105，Vaisala	2 m
辐射分量	CNR1，Kipp&Zonen	1.5 m
降水	T200B，Geonor	1.5 m

2. 土壤冻融时间

通常可以将全年分为 4 个不同的冻融阶段(不考虑盐分对冰点降低的影响)：完全消融(日最低土壤温度大于 0℃)；完全冻结(日最高土壤温度小于 0℃)；冻结过程(土壤剖面处于冻结过程中)；消融过程(土壤剖面处于消融过程中)。其中冻结消融阶段表层土壤日最低温度小于 0℃，日最高温度大于 0℃，其显著特征是表层土壤存在着昼消夜冻的日冻融循环。把后三个阶段统称为冻融阶段。一些研究(Guo et al., 2011)指出在随机天气过程的影响下，从一个冻融阶段向下一个冻融阶段转变过程中，不能认为满足下一个冻融阶段判定条件的日期即下一个冻融阶段的开始日，因为此日期后的很多天可能仍属于上一冻融阶段，为了更为合理地确定冻融状态的起止日期，在状态转变时若连续 3d 均满足下一冻融阶段的判定条件，即认为这 3 天中的第一天为下一冻融阶段的起始日。通过这一方法，根据玛曲草地站点 2010 年表层 5 cm 土壤的日最高、最低温度确定了 4 个冻融阶段的时间范围(表 4.2)。1 月 1 日～2 月 6 日共计 37 天时间处于完全冻结阶段；2 月 7 日～5 月 5 日共计 88 天时间处于消融阶段；5 月 6 日～10 月 5 日共计 153 天时间处于完全消融阶段；10 月 6 日～12 月 31 日共计 87 天时间处于冻结阶段。可见 2010 年共有 212 天地表处于完全冻结或发生着冻融日循环过程，另外消融过程与冻结过程时间基本相等，前者只较后者多用时 1 天。

也可以根据各层土壤温度日平均值将全年分为有无冻结两个状态：冻结状态(土壤层日平均温度小于 0℃)；非冻结状态(土壤层日平均温度大于 0℃)。其中不同状态转变的时间判定仍根据上述方法。根据玛曲草地站点各层土壤温度日平均值确定了有无冻结两个阶段的时间范围(表 4.3)。5～80 cm 各层土壤冻结状态平均为 106 天，非冻结状态平均为 259 天。160 cm 处全年均无冻结发生，说明该站冻结深度小于 160 cm。然而这种方法所得各层土壤分段时间不一，在下文的分析中主要采用第一种分段方法。

表 4.2　根据 5 cm 土壤日最高、最低温度确定的 4 个冻融阶段

项目	完全冻结 阶段	消融 阶段	完全消融 阶段	冻结 阶段
日期(月-日)/天数	1-1～2-6/37d	2-7～5-5/88d	5-6～10-5/153d	10-6～12-31/87d
日最高温度平均值/℃	−1.22	19.30	26.28	11.31
日最低温度平均值/℃	−8.18	−6.02	5.66	−7.08
日平均温度/℃	−4.72	3.12	13.40	−1.04

表 4.3　根据各层土壤温度日平均值确定有无冻结状态两个阶段的时间范围

项目	冻结状态	非冻结状态
日期(月-日)/天数 (5 cm)	1-1～2-27、11-8～12-31/112d	2-28～11-7/253d
日期(月-日)/天数 (10 cm)	1-1～3-20、11-13～12-31/128d	3-21～11-12/237d
日期(月-日)/天数 (20 cm)	1-1～3-21、11-27～12-31/115d	3-22～11-26/250d
日期(月-日)/天数 (40 cm)	1-1～2-25、12-27～12-31/61d	2-26～12-26/304d
日期(月-日)/天数 (80 cm)	1-13～4-27/105d	1-1～1-12、4-28～12-31/260d
日期(月-日)/天数 (160 cm)	—	1-1～12-31/365d

3. 土壤温度、土壤含水量

图 4.1 为各层土壤温度季节平均日变化(春季：3～5 月；夏季：6～8 月；秋季：9～11 月；冬季：1～2、12 月)。5 cm 土壤温度各季节的日变化均显著，10 cm 土壤温度日变化已明显减小，至 40 cm 土壤温度已几乎不受气温日变化影响。土壤温度日变化类似正弦曲线，一天中有一个峰值与一个谷值，且随着土壤深度的增大，土壤温度变化相位相应滞后。5 cm 土壤温度日变化振幅在春季达到最大值 24.4℃，冬季达到最小值 13.7℃。春、夏季均在 7:00 左右(北京时，下同)达到最小值，在 13:30 左右达到最大值；秋季在 7:30 左右达到最小值，在 14:00 左右达到最大值；冬季在 8:30 左右达到最小值，在 15:00 左右达到最大值。夏季 9:00～18:00，5 cm 土壤温度大于 10 cm，说明期间土壤能量向下传递，而在 18:00 以后至次日 9:00 前，5 cm 土壤温度低于 10 cm，说明期间 10 cm 处土壤能量向上传递；冬季仅在 10:30～18:30，5～10 cm 处土壤能量向下传递，其余时间段能量向上传递。

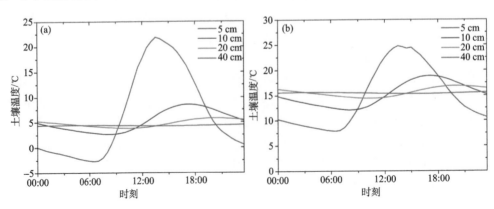

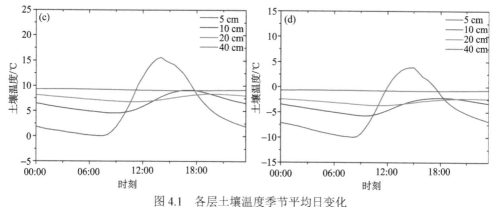

图 4.1　各层土壤温度季节平均日变化
(a)春季；(b)夏季；(c)秋季；(d)冬季

图 4.2 为各层土壤温度、土壤含水量日均值的年变化(阴影部分为根据 5 cm 土壤温度确定的冻融阶段，下同)。5 cm 土壤含水量在 5 月可能由于仪器故障而出现了较大的偏差，故仅给出 10 cm、40 cm、80 cm、160 cm 各层的土壤含水量和土壤温度。在完全冻结阶段，土壤含水量为冻土中的未冻水含量(不包括固态冰的含量)。当土壤冻结后，并非土壤中所有的液态水都全部转化为冰，由于土壤颗粒表面能的作用，其中始终保持一定数量的液态水称为未冻水。未冻水的含量与温度之间保持着动态平衡的关系，即随温度降低，未冻水含量减少，反之温度升高，未冻水含量增加。由图可见，各层土壤温度都有明显的年变化，在完全冻结期浅层土壤温度较深层低，而在完全消融期浅层温度较深层高。随着深度的增加，土壤温度年变化的相位相应滞后，10 cm 土壤层在 1 月初温度降至最低，在 8 月初升至最高；至 160 cm 处土壤温度在 5 月初降至最低，在 8 月末升至最高。160 cm 土壤层全年温度大于 0℃，同样说明该站冻结深度小于 160 cm。在消融(冻结)过程阶段，80 cm 及以上土壤层呈现剧烈的升温(降温)现象。各层土壤含水量也呈现较为明显的年变化，完全消融期较其他阶段土壤含水量高。浅层土壤含水量受降水影响明显，呈现较为剧烈的波动。随着土壤深度的增加，土壤含水量的波动减小，且冻融阶段的起始时间也依次后延。在消融(冻结)阶段，80 cm 及以上土壤层的含水量呈现剧烈的增大(减小)现象。

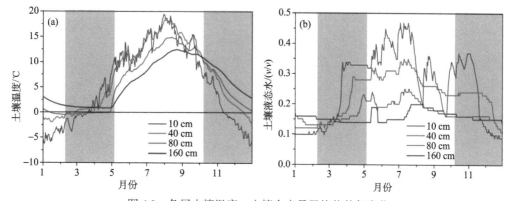

图 4.2　各层土壤温度、土壤含水量日均值的年变化
(a)土壤温度；(b)土壤液态水含量。阴影部分为根据 5 cm 土壤温度确定的冻融阶段，下同

4. 地表能量通量

图 4.3 为地表各能量通量的季节平均日变化,各能量通量均呈现单峰型日变化。R 为净辐射,即地表吸收辐射与地表有效辐射之差。地表吸收辐射(向下、向上短波辐射之差)由太阳高度角、地表反照率决定,地表有效辐射(向上、向下长波辐射之差)主要由地气温差、空气湿度、云量等决定。故影响净辐射变化的主要因素为太阳总辐射。春、秋两季 0:00～7:30、18:00～24:00,夏季 0:00～7:00、19:30～24:00,冬季 0:00～8:30、17:30～24:00 为夜间,太阳辐射为 0,而地表始终发射长波辐射,故净辐射为负值。其他时间段为白天,净辐射为正值。四季均在 12:30～13:30 时间段内净辐射达最大值,其中夏季最大(约 450 W/m²),春、秋季次之(约 400 W/m²),冬季最小(约 300 W/m²)。H 为感热通量,即由于湍流运动地气间传输的能量通量。夜间地表温度稍低于气温,感热通量略低于 0;白天随着地表的加热感热通量逐渐增大,约在 13:00～14:00 达到最大值,后逐渐减小。感热通量四季日变化差异不大,除夏季日最大值较小外,春、秋、冬季日变化比较接近。LE 为潜热通量,即由于水汽相变地气间传输的能量通量。夜间潜热通量稍高于 0,白天同样发生先递增后递减的波形变化。潜热通量日变化为春、秋季与感热通量相当,夏季日最大值大于感热通量,冬季日最大值小于感热通量。夏季随着亚洲季风系

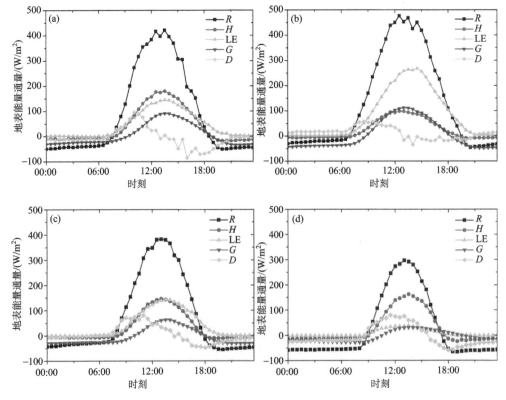

图 4.3　地表各能量通量的季节平均日变化
(a)春季;(b)夏季;(c)秋季;(d)冬季

统的建立，青藏高原受季风影响而进入雨季，促进了植被的生长，植被的蒸腾作用及地表蒸发增大增强了潜热通量，故潜热通量占主导地位，而春季(季风前)、冬季(季风后)感热通量占主导地位。G 为地表土壤热通量，即土壤经地表与大气间传输的能量。当大气向土壤传输能量时 G 为正值；而土壤向大气传输能量时 G 为负值。由于观测手段的局限性，无法直接测量地表土壤热通量，故使用 7.5 cm 处的热通量通过下式进行计算：

$$G = G_1 + \frac{c_v}{\Delta t} \sum_{z=0}^{z=7.5} \left[T(z, t+\Delta t) - T(z, t) \right] \Delta z \tag{4.1}$$

式中，G_1 为 7.5 cm 处土壤热通量(W/m^2)；$T(z,t)$ 为 7.5 cm 处土壤温度(K)，通过 5 cm、10 cm 处土壤温度平均得到；c_v 为土壤体积热容量$[\text{J}/(\text{m}^3 \cdot \text{K})]$，由下式得到：

$$c_v = c_{dry} + c_{liq} \theta \tag{4.2}$$

式中，$c_{dry} = 0.9 \times 10^6 \text{ J}/(\text{m}^3 \cdot \text{K})$，为干土体积热容量；$c_{liq} = 4.18 \times 10^6 \text{ J}/(\text{m}^3 \cdot \text{K})$，为水的体积热容量；$\theta$ 为 7.5 cm 土壤液态水含量，通过 5 cm、10 cm 土壤含水量平均得到。诸多研究(刘树华等，1991；缪育聪等，2012；左金清等，2010)均表明，上述方法是计算地表土壤热通量中最简便也较为准确的方法之一，故在误差允许范围内可以直接使用上面计算得到的地表土壤热通量。夜间土壤向大气传输的能量 G 为负值，白天大气向土壤传输的能量 G 为正值。夏季土壤热通量日变化最大(约 120 W/m^2)，春秋季次之(约 100 W/m^2)，冬季最小(约 50 W/m^2)。D 为能量平衡残差，通过下式计算：

$$D = R - H - \text{LE} - G \tag{4.3}$$

青藏高原上能量平衡不闭合的问题普遍存在(马耀明等，2006a，2006b)，在玛曲草地站点的观测中能量平衡不闭合现象也较为显著。四季均出现了较大的能量残差，春、秋、冬季尤为明显，且残差在 10:00~12:00 达到最大值。地表土壤热通量的计算误差应该是导致能量平衡残差的主要原因。另外，冬、春季玛曲地区地表有部分积雪存在，而通过上述方法计算的地表热通量忽略了积雪的热储量，这可能也是导致偏差的原因之一。

图 4.4 为地表各能量通量日均值的年变化。全年净辐射呈单峰形变化，由于完全消融期较冻融期太阳高度角更大，故净辐射也更大，约 7 月中旬净辐射达全年最大值。全年感热通量呈双峰形变化，在 4 月末和 10 月初各有一个峰值。在完全冻结期感热通量较小，随着净辐射的增加进入消融过程期，感热通量迎来首个峰值，进入完全消融期后，感热通量逐渐减小并在 7 月中旬降至谷值，后再次增大并在完全消融期末达第二个峰值，进入冻结过程期后感热通量又呈减小趋势。全年潜热通量变化趋势与净辐射较为一致，完全冻结期潜热通量很小，随着净辐射的增大潜热通量也增大，进入完全消融期后，随着雨季的到来，潜热通量达到峰值，后随着冻结过程的发生潜热通量再次减小。地表土壤热通量年变化不显著，完全冻结期地表热通量日均值为负说明土壤向大气放热，此时土壤从日平均角度看为能量源。进入消融过程期后，地表热通量日均值变为正值，此时土壤从日平均角度看为能量汇，冰的融化吸收大量相变能量，增大了大气向土壤传输的能量。进入完全消融期后，地表热通量日均值仍为正值，但较消融过程期略有减小。随着冻结过程的发生，地表热通量日均值再次变为负值且较完全冻结期更小(负值更小，其绝对值更大)，水冻结成冰释放相变能量，增大了土壤向大气传输的能量。故冻融过程增

大了地气间能量的传输。然而地表能量的分配为各能量通量相互作用的复杂结果。从源、汇的角度看，净辐射始终为强迫外源，地表土壤热通量有时为源有时为汇，感热潜热始终为汇。在地表土壤热通量为能量汇时，净辐射分配给了感热和潜热及地表热通量；在地表土壤热通量为能量源时，净辐射与地表热通量共同分配给了感热和潜热。另外，仅从观测数据的分析上还不足以论证冻融过程在能量分配中所起的作用，将通过数值模拟的方法对这个问题进行更为深入的论述。

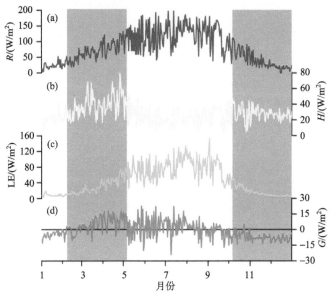

图 4.4　地表各能量通量日均值的年变化
(a)净辐射；(b)感热通量；(c)潜热通量；(d)地表土壤热通量

5. 地表反照率、波文比、能量平衡闭合度

图 4.5 为地表反照率、波文比、能量平衡闭合度日均值的年变化。地表反照率 α 反映了下垫面对太阳辐射的反射能力，受该地区土壤成分、土壤颜色、干湿状况、覆盖物类型和地表粗糙度等因素的共同影响，由下式计算：

$$\alpha = \mathrm{UR/DR} \tag{4.4}$$

式中，UR 为反射短波辐射；DR 为入射短波辐射。由图可见，在冻融期间地表反照率有几个大于 0.4 的高值点，对应着玛曲草地站点的几次降雪过程。当地表有积雪覆盖时能显著增大地表反照率，而在无雪条件下，地表反照率变化不大。4 个冻融阶段地表反照率平均值分别为 0.25、0.28、0.27、0.24(表 4.4)。地表反照率与浅层土壤含水量呈负相关关系，与浅层土壤含冰量呈正相关关系，即浅层土壤水分会降低地表反照率，水冻结成冰后又会增大地表反照率，这对地气间能量交换有一定影响，但与冻融过程的相变能量释放、吸收相比，显然这种影响是微小的。波文比 β 反映能量通量分配给感热和潜热的比例，由下式计算：

$$\beta = H/\mathrm{LE} \tag{4.5}$$

波文比全年呈"U"字形变化,且受冻融过程的影响比较显著,在完全冻结期间波文比较大且其波动振幅亦较大,此时能量主要分配给感热通量。随着消融过程的开始,波文比逐渐减小,进入完全消融阶段波文比降至最小,能量主要分配给潜热通量,随着冻结过程的开始,波文比逐渐增大,冻结阶段为一年中波文比最大时期。4 个冻融阶段波文比平均值分别为 1.53、0.41、0.07、1.82。能量平衡闭合度 γ 反映了地表能量闭合的状况,由下式计算:

$$\gamma = (H + LE)/(R - G) \tag{4.6}$$

目前对青藏高原能量的研究表明:能量平衡闭合度白天好于夜晚,晴天好于阴天和雨雪天(李泉等,2008)。故一些研究工作(奥银焕等,2008;李照国等,2012)只选取了典型晴天进行能量闭合的计算。本节为了分析能量平衡闭合度的年变化及冻融过程对能量闭合的影响,对所有时次都进行了计算,故能量不闭合程度较高。整体来看,完全消融期能量平衡闭合度高于冻融期,说明冻融过程对能量平衡闭合度亦有一定影响。4 个冻融阶段能量平衡闭合度平均值分别为 0.39、0.44、0.51、0.35。

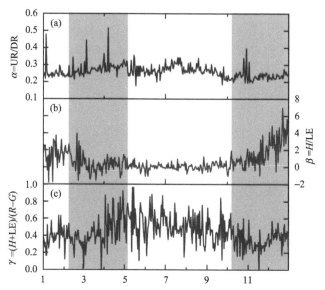

图 4.5 地表反照率、波文比、能量平衡闭合度日均值的年变化

(a)地表反照率;(b)波文比;(c)能量平衡闭合度

表 4.4 陆面能量中各物理量在 4 个冻融阶段的平均值

物理量	完全冻结阶段	消融阶段	完全消融阶段	冻结阶段
$R/(W/m^2)$	24.75	71.61	121.40	40.69
$H/(W/m^2)$	23.17	38.82	24.43	27.78
$LE/(W/m^2)$	9.15	29.40	77.84	14.67
$G/(W/m^2)$	−4.49	5.69	1.75	−6.67
α	0.25	0.28	0.27	0.24
β	1.53	0.41	0.07	1.82
γ	0.39	0.44	0.51	0.35

6. 小结

本节使用青藏高原东部玛曲草地站点 2010 年全年的观测资料，对土壤温湿度、陆面能量等物理量的日变化、年变化进行了初步的分析，重点讨论了上述物理量在冻融期的变化特征，得到了以下结论。

(1) 根据土壤表层 5 cm 处的土壤日最高、最低温度可将全年分为 4 个冻融阶段：完全冻结阶段 (1 月 1 日~2 月 6 日，共计 37 天)；消融阶段 (2 月 7 日~5 月 5 日，共计 88 天)；完全消融阶段 (5 月 6 日~10 月 5 日，共计 153 天)；冻结阶段 (10 月 6 日~12 月 31 日，共计 87 天)。2010 年表层土壤共计 212 天处于完全冻结或日冻融循环中。

(2) 浅层土壤 (20 cm 及以上) 温度呈正弦曲线形日变化，且日变化振幅春季最大，冬季最小。各层土壤 (160 cm 及以上) 温度、含水量均存在较为显著的年变化。随着深度的增大，各层土壤温度年变化相位相应滞后。在消融 (冻结) 阶段，80 cm 及以上土壤层呈现较为剧烈的升温 (降温) 现象，土壤含水量则呈现骤增 (骤降) 现象。

(3) 地表各能量通量均呈现单峰形日变化且年变化较为显著。净辐射年变化呈单峰形且在夏季达最大值；感热通量年变化呈双峰形，在春、秋季各有一峰值；潜热通量年变化亦呈单峰形，夏季由于高温雨季的到来而达到最大；地表土壤热通量年变化较为复杂，在完全冻结期和冻结过程期从日均值看土壤向大气放热，而在完全消融和消融过程期从日均值看大气向土壤放热。

(4) 地表反照率随土壤冻融也有一定变化，但相比于积雪带来的影响，冻融过程导致的变化很小。波文比全年呈"U"字形变化，且受冻融过程影响明显，冻融期较完全消融期波文比更大。玛曲草地站点能量不闭合现象在全年均表现明显，冻融期较完全消融期能量平衡闭合度更小。

综上所述，本节通过分析玛曲草地站点一年的观测资料，讨论了陆面能量和水分循环的基本特征，初步说明冻融过程对地表能水循环有一定的影响。

4.1.2　黄河源区季节性冻土冻融过程及地表能量收支

1. 研究数据与方法

1)　研究站点及数据简介

研究所使用的数据来自玛多草地和玛曲草地的两个野外站点资料。从土壤温度数据可以看出，两个站点都位于季节性冻土区内 (图 4.6)。虽然两个站点土壤以砂壤土为主，但玛多草地站点的土壤中含有大量的砾石和细石，其土壤粒径比玛曲草地站点更粗。根据国家气象科学数据中心提供的中国地面累年值年值数据集，玛多草地点和玛曲草地点 (1981~2010 年) 年平均气温分别为-3.3℃和 1.8℃，年平均降水量分别为 332.5 mm 和 593.4 mm。

主要利用 2014 年 5 月 12 日~2015 年 5 月 11 日 (北京时间) 在鄂陵湖和玛曲草地野外观测的微气象观测塔和涡动协方差观测系统进行观测。玛多草地站点由草地观测点和梯度塔组成。本节利用了梯度塔的土壤温度和土壤含水量数据。玛曲草地站点包括涡动协方差观测系统和微气象观测塔。玛曲草地站点涡动协方差系统的观测变量与玛多草地站点相同。表 4.5 说明了相关观测仪器的高度或埋深。

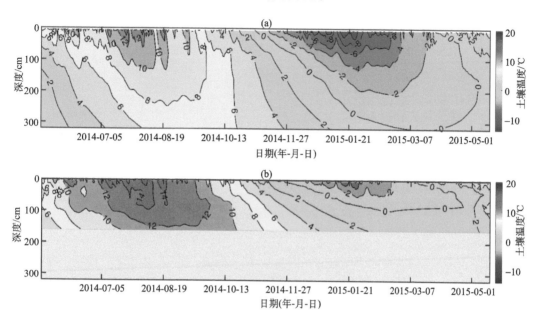

图 4.6 2014 年 5 月 12 日～2015 年 5 月 11 日玛多草地站点(a)和玛曲草地站点(b)土壤温度随深度变化的廓线

表 4.5 相关观测仪器的高度或埋深

站点	观测项目	仪器	高度/埋深
玛多草地站点	三维风速仪	CSAT3	3.20 m
	土壤热通量	HPF01	5 cm, 20 cm
	辐射分量	CNR-1	1.50 m
	土壤温度	109L	5 cm, 10 cm, 20 cm, 40 cm, 80 cm, 160 cm, 320 cm
	土壤湿度	CS616	5 cm, 10 cm, 20 cm, 40 cm, 80 cm, 160 cm, 320 cm
	地表土壤温度	SI-111	0 m
玛曲草地站点	三维风速仪	CSAT3	3.20 m
	土壤热通量	HPF01	7.50 cm
	辐射分量	CNR-1	1.50 m
	土壤温度	107L	2.5 cm, 5 cm, 10 cm, 20 cm, 40 cm, 80 cm, 160 cm
	土壤湿度	CS616	2.5 cm, 5 cm, 10 cm, 20 cm, 40 cm, 80 cm, 160 cm

2)研究方法

除极少数情况外,地表热通量(G_0)可由热通量板直接测量。热流板的位置通常有一定的深度(Heusinkveld et al., 2003)。因此 G_0 通常采用一维土壤热传导方程计算(Falge et al., 2001; Liebethal et al., 2005):

$$G_0 = G(Z) + C_V \int_0^z \frac{\partial T(Z)}{\partial t} \mathrm{d}Z \tag{4.7}$$

等式右侧第一项为 Z 深度处的土壤热通量，等式右侧第二项为地表与 Z 深度处之间的土壤热通量。由于两个站点测得的土壤热通量深度不同，对式(4.7)积分得

$$G_0 = G_{5cm} + C_V \times \left(0.025 \times \frac{\partial T_{0cm}}{\partial t} + 0.025 \times \frac{\partial T_{2.5cm}}{\partial t} \right) \tag{4.8}$$

$$G_0 = G_{7.5cm} + C_V \times \left(0.025 \times \frac{\partial T_{2.5cm}}{\partial t} + 0.025 \times \frac{\partial T_{5cm}}{\partial t} \right) \tag{4.9}$$

其中，玛多草地站点和玛曲草地站点的 G_0 分别由式(4.8)和式(4.9)计算得到。平均体积热容量 C_V 定义为

$$C_V = C_{dry} + C_{liq}\theta_Z \tag{4.10}$$

式中，干土的体积热容量为 $C_{dry} = 0.90 \times 10^6$ J/(m³·K)；液态水的体积热容量为 $C_{liq} = 4.18 \times 10^6$ J/(m³·K)；θ_Z 是 Z 深度处的土壤体积含水量(%)。

两个站的净辐射利用四个辐射分量进行计算：

$$Rn = Rl_{downwell} - Rl_{upwell} + Rs_{downwell} - Rs_{upwell} \tag{4.11}$$

式中，$Rl_{downwell}$ 为向下长波辐射(W/m²)；Rl_{upwell} 为向上长波辐射(W/m²)；$Rs_{downwell}$ 为向下短波辐射(W/m²)；Rs_{upwell} 为向上短波辐射(W/m²)。

感热通量(H)和潜热通量(LE)由以下公式进行计算：

$$H = \rho_a c_p \overline{(\omega'q')} \tag{4.12}$$

$$LE = \rho_a L_v \overline{(\omega'q')} \tag{4.13}$$

式中，ρ_a 是大气密度(kg/m³)；c_p 是常压下大气的比热容[J/(kg·K)]；ω' 是垂直风的速度(m/s)；L_v 是水的汽化潜热(W/m²)；q' 是空气比湿(kg/kg)。

在长期的连续观测中，停电或仪器故障导致数据丢失是一个不可避免且普遍存在的问题。此外，数据质量控制可能会因为剔除不合理数据而增大数据集的数据差距(Shang et al., 2015)。对于上述数据，可以采用平均日变化(man diurnal variation, MDV)法来填补数据空白。平均日变化法是一种根据湍流通量的时间自相关性进行插值的方法。这一差距由相邻天同时(同一时次)测量的有效观测平均值填补。一般情况下，推荐的窗长不超过2 周，因为环境变量的非线性依赖可能在较长时间内产生较大的误差和相当大的不确定性(Gu et al., 2015)。本节中窗口长度为 5 天。

2. 冻融过程

以往的研究主要根据土壤温度来划分冻融阶段。基于每日最小/最大土壤温度，土壤冻融过程在整年被分成四个冻结/融化阶段，包括完全冻结阶段(每日最高土壤温度低于0℃)、完全融化阶段(每日最低土壤温度大于0℃)、冻结阶段和融化阶段(每日最高土壤温度大于0℃和每日最低土壤温度小于0℃)(Guo et al., 2011)。用这种方法对玛多草地站和玛曲草地站点的冻融阶段进行划分，我们发现各层土壤的冻结和融化过程一般只持续1～2 天，这与事实不符。这种不一致性说明土壤的冻融过程是复杂的，仅根据土壤温度来划分冻融阶段是不可靠的。因此，本节以土壤温度和土壤含水量的变化来划分冻融过

程,采用步长为 15 天的滑动 t 检验法检测各土壤层土壤含水量的突变.土壤温度小于 0℃前后土壤含水量的突变(显著性水平 $\alpha = 0.001$, t 为 3.5, $t_a = 3.29$ 具有更严格的显著性水平)为融化过程;土壤含水量在 0℃ 以上前后的突变为冻结过程;完全冻结阶段介于冻结过程和融化过程之间;完全融化阶段介于融化过程和冻结过程之间。在融化和冻结阶段,土壤每天都存在日冻融循环。基于上述方法,玛多草地站点和玛曲草地站点在各层土壤的四个冻融阶段,数据间隔为 30 min(表 4.6)。

表 4.6 显示了 2014 年 5 月 12 日～2015 年 5 月 11 日玛多草地站点和玛曲草地站点四个土壤冻融阶段的开始日期和时段。在各层土壤处,玛多草地站点的冻融期(冻结阶段、完全冻结阶段和融化阶段)均长于玛曲草地站点。玛多草地站点冻融期平均持续约 174 天(浅层土壤:5～40 cm)和 120 天(深层土壤:80～320 cm),而玛曲草地站点只有 142 天(浅层土壤)和 53 天(深层土壤)。随着玛多草地站点和玛曲草地站点土壤深度的增加,冻结开始日期推迟。

10 月下旬,随着玛多草地站点表层土壤温度开始下降至冰点以下,根据 5 cm 土壤日最高、最低温度确定的 4 个冻融阶段,土壤开始冻结,土壤含水量下降(图 4.7)。玛多草地站点浅层土壤开始冻结 25 天后转为完全冻结阶段。与玛多草地站点相比,玛曲草地站点冻结开始时间较晚,冻结深度较浅(表 4.6 和图 4.6)。玛曲草地站点的土壤在 11 月中旬开始冻结,从表层土壤开始冻结到转为完全冻结阶段历时 27 天。之后,两站的土壤在很长一段时间内都处于完全冻结阶段。玛多草地站点的完全冻结期比玛曲草地站点长。玛多草地站点浅层土壤一年中有将近 1/3 的时间处于完全冻结阶段,而玛曲草地站点只有 84 天。随着太阳辐射的增加,土壤温度升高,玛多草地站点和玛曲草地站点冻土分别在第二年 3 月底和 3 月上旬开始迅速融化。深层土壤向上的融化速度快于浅层土壤(表 4.6),

表 4.6　2014 年 5 月 12 日～2015 年 5 月 11 日玛多草地站点和玛曲草地站点四个土壤冻融阶段的
开始日期和天数

土壤深度	玛多草地站点				玛曲草地站点			
	冻结阶段	完全冻结阶段	融化阶段	完全融化阶段	冻结阶段	完全冻结阶段	融化阶段	完全融化阶段
2.5 cm	—	—	—	—	20141113/30d	20141213/79d	20150302/41d	20150412/215d
5 cm	20141023/22d	20141114/130d	20150324/33d	20150426/180d	20141114/27d	20141211/83d	20150304/39d	20150412/216d
10 cm	20141025/20d	20141114/126d	20150320/20d	20150409/199d	20141121/26d	20141217/90d	20150317/26d	20150412/223d
20 cm	20141024/32d	20141125/113d	20150318/29d	20150416/191d	20141130/27d	20141227/85d	20150322/23d	20150414/230d
40 cm	20141103/26d	20141129/125d	20150403/19d	20150422/195d	20141216/25d	20150110/81d	20150401/26d	20150427/233d
80 cm	20141122/24d	20141216/107d	20150402/21d	20150423/213d	20150113/25d	20150207/60d	20150408/20d	20150428/260d
160 cm	20141221/20d	20150110/102d	20150422/19d	20150511/224d	0	0	0	20140512/365d
320 cm	20150209/22d	20150303/14d	20150317/31d	20150417/298d	—	—	—	—
浅层土壤	25d	124d	25d	191d	27d	84d	31d	223d
深层土壤	22d	74d	24d	245d	13d	30d	10d	312d

注:前 8 行中,"/"前边为开始日期,"/"后边为天数;后两行中的数据为天数

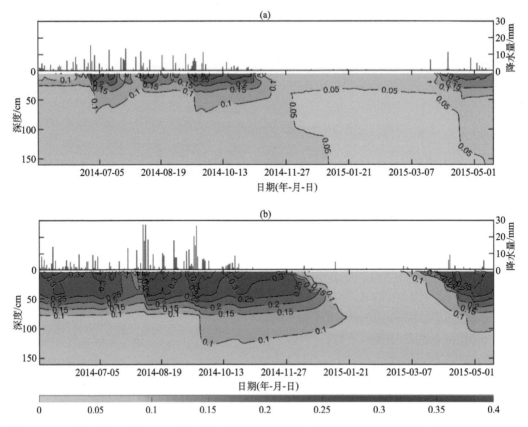

图 4.7　2014 年 5 月 12 日～2015 年 5 月 11 日玛多草地站点(a)和玛曲草地站点(b)土壤湿度随深度变化的廓线和降水量

原因是深层土壤温度高于浅层土壤(图 4.6)。玛曲草地站点的融化过程与玛多草地站点相似，只是玛曲草地站点的融化开始时间要早于玛多草地站点，原因是玛曲草地站点土壤含水量较高。玛曲草地站点 160 cm 处的土壤整年处于完全融化阶段。从图 4.6 中可以看出，玛多草地站点的最大冻结深度约为 320 cm，而玛曲草地站点的最大冻结深度约为 90 cm。在冻结和融化阶段的每一天都存在日冻融循环。表 4.6 中，玛多草地站点和玛曲草地站点浅层土壤存在日冻融循环的时间分别为 50 天和 58 天左右。

3. 土壤温湿特征分析

对玛多草地站点和玛曲草地站点日平均土壤温度和土壤含水量进行分析：虽然玛多草地站点和玛曲草地站点的土壤温度在 1～2 月均最低(图 4.6)，但两个站之间仍然存在差异。玛多草地站点 1～2 月的土壤温度低于玛曲草地站点，近地表的温差约为 4℃。两个站点的浅层土壤温度在 7～8 月最高。由于玛曲草地站点海拔和纬度较低，其土壤温度要高于玛多草地站点。玛多草地站点和玛曲草地站点年平均土壤温度分别为 2.05℃和5.15℃。总体而言，玛曲草地站点的土壤湿度高于玛多草地站点(图 4.7)，两个站点的土壤湿度均随土壤深度的增加而减小。在 40 cm 以下，玛多草地站点的土壤含水量较小，而玛曲草地站点的土壤含水量从 50～80 cm 迅速下降。　由于土壤类型和气候类型不同，玛曲草地站点的土壤含水量在 80 cm 以下最小。与玛曲草地站点相比，玛多草地站点土壤颗粒较粗，同时土壤中含有大量的砾石和细石。因此，玛曲草地站点的土壤持水能力高于玛多草地站点。玛多草地站点和玛曲草地站点气候区分别为高原亚寒带湿润区和高原亚寒带半干旱区，而土壤湿度同样受降水影响：1981～2010 年，玛多和玛曲年均降水量分别为 332.5 mm 和 593.4 mm。2014 年 5 月 12 日～2015 年 5 月 11 日，玛多和玛曲的日降水量主要发生在 6～9 月（图 4.7），分别占年降水量的 72.57%和 74.95%。因此，6～9 月浅层土壤含水量较高（图 4.7）。由于两个站 7 月初降水较少，7 月底表层和浅层土壤含水量下降。玛多草地站点和玛曲草地站点浅层土壤分别在 10 月和 11 月中旬开始冻结，且冻结时间长达 5 个月。由于降水的减少和土壤的开始冻结，浅层土壤含水量同时开始下降。土壤冻结阶段降水虽少，但融化开始时土壤含水量仍较高，这是因为冻结开始时地面温度下降，只有少量的土壤液态水通过升华从表层土壤转移到大气中，大部分水分通过冻结过程储存。

在冻融阶段，玛多草地站点的土壤温度日变化范围均大于玛曲草地站点（图 4.8）。在土壤深度相同的情况下，不同阶段土壤温度的日变化规律相似，完全融化阶段的日变化幅度最大（9.19 和 4.35），冻结阶段的日变化幅度最小（1.23 和 0.47）。这是由于部分能量用于冻结过程中的相变，因而土壤温度变化较小。玛多草地站点 5 cm 处土壤，融化阶段的土壤温度略高于完全冻结阶段，而玛曲草地站点的土壤温度则相反。在玛多草地站点和玛曲草地站点，40 cm 以下各冻融期土壤温度均无明显日变化，在冻结阶段和完全冻结阶段，土壤温度随土壤深度的增加而升高。在完全融化阶段，由于表层净辐射较大，白天土壤温度随土壤深度的增加而降低，且随着土壤深度的增加，土壤温度变化的变化范围逐渐减小。

土壤湿度的日变化随深度的增加而减小（图 4.9）。融化阶段玛曲草地站点土壤含水量低于玛多草地站点，而在完全融化阶段，玛曲草地站点浅层土壤含水量远高于玛多草地站点。两个草地站点深层土壤的土壤湿度变化均较弱。各冻融期玛曲草地站点的土壤湿度的日变化幅度均大于玛多草地站点。在融化阶段，两个地点的土壤水分有明显的日变化。完全融化阶段土壤水分充足，导致浅层土壤水分日变化幅度较弱。然而，相比于完全融化阶段，完全冻结阶段土壤湿度仍然存在明显的日变化，也就是说，并不是所有的液态水在完全冻结阶段都会转化为冰，这是由于土壤颗粒表面能的存在。在完全冻结阶段，土壤始终保持一定量的液态水。土壤湿度与温度之间存在动态平衡关系。完全冻结期土壤湿度的日变化与土壤温度的日变化是一致的。

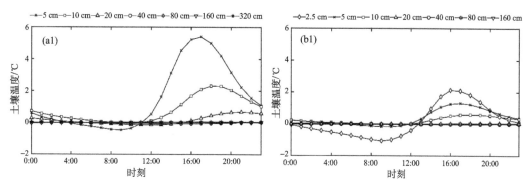

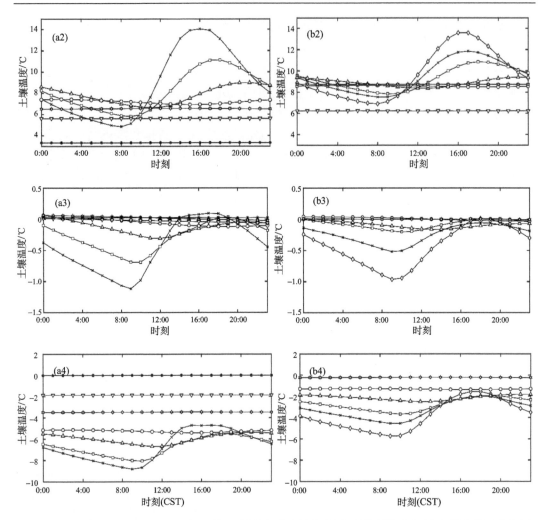

图 4.8　2014 年 5 月 12 日～2015 年 5 月 11 日玛多草地站点(a)和玛曲草地站点(b)各层土壤温度在不同冻融阶段：融化阶段(1)、完全融化阶段(2)、冻结阶段(3)和完全冻结阶段(4)的日变化

注：CST 表示中国标准时间(北京时)

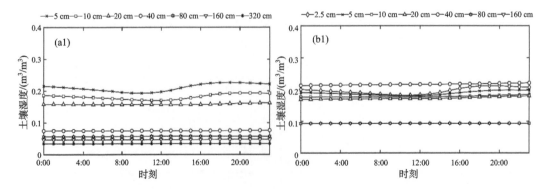

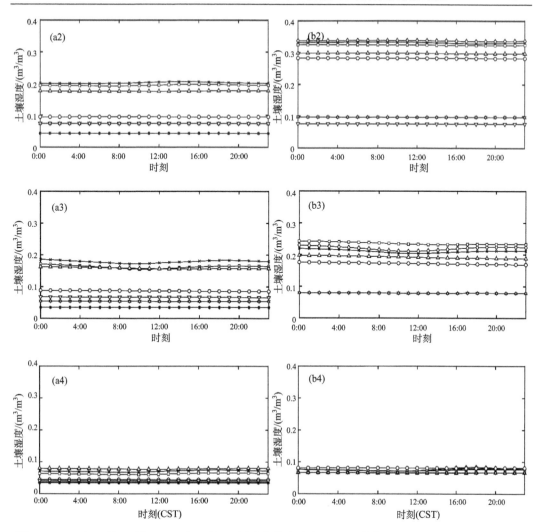

图 4.9　2014 年 5 月 12 日～2015 年 5 月 11 日玛多草地站点(a)和玛曲草地站点(b)各层土壤湿度在不同冻融阶段：融化阶段(1)、完全融化阶段(2)、冻结阶段(3)和完全冻结阶段(4)的日变化

4. 不同冻融阶段能量通量的变化

图 4.10 为玛多草地站点和玛曲草地站点地表能量通量的日均变化。两个站点的能量通量变化有一定的相似之处。玛多草地站点和玛曲草地站点净辐射变化一致，其全年为单峰型变化，受太阳直射点的季节变化和冬季积雪效应的影响较大，而受冻融过程影响较小。土壤热通量 G_0 的变化相对于净辐射比较平缓，但是从表 4.7 中可以看出，在冻结阶段和完全冻结阶段，G_0 在两个站点的平均值均为负值，由于气温逐渐降低，土壤冻结向上传输热量，地表向大气传输热量，以帮助净辐射供给感热通量和潜热通量。玛多草地站点和玛曲草地站点冻结阶段的 G_0 均大于完全冻结阶段，土壤冻结向周围环境释放能量实际增大了向上传输的土壤热通量，这与之前的模拟结果一致(Chen et al., 2014)。

在融化阶段和完全融化阶段，平均地表土壤热通量为正值，主要由于气温升高和土壤融化吸收热量。这两个阶段能量交换表现为土壤从大气中吸收热量。两个站点融化阶段的 G_0 均大于完全融化阶段。土壤融化阶段吸收的热量实际上增加了土壤向下的热通量。玛多草地站点和玛曲草地站点 G_0 年平均值分别为–2.28 W/m² 和 0.28 W/m²。因此，玛多草地站点能量在年内总体表现为从土壤转移到大气中，而玛曲草地站点则相反。

在完全融化阶段，由于季风降水在夏季增加，浅层土壤水分较大。此外，由于植被更加茂盛，从表层土壤到大气的蒸发蒸腾量增加。因此，从图 4.10 和表 4.7 可以看出，两个站点的潜热通量 LE 均高于感热通量 H，且 LE 的变化与净辐射 Rn 的变化相似，LE 在地表能量分布中占主导地位。以前的研究表明，不仅有大量的水蒸气，而且有大量的热能通过蒸散从土壤传递到大气中；因此，地表土壤热能的降低抑制了土壤温度的升高，导致地-气温差降低，从而降低了 H（Yang et al., 2003）。从图 4.10 可以看出，在玛多草地站点，Rn 和 LE 呈阶梯式增长，但 H 没有下降。因为太阳高度在一年中的 6 月底和 7 月初最大，所以通常 Rn 在一年中的这个时间是最高的。而从图 4.10（a）中可以看出，在 2014 年 6 月 27 日前，玛多草地站点 Rn 没有增大，这是 6 月 18～27 日连续 10 天强降水（累计降水量 47.3 mm）造成的[图 4.7（a）]。从 6 月 28 日开始，出现了较多的典型晴天，Rn 迅速增大。由于此时土壤含水量较高，随着 Rn 的增大，Rn 呈阶梯式增加。玛曲草地站点之所以没有这种变化，是因为其 7 月的降水量比其他月份少，所以在 2014 年 7 月 1 日左右，玛曲草地站点的 LE 没有出现台阶式变化。完全冻结阶段浅层土壤水分少且蒸发较弱，导致冻融期土壤水分和蒸发量少。由于 H 在地表能量分布中占主导地位，所以 H 的变化与 Rn 的变化相似。在冻结阶段，土壤液态水含量开始随着冻结而减少，导致 H 有微弱增加，LE 有微弱下降。但在土壤开始冻结前，LE 就已经开始下降，说明土壤冻结对 LE 的影响较弱。在土壤融化前，H 随着 Rn 的增大开始增大。在融化阶段，

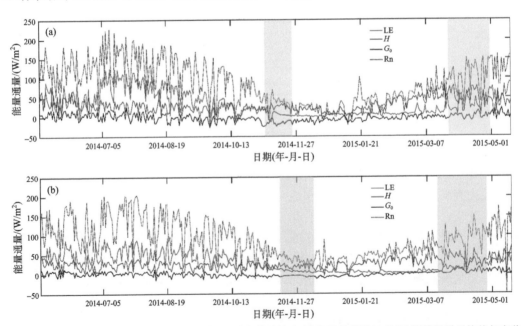

图 4.10　2014 年 5 月 12 日～2015 年 5 月 11 日玛多草地站点（a）和玛曲草地站点（b）能量通量日均值年变化

注：灰色部分为冻结阶段和融化阶段

Rn 仍随季节变化而增大，导致 H 存在较弱的增大趋势，LE 增大。随着融化过程的进行，土壤中融化的水对潜热通量的贡献是持续的。此外，在融化阶段，土壤的冻结锋面阻止了液态水向下渗透，这可能导致更多的水分在表层土壤中积累，从而使更多的水分蒸发。总体而言，季节性冻土区的能量通量变化既受季风影响，又受土层冻融过程的影响。

表 4.7　2014 年 5 月 12 日～2015 年 5 月 11 日玛多草地站点和玛曲草地站点各能量通量在不同冻融阶段的平均值

阶段	玛多草地站点				玛曲草地站点			
	LE	H	G_0	Rn	LE	H	G_0	Rn
冻结阶段	15.11	22.49	−11.47	52.53	7.90	19.88	−4.92	37.22
完全冻结阶段	8.75	27.16	−6.29	40.75	4.66	27.03	−3.53	46.61
融化阶段	35.21	51.48	1.21	105.70	14.17	39.22	4.04	82.03
完全融化阶段	55.60	28.86	1.11	121.91	43.17	25.21	1.72	113.22
平均	34.63	29.92	−2.28	87.35	28.70	26.72	0.28	89.12

分析能量通量在各冻融阶段的变化：在完全融化阶段，两个站点的 LE 日变化均大于 H，如图 4.11(a2) 和图 4.11(b2) 所示，这是因为蒸发产生的 LE 在白天较大，而夜间由于没有太阳辐射的加热，LE 较小。因此，LE 的变化与 Rn 的变化是一致的，虽然在完全融化阶段，白天太阳辐射较强，但 H 仍然较小，这是由土壤地表水蒸发散失热量导致的。此外，夜间 H 也较小，使得日变化范围较小。在完全融化阶段，G_0 的日变化显著。

在完全冻结阶段，5 cm 深度的土壤温度< 0℃。由于该阶段土壤保持了一定量的未冻水，LE 仍存在日变化，但由于土壤水分日变化范围较低，其变化范围较弱[图 4.9(a4) 和图 4.9(b4)]。太阳辐射主要表现为 H，因此 H 的日变化幅度大于 LE。完全冻结阶段的 Rn 日变化明显小于其他阶段，这可能与完全冻结阶段的积雪保温作用和反照率较大有关。

在冻结阶段和融化阶段，5 cm 深度处的土壤含水量明显大于完全冻结阶段[图 4.9(a2) 和图 4.9(b2)]。但受浅层日冻融循环的影响，白天的 LE 仍然较小。白天土壤水分先减小后增大，与净辐射日变化趋势相反，即当净辐射较大时，表层土壤水分较小，这种变化抑制了白天 LE 的增大。融化阶段 H 的日变化大于完全融化阶段，这可能是由于在完全融化阶段降水量较大，因此太阳辐射主要分配给蒸发潜热。G_0 在冻结阶段最小，这是因为这一阶段土壤温度和土壤湿度日变化较小。在冻结阶段，冻融过程对 G_0 的日变化有显著影响。

5. 能量闭合率

能量闭合率是评价通量数据质量的重要标准(Aubinet et al., 2012; Foken, 2008; Foken and Napo, 2008)，能量闭合率(CR)定义为

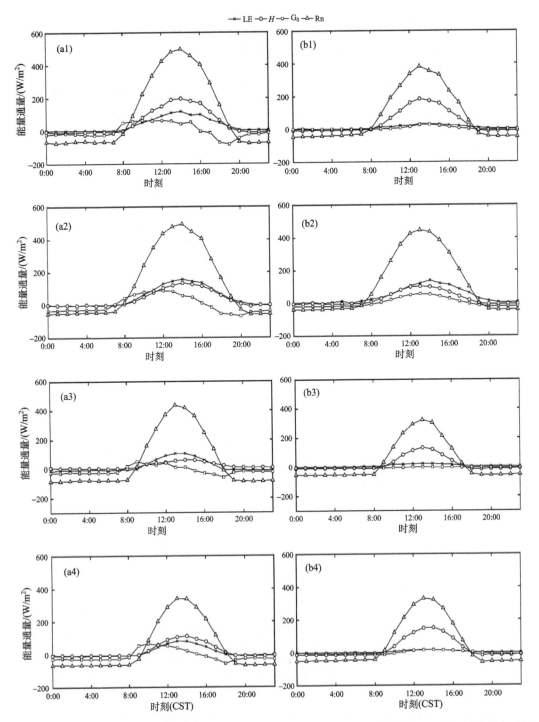

图 4.11 2014 年 5 月 12 日～2015 年 5 月 11 日玛多草地站点(a)和玛曲草地站点(b)各能量通量在不同
冻融阶段：融化阶段(1)、完全融化阶段(2)、冻结阶段(3)和完全冻结阶段(4)的日变化

$$CR = \frac{H + LE}{Rn - G_0} \tag{4.14}$$

CR 越接近 1.00，能量闭合越好。图 4.12 为 2014 年 5 月 12 日～2015 年 5 月 11 日玛多草地站点和玛曲草地站点日平均能量闭合率。玛多草地站点和玛曲草地站点的能量闭合率分别为 0.77 和 0.58。玛曲草地站点能量闭合率较低的原因可能是草的高度较高，导致在计算能量闭合率时忽略了冠层传递的能量。

玛多草地站点在完全融化阶段能量闭合率为 0.92[图 4.13（a2）]，高于其他阶段和年能量闭合率。由于夏季玛曲草地站点下垫面草的高度较高，冠层能量传递的影响降低了玛曲草地站点完全融化阶段的能量闭合率（0.57）[图 4.13（b2）]，因此玛曲草地站点在融化阶段能量闭合状态最高（0.78）[图 4.13（b1）]。两个站点的能量闭合率在冻结阶段最低，玛多草地站点和玛曲草地站点分别为 0.54[图 4.9（a3）]和 0.46[图 4.9（b3）]，这可能与积雪有关。由于雪的蒸发和升华率很高，因此 CR 较差（Gu et al., 2015）。另外，在 G_0 的计算中，在冻结阶段和完全冻结阶段没有考虑冰的导热系数，这可能会导致 G_0 的误差。总的来说，冻融过程对能量闭合状态存在一定的影响。

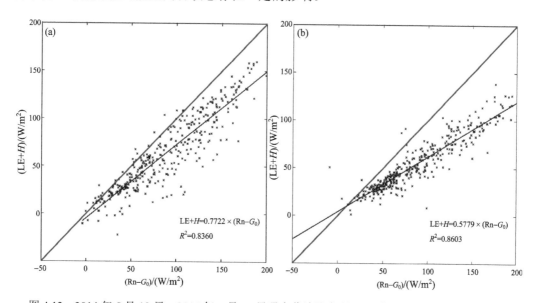

图 4.12　2014 年 5 月 12 日～2015 年 5 月 11 日玛多草地站点（a）和玛曲草地站点（b）能量闭合率

4.2　CLM 对黄河源区冻融期地表水热及能量平衡模拟检验与对比

由于高原季节性冻土地区资料匮乏，使用 CLM 在高原地区所做的模拟研究工作相对较少。研究使用 CLM 及对黄河源站的观测资料进行了为期一年的单点数值模拟实验。通过对比观测资料及 CLM3.0、CLM4.0 对土壤温湿度等物理量的模拟结果，验证该模式在高原季节性冻土地区的适用性，指出该模式不同版本之间的改进提高之处，同时发现模拟中依然存在的问题，为模式的发展提供一定的依据。

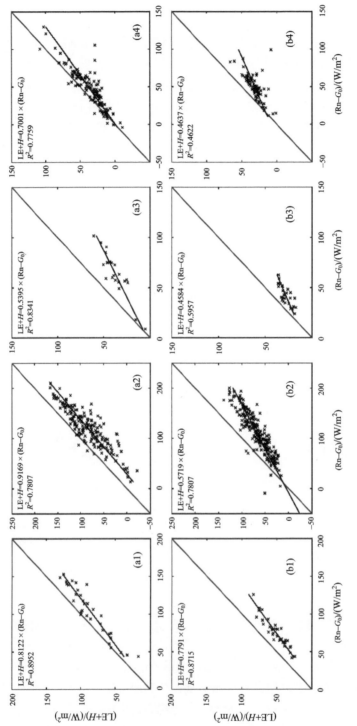

图 4.13　2014 年 5 月 12 日~2015 年 5 月 11 日玛多草地站点 (a) 和玛曲草地站点 (b) 在不同冻融阶段：融化阶段 (1)、完全融化阶段 (2)、冻结阶段 (3) 和完全冻结阶段 (4) 的能量闭合率

4.2.1 模式冻融参数化方案简介及资料说明

1. 冻融参数化方案

CLM3.0 中当 $T > T_f$ 且 $\theta_{ice} > 0$ 时发生消融，当 $T < T_f$ 且 $\theta_{ice} < 0$ 时发生冻结。其中，T 为土壤温度(K)，T_f 为相变温度(K)，θ_{liq} 和 θ_{ice} 分别为土壤液态水和冰的含量。CLM4.0 沿用 CLM3.5 中加入的未冻水参数化方案(Niu and Yang, 2006)。土壤冻结后，并非所有的液态水全部转化为固态冰，由于土壤颗粒表面能的作用，其中始终保持一定数量的液态水称为未冻水。当 $T > T_f, \theta_{ice} > 0$ 时发生消融；当 $T < T_f, \theta_{liq} > \theta_{liq,max}$ 时发生冻结。$\theta_{liq,max}$ 为冻土中未冻水含量，由下式计算：

$$\theta_{liq,max} = \theta_{sat} \left[\frac{10^3 L_f \left(T - T_{frz} \right)}{gT\psi_{sat}} \right]^{-1/b} \tag{4.15}$$

式中，θ_{sat} 为饱和土壤含水量；ψ_{sat} 为饱和土壤水势(mm)；$L_f = 3.36 \times 10^5$ J/kg，为相变潜热；b 为 Clapp-Hornberger 常数；g 为重力加速度(m/s^2)。当相变发生后，将土壤温度设为冰点温度，然后计算相变过程中盈余(缺失)的能量，再计算发生相变的质量及相变后的土壤温度。土壤发生冻结后，根据冻土中水、冰的比例计算冻土的可渗透率，并相应改变冻土的导水率。

2. 资料说明

观测系统为玛曲草地站点的一套微气象要素梯度观测系统和开路涡动相关系统。分别在观测塔 2.35 m、4.20 m、7.17 m、10.13 m、18.15 m 处进行 5 层风温湿观测，分别在 5 cm、10 cm、20 cm、40 cm、80 cm、160 cm 进行 6 层土壤温湿度观测。本实验采用该站点 2009.10.1~2010.12.31 共计一年零 3 个月的观测资料。CLM 模式所需大气强迫场为温度、风速、湿度、气压、降水、向下长短波辐射[1]，其中风速、温度、湿度取用观测塔 10.13 m 的资料，气压观测所在高度为 2 m，辐射分量和降水观测高度为 1.5 m。大气强迫数据的时间分辨率为 30 min，并按模式需要制作成 NetCDF 格式。对于单点 offline 模拟实验，考虑到模式对初值的敏感性，舍弃 2009 年的模拟数据，只分析 2010 年的模拟结果，相当于对模式进行了 3 个月的预热(spin-up)。地表资料(土壤颜色、植被覆盖度、叶面积指数等)采用根据经纬度从全球数据(CLM 自带的一套全球地表资料数据)中提取的单点值，其中与土壤含水量关系密切的土壤成分比例，采用了(Luo et al., 2009)实测的站点土壤数据值。

4.2.2 土壤冻融时间的模拟

根据 4.1.1 节中土壤冻融时间的判定方法确定了模拟值中 4 个冻融阶段的时间范围 (表 4.8 和图 4.14)。由观测可见 1 月 1 日~2 月 6 日共计 37 天处于完全冻结阶段；2 月

---

[1] Vertenstein M, Craig T, Middleton A, et al. 2012. CESM1. 0.4 user's guide. US National Center for Atmospheric Research

7 日～5 月 5 日共计 88 天处于消融阶段；5 月 6 日～10 月 5 日共计 153 天处于完全消融阶段；10 月 6 日～12 月 31 日共计 87 天处于冻结阶段。各冻融阶段模拟的起止时间较观测差异很大。其中完全冻结阶段、完全消融阶段的模拟时间显著长于观测，而消融阶段及冻结阶段的模拟时间较观测短，说明模拟的冻融速率偏大导致冻融过程较真实情况更快完成。CLM4.0 较 CLM3.0 冻融过程的起始时间略早，各阶段天数差别不大。冻融过程的模拟偏差在下文土壤含水量的模拟中将有更直观的体现。

表 4.8　根据 5 cm 土壤日最高、最低温度确定的观测和模拟的 4 个冻融阶段

项目	完全冻结阶段	消融阶段	完全消融阶段	冻结阶段
观测	1-1～2-6/37d	2-7～5-5/88d	5-6～10-5/153d	10-6～12-31/87d
CLM4.0	1-1～2-23,12-7～12-31/79d	2-24～4-9/45d	4-10～11-2/207d	11-3～12-6/34d
CLM3.0	1-1～3-2,12-6～12-31/87d	3-3～4-13/42d	4-14～11-6/207d	11-7～12-5/29d

注：“/”前为起止时间(月-日)，“/”后为天数。

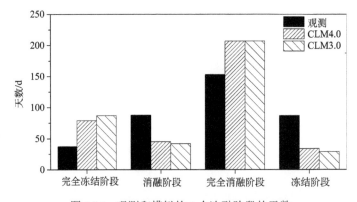

图 4.14　观测和模拟的 4 个冻融阶段的天数

4.2.3　土壤含水量、含冰量的模拟

冻融作用对地气系统能量交换的影响主要由相应过程地层内水分的相变引起。在冻融期间，地气交换的一部分能量用于水(冰)相变使得土壤温度、湿度，以及含水量发生了较大的变化，又进一步影响地裂与大气之间的能量交换(陈渤黎等，2014)。此外，冻结土层的透水能力减弱，使季节冻结层与下伏非冻土的水力联系减弱，从而有可能减小季节冻土区地面的水分蒸发。图 4.15 为各层土壤含水量观测与模拟对比(完全冻结阶段为未冻水含量)。160 cm 土壤层已不发生冻结，含水量年变化不显著，故仅给出 10 cm、20 cm、40 cm、80 cm 层的含水量。CLM4.0 可以模拟冻结后土壤中的未冻水，而冻结后 CLM3.0 模拟的土壤含水量保持 0 值，即土壤中所有水都冻结成冰，与实际观测不符。浅层 10 cm 土壤层含水量受降水影响明显，呈现较为剧烈的波动。CLM4.0 模拟的完全冻结阶段土壤含水量与观测较接近，完全消融阶段较观测略偏低且波动幅度小于观测。而 CLM3.0 模拟的土壤含水量较观测偏差很大，完全冻结阶段无法模拟未冻水含量。这种偏差一直维持到消融阶段末期，在完全消融阶段两模式的模拟差异才逐渐减小。

CLM3.0 中假设冻土不可渗透，而 CLM4.0 中冻土可渗透，故冻融期间两模式模拟的冻土导水性质不同。当消融过程率先在土壤表层发生时，CLM3.0 中地表积雪及表层冻土融水大部分成为地表径流而未下渗入土壤，而 CLM4.0 中部分融水渗入土壤，故在消融阶段 CLM4.0 模拟的浅层含水量较 CLM3.0 高。进入完全消融阶段后，两模式模拟的土壤导水率近似相等，故各层含水量相差不大。另外，观测值显示，在消融阶段自 3 月初至 3 月底 10 cm 土壤含水量发生骤增过程；在冻结阶段自 11 月初至 11 月底 10 cm 土壤含水量发生骤降过程。CLM4.0 模拟的土壤含水量在突变时间上均有所提前，尤其在消融阶段含水量骤增的时间提前了约半个月。关于这一阶段的模拟反而是 CLM3.0 模拟的时间较符合观测。引入未冻水参数化方案后，CLM4.0 模拟的含冰量减少，可能使冻土更容易发生消融从而消融速率更快。20 cm 及以下土壤层，CLM4.0 模拟的含水量在各冻融阶段都与观测符合较好，尤其是完全冻结期未冻水的含量与观测值偏差很小，较CLM3.0 有了显著改善，但在消融阶段及冻结阶段模拟的含水量骤增及骤降的时间均较观测提前，且在消融阶段尤为明显。图 4.16 为各层土壤含冰量的模拟对比。由于缺乏含冰量观测资料，仅比较两模式的模拟结果。加入未冻水参数化方案后，CLM4.0 含冰量的模拟值较 CLM3.0 显著降低。在消融阶段各层含冰量骤降过程对应着含水量骤增；在冻结阶段各层含冰量骤增过程对应着含水量骤降，故可从含水量的模拟推测 CLM4.0 模拟的土壤冰消融时间较真实情况是提前的，同时也可以推测 CLM4.0 模拟的土壤含冰量值较 CLM3.0 更接近实际。

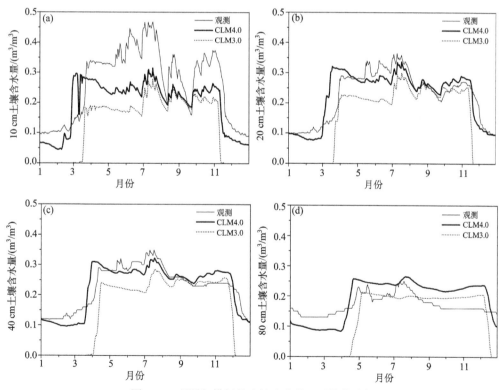

图 4.15　观测与模拟的土壤含水量日平均值比较

(a) 10 cm；(b) 20 cm；(c) 40 cm；(d) 80 cm

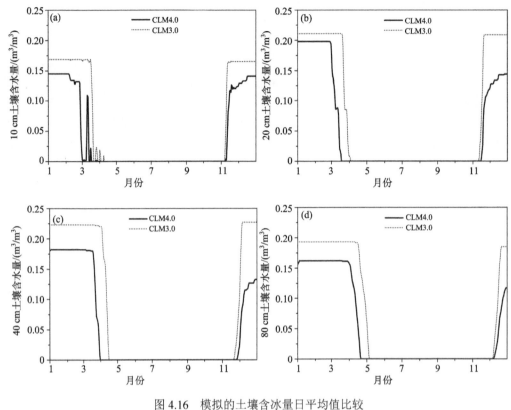

图 4.16　模拟的土壤含冰量日平均值比较

(a) 10 cm；(b) 20 cm；(c) 40 cm；(d) 80 cm

4.2.4　土壤温度的模拟

土壤温度的模拟取决于土壤导热率、热容量的计算。水与冰在物理性质上存在巨大差异：水的导热率为 0.57W/(m·K)，冰的导热率为 2.2W/(m·K)，冰的导热率约为水的 4 倍，则土壤冻结后比未冻结时具有更高的导热率；水的热容量为 4.2MJ/(m³·K)，冰的热容量为 1.9MJ/(m³·K)，水的热容量约为冰的 2 倍，则土壤冻结后比未冻结时热容量小。故冻融期间土壤含水量、含冰量的模拟会影响土壤导热率、热容量的计算，进一步影响土壤温度的模拟。CLM4.0 中加入了对土壤有机质的描述，也在一定程度上增大了土壤热容量。图 4.17 为各层土壤温度观测与模拟对比。模式能较好地反映土壤温度随季节的变化，CLM4.0 较 CLM3.0 有了一定改善。浅层 10 cm、20 cm，CLM4.0 模拟的土壤温度各季节均较好。浅层温度受气温影响明显，呈现较为剧烈的波动，模拟温度波峰谷时间与观测均能较好对应。完全冻结期模拟温度较观测偏低。40 cm、80 cm 模拟效果夏季较好冬季较差，土壤完全冻结后模拟温度平均低于观测 2～3℃。而 CLM3.0 模拟的土壤温度在各层次均偏低，尤其是完全消融期偏差很大。图 4.18 为 10 cm 层土壤温度各冻融阶段日变化对比(40 cm 及以下层土壤温度日变化已不显著，故仅以 10 cm 层为例)。4 个冻融阶段各取 31 天，完全冻结阶段以 1 月为例；消融阶段以 2 月 21 日～3 月 23 日为例；完全消融阶段以 7 月为例；冻结阶段以 11 月 1 日～12 月 1 日为例。模式在各冻融阶段均能较好地模拟土壤温度的日变化。总的来看，当加入未冻水参数化方案后，CLM4.0 模拟的土壤含水量提高，含冰量减少，冻土热容量增大，故 CLM4.0 模拟的土壤温度日变化在冻融期间较 CLM3.0 略弱。其中，完全冻结阶段和完全消融阶段 CLM4.0 模拟的土壤温度比较理想，日最高、最低温度及日较差都与观测值接近。在冻融阶段模拟值较观测值有较大的偏差。由观测值可见，在消融阶段中 3 月 1 日～3 月 20 日及冻结阶段中 11 月 10 日～11 月 20 日内，土壤温度稳定维持在 0℃上下，日变化很小，但模拟的土壤温度日变化偏大，且在消融阶段偏差更为显著。由图 4.18(b)可知，3 月初 CLM4.0 模拟的 10 cm 土壤层日温度便已出现高于 0℃的情况，较观测值与 CLM3.0 模拟值均提前，这就造成了消融阶段 10 cm 层土壤含水量骤增时间较观测提前[图 4.15(a)]，10 cm 层土壤含冰量骤降时间也提前[图 4.15(a)]，当土壤日最高温度超过 0℃时，该土壤层中的冰便发生消融，土壤含水量迅速增大，因此 CLM4.0 模拟的土壤温度达到和超过 0℃的时间较观测提前导致土壤含水量骤增时间提前。其原因一方面是冻土中水冰含量模拟偏差导致导热率计算偏大，另一方面也与各陆面能量模拟不准确导致对进入土壤的热通量的计算存在偏差有关。

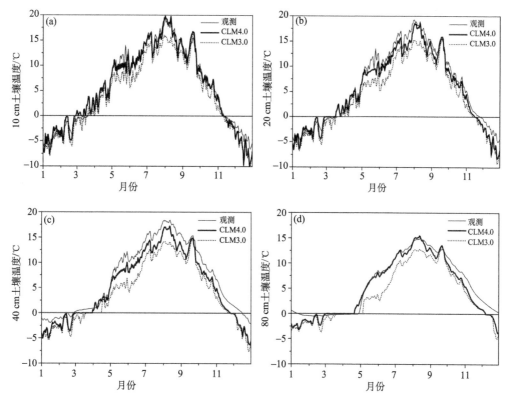

图 4.17　观测与模拟的土壤温度日平均值比较

(a) 10 cm；(b) 20 cm；(c) 40 cm；(d) 80 cm

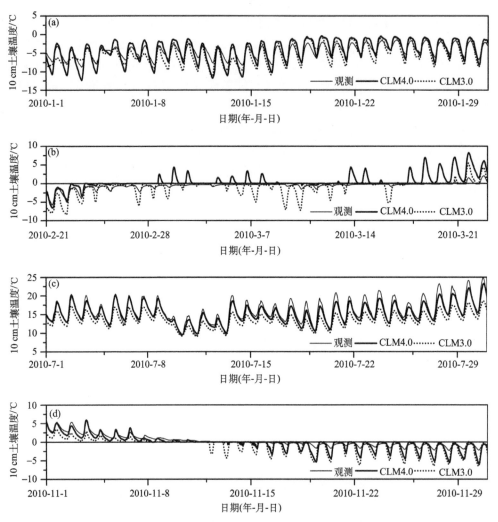

图 4.18　观测与模拟的各冻融阶段 10 cm 土壤温度的日变化

(a)完全冻结阶段；(b)消融阶段；(c)完全消融阶段；(d)冻结阶段

4.2.5　积雪覆盖率与雪深模拟结果分析

　　CLM4.0 较 CLM3.0 在冻融期的另一不同为积雪方案的改进，主要体现在积雪覆盖率的变化上。这部分非本节重点，只做简单讨论，另外考虑到缺乏积雪观测资料，仅比较模拟结果。CLM3.0 中积雪覆盖率 f_{sno} 由式(4.16)计算：

$$f_{\text{sno}} = \frac{z_{\text{sno}}}{10 z_{0\text{m,g}} + z_{\text{sno}}} \tag{4.16}$$

式中，z_{sno} 为雪深(m)；$z_{0\text{m,g}} = 0.01$，为土壤的动量粗糙长度(m)。积雪覆盖率仅是雪深的函数。CLM4.0 采用了 Niu 和 Yang(2007)的研究工作，积雪覆盖率 f_{sno} 由式(4.17)计算：

$$f_{sno} = \tanh\left\{\frac{z_{sno}}{2.5z_{0m,g}\left[\min(\rho_{sno},800)/\rho_{new}\right]^m}\right\} \tag{4.17}$$

式中，$\rho_{new}=100$ 是新雪的密度(kg/m^3)；ρ_{sno} 为陈雪的密度(kg/m^3)；m 为一可调常数，模式中取值为 1。积雪覆盖率是雪深、雪密度的复杂函数。图 4.19 为模拟的积雪覆盖率、雪深比较。CLM4.0 模拟的积雪覆盖率大于 CLM3.0 的模拟值，模拟的积雪深度小于 CLM3.0 的模拟值。说明新的积雪方案在模拟雪深减小的情况下增大了模拟的积雪覆盖率。对于离线实验，降雪总量相等，积雪覆盖率与雪深的变化是两者相互调整的结果。积雪的上述变化对土壤温湿度的模拟可能也有一定影响。

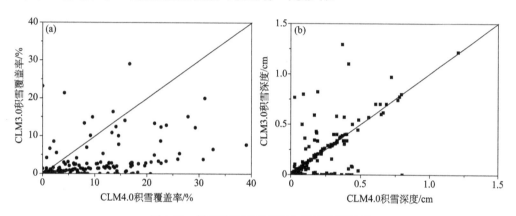

图 4.19　模拟的积雪覆盖率与积雪深度比较

4.2.6　误差分析

为了更好地评价 CLM 的模拟效果，采用以下两种误差分析方法，分别为模拟值相对观测值的标准差(SEE)和归一化标准差(NSEE)。

$$SEE = \sqrt{\frac{\sum_{i=1}^{n}(M_i - O_i)^2}{n-2}} \tag{4.18}$$

$$NSEE = \sqrt{\frac{\sum_{i=1}^{n}(M_i - O_i)^2}{\sum_{i=1}^{n}(O_i)^2}} \tag{4.19}$$

式中，M_i 为模拟值；O_i 为观测值；n 为样本总数。表 4.9 为根据 2010 年玛曲草地站点各层土壤温度、土壤含水量各时次模拟值和观测值计算的 SEE、NSEE 统计结果。可见 CLM4.0 较 CLM3.0 在土壤温度、土壤含水量的模拟上均有一定改善。10 cm、20 cm、40 cm 以及 80 cm 土壤温度模拟值相对于观测值的标准差分别减小了 0.95℃、1.27℃、1.38℃、1.11℃，各层土壤含水量模拟值相对于观测值的标准差分别减小了 9.49%、4.32%、3.45%、5.02%。

表 4.9　2010 年玛曲草地站点各层土壤温度、土壤含水量观测值与模拟值的标准差和归一化标准差

土壤深度	土壤温度				土壤含水量			
	SEE /℃		NSEE		SEE /%		NSEE	
	CLM4.0	CLM3.0	CLM4.0	CLM3.0	CLM4.0	CLM3.0	CLM4.0	CLM3.0
10 cm	1.13	2.08	0.12	0.22	9.49	14.55	0.33	0.50
20 cm	1.34	2.61	0.14	0.27	4.32	9.12	0.18	0.38
40 cm	1.97	3.35	0.20	0.35	3.45	9.80	0.14	0.41
80 cm	1.34	2.45	0.17	0.30	5.02	8.81	0.29	0.50
平均	1.45	2.62	0.16	0.29	5.57	10.57	0.24	0.45

4.2.7　小结

分别使用 CLM4.0、CLM3.0 模式对位于青藏高原的玛曲草地站点进行了为期一年的数值模拟实验,通过比较观测值与模拟值的土壤温湿度等物理量的差别,检验了模式对高原季节性冻土地区的模拟能力,证实了 CLM4.0 较 CLM3.0 在土壤冻融过程中的改进之处,得到了以下结论。

(1)CLM4.0 及 CLM3.0 模式模拟的各冻融阶段起止时间与观测有一定差别。完全冻结阶段、完全消融阶段模拟时间较观测偏长;而冻结阶段、消融阶段时间较观测偏短。说明模拟的冻融速率偏大,冻融过程较真实情况进行得更快。

(2)CLM4.0 能够模拟土壤含水量随季节的变化及对降水的响应,各层含水量模拟值与观测值相差不大。CLM4.0 中加入了未冻水参数化方案,使模式可以模拟到冻结后土壤中存留的未冻水,冻融期间土壤含水量的模拟较 CLM3.0 有了显著改善,同时土壤含冰量的模拟值较 CLM3.0 减小。10 cm、20 cm、40 cm 以及 80 cm 4 各层土壤含水量模拟值相对于观测值的标准差比 CLM3.0 的模拟结果分别减小了 9.49%、4.32%、3.45%、5.02%。但在消融(冻结)过程阶段,土壤含水量骤增(骤降)的模拟时间较观测值提前。

(3)CLM4.0 能够模拟土壤温度随季节的变化,各层土壤温度模拟效果均较理想。加入未冻水方案后,冻土热容量的模拟值增大,导热率的模拟值减小,使冻融期间土壤温度的模拟较 CLM3.0 有了一定程度的改善。4 层土壤温度模拟值相对于观测值的标准差比 CLM3.0 的模拟结果分别减小了 0.95℃、1.27℃、1.38℃、1.11℃。但对冻融期 40 cm 及以下层次土壤温度的模拟仍偏低。在完全冻结阶段和完全消融阶段,土壤温度日变化的模拟与观测较接近,但在消融阶段及冻结阶段,日变化的模拟与观测仍有一定偏差。另外,CLM4.0 积雪方案也有所改进,对土壤温湿度的模拟可能也有影响。

尽管所做实验仅在玛曲草地站点一个站点进行,模拟时间也相对较短,但与其他学者使用该陆面模式在高原不同站点所进行的模拟实验所得结论类似。罗斯琼等(2009)采用 CLM 的姊妹版本 CoLM 对青藏高原中部 BJ(布交)站进行了模拟研究,同样发现冻结期模拟土壤温度偏低,并指出高原土壤中富含砾石,而模式参数化方案中只有对砂土、壤土及黏土的描述,故将该模式用于高原地区站点时,其导热率、水导率的计算必然会受到一定影响。一些研究(夏坤等,2011)在 CLM3.0 中加入了未冻水方案(其方案与

CLM4.0 类似), 并对青海苏里站进行了模拟实验, 同样发现加入未冻水方案后冻融期含水量突变的时间有所提前, 并指出模拟中存在相变速率过快的现象, 而真实的冻融速率可能只有模拟中的 0.5 倍。李燕等(2012)使用 CoLM 对高原地区藏东南站、纳木错站、珠峰站分别进行了模拟, 发现在冻结阶段 40 cm 以下土壤温度的模拟值均偏低。

另外, 李倩和孙菽芬(2007)指出真实的冻融过程是一个连续缓慢的变化过程, 不存在固定的冻融临界温度(或范围), 必须根据平衡态情况下土壤水势和温度之间的热力学平衡关系及固有的土壤水力学特征本构关系来确定土壤含水量、含冰量和温度之间的定量关系。故 CLM 中假定相变只发生在 0℃可能是不合理的。综上, CLM 对高原冻土地区的模拟仍是需要重点改进的方面之一。

4.3　黄河源区玛曲草地站点冻融期土壤温湿度的模拟与改进

利用 CLM3.5 对玛曲草地站点进行为期一年的单点模式实验, 着重分析冻融过程中土壤温湿度的模拟情况, 并针对模拟中存在的问题对模式导热率方案进行改进, 以期改进后的模拟结果能较原模拟结果好。

4.3.1　实验设计

1. 模式中的导热率参数化方案

CLM3.5 中热传导参数化方案主要参考了 Farouki(1981)的研究工作。导热率 λ 表示为

$$\lambda = \begin{cases} K_e\lambda_{sat} + (1-K_e)\lambda_{dry} & S_r > 1\times10^{-7} \\ \lambda_{dry} & S_r \leqslant 1\times10^{-7} \end{cases} \tag{4.20}$$

式中, λ_{sat}、λ_{dry} 分别为土壤饱和、干燥时的导热率; K_e 是 Kersten 数; S_r 是土壤饱和度。饱和土壤导热率由土壤基质、水、冰的导热率及各物质含量决定:

$$\lambda_{sat} = \begin{cases} \lambda_s^{1-\theta_{sat}} \lambda_{liq}^{\theta_{sat}} & T \geqslant T_f \\ \lambda_s^{1-\theta_{sat}} \lambda_{liq}^{\theta_{sat}} \lambda_{ice}^{\theta_{sat}-\theta_{liq}} & T < T_f \end{cases} \tag{4.21}$$

式中, T_f 为冰点温度; θ_{sat} 为土壤饱和含水量; θ_{liq} 为土壤液态水含量; $\lambda_{liq} = 0.57$ W/(m·K), $\lambda_{ice} = 2.29$ W/(m·K), 分别为水、冰的导热率; λ_s 为土壤基质导热率, 由土壤质地决定:

$$\lambda_s = \frac{\lambda_{sand}(\%sand) + \lambda_{clay}(\%clay)}{(\%sand) + (\%clay)} \tag{4.22}$$

式中, $\lambda_{sand} = 8.8$ W/(m·K), $\lambda_{clay} = 2.29$ W/(m·K), 分别为砂土、黏土的导热率; (%sand)、(%clay)分别为砂土、黏土含量。式(4.20)中的干燥土壤导热率由密度 ρ_d 决定:

$$\lambda_{dry} = \frac{0.135\rho_d + 64.7}{2700 - 0.947\rho_d} \tag{4.23}$$

式中， $\rho_{d} = 2700(1 - \theta_{sat})$ ，各常数均为经验值。Kersten 数是土壤饱和度 S_{r} 的函数：

$$K_{e} = \begin{cases} \lg S_{r} + 1 \geqslant 0 & T \geqslant T_{f} \\ S_{r} & T < T_{f} \end{cases} \tag{4.24}$$

式中， $S_{r} = \dfrac{\theta_{liq} + \theta_{ice}}{\theta_{sat}}$ ； θ_{ice} 为土壤含冰量。

2. 热传导参数化方案的优化

在土壤热传导计算方案中，Johansen (1975) 方案是应用较为广泛的方案之一。模式中的 Farouki 方案也是由其发展而来的。近年来，Côté 和 Konrad (2005 b)、Gong (Lu et al., 2007)等分别根据该方案进行了改进，使土壤热传导的计算更为精确。Johansen 方案与模式中原方案最大的不同之处在于土壤基质导热率计算的不同。前者根据土壤中导热率较大的矿物——石英的含量和导热率计算土壤基质的导热率：

$$\lambda_{s} = \lambda_{q}^{\delta} \lambda_{o}^{1-\delta} \tag{4.25}$$

式中， $\lambda_{q} = 7.7$ W/(m·K)，为石英导热率； $\lambda_{o} = 2.0$ W/(m·K)，为土壤基质中其他物质的平均导热率； δ 为石英含量。石英含量取砂土含量的 50%。表 4.10 列出了 CLM3.5 中各层土壤深度、厚度和节点深度，玛曲草地站点各层土壤成分，以及模式和 Johansen 方案计算的土壤基质导热率。模式中原方案计算出的 10 层土壤基质导热率平均值为 7.28 W/(m·K)，而 Johansen 方案计算出的 10 层平均值为 2.69 W/(m·K)，后者的土壤基质导热率较前者显著减小。Côté 和 Konrad (2005 a)经过大量实验研究总结得出了各种不同质地的非冻结土壤导热率的平均值，如泥炭为 0.25 W/(m·K)，泥沙为 2.9 W/(m·K)，通常土壤基质导热率在 0.25～3.0 W/(m·K)。由此可见，通过原模式中热传导参数化方案计算出的玛曲草地站点土壤基质导热率显著偏大（约为 Johansen 方案计算值的 3 倍），故 Johansen 方案在高原地区较原方案更为适用（陈渤黎等，2014）。

表 4.10 CLM3.5 中各层土壤深度、厚度、节点深度，玛曲草地站点各层土壤成分，以及原模式中土壤基质导热率、Johansen 方案中土壤基质导热率

层次	土壤深度 z /m	土壤厚度 Δz /m	节点深度 z_{h} /m	土壤成分/%		CLM3.50 中 λ_{s} /[W/(m·K)]	Johansen 方案 λ_{s} /[W/(m·K)]
				砂土	黏土		
1	0.0175	0.0175	0.0071	19.25	13.19	6.41	2.28
2	0.0451	0.0276	0.0280	19.25	13.19	6.41	2.28
3	0.0906	0.0455	0.0623	28.96	6.29	7.75	2.43
4	0.1656	0.0750	0.1189	21.05	9.40	6.98	2.30
5	0.2891	0.1235	0.2122	18.35	14.41	6.21	2.26
6	0.4930	0.2039	0.3661	20.63	15.96	6.24	2.30
7	0.8289	0.3359	0.6198	34.52	13.64	7.13	2.52
8	1.3828	0.5539	1.0380	68.35	5.28	8.38	3.17
9	2.2961	0.9133	1.7276	87.11	2.48	8.64	3.60
10	3.4331	1.1370	2.8647	92.01	1.71	8.69	3.72

3. 实验方案

控制实验：使用 CLM3.5 做高原地区的单点模拟实验，命名为 CTRL 实验。其中，单点实验仍采用玛曲草地站点大气强迫数据，但为了更好地分析一次完整的冻融过程，模拟时间范围取 2009 年 7 月 1 日～2010 年 7 月 31 日，在结果分析时舍去 2009 年 7 月的数据，相当于对模式进行了一个月的 spin-up，其他设置都与 3.2 节实验相同。

敏感性实验：将 Johansen 方案中土壤基质的计算公式替换 CLM3.5 模式中土壤基质的计算公式，即将式(4.25)替换原模式中的式(4.22)，再次分别使用 CLM3.5 做高原地区的单点模拟实验，命名为 NEW 实验。所有模式设置都与控制实验相同。

4.3.2　土壤含水量、含冰量的模拟

图 4.20 为 4 层土壤含水量观测值、CTRL 实验模拟值、NEW 实验模拟值对比。10 cm 层，CTRL 实验中冻结阶段模拟的含水量骤降时间较观测稍提前，消融阶段含水量骤增时间较观测提前 20 d 左右，随后模拟值还发生了几次比较剧烈的波动，其振幅远大于观测值。NEW 实验较 CTRL 实验无明显改善，消融阶段后期冻融波动稍减小。20 cm 层，CTRL 实验中含水量骤降、骤增的时间都较观测提前半个月左右。NEW 实验冻结阶段改进不明显，但消融阶段较 CTRL 实验明显改善，但含水量骤增时间仍较观测提前。40 cm

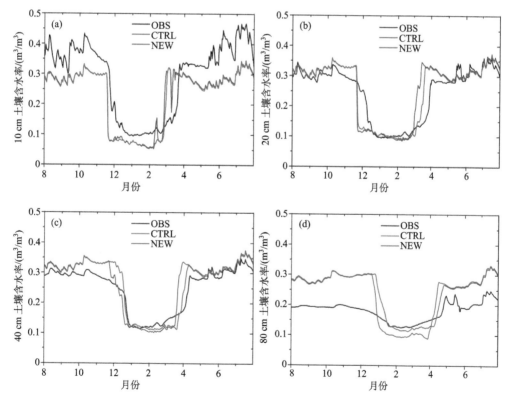

图 4.20　各层土壤含水量观测值、CTRL 实验模拟值、NEW 实验模拟值对比

(a)10 cm；(b)20 cm；(c)40 cm；(d)80 cm

层、80 cm 层，CTRL 实验模拟的含水量骤降、骤增时间均提前，NEW 实验模拟与观测符合得更好。图 4.21 为土壤含水量观测值、模拟值随深度变化的时间剖面图，可以看到冻融阶段含水量突变时间更加接近观测。图 4.22 为土壤含冰量模拟值随深度变化的时间剖面图。CTRL 实验模拟图上，含冰量的模拟最大深度接近 160 cm，而 NEW 实验含冰量模拟深度仅为 100 cm 左右，说明新模拟实验较原模拟显著减小了冻结深度，且可以发现各个层次土壤含冰量的模拟值均有所减小。

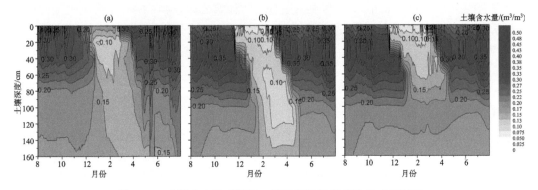

图 4.21　土壤含水量观测值、模拟值随深度变化的时间剖面

(a)观测；(b)CTRL 实验；(c)NEW 实验

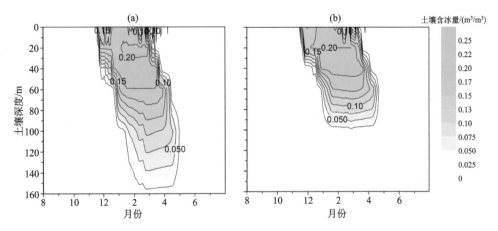

图 4.22　土壤含冰量模拟值随深度变化的时间剖面

(a)CTRL 实验；(b)NEW 实验

4.3.3　土壤温度的模拟

图 4.23 为 4 层土壤温度观测值、CTRL 实验模拟值、NEW 实验模拟值对比。NEW 实验与 CTRL 实验的差异在 40 cm 及以上层较小，直到 80 cm 及以下层才有所体现。80 cm 层，8～10 月 CTRL 实验模拟土壤温度偏高于观测，完全冻结阶段模拟土壤温度偏低于观测，冻结阶段土壤温度降至 0℃ 及消融阶段土壤温度升至 0℃ 以上的时间均较观测提前。NEW 实验模拟值有了一定改善，完全消融阶段模拟的土壤温度较 CTRL 实验低，完全冻结阶段模拟的土壤温度较 CTRL 实验高，冻融阶段的模拟也更接近观测。160 cm

层，8～12 月 CTRL 实验模拟土壤温度偏高于观测，其他阶段模拟土壤温度偏低于观测。观测温度最低值出现在 2010 年 5 月，约为 1℃，而 CTRL 实验土壤温度最低值接近 0℃。NEW 实验 8～10 月及次年 5～7 月模拟土壤温度略低于观测，其他时间段模拟土壤温度偏高于观测，但模拟的最低土壤温度与观测值吻合。图 4.24 为土壤温度观测值、模拟值随深度变化的时间剖面图。观测图上，2 月底 0℃等温线达最深处 100 cm 左右，说明玛曲草地站点土壤冻结最大深度约为 100 cm。CTRL 实验模拟下，0℃等温线最深处达 140 cm，

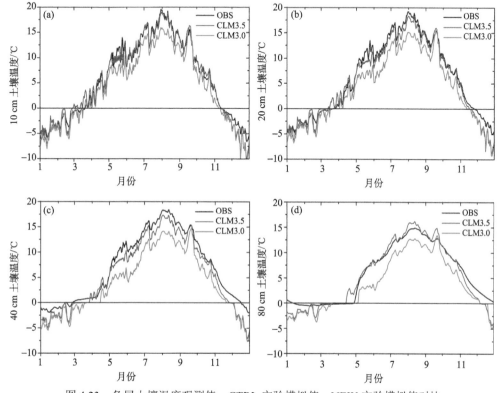

图 4.23　各层土壤温度观测值、CTRL 实验模拟值、NEW 实验模拟值对比

(a) 10 cm；(b) 20 cm；(c) 40 cm；(d) 80 cm

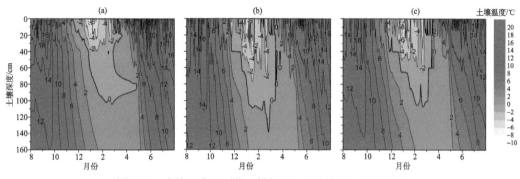

图 4.24　土壤温度观测值、模拟值随深度变化的时间剖面

(a) 观测；(b) CTRL 实验；(c) NEW 实验

且其他"冷舌",如–2℃、–4℃等温线底部均较观测值深。说明在冻结期,深层土壤温度模拟值偏低,土壤冻结深度的模拟值偏大。NEW 实验模拟下,0℃等温线最深处约 110 cm,较 CTRL 实验模拟值已非常接近观测值。在非冻结期,NEW 实验中"暖舌"的模拟也较 CTRL 实验更好,如 12℃、14℃等温线底部所达深度都与观测值相差无几。

4.3.4　模拟误差分析

为了进一步了解和评价 NEW 实验与 CTRL 实验模拟结果的差异,采用模拟值相对于观测值的标准差进行误差分析:

$$SEE = \sqrt{\frac{\sum_{i=1}^{n}(M_i - O_i)^2}{n-2}} \tag{4.26}$$

式中,M_i 为模拟值;O_i 为观测值;n 为样本总数。表 4.11 为 4 层土壤温度、土壤含水量 CTRL 实验与 NEW 实验模拟结果的 SEE 比较。引入 Johansen 方案后,除 40 cm 土壤温度以外,各层 NEW 实验模拟的 SEE 值均较 CTRL 实验小,说明新模拟实验结果较原模拟更加接近观测值。

表 4.11　各层土壤温度、土壤含水量 CTRL 实验、NEW 实验模拟值与观测值的标准差

层次	土壤温度 SEE/℃			土壤含水量 SEE/%		
	CTRL 实验	NEW 实验	CTRL–NEW	CTRL 实验	NEW 实验	CTRL–NEW
10 cm	1.15	1.07	0.08	8.66	8.58	0.08
20 cm	1.07	1.03	0.04	5.49	4.23	1.26
40 cm	1.46	1.49	–0.03	4.19	3.23	0.96
80 cm	1.08	0.62	0.46	7.85	7.56	0.29

由于冰、水热力性质的巨大差异,当土壤发生冻结时导热率显著增大。冰的导热率在数值上与玛曲草地站点使用 Johansen 方法计算出的土壤基质导热率相当。故冻土的模拟中冰的含量对土壤导热率的计算起到了至关重要的作用。原模式中土壤基质导热率的计算显著偏大,尽管影响浅层土壤温度的主要因素为地表土壤热通量,但在较深层次土壤导热率计算的偏差便明显表现出来:完全消融阶段深层土壤温度偏高,而冻融期深层土壤温度偏低。土壤温度模拟值偏低导致模拟的冰含量偏大,冰的高导热率使模拟的冻土导热率偏差更大,进一步使得模拟的土壤温度更低。如此形成一种偏差正反馈,这是冻融阶段土壤温度的模拟偏差较完全消融阶段更大的主要原因。土壤导热率模拟值偏大,使能量可以传导到更深层的土壤中,故原模拟中夏季的"暖舌"较观测更深。同样冰的存在加剧了冻土导热率的偏差,冬季的"冷舌"也较观测更深,冻结深度偏大。在冻融过程初期,冻土导热率偏大导致能量在土壤层间传导的速率偏大,加速了冻融过程的发生,表现为土壤冻融速率偏大,土壤含水量骤降、骤增的时间较观测提前。

在 CLM3.5 模式中引入 Johansen 方案后,土壤基质的导热率显著减小(近似减小为原值的 1/3)。发现土壤温度、冻结深度、含水量突变时间的偏差都有了一定改善。笔者

曾做过将土壤冻融速率人为减小至原来 1/3 的敏感性实验，取得了与本节中 NEW 实验近似的模拟效果。后经反复实验发现，其本质也是减缓了冻融期间能量在土壤中的传导，与本节中减小土壤基质导热率实质相同。另外，NEW 实验中冻结后土壤温度的模拟值相对于观测值仍然偏低，除冻土导热率的计算仍存在一定偏差外，还可能与地表土壤热通量模拟的偏差有较大关系。

4.3.5　小结

针对 CLM3.5 中土壤基质导热率参数化方案在高原地区计算偏大的缺陷，将 Johansen 方案替换了原模式中参数化方案，并使用改进后的 CLM3.5 模式对青藏高原地区进行了单点模拟实验，通过比较新老模拟结果，得到了以下结论。

(1)CLM3.5 中土壤基质导热率参数化方案在高原地区计算值偏大，导致高原地区单站模拟出现了一定偏差。例如，夏季的"暖舌"和冬季的"冷舌"模拟均较观测偏深，冻融阶段含水量突变的时间较观测提前。冰的高导热率加大了冻融期土壤导热率的偏差，更低的温度增大了含冰量的模拟值，更多的冰又进一步增大了冻土的导热率，这种正反馈导致冻土过程模拟效果较未冻土更差。

(2)Johansen 方案对土壤基质导热率的计算较 CLM3.5 模式中参数化方案在高原地区更符合实际。将其替换原模式中方案，并对玛曲草地站点进行单点模拟实验后发现，新模拟结果较原模拟更好。例如，显著减小了"暖舌""冷舌"的模拟深度；含水量骤降、骤增的时间更加符合观测；冻结期土壤温度模拟值偏低的现象也有一定改善。

综上所述，本章对 CLM3.5 模式中土壤导热率方案进行了改进，使用在高原地区计算更为准确的 Johansen 方案替换模式原方案，并对高原地区单点进行了模拟，证实参数化方案改进后对高原地区冻融期模拟效果有一定改善。但考虑到这种模拟效果的提升是有限的，可以认为原模式同样具有较好地模拟高原冻融期的能力。

4.4　黄河源区土壤冻融对陆面过程的影响模拟研究

本节通过设计一组控制模式中土壤冻融过程的敏感性实验，考察高原地区土壤季节性冻融在陆面过程中的作用，为高原地区土壤冻融的陆面特征及区域气候效应研究提供参考依据。

4.4.1　实验设计

控制实验：使用 CLM3.5 做高原地区的单点模拟实验，命名为 CTRL 实验。其中，单点实验采用玛曲草地站点观测数据，积分时间为 2009 年 7 月 1 日～2010 年 7 月 31 日，2009 年 7 月作为模式的 spin-up 阶段，结果分析时舍去，其他模式设置与第 4 章相同。由于不需要与观测数据进行对比，本章中土壤温湿度的模拟值均未做线性插值处理。

敏感性实验：去除模式中的土壤冻融过程，其他物理过程均不变(如地表积雪的消融依然发生)。再次使用 CLM3.5 做单点模拟实验，命名为 NTEST 实验。模式设置均与控制实验相同。

4.4.2　冻融过程对土壤含水量和土壤温度的影响模拟

图 4.25 分别为玛曲草地站点浅层 16.5～28.7 cm、较深层 49.3～82.9 cm 土壤含水量、土壤温度 CTRL 实验与 NTEST 实验比较。CTRL 实验的模拟情况已在前几章中进行了较详细的说明，这里不再赘述。NTEST 实验中，因无冻融过程，土壤含水量无显著变化，但伴随积雪的消融下渗，土壤含水量仍有小幅波动。在冻结阶段和完全冻结阶段，CTRL 实验土壤温度模拟值高于 NTEST 实验模拟值，冻结释放大量相变能量使土壤温度不至于太低，土壤降温速率也较无冻融过程缓慢，即冻结过程减缓了气温降低对陆面的冷却作用。在消融阶段，土壤冰融化吸收大量热量，使 CTRL 实验土壤温度模拟值较 NTEST 实验模拟值低，升温速率也显著缓慢，即消融过程减缓了气温升高对陆面的加热作用。土壤温度模拟值的差异在较深层次更为显著。

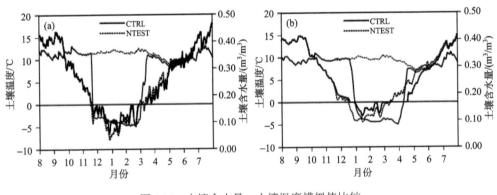

图 4.25　土壤含水量、土壤温度模拟值比较

(a) 16.5～28.7 cm；(b) 49.3～82.9 cm

4.4.3　冻融过程对地表能量的影响模拟

图 4.26 为玛曲草地站点 CTRL 实验中地表能量通量月平均值及波文比日平均值。各能量通量模拟值基本反映了第 2 章中论述的季节变化。8 月末到翌年 1 月末地表土壤热通量月均值为负，说明从整体看，土壤为能量源，向大气释放能量。此时从月平均角度净辐射与地表土壤热通量分配给了感热通量和潜热通量。在其余时间段内地表土壤热通量月均值为正，土壤为能量汇，大气向土壤传输能量。此时从月平均角度净辐射分配给了感热通量和潜热通量及地表土壤热通量。波文比亦反映了能量通量的季节变化，在冻融阶段存在几个大值区，说明冻融过程对能量的分配有一定影响。

图 4.27 为玛曲草地站点各能量通量 CTRL 实验与 NTEST 实验之差 (CTRL–NTEST) 的日平均值、月平均值。以无冻融过程模拟值 (NTEST) 为参考，便于论述冻融对各能量通量的作用。自 10 月中旬起，净辐射模拟值 CTRL 实验较 NTEST 实验小，说明此时地表已开始冻结。随冻结过程的进行差值增大，至 1 月底差值达最大，后逐渐减小直至 5 月初，说明 1 月底地表已有部分消融发生。在完全消融期，两实验净辐射几乎无差别。对于离线实验，两实验模拟的向下辐射 (太阳短波辐射、大气逆辐射) 相同，净辐射的差

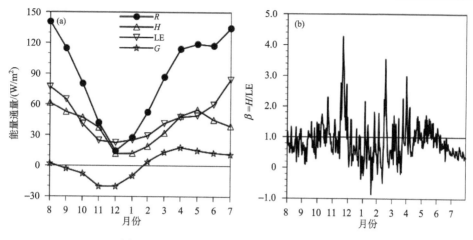

图 4.26　能量通量与波文比 CTRL 实验模拟值

(a)地表能量通量月平均值；(b)波文比日平均值

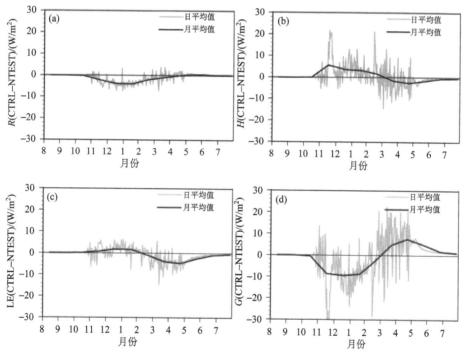

图 4.27　能量通量 CTRL 实验与 NTEST 实验模拟值差异

(a)净辐射；(b)感热通量；(c)潜热通量；(d)地表土壤热通量

别取决于冻融过程造成的下垫面的差别。冻融期间地表温度较无冻融过程高，地表发射长波辐射大，使净辐射减小(作用较大，如 1 月向上长波辐射较无冻融过程平均大3.73 W/m²)；地表冻结导致反照率较无冻融过程大，地表反射短波辐射也更大，也使净辐射减小(作用较小，如 1 月向上短波辐射较无冻融过程平均大 0.30 W/m²)。冻融期间，感热通量和潜热通量变化趋势比较一致，与地表土壤热通量趋势相反。自 10 月中旬发生冻结过程后，冻结释放大量相变能量。此时从月平均看土壤向大气传输热量，冻结放热增大了土壤热通量的输送(负值减小，其绝对值增大)，增加的能量转化为感热通量和潜热通量，故感热通量和潜热通量模拟值 CTRL 实验较 NTEST 实验大。至 1 月底地表土壤热通量已转为正值，大气向土壤传输热量，地表部分发生消融。随着消融过程的进行，冻土吸收的能量增大，地表土壤热通量显著增大，导致感热通量和潜热通量减小，故感热通量和潜热通量模拟值 CTRL 实验较 NTEST 实验小。综上冻融过程中相变能量的释放和吸收实际增大了地气间能量的传输。

杨梅学等(2006)指出青藏高原地区浅层土壤冻融日循环大致出现在 10～12 月和 2～5 月初，1 月基本为完全冻结期。由玛曲草地站点观测和单点模拟实验也可知，10 月中旬至次年 5 月初共 6 个多月时间表层土壤均有冻融过程发生。由于完全消融阶段由土壤冻融过程造成的土壤温湿度、能量通量变化很小且是间接变化，故在下文区域模拟实验土壤温湿度和地表能量的分析时不考虑完全消融阶段的变化，并取 11 月和次年 1 月、4 月作为典型月，分别代表冻结阶段、完全冻结阶段、消融阶段。

4.4.4 小结

使用 CLM3.5 模式对高原地区单点进行了有无冻融过程的模拟实验。通过比较两实验土壤温湿度、地表能量通量、高低空形势的差异，考察了高原冻融过程对区域气候的影响，得到了以下结论。

(1)冻融过程对土壤温度的季节变化具有缓冲作用。冻结阶段，土壤温度随气温降低，土壤含冰量增加，含水量减少，冻结释放相变能量使土壤温度不至于过低；消融阶段，土壤温度随气温升高，土壤含冰量减少，含水量增加，消融吸收相变能量使土壤温度不至于过高。

(2)冻融过程使地气系统之间能量交换加强。冻结阶段，相变能量的释放增大了土壤向大气传输的地表土壤热通量，故地表向上辐射、感热通量和潜热通量均增大，从而地面热源增大；消融阶段，吸收相变能量增大了大气向土壤传输的地表土壤热通量，故感热通量和潜热通量均减小，从而地面热源减小。

综上所述，冻融过程是土壤温度、近地面气温季节变化的"缓冲器"，它加强了冻融期间地气系统能量的交换。在全球变暖的背景下，高原冻土处于退化初期，部分多年冻土退化为季节性冻土且活动层厚度增大，冻融过程的上述作用可能加速了冻土的退化。

4.5 CLM土壤水属性参数化方案在黄河源区冻融期模拟能力检验

研究采用 2009 年 6 月 1 日～2010 年 12 月 31 日玛曲草地站点的观测资料及 2013 年 6 月 1 日～2014 年 12 月 31 日玛多草地站点的观测资料分别驱动最新的 CLM4.5。通过敏感性实验的方式检验 CLM4.5 中新的土壤水属性参数化方案在黄河源土壤冻融过程中的模拟能力，并针对存在的模拟偏差，改进冻土模型参数，从而提高模式对黄河源土壤冻融过程的模拟能力。

4.5.1　CLM 模式土壤水属性参数化方案

CLM 采用达西定律来描述土壤中的水通量。在达西定律中，土壤水通量的计算依赖于土壤导水率 k 及土壤基质势 ψ，而土壤导水率和土壤基质势又是土壤含水量的函数。在 CLM 框架中，k 和 ψ 的数值描述为

$$k = k_{\text{sat}} \left(\frac{\theta}{\phi} \right)^{2B+3} \tag{4.27}$$

$$\psi = \psi_{\text{sat}} \left(\frac{\theta}{\phi} \right)^{-B} \tag{4.28}$$

式中，θ 是土壤体积水含量（mm^3/mm^3）；ϕ 是土壤孔隙度；k_{sat} 是土壤饱和导水率（mm/s）；ψ_{sat} 是土壤饱和基质势（mm）；B 是常数，它的值取决于土壤的机械组成[①]。

在 CLM4.0 中，当土壤中含冰时，以上土壤水属性参数由土壤中的总含水量算得（$\theta = \theta_{\text{liq}} + \theta_{\text{ice}}$）。依照这种算法，土壤水属性参数不能及时对土壤中水的相变作出反应，导致土壤基质势梯度与热梯度不匹配。此外，模式也不能很好地模拟出土壤冻结前的水分迁移现象（Fang et al., 2016）。

为了减小由陆面模式在高纬多年冻土区的干偏差模拟所引起的通用气候模式中（CCSM4）的碳循环模拟偏差，Swenson 和 Lawrence（2012）将陆面模式 CLM 中的土壤水属性参数的计算方法改为：当土壤中含冰时，土壤水属性参数只由土壤中的液态水含量计算（$\theta = \theta_{\text{liq}}$）。经检验，这种改进可以有效地减少高纬度多年冻土区的表层土壤干偏差，这种参数化修改也被加入最新版本的 CLM4.5 中，作为该版本在冻土模拟方面主要的改进。结合冰抗阻函数 f_{frz}，新的参数化方案可以有效地增强模式中土壤水状态和地下水位的一致性，并允许冻土之上滞水层的存在（Swenson and Lawrence, 2012）。

CLM4.5 中，土壤导水率方程为

$$k = (1 - f_{\text{frz}}) k_{\text{sat}} \left(\frac{\theta}{\phi} \right)^{2B+3} \tag{4.29}$$

$$f_{\text{frz}} = \frac{\exp\left[-\alpha \left(1 - w_{\text{ice}} / (w_{\text{liq}} + w_{\text{ice}}) \right) \right] - \exp(-\alpha)}{1 - \exp(-\alpha)} \tag{4.30}$$

式中，w_{liq} 和 w_{ice} 分别为上层土壤的液态水含量及含冰量；α 为常数，模式将其设为 3。由于土壤冻结过程中存在过冷水（Niu and Yang, 2006），f_{frz} 作为 w_{liq} 的函数就可以将 k 的值有效地限制在 1 以下。当土壤处于完全冻结状态时，f_{frz} 的值无限接近于 1，此时土壤导水率近乎为 0，当土壤开始融解时，f_{frz} 的值迅速减小，土壤导水率迅速增大。所以在新方案中，当土壤完全冻结时，图层间几乎没有水分的下渗，只有当上层土壤开始融解时，土层间才会发生水分的迁移。

---

① Oleson K W, Lawrence D M, Bonan G B, et al. 2013. Technical Description of version 4.5 of the Community Land Model（CLM）

4.5.2 实验设计及模式设置

虽然 CLM4.5 中土壤水属性参数化方案的改进已经被证实可以有效地减小高纬度多年冻土区表层土壤的干偏差(Swenson and Lawrence, 2012),但青藏高原地形复杂,土壤质地特殊,该参数改进对青藏高原季节冻土区的土壤冻融特征的模拟能力尚不得知。为了验证 CLM4.5 中土壤水属性参数化方案在青藏高原土壤冻融期的模拟能力,进行了敏感性实验。实验设计如下: CLM4.5 作为控制实验,用于模拟结果的参照;将 CLM4 中的土壤水属性参数化方案替换到 CLM4.5 中,模式其他设置不变,作为敏感性实验 1;此外,也驱动了 CLM4,模式其他设置与控制实验相同,作为敏感性实验 2。模式的输出频率为 30 min。

本次模拟的方式为单点模拟。考虑到模式中的土壤机械组成比对土壤导热率及导水率的影响,在模拟之前用野外实地土壤采样获得的土壤质地比数据替换了模式中两个站点默认的土壤质地比数据。同时根据模拟站点的实际陆面状况修改了模式地表数据中的植被高度和植被覆盖度的值(表 4.12 和表 4.13)。玛曲草地站点的模拟时间为 2009 年 6月～2010 年 12 月;玛多草地站点的模拟时间为 2013 年 6 月～2014 年 12 月。为了消除模式初值对模拟结果的影响,分别舍弃了两个站点模拟结果中前 6 个月的值,仅分别对两站一年的模拟结果进行分析,相当于进行了 6 个月的预热过程。同时,为了使模拟结果更加准确,根据土壤采样资料及模拟地点的实际情况对模式进行了如下参数设置。

表 4.12 玛多草地站点土层间土壤参数设置

土层	深度 /m	砂土含量 /%	黏土含量 /%	有机质含量 /(kg/m³)	植被高度 /m	植被覆盖度 (高寒草甸)/%
1	0.0175	38.64	26.96	85.00		
2	0.0451	38.64	26.96	75.12		
3	0.0906	68.60	14.21	40.14		
4	0.1655	65.41	21.28	31.37		
5	0.2891	65.41	21.28	18.14	0.05	55
6	0.4929	94.03	3.44	1.92		
7	0.7289	93.42	2.69	1.18		
8	1.3828	94.17	3.97	1.10		
9	2.2961	94.17	3.97	0		
10	3.8019	91.52	4.32	0		

表 4.13 玛曲草地站点土层间土壤参数设置

土层	深度 /m	砂土含量 /%	黏土含量 /%	有机质含量 /(kg/m³)	植被高度 /m	植被覆盖度 (高寒草甸)/%
1	0.0175	19.25	2.67	120.40		
2	0.0451	19.25	2.67	120.40		
3	0.0906	28.39	3.01	82.53		

续表

土层	深度 /m	砂土含量 /%	黏土含量 /%	有机质含量 /(kg/m³)	植被高度 /m	植被覆盖度 (高寒草甸)/%
4	0.1655	28.39	3.77	82.53		
5	0.2891	28.04	3.97	53.15	0.20	100
6	0.4929	32.66	3.65	28.91		
7	0.7289	46.47	1.84	6.62		
8	1.3828	68.35	1.82	1.67		
9	2.2961	87.11	1.62	0		
10	3.8019	92.01	1.54	0		

4.5.3　土壤液态水含量模拟

由于冰和水之间存在明显的热容量和导热率差异，所以土壤水分的相变必然会引起地-气之间能量和水分交换的差异。因此，陆面模式对土壤冻融过程中固态水和液态水含量模拟分配的比例会直接影响土壤温度及地表能量通量的模拟结果。此外，土壤中冰含量的差异也会显著引起土层间的导水率变化，改变地表及次地表径流的分配量。所以，CLM4.5 中新的土壤水属性参数化方案在高原的适用性将直接关系到模式在高原土壤冻融过程中模拟能力的提高程度。由图 4.28 中敏感性实验的差值(DIFF)剖面可以看出，总体上来说，CLM4.5 中土壤水属性参数化方案的改进使得模式在两个站点的土壤液态水含量均有不同程度的增加，且玛曲草地站点的增加更为明显(表 4.14)。两站点土壤液态水含量模拟值的增加主要集中在春季。CLM4.5 可以在一定程度上减小之前版本中存在的模拟干偏差问题(表 4.14)。在 CLM 之前的版本中，土壤冰对冻结时期土壤导水率的影响微乎其微。CLM4.5 中，当土壤中含冰时，土壤的导水率和水势不再由土壤液态水含量和含冰量的总和算得，而是只由土壤液态水含量算得。这一改进放大了土壤含冰量对导水率的影响。在土壤冰抗阻系数 f_{frz} 的配合下，当冬季土壤处于冻结状态时，土层间的导水率将变得非常小；只有当表层土壤开始融化时，土层间的导水率才会迅速增大。这一改进会提高土壤导水率与土壤热状况的一致性，提高模式对土壤冻融期模拟的准确性。

图 4.29 和图 4.30 给出了土壤液态水含量的模拟结果与观测值及降水量的对比。从变化趋势上看，模式模拟的表层及浅层土壤液态水含量峰值变化基本与降水量一致；当降水量增加时，模式模拟的 5 cm 土壤液态水含量也迅速增加。模式可以较好地捕捉到 5～20 cm 土壤液态水含量的季节变化特征。然而在较深层次的 80 cm 土壤层，模式对土壤液态水含量的季节变化特征的模拟能力明显减弱，这一点在玛多草地站点表现得更为明显 [图 4.30(e)]。从模拟值上看，控制实验比较明显地增大了玛曲草地站点各层土壤液态水含量的模拟值，减小了与观测值间的低偏差。然而在玛多草地站点，控制实验和敏感性实验 1 在 5 cm 和 20 cm 深度处模拟的土壤液态水含量都普遍高于观测值，而 40 cm 和 80 cm 深度处的模拟值则普遍偏低，且两实验在玛多草地站点模拟的土壤液态水含量

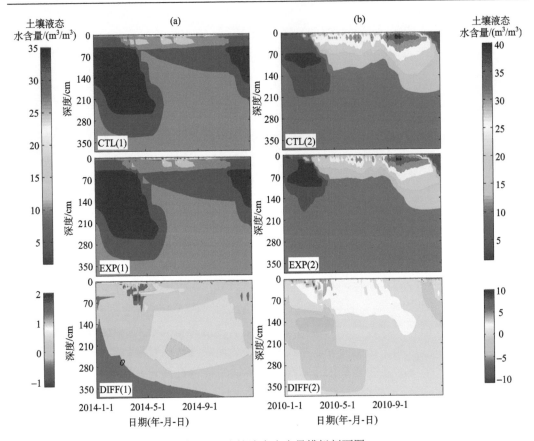

图 4.28　土壤液态水含量模拟剖面图

DIFF 为控制实验与敏感性实验 1 的差值。(a)玛多草地站点模拟结果；(b)玛曲草地站点模拟结果

值的差别并不大，只在 20 cm 土层的春季模拟和 80 cm 土层的春季至秋季模拟中有比较明显的差别。控制实验中含水量模拟值的略微增大反而增大了土壤液态水含量模拟值与观测值间的偏差。CLM4.5 中水属性参数化方案的改进增加了玛曲草地站点春季和夏季的土壤液态水含量，有效地减小了模式模拟的土壤干偏差。然而，模式在玛多草地站点模拟的改进效果并不理想。Pan 等(2017)通过进行土壤中砾石含量的敏感性实验得出，土壤中砾石的存在将会增大次表层土壤的排水量，加强地表径流。因此，存在大量砾石质地较粗的土壤明显比细土干燥。CLM4.5 中的冻土模型忽略了砾石对土壤水热交换过程的影响，这也可能是造成模式在玛多草地站点模拟能力改进欠佳的主要原因之一。CLM4.5 中的土壤水热参数化方案仍需进一步完善。从统计上看，控制实验中模拟的液态水含量变化区域与观测值吻合较好，相关性分别可达到 0.65(玛曲草点站点) 和 0.60(玛多草地站点)，偏差也减小到 0.03 m³/m³(玛曲草地站点) 和 0.02 m³/m³(玛多草地站点)。

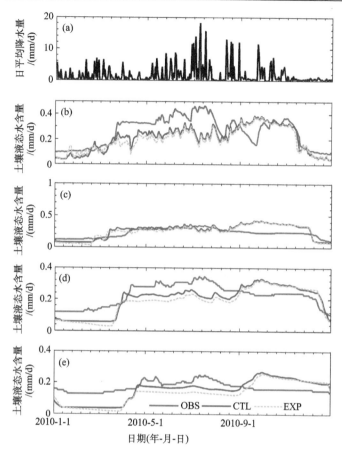

图 4.29 玛曲草地站点日平均降水量(a)，以及 5 cm(b)、20 cm(c)、40 cm(d)、80 cm(e)深度土壤液态水含量对比

表 4.14 各土层土壤液态水含量模拟值与观测值的统计 （单位：m³/m³）

站点	实验		5 cm	20 cm	40 cm	80 cm	平均
玛曲草地站点	相关系数	控制实验	0.73	0.74	0.71	0.40	0.65
		敏感性实验1	0.64	0.68	0.63	0.26	0.55
	偏差	控制实验	−0.05	0.04	−0.02	−0.02	0.03
		敏感性实验1	−0.07	0.02	−0.04	−0.04	0.04
玛多草地站点	相关系数	控制实验	0.49	0.56	0.47	0.86	0.60
		敏感性实验1	0.50	0.60	0.43	0.86	0.60
	偏差	控制实验	0.04	−0.01	−0.02	0.00	0.02
		敏感性实验1	0.04	−0.04	−0.02	−0.01	0.03

4.5.4 土壤温度模拟

模式对土壤温度模拟的准确性取决于土层间土壤导热率和热容量的计算。冰和水的

导热率分别为 2.2 W/(m·K)、0.56 W/(m·K)，热容量分别为 1.9 MJ/(m³·K)、4.2 MJ/(m³·K)。

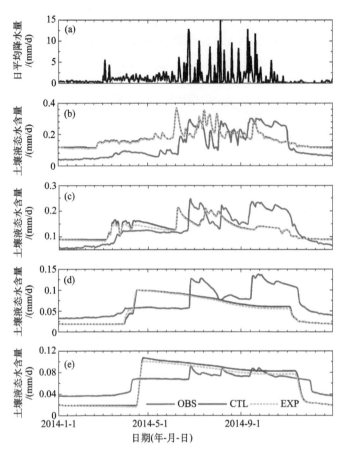

图 4.30　玛多草地站点日平均降水量(a)，以及 5 cm(b)、20 cm(c)、40 cm(d)、80 cm(e)深度土壤液态水含量对比

冰的导热率接近于水的 4 倍，而水的热容量又接近于冰的 2 倍。冰与水导热率和热容量的明显差异也会显著影响模式土壤温度的计算结果。图 4.31 给出了控制实验和敏感性实验 1 的土壤温度模拟值及其差值的剖面对比。控制实验和敏感性实验 1 在玛曲草地站点模拟的土壤温度差值明显大于玛多草地站点。由于控制实验增大了土壤含冰期表层液态水含量的模拟，所以模式中表层土壤热容量的增大也增大了土壤温度的模拟。从各层土壤温度模拟值与观测值的对比可看出(图 4.32 和图 4.33)，模式可以较好地模拟出各层土壤温度的日变化趋势。控制实验和敏感性实验 1 对于土壤温度模拟的差别也主要集中在冬、春季土壤含冰时期。从各土层土壤温度模拟值与观测值的统计结果来看(表 4.15)，模式对于表层及浅层土壤温度的模拟值与观测值的吻合度较好，相关系数在 0.94～0.98。模式在玛曲草地站点 40～80 cm 深度土壤温度模拟方面存在冷偏差，在玛多草地站点则存在暖偏差。CLM4.5 在日平均土壤温度模拟方面并没有表现出明显的优越性。

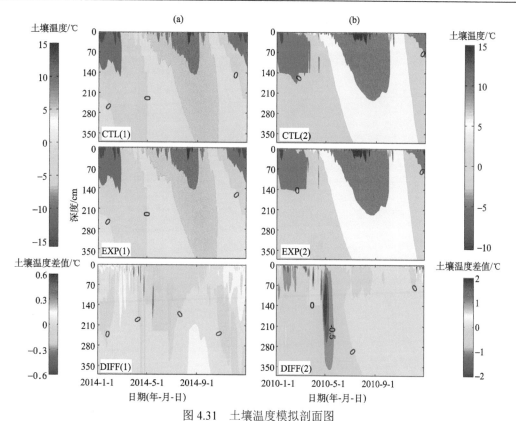

图 4.31　土壤温度模拟剖面图

DIFF 为控制实验与敏感性实验 1 的差值。(a)玛多草地站点模拟结果；(b)玛曲草地站点模拟结果

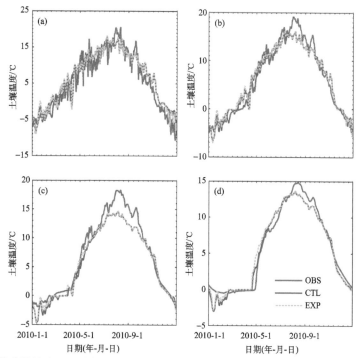

图 4.32　玛曲草地站点 5 cm(a)、20 cm(b)、40 cm(c)、80 cm(d)深度土壤温度模拟与观测对比

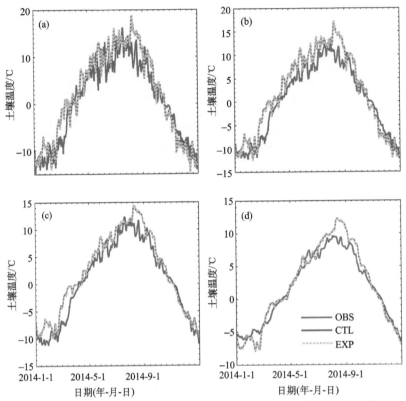

图 4.33　玛多草地站点 5 cm(a)、20 cm(b)、40 cm(c)、80 cm(d)深度土壤温度模拟与观测对比

表 4.15　各土层土壤温度模拟值与观测值的统计　　　　　　　　(单位：℃)

站点	检验指标	实验	5 cm	20 cm	40 cm	80 cm	平均
玛曲草地站点	相关系数	控制实验	0.94	0.98	0.98	0.99	0.97
		敏感性实验1	0.94	0.98	0.98	0.98	0.97
	偏差	控制实验	0.79	−0.13	−1.17	−0.27	0.59
		敏感性实验1	0.84	0.01	−1.01	−0.12	0.50
玛多草地站点	相关系数	控制实验	0.95	0.96	0.97	0.98	0.97
		敏感性实验1	0.95	0.96	0.97	0.98	0.97
	偏差	控制实验	1.30	1.58	1.39	0.32	1.15
		敏感性实验1	1.27	1.57	1.38	0.32	1.14

4.5.5　各冻融阶段土壤温度模拟

本节根据 10 cm 深度处土壤温度的观测值将土壤冻融状态分为四个阶段：完全冻结阶段(日最高土壤温度低于 0℃)、消融阶段(日最高土壤温度高于 0℃，日最低土壤温度低于 0℃，土壤处于消融过程中)、完全消融阶段(日最低土壤温度高于 0℃)及冻结阶段(日最高土壤温度高于 0℃，日最低土壤温度低于 0℃，土壤处于冻结过程中)。同时，为了避免随机天气过程对土壤冻融阶段划分的影响，只有当土壤温度连续 3 天满足下一冻融阶段的标准时，才把满足条件的第一天记为下一冻融阶段的开始日(Guo and Wang,

2014)。根据这一标准划分了玛曲草地站点和玛多草地站点的土壤冻融状态，并在四个阶段中分别选取一个月作为代表分析模式对各冻融阶段土壤温度的模拟能力。

观测资料显示，玛曲草地站点(玛多草地站点)2010 年 1 月 1 日～2010 年 3 月 19 日(2014 年 1 月 1 日～2014 年 3 月 27 日)处于完全冻结阶段；2010 年 3 月 20 日～2010 年 4 月 3 日(2014 年 3 月 28 日～2014 年 5 月 2 日)处于消融阶段；2010 年 4 月 4 日～2010 年 11 月 11 日(2014 年 5 月 3 日～2014 年 10 月 20 日)处于完全消融阶段；2010 年 11 月 12 日～2010 年 12 月 31 日(2014 年 10 月 21～2014 年 12 月 31 日)处于冻结阶段。从表 4.16 中观测与模拟的土壤各冻融阶段时长对比可以看出，模式模拟的土壤完全消融阶段和完全冻结阶段普遍偏短，消融阶段和冻结阶段都普遍偏长，模式模拟的土壤冻融速率偏小，模式对高原土壤冻融期的模拟能力仍然需要提高。

表 4.16　根据 10 cm 深度处土壤温度的最大值和最小值确定的四个冻融阶段

站点		完全冻结阶段	消融阶段	完全消融阶段	冻结阶段
玛多草地站点	观测	1-1～3-27 /86 d	3-28～5-2 /36 d	5-3～10-20 /171 d	10-21～12-31 /72 d
	控制实验	1-1～3-4 /63 d	3-5～4-29 /56 d	4-30～9-26 /150 d	9-27～12-31 /96 d
	敏感性实验 1	1-1～3-4 /63 d	3-5～4-29 /56 d	4-30～9-26 /150 d	9-27～12-31 /96 d
玛曲草地站点	观测	1-1～3-19 /78 d	3-20～4-3 /15 d	4-4～11-11 /222 d	11-12～12-31 /50 d
	控制实验	1-1～3-11 /70 d	3-12～3-28 /17 d	3-29～11-12 /229 d	11-13～12-31 /49 d
	敏感性实验 1	1-1～2-17 /48 d	2-18～4-13 /55 d	4-14～11-11 /212 d	11-12～12-31 /50 d

从图 4.34 中可以看出，控制实验明显延长了土壤完全冻结状态的天数，并且大幅度地缩短了土壤的消融期，这也与观测结果更加一致。这一提高与 CLM4.5 中土壤水属性参数化方案的改进密切相关。完全冻结阶段和消融阶段的土壤孔隙中含有大量的冰，此时土层间的导水率和水势都只由土壤液态水含量计算，土壤导水率接近 0。只有当土壤含冰量明显减少，表层土壤冰开始消融时，土层间的导水率才会增大。这一改进将会降低模式中完全冻结阶段的土壤温度模拟，延长冻结期时长，从而推迟消融期的开始日。然而，在敏感性实验 1 中，当土层中含有大量冰时，表层土壤中的过冷水仍然会向下发生迁移。此时，相对于冻土来说，较暖的液态水迁移会使冻土层提前消融，缩短了完全冻结期的模拟，也会使模式在此阶段模拟的土壤温度偏高。然而，相比于玛曲草地站点，控制实验在玛多草地站点土壤冻融期的模拟并没有明显提高，控制实验和敏感性实验 1 模拟的冻融阶段天数并没有明显的差别。这也说明 CLM4.5 中土壤水属性参数化方案的改进在玛多草地站点冻融期模拟方面并没有起到明显的作用。模式中参数化方案的改进在粗土壤质地地区的模拟效果并不理想。

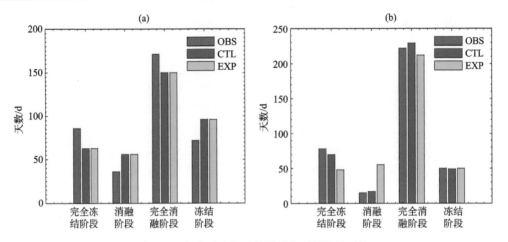

图 4.34　各冻融阶段天数模拟和观测值的对比

(a)玛多草地站点；(b)玛曲草地站点

　　图 4.35、图 4.36 给出了玛曲草地站点和玛多草地站点四个冻融阶段土壤温度的日变化。在与观测土壤温度日变化的对比中我们发现，相比于敏感性实验 1，控制实验中土

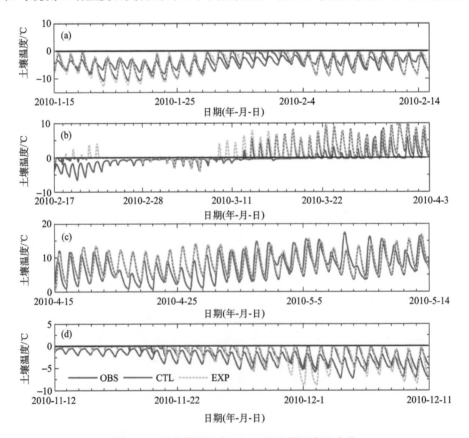

图 4.35　玛曲草地站点 10 cm 处土壤温度日变化

(a)完全冻结阶段；(b)消融阶段；(c)完全消融阶段；(d)冻结阶段

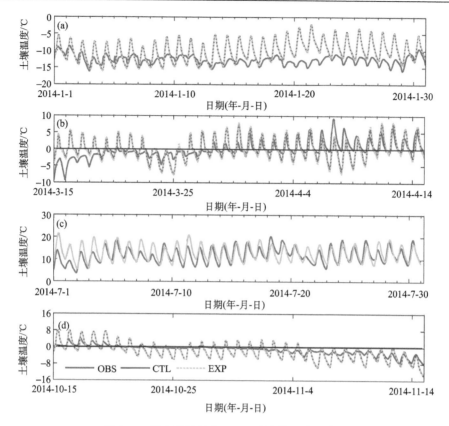

图 4.36　玛多草地站点 10 cm 处土壤温度日变化

(a)完全冻结阶段；(b)消融阶段；(c)完全消融阶段；(d)冻结阶段

壤温度日变化的幅度明显减小，特别是玛曲草地站点的土壤消融阶段和冻结阶段。在这两个土壤冻融阶段中，控制实验模拟的土壤温度日变化幅度与观测值更为接近。这可能与控制实验中增湿的地表土壤状况有关。各冻融阶段土壤表层液态水含量的普遍增加加大了土壤的热容量，从而使地表土壤温度日变幅减小。但是从整体上看，模式在土壤完全消融阶段和完全冻结阶段的模拟能力较强。

4.5.6　地表能量通量模拟

在 CLM 中，地表能量平衡方程为

$$Rn = H + LE + G \tag{4.31}$$

式中，净辐射通量 Rn 为地表吸收的太阳短波辐射和地面有效辐射的差值；感热通量 H 为由大气湍流引起的地-气间能量交换；潜热通量 LE 为由水汽的相变引起的地气间能量交换；地表土壤热通量 G 为陆地和大气间通过地表的能量传输。当大气向陆地传输能量时，G 为正值；当陆地向大气传输能量时，G 为负值。由于玛多草地站点地表能量通量的观测值在本章模拟时段中存在较多缺测情况，所以本节只分析了玛曲草地站点的能量通量模拟情况。

图 4.37 给出了控制实验和敏感性实验 1、敏感性实验 2 模拟的各能量通量分量的差

值。控制实验和敏感性实验 2 模拟的潜热通量的差值几乎全年在 0 之上，最大值可以达到 75 W/m²；而感热通量的差值则几乎全年在 0 之下。这表明，相比于 CLM4.0，CLM4.5 明显增大了潜热通量的模拟。Guo 和 Wang（2014）曾详细阐述了感热通量和潜热通量间的负相关关系及潜热通量的日变化和土壤液态水含量间的正相关关系。CLM4.5 中潜热通量的显著增加及感热通量的显著减少也反映出 CLM4.5 比 CLM4.0 模拟了更多的表层土壤液态水。事实上，为了更准确地模拟地面的能水变化，在改进冻土参数化方案的同时，CLM4.5 也采用了更为合理的积雪参数化方案。在之前的版本中，模式对积雪进行了"完全覆盖"的假设：当某一格点存在积雪时，就模式就假设该格点全部被积雪覆盖。然而，在 CLM4.5 中，模式将格点进行无雪覆盖区和有雪覆盖区的划分，并分别计算其地表能量通量（Swenson and Lawrence，2012）。CLM4.5 不再根据积雪深度和密度计算积雪覆盖度，而是采用雪水当量进行计算。这也会降低模式对于积雪覆盖度的计算，减小之前版本中的积雪覆盖度高偏差。CLM4.5 中积雪覆盖度的减小及无雪区地表的直接裸露都会减弱秋、冬积雪对地面的保温作用，同时也会减弱春季积雪区的反照率及隔热作用，使得秋、冬季地表热量损失增大，春季地表热量吸收增加。所以控制实验和敏感性实验 2 的净辐射差值从秋、冬季到春季也经历了由负到正的变化。

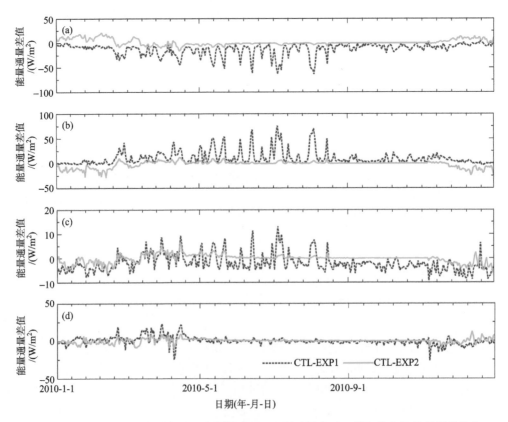

图 4.37 玛曲草地站点控制实验与敏感性实验 1、敏感性实验 2 模拟的各能量通量的差值

(a)感热通量；(b)潜热通量；(c)净辐射；(d)地表土壤热通量

此外，由于敏感性实验 1 模拟的土壤消融期提前，当控制实验中土壤仍处于完全冻结状态时，敏感性实验 1 中土壤液态水含量的增加也会增加地-气间的潜热通量交换，使得潜热通量模拟值偏大。所以当土壤处于完全冻结状态时，控制实验模拟的潜热通量值明显低于敏感性实验 1。只有当土壤开始消融时，控制实验和敏感性实验 1 模拟的潜热通量的差值才会由负转正。完全冻结阶段敏感性实验 1 土壤液态水含量模拟值的偏高也会减小地表的积雪覆盖深度，从而增加冬季地表的热损失，增大与控制实验模拟的净辐射间的差值。

图 4.38 给出了各实验能量通量的模拟与观测日平均值。CLM4.5 增大了潜热通量的模拟，减小了感热通量的模拟，与观测值更加接近。敏感性实验 2 中 CLM4 对感热通量的模拟明显偏高，而对潜热通量的模拟则明显偏低，模拟值与观测值的偏差分别达到了 23.25 W/m^2 和 13.83 W/m^2，而 CLM4.5 将其减小到了 10.40 W/m^2 和-0.07 W/m^2（表 4.17）。敏感性实验 1 中模拟的潜热通量与观测值的偏差为-0.97 W/m^2，控制实验中潜热通量与观测值偏差的进一步减小（-0.07 W/m^2）也侧面体现了 CLM4.5 中土壤水属性参数化方案在土壤水分模拟方面的优越性。CLM4.5 也将模拟的净辐射的高偏差由 CLM4.0 中的 2.32 W/m^2 降至 0.27 W/m^2，但是对地表土壤热通量的模拟偏差却略有升高。虽然总体上来看，CLM4.5 可以有效地减小之前版本模式中存在的各能量通量的模拟偏差，但模拟值与观测值间的相关性仍然需要进一步提高（表 4.17）。

表 4.17 玛曲草地站点控制实验和敏感性实验（敏感性实验 1、敏感性实验 2）各能量通量的模拟值与观测值的统计 （单位：W/m^2）

检验指标	实验	感热通量	潜热通量	净辐射	地表热通量
相关系数	控制实验	0.23	0.78	0.73	0.47
	敏感性实验 1	0.29	0.76	0.72	0.44
	敏感性实验 2	0.22	0.82	0.73	0.47
偏差	控制实验	10.40	−0.07	0.27	0.92
	敏感性实验 1	8.80	−0.97	0.40	0.54
	敏感性实验 2	23.25	−13.83	2.32	0.87

4.5.7 小结

（1）CLM4.5 可以较合理地模拟出土壤液态水含量的日变化，模式中新的土壤水属性参数化方案可以有效地减小玛曲草地站点的表层土壤干偏差。但是在土壤质地较粗、砾石含量较大的玛多草地站点进行模拟时，CLM4.5 中新的土壤水属性参数化方案反而会进一步增大模式中本身就存在的表层及浅层土壤模拟的湿偏差。模式的改进并不显著，这可能与模式的土壤水热参数化方案没有考虑砾石的影响有关。

（2）CLM4.5 对玛曲草地站点各冻融阶段土壤温度日变化的捕捉能力更强。模式有效地减小了消融阶段和冻结阶段土壤温度日变化的幅度，与观测值更为接近。模式中新的土壤水属性参数化方案增强了土壤水热变化的一致性，有效地延长了完全冻结阶段的模拟，延长了消融期的模拟，与观测值更加接近。但 CLM4.5 在玛多草地站点土壤温度模拟方面的改进不明显。

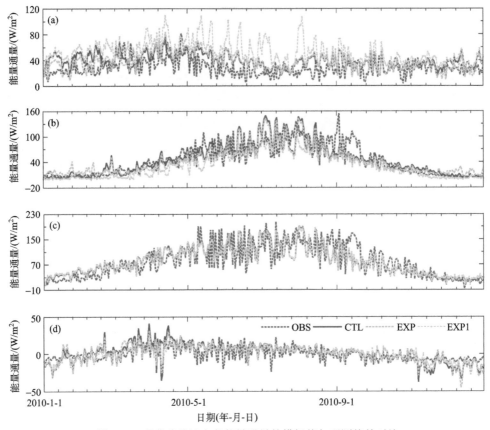

图 4.38　玛曲草地站点各能量通量的模拟值与观测值的对比

(a)感热通量；(b)潜热通量；(c)净辐射；(d)地表土壤热通量

（3）CLM4.5 在土壤水热变化过程方面模拟能力的提高也提高了地表能量通量模拟的准确性。CLM4.5 减小了能量通量各分量的模拟偏差，特别是显著减小了潜热低偏差。这也与地表干偏差的减小密切相关。但模拟值与观测值的相关性仍需进一步提高。

4.6　基于青藏高原土壤水热模拟的参数化方案改进及验证

野外调查研究揭示青藏高原土壤包含有大量的砾石和有机质。罗斯琼等(2009)在青藏高原中部 16 个点取得的 57 个土样中发现，这些土样中有 18 个土样都含有砾石(粒径大于 2 mm)，并且砾石含量平均占质量含量的 22.92%。Chen 等(2012)通过 37 个点的 77 个土样调查发现青藏高原高山草甸上层土壤含有大量的有机质。砾石及有机质有不同于一般土壤的水、热属性，因此，在高原陆气作用研究中，要考虑其对土壤水、热过程的影响。

4.6.1　土壤有机质及导热率参数化方案改进及验证

本节在罗斯琼等(2009)改进的土壤热传导率参数化方案基础上，将 Chen 等(2012)

对土壤有机质算法的改进运用于 CLM4.5 中, 提高模式对高原土壤冻融过程的模拟能力。为了对比参数改进后的模式的模拟能力, 本节实验设计如下。

控制实验: CLM4.5 单点模拟。

1. CLM4.5 土壤有机质及导热率参数化方案

有机质可以显著改变土壤的水热属性(Lawrence and Slater, 2008)。由于有机质具有较低的导热率及较高的热容量, 土壤中的有机物质可以显著改变土壤中的热传导。不考虑有机质的影响将会对地面的水热变化机制产生显著影响, 特别是在高纬度土壤含碳量相对较高的地区。从该模式 4.0 版本开始, CLM 已经在土壤的水热参数化方案中加入了有机质的影响。模式中土壤的物理属性被视为矿物质土和纯有机土的加权平均, 关于土壤水热属性的数值描述都被重新定义为有机质和矿物质的加权值。模式中土壤有机质的参数化方案为(Lawrence and Slater, 2008)

$$f_{sc,i} = \rho_{sc,i} / \rho_{sc,max} \tag{4.32}$$

式中, $\rho_{sc,i}$ 是第 i 层土壤有机质密度; $\rho_{sc,max}$ 是土壤最大有机质密度, 其值为 130 kg/m³, 相当于泥炭的标准体积密度(Farouki, 1981)。

CLM 结合 Johansen 和 Farouki 的工作对土壤间热量的导热率进行参数化描述。土壤导热率 λ 为

$$\lambda = \begin{cases} K_e \lambda_{sat} + (1 - K_e) \lambda_{dry} & S_r > 10^{-7} \\ \lambda_{dry} & S_r \leqslant 10^{-7} \end{cases} \tag{4.33}$$

式中, λ_{sat} 和 λ_{dry} 分别为土壤饱和时的导热率和土壤干燥时的导热率; K_e 为 Kersten 数, 是土壤饱和度 S_r 的函数。土壤饱和时的导热率 λ_{sat} [W/(m·K)] 由土壤基质、液态水及冰的导热率共同决定:

$$\lambda_{sat} = \lambda_s^{1-\theta_{sat}} \lambda_{liq}^{\frac{\theta_{liq}}{\theta_{liq}+\theta_{ice}}\theta_{sat}} \lambda_{ice}^{\theta_{sat}\left(1-\frac{\theta_{liq}}{\theta_{liq}+\theta_{ice}}\right)} \tag{4.34}$$

式中, θ_{sat} 为饱和土壤体积含水量; θ_{liq} 为土壤液态水含量; θ_{ice} 为土壤含冰量; $\lambda_{liq} = 0.57$W/(m·K), $\lambda_{ice} = 2.29$ W/(m·K), 分别为水和冰的导热率。土壤基质导热率 λ_s 为土壤矿物质导热率和有机质导热率的加权平均:

$$\lambda_s = (1 - f_{om}) \lambda_{s,min} + f_{om} \lambda_{s,om} \tag{4.35}$$

式中, $\lambda_{s,om} = 0.25$ W/(m·K), 为有机质导热率。矿物质导热率 $\lambda_{s,min}$ 由土壤机械组成决定:

$$\lambda_{s,min} = \frac{\lambda_{sand}(\%sand) + \lambda_{clay}(\%clay)}{(\%sand) + (\%clay)} \tag{4.36}$$

式中, $\lambda_{sand} = 8.80$ W/(m·K), $\lambda_{clay} = 2.29$ W/(m·K), 分别为砂土和黏土的导热率; (%sand) 和 (%clay) 分别为砂土和黏土的质量百分比。土壤干燥时导热率 λ_{dry} 为

$$\lambda_{dry} = (1 - f_{om}) \lambda_{dry,min} + f_{om} \lambda_{dry,om} \tag{4.37}$$

式中, $\lambda_{dry,om} = 0.05$ W/(m·K), 为干燥有机质导热率; 干燥矿物质的导热率 $\lambda_{dry,min}$ 为

$$\lambda_{\mathrm{dry,min}} = \frac{0.135\rho_{\mathrm{d}} + 64.7}{2700 - 0.947\rho_{\mathrm{d}}} \tag{4.38}$$

式中，$\rho_{\mathrm{d}} = 2700\left(1 - \theta_{\mathrm{sat}}\right)$，为矿物质土壤孔隙度。

作为 S_{r} 的函数，K_{e} 表示为

$$K_{\mathrm{e}} = \begin{cases} \lg S_{\mathrm{r}} + 1 \geqslant 0 & T \geqslant T_{\mathrm{f}} \\ S_{\mathrm{r}} & T < T_{\mathrm{f}} \end{cases} \tag{4.39}$$

式中，$S_{\mathrm{r}} = \dfrac{\theta_{\mathrm{liq}} + \theta_{\mathrm{ice}}}{\theta_{\mathrm{sat}}} \leqslant 1$。

2. CLM4.5 土壤有机质及导热率参数化方案改进

CLM 中原方案对土壤有机质部分的定义只依据土壤层的有机质密度及最大有机质密度，这种定义显然过于简单，不适用于青藏高原特殊的土壤质地。Guo 等 (2014) 也在以往的 CLM 对青藏高原土壤冻融过程的模拟研究中指出了模式中土壤有机质不准确的问题。Chen 等 (2012) 在获取青藏高原东部草地地区的 34 个测站的 77 个土样的基础上测量了土壤参数，给出了土壤有机碳体积含量 V_{soc} 的计算公式：

$$V_{\mathrm{soc}} = \frac{\rho_{\mathrm{p}}\left(1 - \theta_{\mathrm{m,sat}}\right) m_{\mathrm{soc}}}{\left(\rho_{\mathrm{om,max}}\left(1 - m_{\mathrm{soc}}\right) + \rho_{\mathrm{p}}\left(1 - \theta_{\mathrm{m,sat}}\right) m_{\mathrm{soc}} + \left(1 - \theta_{\mathrm{m,sat}}\right)\dfrac{\rho_{\mathrm{om,max}} m_{\mathrm{g}}}{\left(1 - m_{\mathrm{g}}\right)}\right)} \tag{4.40}$$

式中，$\rho_{\mathrm{p}} = 2700\,\mathrm{kg/m^3}$，为矿物质密度；$\theta_{\mathrm{m,sat}}$ 为矿物质土壤孔隙度；m_{soc} 为有机碳质量百分比；m_{g} 为砾石质量百分比。Chen 等 (2012) 给出的土壤有机碳体积含量计算公式中加入了砾石等粗粒径土壤成分的影响。

罗斯琼等 (2009) 在 1977 年 Johansen[①]、Côté's 和 Konrad (2005) 的基础上改进了土壤导热率参数化方案，并用 CLM 模式的姊妹版本 CoLM 在青藏高原中部进行了验证，但是改进的土壤导热率参数化方案并没有考虑土壤有机质的影响。因此，在罗斯琼等 (2009) 改进的基础上，将 Chen 等 (2012) 给出的土壤有机质的计算加入到其中，并将其应用到 CLM4.5 中，对青藏高原季节性冻土的冻融过程进行模拟，验证模式在高原冻融期模拟能力的提高 (Luo et al., 2017)。在 CLM4.5 中，对土壤导热率参数化方案的改进包括：

$$f_{\mathrm{om}} = V_{\mathrm{soc}} \tag{4.41}$$

$$\lambda_{\mathrm{s}} = \lambda_{\mathrm{q}}^{\delta}\,\lambda_{\mathrm{o}}^{1-\delta-f_{\mathrm{om}}}\,\lambda_{\mathrm{s,om}}^{f_{\mathrm{om}}} \tag{4.42}$$

$$\lambda_{\mathrm{dry}} = \left(1 - f_{\mathrm{om}}\right)\chi \times 10^{-\eta\theta_{\mathrm{sat}}} + \lambda_{\mathrm{dry,om}} \times f_{\mathrm{om}} \tag{4.43}$$

$$K_{\mathrm{e}} = \frac{\kappa S_{\mathrm{r}}}{1 + \left(\kappa - 1\right) S_{\mathrm{r}}} \tag{4.44}$$

式中，$\lambda_{\mathrm{q}} = 7.7\,\mathrm{W/(m \cdot K)}$，为石英的导热率；$\lambda_{\mathrm{o}} = 2.0\,\mathrm{W/(m \cdot K)}$，为其他矿物质的导热率；$\delta$ 为石英含量，通常取为砂土含量的一半 (孙菽芬, 2005)。χ、η、κ 的值 (表 4.18) 由

---

① Johansen O. 1977. Thermal Conductivity of Soils. Hanover, New Hampshire: Cold Regions Research and Engineering Lab

土壤质地类型和冻结状态决定。

表 4.18　罗斯琼等(2009)给出的土壤 χ、η、κ 的值

土壤类型	χ	η	κ	
			未冻结	冻结
砂土	1.70	1.80	4.60	1.70
壤砂土、砂质壤土	0.75	1.20	3.55	0.95
粉质壤土、壤土、粉质黏壤土、粉土	0.75	1.20	1.90	0.85

本节仍采用单点模拟，模拟站点仍为玛曲草地站点和玛多草地站点。为了分析一次完整的冻融过程，本次模拟中玛曲草地站点的模拟时长为 2009 年 1 月 1 日～2010 年 8 月 31 日；玛多草地站点的模拟时长为 2013 年 6 月 1 日～2014 年 7 月 31 日。我们只分析了玛曲草地站点 2009 年 9 月 1 日～2010 年 8 月 31 日的模拟结果，以及玛多草地站点 2013 年 8 月 1 日～2014 年 7 月 31 日的模拟结果。相当于分别进行了 8 个月和 2 个月的模式预热过程。因为新方案中参数的改进考虑了土壤砾石的作用，所以在模拟站点分别进行了土壤实地采样，测算出了各层土壤的砾石百分含量。在表 4.12、表 4.13 土壤参数设置的基础上，在模式的地表数据资料中加入了砾石的含量(表 4.19)。

表 4.19　玛曲草地站点和玛多草地站点土壤砾石含量

土层	深度/cm	玛曲草地站点/%	玛多草地站点/%
1	1.75	0	6.14
2	4.51	0	6.14
3	9.06	0	27.09
4	16.56	0	42.92
5	28.91	0	36.00
6	49.30	0	27.95
7	72.89	0	52.02
8	138.28	0	19.49
9	229.61	0	22.73
10	380.19	0	46.94

4.6.2　冻融时间模拟

本节中土壤冻融阶段的分类方法见 4.5.5 节。如表 4.20 所示，观测资料显示，玛曲草地站点(玛多草地站点)2009 年 11 月 5 日～2009 年 11 月 17 日(2013 年 10 月 6 日～2013 年 11 月 1 日)处于冻结阶段，为期 13(27)天；2009 年 11 月 18 日～2010 年 2 月 6 日(2013 年 11 月 2 日～2014 年 3 月 26 日)处于完全冻结阶段，为期 81(145)天；2010 年 2 月 7 日～2010 年 5 月 5 日(2014 年 3 月 27 日～2014 年 5 月 12 日)处于消融阶段，为期 88(47) 天；2010 年 5 月 6 日～2010 年 8 月 31 日(2014 年 5 月 13 日～2014 年 7 月 31 日)处于完全消融阶段，为期 118(80)天。

表 4.20　根据 5 cm 深度处土壤温度的最大值和最小值确定的四个冻融阶段

站点		完全消融阶段	冻结阶段	完全冻结阶段	消融阶段
玛曲草地站点	观测	9-1~11-4/65d 5-6~8-31/118d	11-5~11-17/13d	11-18~2-6/81d	2-7~5-5/88d
	控制实验	9-1~10-26/56d 9-1~10-26/56d	10-27~11-10/15d	11-11~2-17/99d	2-18~4-14/56d
	LUO 方案	9-1~10-30/60d 4-16~8-31/138d	10-31~11-18/19d	11-19~1-19/62d	1-20~4-15/86d
	新方案	8-1~10-31/61d 4-15~8-31/139d	11-1~11-15/15d	11-16~1-16/62d	1-17~4-14/88d
玛多草地站点	观测	8-1~10-5/66d 5-13~7-31/80d	10-6~11-1/27d	11-2~3-26/145d	3-27~5-12/47d
	控制实验	8-1~9-26/57d 5-13~7-31/80d	9-27~11-13/48d	11-14~2-21/100d	2-22~5-12/80d
	LUO 方案	8-1~9-27/58d 5-21~7-31/72d	9-28~11-16/51d	11-17~2-21/97d	2-22~5-20/88d
	新方案	8-1~9-27/58d 5-24~7-31/69d	9-28~11-9/43d	11-10~2-21/104d	2-22~5-23/91d

在玛曲草地站点，控制实验模拟的土壤的冻结阶段和完全冻结阶段的开始日都发生过早，冻结阶段和完全冻结阶段模拟都偏长；在玛多草地站点模拟的冻结阶段和消融阶段的开始日也偏早，冻结阶段和消融阶段模拟偏长。这也与 4.5 节的模拟结果一致。与控制实验相比，LUO 方案和新方案延缓了玛曲草地站点土壤的冻结阶段和完全冻结阶段的开始日的模拟，与观测值更加接近。同时，新方案也缩短了玛多草地站点的土壤冻结阶段和完全冻结阶段，提高了土壤的冻结速率，使土壤尽快处于完全冻结阶段，与观测值更为吻合。新方案在玛曲草地站点和玛多草地站点土壤冻结阶段和完全冻结阶段的模拟方面都有较好的表现。

4.6.3　土壤温度及导热率模拟

图 4.39 给出了玛曲草地站点不同土层间控制实验、LUO 方案和新方案土壤温度模拟值与观测值的对比。控制实验明显低估了冻结阶段和完全冻结阶段的土壤温度，模拟值和观测值差别较大，且这种差别随着土壤深度的增加进一步增大。在 40 cm 土壤深度处，控制实验模拟的土壤温度到达 0℃冻结点的时间要比观测值提前一个月左右。而在 80 cm 土壤深度处，观测的日平均土壤温度在冻结阶段和完全冻结阶段没有达到 0℃以下，但是控制实验模拟的土壤温度日平均值却在 11 月下旬就降到了 0℃以下，且最低温度达到了−5℃左右。控制实验模拟的深层土壤温度与观测值间存在着明显的冷偏差。这种观测与模拟间的土壤温度冷偏差还存在于完全消融期[图 4.39(b)和图 4.39(c)]。由图 4.40 土壤导热率模拟值的对比可知，控制实验中的土壤导热率参数化方案计算出的导热率的值明显大于 LUO 方案和新方案。新方案在 120~280 cm 计算的导热率的值还要稍

低于 LUO 方案。罗斯琼等(2009)以往的研究也表明，Farouki 方案计算的土壤导热率在青藏高原地区明显偏高。控制实验中计算的土壤导热率过大使得土壤在冻结阶段释放过多的热量，在消融阶段吸收过多的热量，从而使冻结阶段土壤温度模拟偏低，消融阶段土壤温度模拟偏高。从全年来看，控制实验在玛曲草地站点 10 cm、20 cm、40 cm、80 cm 模拟的土壤温度与观测值的偏差为−0.75℃、−1.38℃、−1.37℃、−0.83℃(表 4.21)；土壤处于冻结状态中(冻结阶段和完全冻结阶段)的模拟偏差为−0.63℃、−0.79℃、−0.85℃、−0.25℃(表 4.22)。

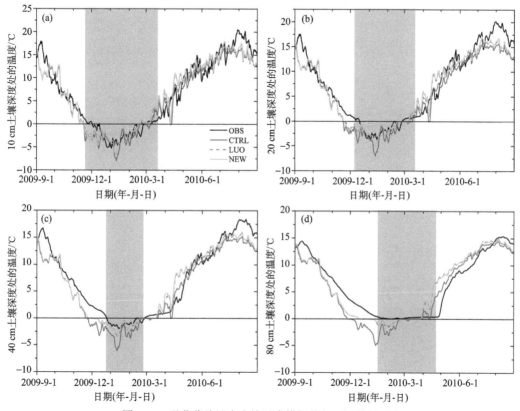

图 4.39　玛曲草地站点土壤温度模拟值与观测值的对比

(a)10 cm；(b)20 cm；(c)40 cm；(d)80 cm。图中阴影区域表示土壤处于冻结状态中

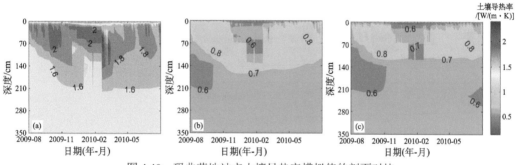

图 4.40　玛曲草地站点土壤导热率模拟值的剖面对比

(a)控制实验；(b)LUO 方案；(c)新方案

与控制实验相比，新方案明显减小了土壤温度模拟值与观测值间的冷偏差。从全年来看，新方案将玛曲草地站点各层的土壤温度模拟值与观测值的偏差降至−0.01℃、−0.52℃、−0.50℃、0.04℃（表 4.21）。在冻结阶段和完全冻结阶段，新方案将 10 cm、20 cm、40 cm 土壤温度的模拟偏差降至 0.18℃、−0.34℃、0.17℃（表 4.22），虽然 80 cm 土壤温度偏差略有增大，但模拟值与观测相关系数更高，吻合更好。而新方案与 LUO 方案的不同之处则在于模式中有机质部分的计算。由于有机质具有导热率低、热容量高的特点，新方案进一步减小了 LUO 方案中计算的土壤导热率，说明新方案中的有机质参数的改进增大了模式中有机质部分的计算，进而增加了土壤的热容量，进一步减小了 LUO 方案中模拟的土壤温度冷偏差。新方案中土壤导热率的进一步减小也减弱了土层向大气的热量传输，土层间热量的增加也使模拟的消融阶段开始日提前，与观测结果更加接近。

表 4.21　各层土壤温度模拟值与观测值的统计分析

站点	深度/cm	偏差/℃			评估标准差/℃			相关系数		
		控制实验	LUO 方案	新方案	控制实验	LUO 方案	新方案	控制实验	LUO 方案	新方案
玛曲草地站点	10	−0.75	−0.12	−0.01	2.42	2.41	2.50	0.95	0.95	0.94
	20	−1.38	−0.64	−0.52	2.38	2.14	2.12	0.97	0.96	0.96
	40	−1.37	−0.60	−0.50	2.20	1.99	2.03	0.97	0.96	0.95
	80	−0.83	−0.04	0.04	2.22	2.16	2.21	0.94	0.93	0.92
玛多草地站点	10	0.81	0.59	0.04	2.67	2.67	2.45	0.95	0.95	0.96
	20	0.67	0.53	−0.03	2.41	2.41	2.08	0.96	0.97	0.97
	40	0.52	0.46	−0.03	2.13	2.00	1.63	0.97	0.97	0.98
	80	−0.07	−0.04	−0.03	2.22	1.62	1.36	0.96	0.98	0.98

表 4.22　冻结阶段和完全冻结阶段各层土壤温度模拟值与观测值的统计分析

站点	深度/cm	偏差/℃			评估标准差/℃			相关系数		
		控制实验	LUO 方案	新方案	控制实验	LUO 方案	新方案	控制实验	LUO 方案	新方案
玛曲草地站点	10	−0.63	0.23	0.18	1.99	2.04	1.88	0.61	0.56	0.60
	20	−0.79	−0.43	−0.34	2.23	1.89	1.78	0.71	0.70	0.72
	40	−0.85	0.03	0.17	1.92	1.51	1.51	0.61	0.64	0.66
	80	−0.25	0.77	0.52	2.02	2.17	2.18	0.86	0.87	0.87
玛多草地站点	10	0.66	0.08	−0.18	2.66	2.63	2.52	0.84	0.85	0.86
	20	0.93	0.25	−0.03	2.68	2.67	2.53	0.81	0.82	0.82
	40	0.95	0.26	−0.03	2.72	2.70	2.57	0.81	0.82	0.82
	80	0.77	0.15	−0.18	2.91	2.86	2.77	0.84	0.85	0.85

注：各层土壤冻结阶段和完全冻结阶段和完全消融均由观测土壤温度划分。

图 4.41 同样给出了玛多草地站点不同土层间控制实验、LUO 方案和新方案土壤温度模拟值与观测值的对比。控制实验同样低估了冻结阶段和完全冻结的土壤温度，高估了消融阶段和完全消融的土壤温度。由于玛多草地站点土层中砾石的存在，LUO 方案和新方案模拟的土壤导热率的差别明显大于玛曲草地站点。控制实验模拟的土壤导热率的

最大值可达到 2.5 W/(m·K)；LUO 方案模拟的土壤导热率最大值为 1.2 W/(m·K)；而新方案将土壤导热率的最大值降至 0.6 W/(m·K)。如图 4.42 所示，不同于控制实验和 LUO 方案中的导热率极速增大或变小，新方案中土壤有机质参数化方案的改进使模式模拟的土壤导热率的日变化较为均一，这也可以避免土壤温度日变化的模拟出现较大幅度的波动。

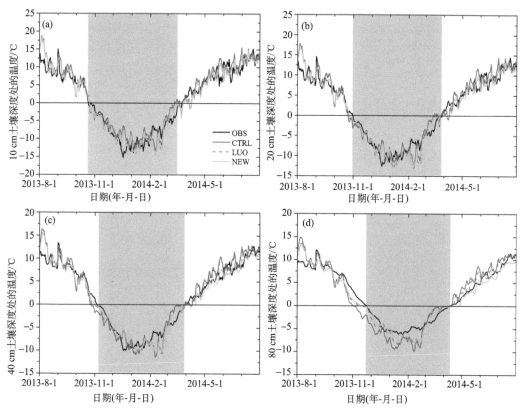

图 4.41　玛多草地站点土壤温度模拟值与观测值对比

(a)10 cm；(b)20 cm；(c)40 cm；(d)80 cm。图中阴影区域表示土壤处于冻结阶段和完全冻结阶段

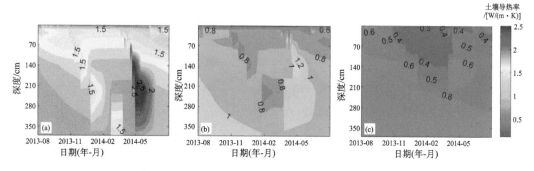

图 4.42　玛多草地站点土壤导热率模拟值的剖面对比

从全年来看，控制实验模拟的土壤温度在 10～40 cm 土层间模拟的土壤温度偏高，在 80 cm 深度处模拟值偏低，观测值与模拟值的偏差分别为 0.81℃、0.67℃、0.52℃、

–0.07℃；LUO 方案在一定程度上降低了这一偏差，分别为 0.59℃、0.53℃、0.46℃、–0.04℃。相比于控制实验，新方案则显著减小了土壤温度模拟值与观测值间的偏差，将其分别降至 0.04℃、–0.03℃、–0.03℃、–0.03℃；同时，模拟值与观测值间的相关系数也由控制实验的 0.95、0.96、0.97、0.96 分别升至 0.96、0.97、0.98、0.98。从冻结阶段和完全冻结阶段来看，新方案也将控制实验模拟的各层土壤温度偏差由 0.66℃、0.93℃、0.95℃、0.77℃降至–0.18℃、–0.03℃、–0.03℃、–0.18℃；相关系数也由原来的 0.84、0.81、0.81、0.84 升至 0.86、0.82、0.82、0.85。考虑了砾石影响的有机质参数化方案的改进使得模式在玛多草地站点土壤温度的模拟能力有了明显的提高。

4.6.4　土壤液态水含量模拟

图 4.43 给出了玛曲草地站点 10 cm、20 cm、40 cm、80 cm 土壤液态水含量模拟值与观测值的对比。控制实验模拟的土壤液态水含量与观测值间存在明显的干偏差，特别是土壤处于冻结状态中时。除此之外，当土壤开始冻结时，控制实验模拟的土壤液态水含量骤降时间点也与观测值存在明显的差别，特别是在 40 cm 和 80 cm 深度处。在 40 cm 处，观测的土壤液态水含量骤降时间出现在 12 月中旬，而控制实验模拟的土壤液态水含量在 11 月上旬就出现了骤降现象，模拟与观测间存在超过 30 天的时间差；在 80 cm 处，

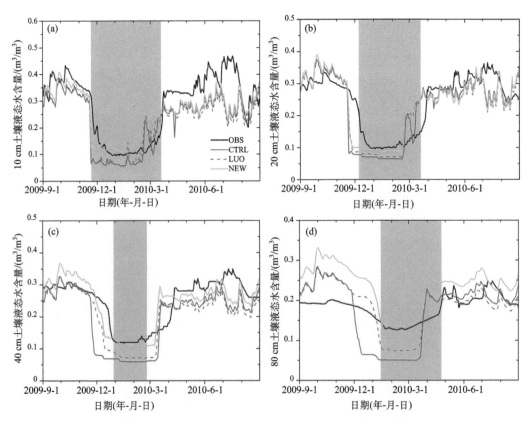

图 4.43　玛曲草地站土壤液态水含量模拟值与观测值对比

(a) 10 cm；(b) 20 cm；(c) 40 cm；(d) 80 cm。图中阴影区域表示土壤处于冻结状态中

观测的土壤液态水含量变化幅度较缓，而控制实验模拟值却在 11 月底出现了骤降。模拟值在土壤冻结阶段和完全冻结阶段的低偏差非常明显。同时，由于控制实验中土壤导热率日变化幅度较大[图 4.40(a)]，冻融期土层间的能量输送变化幅度也较大，这也导致了模拟的土壤液态水含量日变化幅度偏大。LUO 方案与控制实验模拟的主要差别在于冻结过程中土壤液态水含量的模拟，LUO 方案在一定程度上减小了这种干偏差。而新方案则不仅进一步减小了模式在土壤冻结阶段及完全冻结阶段的土壤干偏差，而且也在一定程度上减小了土壤在完全消融阶段的干偏差。但新方案在 80 cm 土壤冻结阶段模拟的土壤液态水含量则有些偏大。

　　从全年的统计分析结果(表 4.23)来看，控制实验对 4 层土壤液态水含量的模拟值与观测值的偏差分别为–0.05 m³/m³、–0.02 m³/m³、–0.05 m³/m³、–0.01 m³/m³。新方案将其偏差降至–0.03 m³/m³、–0.01 m³/m³、–0.01 m³/m³、0.02 m³/m³。但新方案模拟值与观测值的相关性相比于控制实验稍弱。新方案对于 40 cm 土壤液态水含量的模拟提高较为显著。当土壤处于冻结状态时，控制实验中的模拟值均存在干偏差，分别为–0.03 m³/m³、–0.02 m³/m³、–0.02 m³/m³、–0.02 m³/m³；而新方案增加了土壤液态水含量的模拟，与观测值的偏差分别为 0.02 m³/m³、0.02 m³/m³、0.02 m³/m³、0.01 m³/m³(表 4.24)。

表 4.23　全年各层土壤液态水含量模拟值与观测值的统计分析

深度/cm	偏差/(m³/m³)			标准差/(m³/m³)			相关系数		
	控制实验	LUO方案	新方案	控制实验	LUO方案	新方案	控制实验	LUO方案	新方案
玛曲草地站点									
10	–0.05	–0.06	–0.03	0.08	0.09	0.07	0.86	0.83	0.81
20	–0.02	–0.02	–0.01	0.06	0.05	0.05	0.82	0.81	0.80
40	–0.05	–0.04	–0.01	0.07	0.06	0.04	0.81	0.84	0.83
80	–0.01	0.01	0.02	0.06	0.04	0.05	0.75	0.72	0.73
玛多草地站点									
10	0.02	0.03	0.04	0.05	0.06	0.06	0.49	0.51	0.52
20	0.02	0.03	0.04	0.05	0.06	0.07	0.49	0.51	0.54
40	–0.01	0.02	0.03	0.04	0.04	0.05	0.60	0.62	0.64
80	0.01	0.01	0.02	0.03	0.03	0.03	0.48	0.49	0.53

表 4.24　冻结阶段和完全冻结阶段各层土壤液态水含量模拟值与观测值的统计分析

深度/cm	偏差/(m³/m³)			标准差/(m³/m³)			相关系数		
	控制实验	LUO方案	新方案	控制实验	LUO方案	新方案	控制实验	LUO方案	新方案
玛曲草地站点									
10	–0.03	–0.02	0.02	0.07	0.07	0.06	0.69	0.63	0.60
20	–0.02	–0.01	0.02	0.05	0.05	0.05	0.68	0.68	0.65

深度 /cm	偏差/(m³/m³)			标准差/(m³ m⁻³)			相关系数		
	控制实验	LUO方案	新方案	控制实验	LUO方案	新方案	控制实验	LUO方案	新方案
40	−0.02	−0.01	0.02	0.05	0.05	0.05	0.48	0.54	0.61
80	−0.02	−0.01	0.01	0.07	0.06	0.06	0.79	0.80	0.83
玛多草地站点									
10	−0.04	−0.03	0.01	0.07	0.07	0.06	0.82	0.76	0.79
20	−0.03	−0.02	0.01	0.06	0.06	0.06	0.81	0.83	0.86
40	−0.03	−0.02	0.02	0.06	0.06	0.06	0.82	0.84	0.87
80	−0.03	−0.03	0.01	0.06	0.06	0.06	0.83	0.85	0.88

在玛多草地站点(图 4.44),除 10 cm 层以外,控制实验模拟的土壤冻结状态下的液态水含量与观测值间存在明显的干偏差。此外,土壤液态水含量模拟值的骤降点也与观测值存在一定的出入,特别是在 40 cm 和 80 cm 土壤深度处,这种偏差更加明显。在 40 cm 深度处,模拟的土壤液态水含量骤降时间出现在 10 月中旬,而观测的土壤液态水含量骤降时间在 11 月下旬;在 80 cm 深度处,模拟的土壤液态水含量骤降时间出现在 10 月底,观测的土壤液态水含量骤降时间在 11 月中旬。相比于控制实验,新方案模拟的土壤液态水含量的骤升、骤降时间与观测更加接近。从全年统计分析结果(表 4.23)来看,控制实验在 4 层土壤深度处模拟的土壤液态水含量与观测值的偏差分别为 0.02 m³/m³、0.02 m³/m³、−0.01 m³/m³、0.01 m³/m³;相关系数分别为 0.49、0.49、0.60、0.48。而新方案各层模拟值与观测值之间的偏差虽然略大于控制实验,但新方案模拟值变化趋势与观测值吻合得更好,各层土壤液态水含量模拟值与观测值的相关系数分别达到了 0.52、0.54、0.64、0.53。新方案在玛多草地站点土壤液态水模拟能力的提高主要体现在土壤的冻结阶段和完全冻结阶段。如表 4.24 所示,当土壤处于冻结状态时,控制实验模拟值与观测值间的偏差为−0.04 m³/m³、−0.03 m³/m³、−0.03 m³/m³、−0.03 m³/m³,相关系数为 0.82、0.81、0.82、0.83。而在新方案中,模拟值与观测值的偏差降至 0.01 m³/m³、0.01 m³/m³、0.02 m³/m³、0.01 m³/m³;除 10 cm 处土壤液态水含量模拟值与观测值相关系数略低于控制实验 0.79 外,其余层相关系数分别达到了 0.86、0.87、0.88。新方案主要提高了玛多草地站点土壤冻结状态下较深层次的土壤液态水含量模拟的精度。相比于 LUO 方案,新方案增大了有模式有机质部分的计算。由于有机质透水性较差,土壤中有机质部分模拟值的增大将会减小土壤的次地表径流及地下水排量,从而使土壤液态水含量模拟值增大。这可以有效地减小土壤冻结状态下模式模拟的土壤干偏差,但是也增大了模式在玛多草地站点土壤完全消融阶段及消融阶段的湿偏差。但是总体上说,新方案模拟的玛多草地站点土壤液态水含量与观测值吻合得更好。

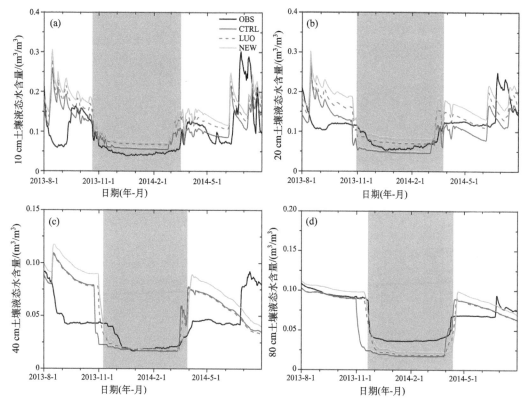

图 4.44　玛多草地站点土壤液态水含量模拟值与观测值对比

(a) 10 cm；(b) 20 cm；(c) 40 cm；(d) 80 cm。图中阴影区域表示土壤处于冻结状态中

4.6.5　地表能量通量模拟

图 4.45 和图 4.46 给出了玛曲草地站点、玛多草地站点各能量通量分量模拟值与观测值的对比。在玛曲草地站点，土壤处于冻结状态时，控制实验、LUO 方案和新方案在感热通量、地表热通量模拟方面存在较为显著的差别(图 4.45)。新方案明显减小了该时期地表感热通量和地表热通量值的模拟。新方案中土壤导热率的减小降低了土壤冻结状态时地表向大气的热输送；土壤导热率日变化幅度的减小也减缓了感热通量和地表热通量的日变化幅度(图 4.40)。从全年的统计分析来看，感热通量的模拟偏差由控制实验中的 10.85 W/m² 降至新方案中的 10.41 W/m²；地表热通量的模拟偏差由控制实验中的 1.18 W/m² 降至新方案中的 0.87 W/m²。此外，由于新方案减小了控制实验中地表液态水模拟的干偏差，地表液态水含量的增加也增大了潜热通量的模拟。新方案将潜热通量的模拟偏差由–1.78 W/m² 降至–0.40 W/m²，模拟准确度的提高非常明显。同时，新方案也将净辐射的模拟偏差由 9.80 W/m² 降到了 9.18 W/m²(表 4.25)。新方案对于玛曲草地站点土壤处于冻结状态时的能量通量模拟准确性的提高也非常明显(表 4.26)。净辐射、感热通量、潜热通量和地表热通量的模拟偏差由控制实验中的–0.04 W/m²、–0.02 W/m²、–0.06 W/m²、–0.04 W/m² 分别降至新方案中的 0.01 W/m²、–0.01 W/m²、–0.01 W/m²、0.01 W/m²。

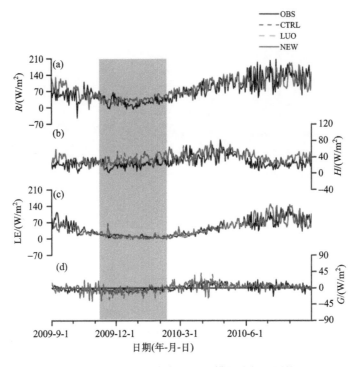

图 4.45　玛曲草地站点各能量通量模拟值与观测值对比

(a)净辐射；(b)感热通量；(c)潜热通量；(d)地表土壤热通量。图中阴影区域表示土壤处于冻结状态中

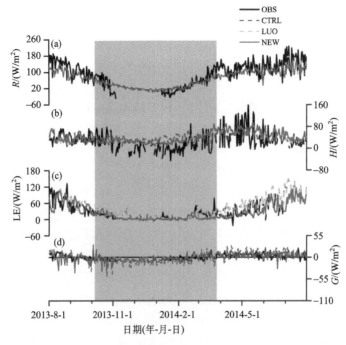

图 4.46　玛多草地站点各能量通量分量模拟值与观测值对比

(a)净辐射；(b)感热通量；(c)潜热通量；(d)地表土壤热通量。图中阴影区域表示土壤处于冻结状态中

表 4.25　各能量通量分量模拟值与观测值的统计分析

站点	参数	偏差/(W/m²)			评估标准差/(W/m²)			相关系数		
		控制实验	LUO 方案	新方案	控制实验	LUO 方案	新方案	控制实验	LUO 方案	新方案
玛曲草地站点	净辐射	9.80	9.46	9.18	34.21	34.04	33.99	0.75	0.75	0.75
	感热通量	10.85	10.58	10.41	17.95	17.38	17.42	0.36	0.44	0.43
	潜热通量	−1.78	−0.65	−0.40	21.90	21.59	21.47	0.80	0.80	0.80
	地表热通量	1.18	0.84	0.87	12.11	10.08	10.15	0.42	0.35	0.38
玛多草地站点	净辐射	−17.08	−14.85	−15.62	40.48	41.07	40.63	0.78	0.75	0.78
	感热通量	10.95	12.45	13.91	35.31	35.28	35.61	0.22	0.33	0.34
	潜热通量	9.83	10.13	−5.01	28.36	28.87	25.44	0.51	0.50	0.57
	地表热通量	1.29	0.48	0.33	13.33	10.03	9.71	0.37	0.28	0.30

表 4.26　冻结阶段和完全冻结阶段各能量通量分量模拟值与观测值的统计分析

站点	参数	偏差/(W/m²)			评估标准差/(W/m²)			相关系数		
		控制实验	LUO 方案	新方案	控制实验	LUO 方案	新方案	控制实验	LUO 方案	新方案
玛曲草地站点	净辐射	−0.04	−0.03	0.01	0.07	0.07	0.06	0.84	0.82	0.80
	感热通量	−0.02	−0.02	−0.01	0.07	0.07	0.06	0.73	0.74	0.72
	潜热通量	−0.06	−0.04	−0.01	0.09	0.06	0.05	0.69	0.82	0.82
	地表热通量	−0.04	−0.01	0.01	0.07	0.04	0.06	0.72	0.86	0.85
玛多草地站点	净辐射	−7.11	−4.84	−4.12	31.75	31.69	31.43	0.85	0.85	0.85
	感热通量	19.81	19.54	18.83	40.90	38.38	38.07	0.39	0.52	0.52
	潜热通量	10.06	10.32	−6.28	22.17	22.51	16.50	0.08	0.06	0.08
	地表热通量	−1.02	1.47	1.20	12.85	8.82	8.43	0.42	0.38	0.41

　　玛多草地站点控制实验、LUO 方案和新方案在各能量通量的分量模拟方面差别都更为明显。相比于控制实验，新方案减小了土壤冻结状态时感热通量的模拟；减小了潜热通量和土壤热通量的日变化幅度，与观测值更加接近。从全年的统计分析来看，控制实验中净辐射、感热通量、潜热通量和地表热通量的模拟值与观测值间的偏差分别为 −17.08 W/m²、10.95 W/m²、9.83 W/m²、1.29 W/m²。新方案中，虽然感热通量模拟值与观测值的偏差与控制实验相比略微升高，但其与观测值的相关性更高。其余分量的模拟值与观测值的偏差都分别降至 −15.62 W/m²、−5.01 W/m²、0.33 W/m²。当土壤处于冻结状态时，新方案模拟的地表土壤热通量虽然稍有偏高，但模拟的净辐射、感热通量、潜热通量值都与观测值更加接近。

4.6.6　小结

　　本节针对最新版本的 CLM4.5 在青藏高原季节性冻土区冻融过程模拟中存在的水热变化过程和能量通量的模拟偏差，改进了模式中对土壤水热变化模拟有重要影响的土壤导热率及有机质参数化方案。通过模式的单点模拟验证了模式模拟能力的提高。

　　(1)土壤导热率及有机质参数化方案的改进明显减小了原模式中的土壤导热率及其

日变化幅度。新的土壤有机质参数化方案加入了砾石的影响。由于玛曲草地站点土层中不含砾石，所以新方案中的土壤导热率与控制实验和 LUO 方案在数值上并没有较大差别。然而玛多草地站点土层中一定量的砾石和碎石使得新方案计算的土壤导热率在数值上与控制实验和 LUO 方案差别更大。土壤有机质参数化方案的改进也增大了模式中的有机质部分的模拟。基于土壤有机质的属性，这一改进将会增大土壤的热容量，减小土壤的透水性。

(2) 参数化方案的改进减小了玛曲草地站点(玛多草地站点)各层土壤温度模拟的冷(暖)偏差。土壤温度模拟能力的提高也使模式在玛曲草地站点和玛多草地站点土壤冻结阶段和完全冻结阶段的模拟方面都有较好的表现；新方案同样减小了玛曲草地站点土壤液态水含量模拟的干偏差。虽然新方案在玛多草地站点模拟的土壤液态水含量偏高，但模拟值与观测值的相关性更好，模式对土壤液态水含量日变化的捕捉能力更强，而且在土壤处于冻结状态时，新方案可以有效地减小玛多草地站点土壤液态水含量模拟的干偏差。

(3) 模式对冻融期水热变化过程模拟能力的提高也会影响各能量通量的模拟。新方案增加了模式在玛曲草地站点的土壤液态水含量模拟，降低了潜热通量模拟的低偏差；同时也减小了净辐射、感热通量、地表净辐射的模拟值，与观测值更加接近。新方案在玛多草地站点净辐射、地表热通量和潜热通量的模拟值都与观测值更加接近，虽然新方案在玛多草地站点感热通量的模拟偏差略微增大，但模拟值与观测值相关性更高。新方案对于感热通量模拟准确度的提高主要体现在土壤冻结期间。

参 考 文 献

奥银焕, 吕世华, 李锁锁, 等. 2008. 黄河上游夏季晴天地表辐射和能量平衡及小气候特征. 冰川冻土, (3): 426-432.

陈渤黎, 罗斯琼, 吕世华, 等. 2014. 陆面模式 CLM 对若尔盖站冻融期模拟性能的检验与对比. 气候与环境研究, 19(5): 649-658.

李倩, 孙菽芬. 2007. 通用的土壤水热传输耦合模型的发展和改进研究. 中国科学(D 辑), (11): 1522-1535.

李泉, 张宪洲, 石培礼, 等. 2008. 西藏高原高寒草甸能量平衡闭合研究. 自然资源学报, 23(3): 391-399.

李燕, 刘新, 李伟平. 2012. 青藏高原地区不同下垫面陆面过程的数值模拟研究. 高原气象, 31(3): 581-591.

李照国, 吕世华, 奥银焕, 等. 2012. 鄂陵湖湖滨地区夏季近地层微气象特征与碳通量变化分析. 地理科学进展, 31(5): 602-608.

刘树华, 崔艳, 刘和平. 1991. 土壤热扩散系数的确定及其应用. 应用气象学报, 2(4): 337-345.

罗斯琼, 吕世华, 张宇, 等. 2009. 青藏高原中部土壤热传导率参数化方案的确立及在数值模式中的应用. 地球物理学报, 52(4): 919-928.

马耀明, 姚檀栋, 王介民, 等. 2006 a. 青藏高原复杂地表能量通量研究. 地球科学进展, 21(12): 1215-1223.

马耀明, 仲雷, 田辉, 等. 2006 b. 青藏高原非均匀地表区域能量通量的研究. 遥感学报, 10(4): 542-547.

缪育聪, 刘树华, 吕世华, 等. 2012. 土壤热扩散率及其温度、热通量计算方法的比较研究. 地球物理学报, 55(2): 441-451.

孙菽芬. 2005. 陆面过程的物理、生化机理和参数化模型. 北京: 气象出版社.

王少影, 张宇, 吕世华, 等. 2012. 玛曲高寒草甸地表辐射与能量收支的季节变化. 高原气象, 31(3): 605-614.

夏坤, 罗勇, 李伟平. 2011. 青藏高原东北部土壤冻融过程的数值模拟. 科学通报, 56(22): 1828-1838.

杨梅学, 姚檀栋, Nozomu H. 2006. 青藏高原表层土壤的日冻融循环. 科学通报, 51(16): 1974-1976.

左金清, 王介民, 黄建平, 等. 2010. 半干旱草地地表土壤热通量的计算及其对能量平衡的影响. 高原气象, 29(04): 840-848.

Aubinet M, Vesala T, Papale D. 2012. Eddy Covariance: A Practical Guide to Measurement and Data Analysis. Springer: Atmospheric Sciences.

Chen B L, Luo S Q, Lyu S H, et al. 2014. Effects of the soil freeze-thaw process on the regional climate of the Qinghai-Tibet Plateau. Climate Research, 59(3): 243-257.

Chen Y Y, Yang K, Tang W J, et al. 2012. Parameterizing soil organic carbon's impacts on soil porosity and thermal parameters for Eastern Tibet grasslands. Science China Earth Sciences, 55: 1001-1011.

Côté J, Konrad J M. 2005 a. A generalized thermal conductivity model for soils and construction materials. Canadian Geotechnical Journal, 42(2): 443-458.

Côté J, Konrad J M. 2005 b. Thermal conductivity of base-course materials. Canadian Geotechnical Journal, 42(1): 61-78.

Falge E, Baldocchi D, Olson R, et al. 2001. Gap filling strategies for defensible annual sums of net ecosystem exchange. Agricultural and Forest Meteorology, 107(1): 43-69.

Fang X, Luo S, Lyu S, et al. 2016. A simulation and validation of CLM during freeze-thaw on the Tibetan Plateau. Advances in Meteorology, 2016(6): 1-15.

Farouki O T. 1981. The thermal properties of soils in cold regions. Cold Regions Science and Technology, 5(1): 67-75.

Foken T. 2008. The energy balance closure problem: An overview. Ecological Applications, 18(6): 1351-1367.

Foken T, Napo C J. 2008. Micrometeorology. Berlin: Springer.

Gu L L, Yao J M, Hu Z Y, et al. 2015. Comparison of the surface energy budget between regions of seasonally frozen ground and permafrost on the Tibetan Plateau. Atmospheric Research, 153: 553-564.

Guo D L, Wang H J. 2014. Simulated change in the near-surface soil freeze/thaw cycle on the Tibetan Plateau from 1981 to 2010. Chinese Science Bulletin, 59(20): 2439-2448.

Guo D L, Yang M X, Wang H J. 2011. Sensible and latent heat flux response to diurnal variation in soil surface temperature and moisture under different freeze/thaw soil conditions in the seasonal frozen soil region of the central Tibetan Plateau. Environmental Earth Sciences, 63(1): 97-107.

Hamby D M. 1994. A review of techniques for parameter sensitivity analysis of environmental models. Environmental Monitoring and Assessment, 32(2): 135-154.

Heusinkveld B G, Jacobs A F G, Holtslag A A M, et al. 2003. Surface energy balance closure in an arid region: Role of soil heat flux. Agricultural and Forest Meteorology, 122(1): 21-37.

Johansen O. 1975. Thermal Conductivity of Soils. Tromso : University of Trondheim.

Lawrence D M, Slater A G. 2008. Incorporating organic soil into a global climate model. Climate Dynamics,

30(2): 145-160.

Liebethal C, Huwe B, Foken T. 2005. Sensitivity analysis for two ground heat flux calculation approaches. Agricultural and Forest Meteorology, 132(3-4): 253-262.

Lu S, Ren T S, Gong Y S, et al. 2007. An improved model for predicting soil thermal conductivity from water content at room temperature. Soil Science Society of America Journal, 71(1): 8-14.

Luo S Q, Lv S H, Zhang Y. 2009. Development and validation of the frozen soil parameterization scheme in Common Land Model. Cold Regions Science and Technology, 55(1): 130-140.

Luo S, Fang X, Lyu S, et al. 2017. Improving CLM4.5 simulations of land-atmosphere exchanges during freeze-thaw processes on the Tibetan Plateau. Journal of Meteorological Research, 31(5): 916-930, https://doi.org/10.1007/s13351-017-6063-0.

Niu G Y, Yang Z L. 2006. Effects of frozen soil on snowmelt runoff and soil water storage at a continental scale. Journal of Hydrometeorology, 7(5): 937-952.

Pan Y J, Lyu S H, Li S S, et al. 2017. Simulating the role of gravel in freeze-thaw process on the Qinghai–Tibet Plateau. Theoretical and Applied Climatology, 127(3-4): 1011-1022.

Refsgaard J C, Storm B, Abbott M B, et al. 1990. Construction, calibration and validation of hydrological models. Berlin:Springer.

Shang L Y, Zhang Y, Lv S H, et al. 2015. Energy exchange of an alpine grassland on the eastern Qinghai-Tibetan Plateau. Science Bulletin, 60(4): 435-446.

Swenson S C, Lawrence D M. 2012. A new fractional snow-covered area parameterization for the Community Land Model and its effect on the surface energy balance. Journal of Geophysical Research Atmospheres, 117(D21): DOI: 10.1029/2012JD018178.

Wang X J, Yang M X, Pang G J. 2015. Influences of two land-surface schemes on RegCM4 precipitation simulations over the Tibetan Plateau. Advances in Meteorology, 2015: 1-12.

Yang M X, Yao T D, Gou X H, et al. 2003. The Soil Moisture Distribution, Thawing-Freezing processes and their effects on the seasonal transition on the Qinghai-Xizang (Tibetan) Plateau. Journal of Asian Earth Sciences, 21(5):457-465.

第 5 章 黄河源区积雪对土壤冻融过程的影响

积雪对冻土的影响除与积雪厚度有关外，还与积雪的开始和持续时间有关。Zhang 等(1996, 1997, 2001)的研究表明阿拉斯加北部地区积雪开始时间一般在 9 月下旬到 10 月上旬，消失时间一般在 5 月下旬到 6 月中旬，由于秋季太阳高度角较小，与春季积雪消失时间相比，秋季积雪开始时间变化对地表辐射平衡的影响较小。Ling 和 Zhang(2003) 通过数值模拟对阿拉斯加地区冬春积雪开始和持续时间对冻土活动层和多年冻土的影响进行了研究，发现积雪开始时间晚、消融时间也晚时可导致地表温度下降，而春季消融早可导致地表温度升高。

积雪对地表热力机制的总体影响取决于积雪厚度、季节性积雪的开始和持续时间、积雪积累和消融过程、积雪的密度和结构、局地微气象学特征及植被和地形(Zhang, 2005)，但土壤冻融状况也会对积雪对冻土的影响产生影响。

积雪对冻土的影响是个非常复杂的过程，除了与积雪的性质有关外，也与冻土的冻融状态有关。Niu 和 Yang(2006)指出，当土壤温度低于 0℃时，CLM2.0/SIMTOP 模式中土壤水全部冻结为冰，从而阻碍融雪水下渗，导致模拟的春季融雪水产生的径流多于观测值，且模拟的径流开始时间也比观测提前。

对于季节性积雪，其时间、空间分布，以及开始时间、持续时间和厚度都具有很大的不确定性，其对冻土的影响还有待进一步研究。同时鉴于土壤不同冻融阶段地气间热量主要输送方向不同、冻土的渗透性和导热性也存在差异，基于土壤不同冻融阶段细致研究在日尺度上积雪对土壤温湿变化的影响是必要的，而目前这方面的研究还较少。另外，积雪对冻土的影响不仅表现为积雪对冻土温度及冻结深度的影响，还表现为积雪对土壤冻融时间的影响。虽然目前通过统计分析和模式模拟对积雪对冻土温度的影响有了一定的认识，但对积雪对土壤冻融时间的影响仍缺乏定量的认识，对相应的影响机制的了解还比较有限。

5.1 资料及模式介绍

5.1.1 观测资料介绍

所用资料主要来自玛多草地站点，包括鄂陵湖西岸的梯度塔观测点(34.906°N, 97.568°E, 距离鄂陵湖 30 m)和草地观测点(34.913°N, 97.553°E, 距离鄂陵湖 1.7 km)。其中梯度塔观测点观测时段为 2013 年 10 月 1 日～2014 年 5 月 31 日，草地观测点的观测时段为 2011 年 10 月 1 日～2013 年 4 月 30 日。两个观测点从大气到土壤都有观测，观测项目齐全，数据连续性较好，准确度较高，可以很好地用于大气-积雪-土壤相互作用陆面过程和数值模拟等研究。

另外，本章还使用了国家气象科学数据中心提供的中国地面气候资料月值数据集玛多草地站点的逐月降水和气温,以及中国地面气候资料日值数据集玛多草地站点的逐日降水、相对湿度、气压和平均气温资料。

　　主要观测项目及观测仪器介绍见表 5.1 和表 5.2。在梯度塔观测点,数据均为自动采集,向上/向下短波辐射和地表温度数据时间间隔 10 min。土壤温湿度、气温、5 cm 和 20 cm 土壤热通量数据时间间隔均为 30 min。在草地观测点,数据也均为自动采集,时间间隔为 30 min。由于地表土壤热通量无法直接测量,故采用以下公式进行计算,该方法是计算地表土壤热通量较为便捷和准确的方法之一(陈渤黎, 2013; 左金清等, 2010; 缪育聪等, 2012)。在梯度塔观测点,地表土壤热通量利用 5 cm 土壤热通量通过下式进行计算:

$$G = G_1 + \frac{c_v}{\Delta t} \sum_{z=5}^{z=0} \left[T(z,t+\Delta t) - T(z,t) \right] \Delta z \tag{5.1}$$

式中, G 为地表土壤热通量; G_1 为 5 cm 土壤热通量 (W/m^2); $T(z,t)$ 为 5 cm 土壤温度 (K); c_v 为土壤体积热容量 $[J/(m^3 \cdot K)]$,通过 $c_v = c_{dry} + c_{liq}\theta$ 得到,其中, c_{dry} 为干土体积热容量,取值为 0.9×10^6 $J/(m^3 \cdot K)$, c_{liq} 为水的体积热容量,取值为 4.18×10^6 $J/(m^3 \cdot K)$, θ 为 5 cm 土壤液态水含量。在草地观测点,地表土壤热通量利用 10 cm 土壤热通量由以上公式计算得到,即 G_1 为 10 cm 土壤热通量 (W/m^2), $T(z,t)$ 为 10 cm 土壤温度 (K), θ 为 10 cm 土壤液态水含量,其他值不变。草地观测点地表土壤热通量利用 10 cm 土壤热通量进行计算,计算方法同上。

表 5.1　观测仪器及其架设/埋设位置(TS)

观测项目	仪器名称	架设高度/埋设深度/cm
向上/向下短波辐射	CMP3	200
大气压力	LI7500	200、400、800、1000、1800
空气温湿度	HMP45C	同上
三维超声风速仪	CSAT3	同上
降水	T200B	150
红外表面温度	SI-111	200
土壤热通量	HFP01	−5、−20
土壤温度	109L	−5、−10、−20、−40、−80、−160、−320
土壤湿度	CS616	同上

表 5.2　观测仪器及其架设/埋设位置(GS)

观测项目	仪器名称	架设高度/埋设深度/cm
向上/向下短波辐射	CNR1/CNR4	150
大气压力	LI7500	320
空气温湿度	HMP45C	同上
三维超声风速仪	CSAT3	同上
红外表面温度	SI-111	200
土壤热通量	HFP01	−10
土壤温度	109L	−5、−10、−20、−40
土壤湿度	CS616	同上

5.1.2 MODIS 积雪产品介绍

MODIS（moderate-resolution imaging spectroradiometer）是 Terra 和 Aqua 卫星上搭载的主要传感器之一，它的通道范围很广，两颗卫星相互配合每 1～2 天可重复观测整个地球表面，获取一次全球观测数据。MODIS 标准数据产品包括陆地标准数据产品、大气标准数据产品和海洋标准数据产品三种，其中 MOD10 为陆地 2 级、3 级标准数据产品，内容为雪覆盖，有逐日积雪资料和合成积雪资料两种。MOD10A1 为逐日积雪产品，MOD10A2 为 MOD10A1 的 8 天合成的积雪产品，分辨率均为 500 m，投影方式为等面正弦投影，其中 MOD10A2 主要用于高纬地区，目的是避免每日积雪产品中云层的影响。MOD10C1 也为逐日积雪产品，分辨率为 0.05°，投影方式为经纬度投影，其 8 天合成积雪产品为 MOD10C2。由于传感器的改进，MODIS 卫星资料在时间分辨率和光谱分辨率上优于 TM 等可见光数据，在空间分辨率和积雪反演算法等方面比分辨率为 25 km 的 NOAA 积雪产品有优势（于灵雪等，2013）。

本章使用的是 MOD10C1 逐日积雪产品，已有研究（Pu et al.，2007；文军等，2006）表明该资料在青藏高原上具有较高的精度。在 MOD10C1 逐日积雪资料每个 0.05°×0.05° 的格点内，积雪覆盖范围是以占整个格点的百分比表示的，有效范围是 0～100%。但积雪覆盖范围的准确度会受到陆地和云的范围的影响，云量越少，陆地范围越大，积雪覆盖范围越可信。图 5.1 为根据 MOD10C1 资料绘制的观测点 2012 年 1 月逐日积雪面积变化，可以看出虽然 1 月有 10 天观测区域完全被云遮挡，但可根据云遮挡前后积雪覆盖范围确定云完全遮挡下有无积雪，以及估算出大部分云完全被遮挡情况下积雪的覆盖范围，再结合逐日反照率和降水资料，可以对地表有无积雪覆盖、积雪面积、积雪深度变化、开始时间和持续时间等有一个很好的认识，进而可以对其进行更深入的分析研究。多种资料的综合使用也能提高对积雪的判断能力和增强分析结果的准确性。

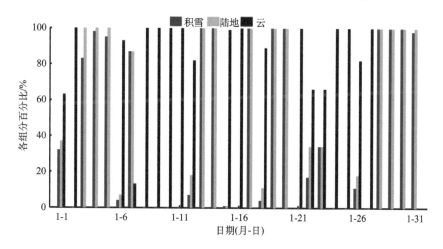

图 5.1　2012 年 1 月研究区域积雪面积变化

5.1.3　CLM 模式强迫资料介绍

本章采用 CLM4.5 模式。模拟驱动资料使用的是草地观测点的每隔 30 min 一次的观测资料，包括向下短波辐射、向下长波辐射、空气温度、大气压力、相对湿度、风速、降水速率，以及 5 cm、10 cm、20 cm、40 cm 土壤温湿度。

模拟时段为 2011 年 10 月 1 日~2013 年 4 月 30 日。图 5.2 为整个模拟时段内的大气强迫场和 5 cm、10 cm、20 cm、40 cm 土壤温湿度变化。从图 5.2 中可以看出，气温、气压、相对湿度、风速、降水、向下短波辐射和向下长波辐射及 5 cm、10 cm、20 cm、40 cm 土壤温湿度均有明显的季节变化。图 5.2(a)中，整个模拟时段内冬季日平均气温最低值均在–18℃以下，其中 2012 年 1 月日平均气温最低值在–25℃以下，与 2013 年冬季相比，2012 年 1 月气温明显偏低，说明该年冬季(2011 年 12 月~2012 年 2 月)偏冷。2012 年夏季日平均气温最高值在 13℃左右。从图 5.2(b)可以看出，黄河源区气压在 58.5~61.5 kPa，冬季气压较低，夏季气压较高。图 5.2(c)中，相对湿度在夏季较大，冬季较低，但 2012 年冬季和 2013 年冬季相对湿度存在高值区，这主要受积雪的影响。从图 5.2(d)和图 5.2(e)中可看出，整个模拟时段内，风速都是在冬季较大。黄河源区降水主要出现在 5~9 月，日最大降水量可达 23 mm，冬季降水较少，但从两年冬季降水可以看出，2012 年冬季降水最多，2013 年冬季降水较少。冬季降水的主要形式是降雪，2012 年冬季降雪较多与 2012 年冬季气温最低有很好的对应关系。图 5.2(f)为整个模拟时段内向下短波辐射和向下长波辐射变化，可以看出，夏季向下短波辐射和向下长波辐射均较强，日平均向下短波辐射最大值为 694 W/m²，日平均向下长波辐射最大值为 350 W/m²；冬季较弱，日平均向下短波辐射最小值为 163W/m²，日平均向下长波辐射最小值为 138 W/m²。图 5.2(g)和图 5.2(h)分别为 5 cm、10 cm、20 cm、40 cm 模拟时段内土壤温度和土壤湿度变化。可以看出 5~40 cm 土壤湿度变化较为一致，夏季土壤温度随着深度的增大而减小，5 cm 日平均土壤温度最高为 16.5℃，40 cm 日平均土壤温度最高为 13.1℃；冬季土壤温度随着深度的增大而增大，5 cm 日平均土壤温度最低为–15.8℃，40 cm 日平均土壤温度最高为–12.5℃。与冬季的气温对比不同，2012 年冬季土壤温度最高，2013 年冬季土壤温度较低。受降水和蒸发的影响，土壤湿度在夏季较大，变化幅度也较大。冬季由于土壤冻结，土壤中的液态水含量减少，且基本不变。

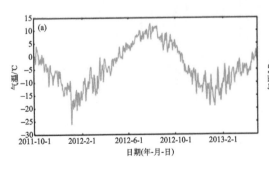

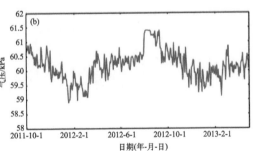

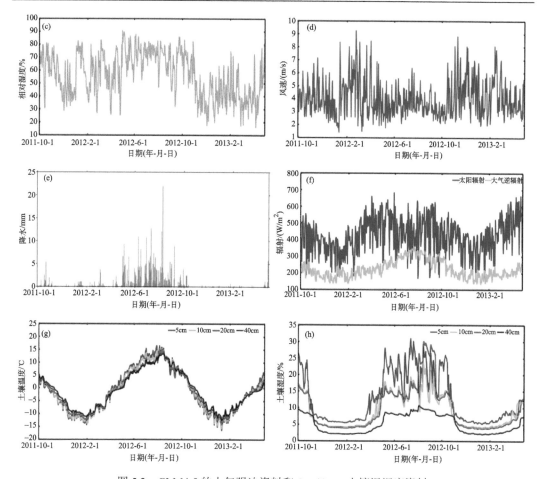

图 5.2　CLM4.5 的大气强迫资料和 5～40 cm 土壤温湿度资料

(a)气温；(b)气压；(c)相对湿度；(d)风速；(e)降水；(f)向下短波辐射和向下长波辐射；(g)5～40 cm 土壤温度；(h)5～40 cm 土壤湿度

为了更好地对模式的模拟能力进行评价，采用以下四种统计方法对模拟结果进行评估，分别为：①相关系数(R)，R^2 表示模拟值与观测值变化趋势的一致性程度；②平均偏差(ME)，ME 表示模拟值与观测值之间偏差的大小及总体偏大还是偏小；③均方根误差(RMSE)，RMSE 也表示模拟值与观测值偏差的大小，但与平均偏差不同，它是整个模拟时段内每个模拟时刻的模拟效果的叠加；④纳什系数(NSE)，NSE 的最大值为 1，其越接近 1 表明模拟效果越好。

$$R^2 = \sum_{i=1}^{N}(x_i - x)(y_i - y) \bigg/ \sqrt{\sum_{i=1}^{N}(x_i - x)^2 (y_i - y)^2} \tag{5.2}$$

$$\text{ME} = \frac{1}{N}\sum_{i=1}^{N}(x_i - y_i) \tag{5.3}$$

$$\text{RMSE} = \left[\frac{1}{N}\sum_{i=1}^{N}(x_i - y_i)^2\right]^{1/2} \tag{5.4}$$

$$\text{NSE} = 1 - \sum_{i=1}^{N} (x_i - y_i)^2 \Big/ \sum_{i=1}^{N} (x_i - x)^2 \tag{5.5}$$

式中，N 为样本量；x_i 为观测值；x 为观测值的平均；y_i 为模拟值；y 为模拟值的平均。

5.2　黄河源区积雪对土壤不同冻融阶段温湿变化的影响

5.2.1　土壤冻融阶段划分及有无雪的判断

参考陈渤黎(2013)和刘火霖(2015)对土壤冻融阶段的划分，将土壤冻融过程分为土壤冻结阶段、土壤完全冻结阶段和土壤消融阶段三个阶段。其中土壤冻结阶段指秋、冬季日最低土壤温度<0℃且日最高土壤温度>0℃的阶段；土壤完全冻结阶段指日最高土壤温度<0℃的阶段；土壤消融阶段指春季日最高土壤温度>0℃且日最低土壤温度<0℃的阶段。土壤冻结阶段和土壤消融阶段均存在日冻融循环，即白天土壤消融，晚上土壤冻结，但土壤冻结阶段土壤整体处于温度不断降低、液态水含量不断减小的状态，而土壤消融阶段土壤整体处于温度不断升高、液态水含量不断增大的状态，在这两个阶段融雪水下渗虽然也受到阻碍，但仍有一部分下渗；土壤完全冻结阶段不存在日冻融循环，该阶段土壤含冰量达到最大，土壤液态水含量最少，土壤温度和湿度基本保持不变，该阶段融雪水很难下渗。表 5.3 为土壤冻融阶段划分结果，可以看出，观测点土壤从 10 月开始冻结，冻结过程单向进行，冻结初日随着土壤深度的增加而滞后，而消融过程双向进行，160 cm 土壤开始消融时间最晚，从 5 月开始消融。5 cm 和 10 cm 土壤冻结阶段最短，消融阶段较长，土壤完全冻结阶段最长，分别为 139 天和 140 天；20～160 cm 土壤冻结阶段和土壤消融阶段均较短，土壤完全冻结阶段最长，为 136～146 天。土壤完全冻结阶段 320 cm 土壤平均温度小于 0℃，说明观测点土壤冻结深度超过 320 cm。但 320 cm 土壤完全冻结时间较短，明显少于 5～160 cm，仅为 39 天。

表 5.3　根据各层土壤日最高、最低温度确定的土壤冻融阶段

土层/cm	土壤冻结阶段		土壤完全冻结阶段		土壤消融阶段	
	起止时间/天数	温度/℃	起止时间/天数	温度/℃	起止时间/天数	温度/℃
5	10-19～10-26/8d	−0.81	10-27～3-14/139d	−8.45	3-15～5-13/60d	3.76
10	10-21～10-28/8d	−0.46	10-29～3-17/140d	−8.17	3-18～4-28/42d	2.38
20	11-1～11-2/2d	−1.03	11-3～3-28/146d	−6.72	3-29～4-1/3d	0.99
40	11-6～11-7/2d	−0.41	11-8～3-30/143d	−5.76	3-31～4-2/3d	0.23
80	11-24～11-25/2d	−0.22	11-26～4-12/138d	−3.78	4-13～4-14/2d	0.17
160	12-15～12-16/2d	−0.12	12-17～5-1/136d	−1.99	5-2～5-3/2d	0.30
320	2-28～3-2/3d	−0.05	3-3～4-10/39d	−0.12	4-11～4-13/3d	0.02

注：起止时间用月-日表示

积雪的反照率较高，新雪的反照率在 0.8 左右，随着雪的老化，反照率可降至 0.5(Jones et al., 2003)。选择反照率 0.5 作为判断雪盖是否存在的依据，当反照率>0.5 时认为有雪存在。将每日 12:00(当地时间，下文同)反照率与 MOD10C1 日积雪覆盖数据

进行对比，发现当反照率>0.5 时，每日影像中除被云层完全遮盖的天数外，其他天数都有雪存在；当每日影像中有积雪覆盖时，其中 96%的天数反照率>0.5，剩余 4%的天数每日 12:00 反照率平均值为 0.49（图 5.3）。因此认为以反照率>0.5 作为判断雪盖存在的依据是合理的，根据此判据和降雪量[当气温<2.5℃时，把降水判定为降雪（Wen et al., 2013）]进行降雪过程和有无雪的判断。

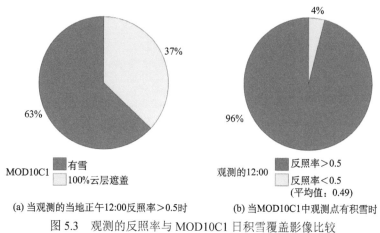

(a) 当观测的当地正午12:00反照率>0.5时　　　(b) 当MOD10C1中观测点有积雪时

图 5.3　观测的反照率与 MOD10C1 日积雪覆盖影像比较

5.2.2　整个土壤冻融期土壤温湿度变化规律分析

从图 5.4 中可以看出，黄河源区土壤从 10 月开始冻结，冻结过程单向进行，冻结深度超过 320 cm，从 3 月开始消融，消融过程双向进行，这与表 5.3 的结论相同。两个消融锋面在 2 m 左右相交，而位于青藏高原北部季节性冻土区的那曲 BJ 站和多年冻土区的那曲 Amdo 站冻结和消融都是单向进行，冻结和消融锋面均从表层向深层延伸（刘火霖等, 2015）。在整个土壤冻融期，浅层土壤湿度随时间变化大，深层土壤湿度随时间变化小。由于积雪对浅层土壤温湿度影响较大，对深层影响较小，因此下文只对 5 cm、10 cm和 20 cm 土壤温湿度进行分析。

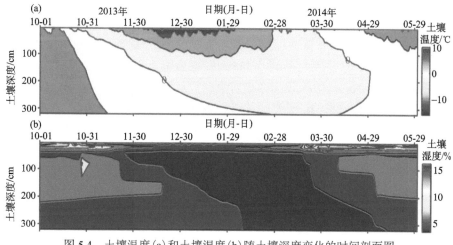

图 5.4　土壤温度(a)和土壤湿度(b)随土壤深度变化的时间剖面图

5.2.3　积雪对土壤不同冻融阶段温湿度变化的影响

　　1. 积雪对土壤冻结阶段温湿度变化的影响

　　根据浅层 5 cm、10 cm 和 20 cm 的土壤冻融阶段划分结果，以 2013 年 10 月 22~30 日为研究时段，分析了土壤冻结阶段积雪对 5 cm、10 cm、20 cm 三层土壤温湿度变化的影响。从图 5.5(a) 中可以看出，10 月 25 日发生降雪。10 月 22~27 日白天的向下短波辐射均较大，为晴天。图 5.5(b) 为 10 月 22~30 日每日 11:00~17:00 地表反照率变化，可见 10 月 22~24 日反照率小于 0.5，为雪前晴天(无雪覆盖)，10 月 26~27 日反照率大于 0.5，为雪后晴天(有雪覆盖)。由于 10 月 25 日降雪发生在 1:00~6:00，因此也可认为是雪后晴天(有雪覆盖)。雪前晴天(无雪覆盖)每日地表反照率变化曲线呈典型的"U"形，中午低，早晨和傍晚稍高。雪后晴天(有雪覆盖)由于地表温度大于 0℃，积雪发生消融，11:00~17:00 反照率均呈递减趋势，且 10 月 27 日地表反照率低于 10 月 26 日，这与刘辉志等(2008)的研究结果一致，即积雪完全融化前地表反照率早上高，傍晚低，且随着积雪消融，地表反照率快速衰减。与雪前晴天(无雪覆盖)相比，雪后晴天(有雪覆盖)日最高气温降低，日最低气温升高。

　　积雪主要通过两个途径对地表土壤热通量产生影响，一方面，雪的高反照率特性使地表吸收的净短波辐射减少，从而净辐射发生变化。根据地表能量平衡方程 $Rn=LE+H+Gn$，其中，Rn 为地表净辐射通量，LE 为潜热通量，H 为感热通量，Gn 为地表土壤热通量，Rn 发生变化，则 Gn 也会发生变化；另一方面，雪的绝热性可阻碍土壤和大气之间的能量输送。积雪的反照率效应一直表现为地表温度降低，从而使得土壤温度也降低，但积雪的隔热效应较为复杂。

　　地表土壤热通量为正，大气向土壤输送热量；地表土壤热通量为负，土壤向大气输送热量(陈海存等，2013)。由图 5.5(d) 可见，雪前晴天(无雪覆盖)地表土壤热通量峰值均在 23 W/m² 以上，其中 10 月 24 日大气向土壤输送的热量最大值为 44.93 W/m²，土壤向大气输送的热量最大值均在 34 W/m² 以上，其中 10 月 24 日土壤向大气输送的热量最大值为 37.98 W/m²，说明雪前晴天(无雪覆盖)地气间热交换剧烈；雪后晴天(有雪覆盖)地表土壤热通量峰值突降至–2 W/m² 左右、谷值绝对值突降至 14 W/m²。与雪前晴天(无雪覆盖)相比，雪后晴天(有雪覆盖)土壤向大气和大气向土壤输送的热量均明显减小，地气间热交换明显减弱，这是因为在 10 月 25 日和雪后晴天(有雪覆盖)，积雪反照率较高使得向上短波辐射突增，地表吸收的净辐射突减，从而导致地表土壤热通量峰值突降。另外，受积雪隔热作用的影响，地气间热量输送减少，这也会导致地表土壤热通量峰值和谷值的绝对值减小。从表 5.4 中可以看出，土壤冻结阶段大气向土壤输送的热量的平均日积分值在雪前晴天(无雪覆盖)为 0.45 MJ/(m²·d)，雪后晴天(有雪覆盖)为 0.03 MJ/(m²·d)；土壤向大气输送的热量的平均日积分值在雪前晴天(无雪覆盖)为 1.52 MJ/(m²·d)，雪后晴天(有雪覆盖)为 0.74 MJ/(m²·d)，可见在该阶段土壤为热源，与雪前晴天(无雪覆盖)相比，雪后晴天(有雪覆盖)大气与土壤间的双向热量交换均明显减弱，尤其是土壤向大气的热量输送，这与图 5.5(d) 的结论相同。雪后晴天(有雪覆盖)土

表 5.4　不同土壤冻融阶段降雪前后和降雪当天土壤与大气间的热量输送对比

变量	土壤冻结阶段			土壤完全冻结阶段			土壤消融阶段		
	雪前	降雪	雪后	雪前	降雪	雪后	雪前	降雪	雪后
大气向土壤输送热量的平均日积分值/[MJ/(m²·d)]	0.45	0	0.03	0.90	0.11	0.44	2.22	0.34	1.83
土壤向大气输送热量的平均日积分值/[MJ/(m²·d)]	1.52	0.48	0.74	1.21	1.13	1.20	1.29	0.50	1.63
地表土壤热通量平均日积分值/[MJ/(m²·d)]	−1.07	−0.48	−0.71	−0.31	−1.02	−0.76	0.93	−0.16	0.20

注：三个阶段降雪过程中雪前和雪后均剔除了阴天情形，同时土壤冻结阶段和土壤完全冻结阶段的雪后为晴天且有雪覆盖，而土壤消融阶段的雪后为晴天且无雪覆盖，三个阶段雪前均为晴天且均无雪覆盖

壤净输出的热量也由雪前晴天（无雪覆盖）的 1.07 MJ/(m²·d) 减少至 0.71 MJ/(m²·d)。20 cm 土壤热通量一直为负，说明深层土壤一直在向浅层土壤输送热量。雪后晴天（有雪覆盖）浅层土壤向大气输送热量减少，加之浅层土壤不断获得深层土壤的热量输送可导致浅层 5 cm 和 10 cm 土壤温度增大。

从图 5.5(e) 中可明显看出，与雪前晴天（无雪覆盖）相比，雪后晴天（有雪覆盖）5 cm、10 cm 和 20 cm 土壤温度均不同程度增加。图 5.5(f) 和图 5.5(g) 分别描述了 10 月 22～30 日日最低土壤温度和土壤日温差的变化。可明显看出，雪前晴天（无雪覆盖）5 cm 日最低土壤温度在−5℃左右，雪后晴天（有雪覆盖）在−1℃左右；雪前晴天（无雪覆盖）10 cm 日最低土壤温度在−2℃左右，雪后晴天（有雪覆盖）在−0.5℃左右；雪前晴天（无雪覆盖）20 cm 日最低土壤温度在 0℃左右，雪后晴天（有雪覆盖）在 1℃左右。说明与雪前晴天（无雪覆盖）相比，雪后晴天（有雪覆盖）土壤日最低温度明显升高，且土壤越浅，升温幅度越大。与雪前晴天（无雪覆盖）相比，雪后晴天（有雪覆盖）土壤日温差也明显减小：5 cm 土壤日温差由雪前晴天（无雪覆盖）的大约 5℃降至 1℃左右，10 cm 土壤日温差由雪前晴天（无雪覆盖）的大约 2.5℃降至 1℃左右，20 cm 土壤日温差由雪前晴天（无雪覆盖）的大约 1℃降至 0.3℃左右。由此看出，在土壤冻结阶段，降雪过程中积雪的存在减少了土壤的热量输出，起到了隔热保温的作用，而深层土壤不断放热使得浅层土壤的热量损耗减少，导致浅层土壤温度增大，尤其是 20 cm 土壤日最低温度由 0℃以下升高到 1℃，使得该层达到完全冻结的时间延长。雪前晴天（无雪覆盖）5 cm 和 10 cm 土壤温度与气温的变化趋势较为一致，5 cm 和 10 cm 土壤温度与气温的相关系数分别为 0.82 和 0.30，而雪后晴天（有雪覆盖）5 cm 和 10 cm 土壤温度与气温的相关系数均减小，分别变为 0.31

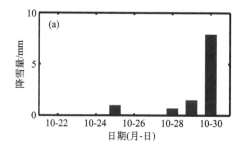

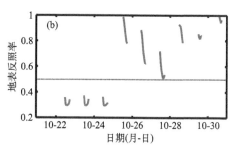

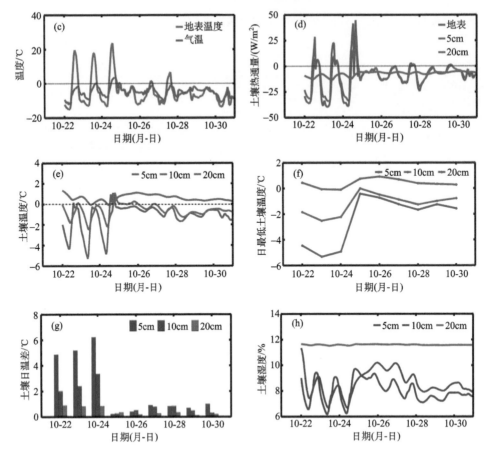

图 5.5　土壤冻结阶段降雪量(a)、地表反照率(b)、地表温度和气温(c)、土壤热通量(d)、土壤温度(e)、
　　　　日最低土壤温度(f)、土壤日温差(g)和土壤湿度(h)变化特征

和 0.03，这是因为积雪的存在阻碍了土壤和大气间的热量交换，使得土壤温度的变化
更加滞后于气温。

　　雪前晴天(无雪覆盖)浅层土壤存在日冻融循环，土壤日温差较大，因此土壤湿度日
变幅也较大，而雪后晴天(有雪覆盖)5 cm 和 10 cm 土壤湿度日变幅减小，日最低土壤
湿度均增加了 3%左右，这一方面是因为 10 月 26 日、27 日积雪消融，融雪水下渗使
得 10 cm 土壤湿度峰值增大；另一方面是因为这两层土壤日最低温度升高，所以土壤湿
度谷值也增大。考虑到 CS616 土壤水分传感器精度为 2.5%，该增幅可能也受仪器误差
的影响。可见，在土壤冻结阶段的降雪过程中，积雪不仅可通过自身消融直接影响土壤
湿度，还可以通过改变土壤温度从而间接影响土壤湿度。随着冻结过程的进行，两层土
壤湿度均呈减小趋势[图 5.5(h)]。而 10 月 28 日后地表温度和土壤温度均在 0℃以下，5 cm
和 10 cm 土壤完全冻结，土壤湿度基本不变。20 cm 土壤湿度在 10 月 22～30 日基本不
变，这是因为在此期间土壤温度一直在 0℃附近且大于 0℃，土壤温度变化较平缓，另外
虽然有融雪水下渗，可能由于其在下渗至 20 cm 之前就已发生冻结，因此 20 cm 土壤湿
度基本不变。

在土壤冻结阶段的降雪过程中，地气间热交换方向以土壤向大气输送为主，土壤为热源，与雪前晴天相比，降雪当天及雪后晴天大气与土壤间的双向热量交换均明显减弱，尤其是土壤向大气的热量输送，同时无论是降雪前还是降雪后深层土壤一直在向浅层土壤输送热量，从而导致降雪后浅层土壤温度增大，土壤日温差明显减小。5 cm 和 10 cm 土壤日最低温度增大明显，20 cm 土壤日最低温度由 0℃以下升高到 1℃，使得该层的冻结过程延长。土壤温度的增大导致土壤湿度也增大，同时融雪水下渗也使得土壤湿度增大，表明积雪不仅可以通过自身的消融使得土壤湿度增大，也可通过影响土壤温度从而间接影响土壤湿度。

2. 积雪对土壤完全冻结阶段温湿度变化的影响

在土壤完全冻结阶段，2013 年 11 月初～2014 年 1 月上旬地表一直有雪覆盖，为避免旧雪的影响，在该阶段，同样也选择裸地上的新降雪过程，即地面无积雪后的一次降雪过程进行研究，选取日期为 2014 年 1 月 10～18 日。从图 5.6(a) 和图 5.6(b) 中可以看出，1 月 12 日降雪，1 月 11 日 12:00 地表反照率小于 0.5，1 月 12 日 12:00 地表反照率突增至 0.80，因为 1 月 12～16 日地表温度基本都在 0℃以下，积雪很难消融，但随着雪的老化、升华及风吹雪过程，地表反照率不断降低。1 月 17 日和 18 日，地表温度升至 0℃以上，积雪发生消融。除 1 月 12 日外，其他几天均为晴天，1 月 10～11 日为雪前晴天(无雪覆盖)，1 月 13～18 日为雪后晴天(有雪覆盖)。与一般年份在 1 月最冷不同，2013 年 10 月～2014 年 5 月，气温、地表温度和土壤温度均在 2013 年 12 月中旬达到最低，这主要与这段时间降雪和积雪集中在 11～12 月有关，因此 2014 年 1 月气温、地表温度和土壤温度基本均处于回升的阶段。雪前晴天(无雪覆盖)气温和地表温度呈下降趋势，雪后晴天(有雪覆盖)呈上升趋势。

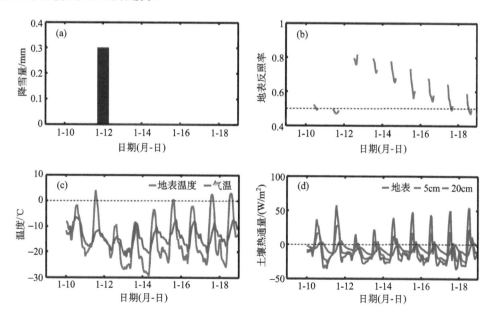

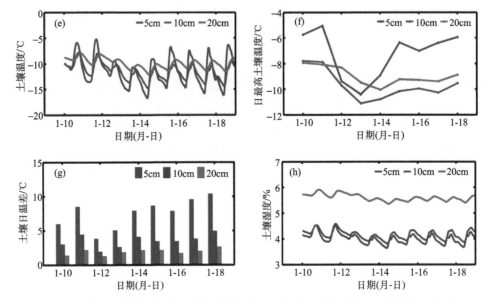

图 5.6　土壤完全冻结阶段降雪量(a)、地表反照率(b)、地表温度和气温(c)、土壤热通量(d)、土壤温度(e)、日最高土壤温度(f)、土壤日温差(g)和土壤湿度(h)变化特征

　　雪前晴天(无雪覆盖)地表土壤热通量峰值在 37.26 W/m² 以上，其中 1 月 11 日地表土壤热通量峰值为 58.25 W/m²，谷值绝对值为 35.35 W/m²；降雪当日地表土壤热通量峰值突降为 15.69 W/m²，谷值绝对值降为 23.41 W/m²；雪后晴天(有雪覆盖)随着积雪反照率的减小、隔热效率的下降，地表土壤热通量峰值又逐渐增大，其中降雪次日地表土壤热通量峰值为 22.70 W/m²，谷值绝对值为 25.30 W/m²。与雪前晴天(无雪覆盖)相比，土壤向大气和大气向土壤的热量输送均减小，地气间热交换减弱，这点与土壤冻结阶段的降雪过程相同。不同的是，第一，虽然在该次降雪过程中土壤也为热源，但与土壤冻结阶段的降雪过程相比，该次降雪过程中大气向土壤输送的热量增多，土壤的热源作用不如土壤冻结阶段明显；第二，降雪后地气间热交换减弱，但以大气向土壤输送的热量减少为主，地表土壤热通量峰值下降较明显；第三，由于此次降雪过程降雪量较少，雪深较浅，积雪的绝热效率较差(Jones et al., 2003)，地表土壤热通量峰值和谷值绝对值变化幅度比土壤冻结阶段的降雪过程小，随着反照率的降低，地表吸收的短波辐射不断增大，大气向土壤的热量输送逐渐回升[图 5.6(d)]。和表 5.4 对比，雪后晴天(有雪覆盖)大气向土壤的热量输送突降可导致日最高土壤温度降低，20 cm 土壤热通量峰值大于 0，表明该阶段土壤中已有浅层向深层的热量输送。

　　从图 5.6(e)~图 5.6(g)可以看出，5 cm 日最高土壤温度由-5℃降至-10.5℃，10 cm 日最高土壤温度由-7.8℃降至-11℃；各层土壤日温差在降雪当日最小，其中 5 cm 土壤日温差由降雪前的 8℃降至 4℃。在该阶段 5 cm、10 cm 和 20 cm 土壤湿度基本不变，这是因为该次降雪过程降雪量较少，且地表温度和土壤温度均小于 0℃，积雪难以消融，另外，土壤处于完全冻结状态也能阻碍融雪水的下渗。可见，与土壤冻结阶段的降雪过程不同，在土壤完全冻结阶段的这次降雪过程中，积雪虽然对土壤温度有影响，但对土壤湿度影响较小。

在土壤完全冻结阶段的这次降雪过程中，降雪前土壤向大气输送的热量与大气向土壤输送的热量相当，降雪当天地气间热交换程度最弱，与雪前晴天相比，降雪当天大气向土壤输送的热量明显减少，导致地表土壤热通量峰值减小，进而使得土壤日最高温度降低，土壤日温差明显减小，但整个降雪过程中土壤湿度基本不变。可见，虽然土壤温度受积雪的影响有所降低，但积雪对土壤湿度的直接和间接影响均较小。

3. 积雪对土壤消融阶段温湿度变化的影响

在土壤消融阶段，只有 3 月 21 日发生降雪[图 5.7(a)]，因此选取 2014 年 3 月 17～25 日进行研究。由于选取时段内地表温度峰值均在 0℃以上且降雪量较少，因此积雪很快消融。从图 5.7(b)中可以看出，只有 3 月 21 日这天反照率在 0.5 以上。3 月 18～20 日为雪前晴天(无雪覆盖)，3 月 22～25 日为雪后晴天(无雪覆盖)。降雪当日气温下降，之后回升。

图 5.7(d)为地表、5 cm 和 20 cm 土壤热通量变化。雪前晴天(无雪覆盖)地表土壤热通量峰值在 76.48 W/m² 以上，降雪当日地表土壤热通量峰值突降为 27.72 W/m²，由于积雪在降雪次日就已经完全消融，因此雪后晴天(无雪覆盖)地表土壤热通量峰值又突增至 81.26 W/m² 以上。土壤热通量谷值绝对值在降雪当日也有所减小，但变化不如峰值明显。从表 5.4 不同土壤冻融阶段降雪前后和降雪当天土壤与大气间的热量输送对比可以看出，土壤消融阶段降雪过程中，雪前晴天(无雪覆盖)和雪后晴天(无雪覆盖)大气向土壤输送的热量的平均日积分值均大于土壤向大气输送，说明土壤为热汇，地气间热交换以大气向土壤输送热量为主。雪前和雪后晴天(均无雪覆盖)大气向土壤输送的热量均大于 1.83 MJ/(m²·d)，而降雪当日仅为 0.34 MJ/(m²·d)，同样地，雪前和雪后晴天(均无雪覆盖)土壤向大气输送的热量均大于 1.29 MJ/(m²·d)，而降雪当日仅为 0.50 MJ/(m²·d)，表明降雪当日地气间热交换明显减少，尤其是大气向土壤的热量输送，这与图 5.7(d)地表土壤热通量峰值突减的结论一致。另外，雪前和雪后晴天(均无雪覆盖)土壤每日均净输入热量，雪前晴天(无雪覆盖)每日净输入热量为 0.93 MJ/(m²·d)，雪后晴天(无雪覆盖)每日净输入热量为 0.20 MJ/(m²·d)，而降雪当日土壤却净输出热量，净输出的热量为 0.16 MJ/(m²·d)。与土壤冻结和完全冻结阶段的降雪过程相同的是，在土壤消融阶段的降雪过程中，积雪也减弱了地气间热交换，不同的是，在前两个阶段的降雪过程中土壤为热源，而此时土壤为热汇，在雪前晴天(无雪覆盖)和雪后晴天(无雪覆盖)土壤每日均净输入热量。与土壤冻结阶段的降雪过程不同的是，此时积雪对地气间热交换的减弱是以对大气向土壤的热量输送，即地表土壤热通量峰值减弱为主。降雪当日地表土壤热通量峰值突减，大气向土壤输送的热量减少，可导致日最高土壤温度明显降低。

从图 5.7(f)中可以看出，雪前晴天(无雪覆盖)5～10 cm 土壤温度均处于增大的趋势，降雪当日 5 cm 和 10 cm 日最高土壤温度由降雪前的 2℃左右降至 0℃以下，使得消融的土壤再次冻结，可见受降雪的影响，5 cm 和 10 cm 土壤消融过程延长。降雪当日 5 cm 和 10 cm 土壤日温差明显减小，尤其是 5 cm 土壤，降雪当日 5 cm 土壤日温差为 0.8℃，而其余时间 5 cm 土壤日温差均在 5.0℃以上。从图 5.7(h)中可以看出，雪后晴天(无雪覆盖)5 cm 和 10 cm 土壤湿度是减小的，尤其是 10 cm 土壤湿度，与雪前晴天(无雪覆盖)相比减少了 6%。这是因为受积雪的影响，消融的土壤再次发生冻结，土壤中的液态水含量减少。虽然有融雪水下渗，但由于此次降雪量较少，融雪水较少，土壤湿度最后表现为由土壤温度降低土壤冻结导致的土壤湿度减小，这点与土壤冻结阶段不同。

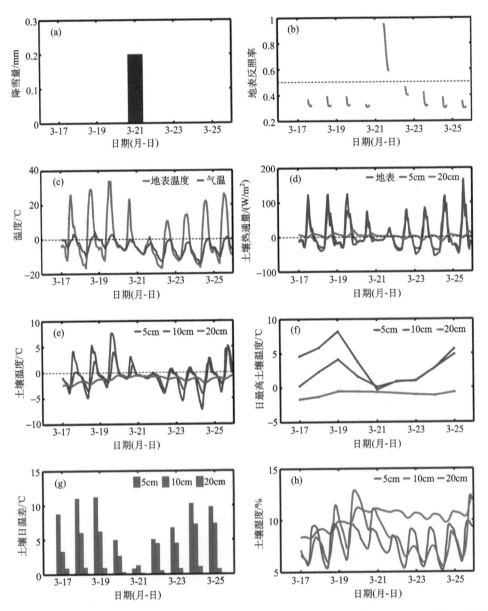

图 5.7　土壤消融阶段降雪量(a)、地表反照率(b)、地表温度和气温(c)、土壤热通量(d)、土壤温度(e)、日最高土壤温度(f)、土壤日温差(g)和土壤湿度(h)变化特征

在土壤消融阶段的降雪过程中，地气间热交换以大气向土壤输送热量为主，受积雪的影响，降雪当天大气与土壤间的双向热量交换均减少，尤其是大气向土壤的热量输送，导致土壤温度突降，土壤日温差明显减小。土壤温度的降低使得土壤湿度也随之减小，虽然土壤湿度也受融雪水下渗和土壤消融的影响，但总体仍表现为减小。可见，在该阶段受积雪的影响土壤温度降低，进而引起土壤湿度减小。虽然积雪对土壤湿度有直接影响，但以间接影响土壤湿度为主。

在土壤冻结阶段的降雪过程中，土壤为热源，与雪前晴天(无雪覆盖)相比，雪后晴天(有雪覆盖)地气间热交换明显减弱，同时深层土壤不断向浅层土壤输送热量，导致浅层土壤温度增大，在该阶段积雪不仅可以通过自身消融使得土壤湿度增大，还可以通过改变土壤温度从而间接影响土壤湿度。在土壤完全冻结阶段的降雪过程中，土壤虽仍为热源，但热源作用不显著，与雪前晴天(无雪覆盖)相比，降雪当天及雪后晴天(有雪覆盖)地气间热交换减弱，导致土壤日最高温度降低，但整个降雪过程中土壤湿度基本不变，在该阶段虽然土壤温度受积雪的影响有所降低，但积雪对土壤湿度的直接和间接影响均较小。在土壤消融阶段的降雪过程中，土壤为热汇，降雪当日地气间热交换减弱，使得日最高土壤温度突降，导致消融的土壤再次冻结，从而导致土壤湿度减小，在该阶段虽然有融雪水下渗，但由于降雪量较少，总体仍表现为土壤湿度减小，积雪对土壤湿度也有直接影响和间接影响。

5.2.4 晴天无雪和晴天有雪土壤日温差比较

对以上三个土壤冻融阶段的分析均表明降雪当日及雪后晴天(有雪覆盖)土壤日温差明显减小，但这只是针对这三次降雪过程得出的，对于这个结论在更多降雪过程中是否适用，本小节分别挑选出了 2011～2014 年冬季中晴天无雪和晴天有雪时 5 cm、10 cm 和 20 cm 土壤日温差进行分析。对于晴天无雪的日期的选取，为了避免积雪的影响，所选天数的前后 3 天内不可有降雪或积雪；对于晴天有雪的日期的选取，由于积雪的绝热效率随着积雪的老化和消融而变差，反照率也随着积雪的老化和消融而减小，因此只选择降雪当日和其后 3 天以内的雪后晴天。按照这个选择标准，选择晴天无雪日数共 155 天，晴天有雪日数共 105 天，图 5.8 即选取的样点分布。

图 5.9 为所有的晴天无雪和晴天有雪日期中 5 cm、10 cm 和 20 cm 土壤日温差对比。从图 5.9 中可以看出，5 cm 土壤日温差在晴天无雪时均匀分布在 4～11℃，而在晴天有雪时主要分布在 2～9℃，且倾向于向偏低的一端分布；10 cm 土壤日温差在晴天无雪时均匀分布在 2.5～6.5℃，而在晴天有雪时主要分布在 1～4℃；20 cm 土壤日温差在晴天无雪时均匀分布在 1.5～3℃，而在晴天有雪时主要分布在 0.5～2℃；与晴天无雪时相比，三层土壤日温差在晴天有雪时明显偏小。随着土壤深度的增加，土壤日温差减小。与晴天无雪时相比，晴天有雪时土壤日温差更小，但随着土壤深度的增加，两者差异幅度下降。

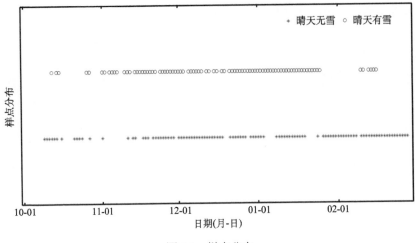

图 5.8　样点分布

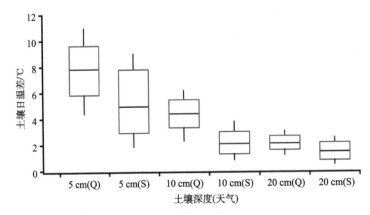

图 5.9　晴天无雪和晴天积雪土壤日温差比较

Q：晴天无雪；S：晴天有雪

5.2.5　土壤冻融期和主要降雪期土壤温湿变化对比

2013 年 10 月 1 日～2014 年 5 月 31 日，其中主要降雪期为 2013 年 10 月下旬～2014 年 1 月中上旬，图 5.10 中 p1 为土壤冻结阶段，p2 为土壤完全冻结阶段，p3 为土壤消融阶段，可见在 p1、p3 阶段土壤湿度变化较大，而在主要的降雪期土壤湿度变化较小，说明在整个土壤冻融阶段，由降雪引起的浅层土壤湿度变化较小，而由土壤冻结和消融引起的浅层土壤湿度变化较大，在整个土壤冻融阶段 20 cm 土壤湿度最大（图 5.10）。在 p2 阶段初期，即土壤完全冻结阶段初期，虽然地表温度和土壤温度均在 0℃以下，但随着土壤温度的降低，土壤中的液态水进一步发生冻结，土壤湿度继续减小，但当土壤温度进一步降低至 –5℃以下时，土壤湿度不再随着温度降低而减小，而是基本保持不变。

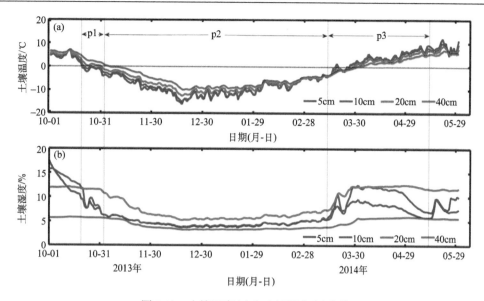

图 5.10　土壤温度(a)和土壤湿度(b)变化

p1：土壤冻结阶段；p2：土壤完全冻结阶段；p3：土壤消融阶段

5.2.6　小结

通过对黄河源区土壤冻融状况及不同土壤冻融阶段降雪过程中土壤温湿度变化的分析，得出以下主要结论。

(1)黄河源区土壤从 10 月开始冻结，冻结初日随着土壤深度的增加而滞后，冻结过程单向进行，消融过程双向进行，两个消融锋面在 2 m 深度左右相交。在整个土壤冻融阶段，由降雪引起的浅层 5 cm、10 cm 和 20 cm 土壤湿度变化较小，由土壤冻结和消融引起的变化较大。

(2)积雪的作用效果在不同土壤冻融阶段不同：在土壤冻结(消融)阶段，土壤明显为热源(热汇)，积雪使得土壤向大气(大气向土壤)输送的热量明显减小，导致浅层土壤日最低温度升高(日最高温度降低)，从而对土壤起到保温(降温)作用，进而减缓土壤温度变率。图 5.11 为积雪对土壤不同冻融阶段水热影响的概念图，通过该图可以对积雪对不同土壤冻融阶段的影响有更直观的认识。

(3)积雪对冻土温度的影响可导致土壤冻融时间发生变化，受积雪的影响，在土壤冻结阶段的降雪过程中，20 cm 土壤冻结过程延长，而在土壤消融阶段的降雪过程中，5 cm 和 10 cm 土壤消融过程延长。

(4)在土壤冻结和消融阶段的降雪过程中，积雪不仅可通过自身的消融直接影响浅层土壤湿度，也可通过影响土壤温度来间接影响土壤湿度，不同的是，在土壤冻结阶段降雪过程中，5 cm 和 10 cm 土壤湿度谷值增大，而在土壤消融阶段降雪过程中，5 cm 和 10 cm 土壤湿度减小。在土壤完全冻结阶段的降雪过程中，积雪对浅层土壤湿度的直接和间接影响都较小。

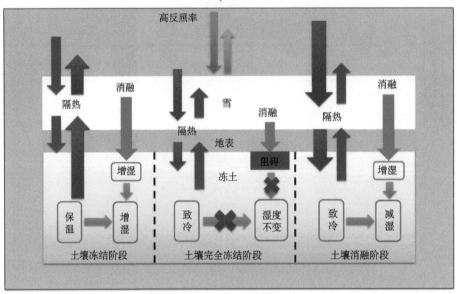

图 5.11　积雪对土壤不同冻融阶段温湿度变化影响概念图

5.3　黄河源区多雪年和少雪年土壤冻融过程及水热分布对比研究

5.3.1　多雪年和少雪年的选取

本节通过四种雨-雪判据得到降雪量：判据 1 为将 0℃作为降雨和降雪的临界温度，当日平均气温(T_a)低于(高于)0℃时认为是降雪(降雨)，Noah 模式使用该方法作为雨-雪判据(Koren et al., 1999)；判据 2 为将 2.5℃作为降雨和降雪的临界温度，是 CLM 模式的雨-雪判据；判据 3 将降雪与降水的比例 f 看作 T_a 的函数，从而根据逐日降水和气温得到降雪量(王澄海等, 2015)。

$$f = \begin{cases} 0, & T_a > 2.5 \\ 0.6, & 2.0 < T_a \leqslant 2.5 \\ 1 - \left[-54.632 + 0.2 \times (T_a + 273.16) \right], & 0.0 < T_a \leqslant 2.0 \\ 1, & T_a \leqslant 0.0 \end{cases} \tag{5.6}$$

判据 4 考虑了海拔和相对湿度对降水类型的影响，并用湿球温度(T_w)代替 T_a 对降水类型进行判断，当 T_w 低于(高于)临界温度(T_{min})时认为是降雪(降雨)(Ding et al., 2014)，计算公式如下：

$$T_w = T_a - \frac{e_{sat}(T_a)(1 - \mathrm{RH})}{0.000643 p_s + \dfrac{\partial e_{sat}}{\partial T_a}} \tag{5.7}$$

$$e_{\text{sat}}(T_a) = 6.1078 \exp\left(\frac{17.27 T_a}{T_a + 237.3}\right) \tag{5.8}$$

$$\Delta T = 0.215 - 0.099 \times \text{RH} + 1.018 \text{RH}^2 \tag{5.9}$$

$$\Delta S = 2.374 - 1.634 \times \text{RH} \tag{5.10}$$

$$T_0 = -5.87 - 0.1042 \times Z + 0.0885 \times Z^2 + 16.06 \times \text{RH} - 9.614 \times \text{RH}^2 \tag{5.11}$$

$$T_{\min} = \begin{cases} T_0 - \Delta S \times \ln\left[\exp\left(\dfrac{\Delta T}{\Delta S}\right) - 2 \times \exp\left(-\dfrac{\Delta T}{\Delta S}\right)\right], & \dfrac{\Delta T}{\Delta S} > \ln 2 \\ T_0, & \dfrac{\Delta T}{\Delta S} \leqslant \ln 2 \end{cases} \tag{5.12}$$

联立(5.7)、(5.8)式可得 T_w，联立(5.9)～(5.12)式可得 $T_{\min}$。其中，T_a、T_w 和 $T_{\min}$ 单位均为℃；$e_{\text{sat}}(T_a)$ 是气温为 T_a 时的饱和水汽压(hPa)；p_s 为气压(hPa)；RH 为相对湿度；ΔT、ΔS 和 T_0 均为参数。

由于黄河源区积雪主要集中在前冬和春季(杨建平等，2004)，因此定义冬春积雪年为上年 10 月 1 日至当年 4 月 31 日(韦志刚等，2003)，图 5.12 为依据四种雨-雪判据计算的 1956～2013 年玛多草地站点冬春累积降雪量变化。从图中可以看出，判据 2～4 结果差异不大，多年冬春累积降雪量平均值分别为 46.41 mm、45.32 mm 和 47.35 mm。与判据 2～4 相比，判据 1 结果略偏低，多年冬春累积降雪量平均值为 41.52 mm。取多雪年(少雪年)为冬春累积降雪距平≥10%(≤10%)的年份(章少卿，1985)，则四种判据下 2012 年冬春累积降雪距平分别为 38.0%、30.1%、31.7%和 28.4%，2013 年冬春累积降雪距平分别为-34.7%、-11.2%、-17.2%和-10.9%，可见 2012 年冬春为多雪年，2013 年冬春为少雪年，且雨-雪判据的选择对多雪年和少雪年的选取没有影响。因此下文将 2012 年冬春和 2013 年冬春分别记为多雪年和少雪年。

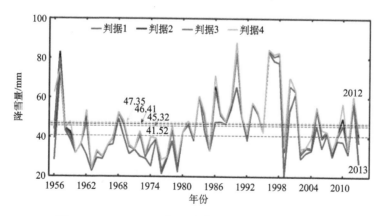

图 5.12　1956～2013 年玛多草地站点冬春累积降雪量

5.3.2　多雪年和少雪年积雪分布

图 5.13 为多雪年和少雪年降雪量和观测点当地时间正午 12:00 反照率随时间的变

化,结合雪反照率=0.5 判据和降雪量综合判断,多雪年降雪最早开始于 10 月 19 日,最晚结束于 4 月 16 日,积雪集中在 1～3 月,1～3 月累积降雪量占冬春累积降雪量的 86.5%,积雪日数为 72 天,少雪年积雪日数仅为 10 天,且分布零散。

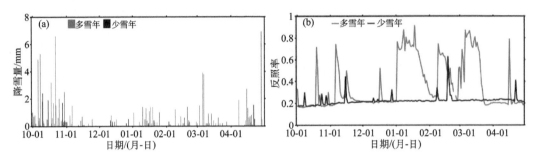

图 5.13　多雪年和少雪年反照率变化

5.3.3　多雪年和少雪年气温和地表温度对比

从图 5.14(a)中可以看出,11 月多雪年日最高地表温度低于少雪年,12 月多雪年日最高地表温度高于少雪年,而 1～3 月多雪年日最高地表温度明显低于少雪年日最高地表温度,其中 1 月和 3 月最为明显:多雪年 1 月日最高地表温度最低值为–18.8℃,而少雪年 1 月日最高地表温度最低值为–4.6℃;多雪年 3 月日最高地表温度最低值为–9.3℃,而少雪年 3 月日最高地表温度最低值为 7.8℃。这是因为这段时间内多雪年大部分时间被积雪覆盖,此时地表温度为雪面温度。结合图 5.13(b)和图 5.14 可以看出,多雪年地表温度低值区与多雪年反照率高值区有很好的对应关系。多雪年气温也明显偏低,尤其是 1～3 月积雪覆盖期间,反映了积雪反照率效应的影响,即有积雪覆盖时,积雪的反照率较高导致入射的短波辐射大部分被反射掉,地表吸收的短波辐射减少,地表温度降低,气温也降低。

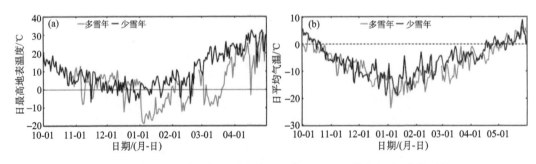

图 5.14　多雪年和少雪年日最高地表温度(a)和日平均气温(b)变化对比

从图 5.15 中可以看出,多雪年和少雪年气温均在 1 月最低,分别为–16.2℃和–13.1℃。11～12 月多雪年和少雪年气温相近,都在–7℃和–12℃左右,而 1～3 月多雪年气温明显偏低,分别比少雪年低 3.04℃、3.15℃、3.58℃。

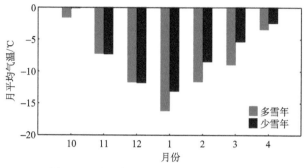

图 5.15　多雪年和少雪年月平均气温变化

5.3.4　多雪年和少雪年土壤冻融时间对比

为了更好地比较多雪年和少雪年的土壤冻融时间，首先定义冻结初日为秋、冬季日最低土壤温度（ST_{min}）首次连续 5 天小于 0℃的第一天；完全冻结初日为秋、冬季日最高土壤温度（ST_{max}）首次连续 5 天小于 0℃的第一天；消融初日为春、夏季日最高土壤温度（ST_{max}）首次连续 5 天大于 0℃的第一天。判断条件中"连续 5 天"是为了避免随机天气过程的影响。

由图 5.16 和表 5.5 可见，多雪年和少雪年冻结初日均随深度的增加而滞后，说明冻结过程均由浅层向深层单向进行。两年土壤冻结初日和完全冻结初日前后差别不大。两年土壤消融过程也是由浅层向深层单向进行。与少雪年相比，多雪年土壤消融初日明显滞后。少雪年 5 cm 土壤从 3 月 8 日开始消融，而多雪年 5 cm 土壤从 4 月 1 日才开始消融；少雪年 10 cm 土壤从 3 月 30 日开始消融，而多雪年 10 cm 土壤从 4 月 22 日才开始消融；少雪年 20 cm 土壤从 4 月 16 日开始消融，而多雪年 20 cm 土壤从 4 月 27 日才开始消融；少雪年 40 cm 土壤从 4 月 21 日开始消融，而多雪年 40 cm 土壤从 5 月 3 日才开始消融；多雪年 5～40 cm 土壤消融初日分别比少雪年晚 24 天、23 天、11 天、12 天。多雪年 5～40 cm 土壤日最高温度（ST_{max}）<0℃的天数明显多于少雪年，但发生日冻融循环的天数少于少雪年，这主要是因为多雪年土壤消融较晚。

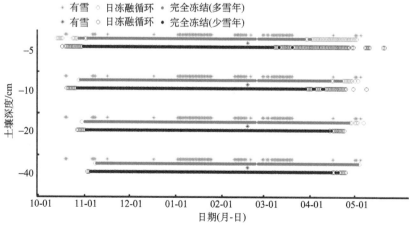

图 5.16　多雪年和少雪年积雪覆盖天数与土壤冻融时间分布

表 5.5　不同降雪年 5~40 cm 土壤冻融时间

土层深度 /cm	类型	冻结初日 /(月−日)	完全冻结 初日/(月−日)	消融初日 /(月−日)	日冻融循环 天数/d	ST$_{max}$<0℃ 天数/d
5	多雪年	10-13	10-28	04-01	44	152
	少雪年	10-19	10-31	03-08	70	130
10	多雪年	10-28	10-29	04-22	12	174
	少雪年	10-20	10-27	03-30	32	158
20	多雪年	10-30	11-01	04-27	7	178
	少雪年	10-27	11-02	04-16	16	164
40	多雪年	11-08	11-09	05-03	2	176
	少雪年	11-03	11-05	04-21	10	164

5.3.5　多雪年和少雪年地表土壤热通量变化对比

地表土壤热通量为负值，土壤向大气输送热量，土壤是热"源"；地表土壤热通量为正值，大气向土壤输送热量，土壤是热"汇"（王胜等，2010）。由图 5.17 可知，多雪年 10 月至次年 3 月中旬、少雪年 10 月至次年 2 月底地表土壤热通量月平均日积分值为负值，地气间热量输送以土壤向大气输送为主，土壤均为热"源"。多雪年从 3 月中旬开始、少雪年从 2 月底开始地表土壤热通量平均日积分值转为正值，地气间热量输送转以大气向土壤输送为主，土壤为热"汇"。少雪年土壤热通量在 2 月底由负转为正，多雪年土壤热通量在 3 月上中旬由负转为正，表明多雪年土壤由热"源"转为热"汇"的时间晚于少雪年。从图 5.17 中还可以看出，多雪年 10~12 月土壤向大气输送的热量不断增加，12 月土壤向大气输送的热量最多，为 0.50 MJ/(m^2·d)，之后减少；少雪年 10~11 月土壤向大气输送的热量不断增加，11 月土壤向大气输送的热量最多，为 0.56 MJ/(m^2·d)，之后减少。

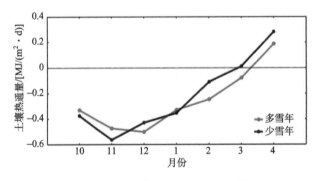

图 5.17　多雪年和少雪年地表土壤热通量变化对比

虽然多雪年 1 月净输出的热量少于少雪年、2~3 月净输出的热量多于少雪年（图 5.17），但从表 5.6 可以看出，多雪年在 1~3 月积雪期间地气间热交换程度明显弱于少雪年。多雪年 1~3 月土壤向大气输送热量的月平均日积分值比少雪年分别少 0.47 MJ/(m^2·d)、

0.13 MJ/(m²·d)、0.49 MJ/(m²·d)，大气向土壤输送热量的月平均日积分值比少雪年分别少 0.44 MJ/(m²·d)、0.26 MJ/(m²·d)、0.58 MJ/(m²·d)。但对于土壤净输出的热量，多雪年 1 月少于少雪年，2～3 月多于少雪年。

表 5.6　多雪年和雪年 1～3 月地气间热量交换的月平均日积分值

参数	多雪年			少雪年		
	1 月	2 月	3 月	1 月	2 月	3 月
地表土壤热通量/[MJ/(m²·d)]	−0.33	−0.24	−0.08	−0.35	−0.11	0.11
土壤向大气输送热量/[MJ/(m²·d)]	0.54	0.69	0.51	1.01	0.82	1.00
大气向土壤输送热量/[MJ/(m²·d)]	0.21	0.45	0.43	0.65	0.71	1.01

5.3.6　多雪年和少雪年土壤水热分布对比

1. 土壤温度

地表土壤热通量的变化会引起土壤温度的变化。由于多雪年 1 月土壤净输出的热量少于少雪年 1 月，虽然多雪年 1 月气温、地表温度均明显低于少雪年，但从图 5.18 可以看出，多雪年 1 月 5～40 cm 土壤温度均高于少雪年，分别高 0.43℃、0.50℃、0.57℃和 0.57℃。2～3 月由于多雪年土壤净输出的热量多于少雪年，2～3 月多雪年土壤温度明显低于少雪年，其中在 2 月各层土壤温度分别比少雪年低 1.87℃、2.08℃、1.64℃和 1.61℃，在 3 月各层土壤温度分别比少雪年低 3.39℃、3.12℃、2.78℃和 2.58℃。

从图 5.19 中也可以看出，多雪年和少雪年土壤温度都在 1 月达到最低，然后土壤温度都开始增大，但少雪年 1～4 月土壤回温速度快于多雪年，这是因为受积雪的影响，多雪年 1 月净输出的热量少于少雪年，而 2～3 月土壤净输出的热量多于少雪年，虽然多雪年 5 cm 土壤 4 月也转为净输入热量，但仍比少雪年少。

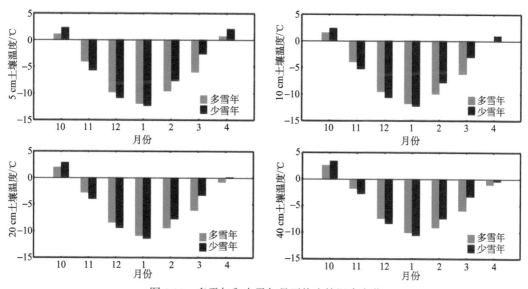

图 5.18　多雪年和少雪年月平均土壤温度变化

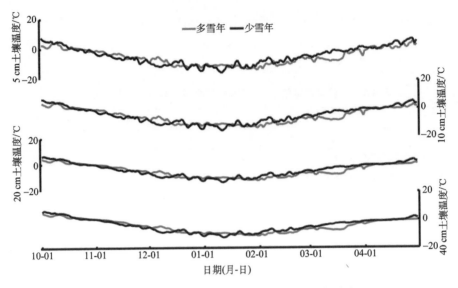

图 5.19　多雪年和少雪年 5～40 cm 土壤温度对比

2. 土壤湿度

从图 5.20 和图 5.21 中可看出，10～11 月土壤的温度逐渐降低，进而发生冻结，多雪年和少雪年土壤湿度均减小。随着土壤消融，少雪年土壤湿度从 3 月便开始增大，而多雪年土壤湿度从 4 月才开始增大，这是因为多雪年土壤消融初日晚于少雪年。在整个土壤冻融阶段，多雪年和少雪年土壤湿度差异较小，除 4 月多雪年 5 cm 土壤湿度高于少雪年 3.5%以外，其余月份多雪年和少雪年 5～40 cm 土壤湿度差异均不超过±2.0%。虽然多雪年 1～3 月积雪较多，但由于气温较低积雪难以消融且土壤处于完全冻结状态阻碍融雪水下渗，因此积雪对土壤湿度影响较小。

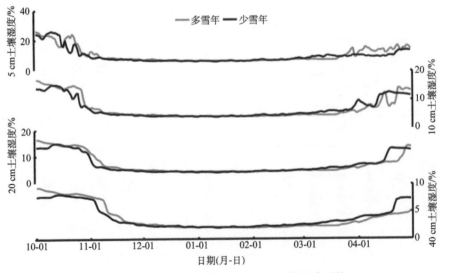

图 5.20　多雪年和少雪年 5～40 cm 土壤湿度对比

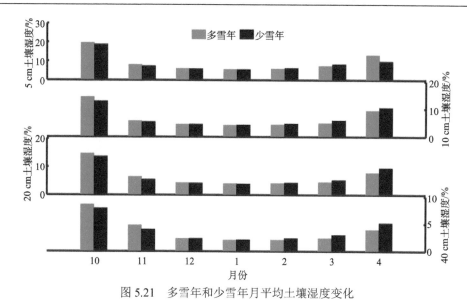

图 5.21　多雪年和少雪年月平均土壤湿度变化

5.3.7　小结

（1）黄河源区多雪年 1～3 月气温明显偏低，分别比少雪年低 3.04℃、3.15℃、3.58℃。多雪年在 1～3 月地气之间热交换程度明显弱于少雪年：多雪年 1～3 月土壤向大气输送热量的月平均日积分值比少雪年分别少 0.47 MJ/(m²·d)、0.13 MJ/(m²·d)、0.49 MJ/(m²·d)，大气向土壤输送热量的月平均日积分值比少雪年分别少 0.44 MJ/(m²·d)、0.26 MJ/(m²·d)、0.58 MJ/(m²·d)，且多雪年地气间热交换方向的转变时间，即土壤由热"源"转为热"汇"的时间晚于少雪年，多雪年 3 月中旬土壤由热"源"转为热"汇"，而少雪年在 2 月底土壤就发生了由热"源"向热"汇"的转变。

（2）多雪年 1 月土壤净输出的热量少于少雪年，2～3 月土壤净输出的热量多于少雪年，导致多雪年 1 月土壤温度高于少雪年、2～3 月土壤温度低于少雪年，1～3 月土壤回温速度明显慢于少雪年，从而导致多雪年 5～40 cm 土壤消融初日分别比少雪年晚 24 天、23 天、11 天、12 天。

（3）整个土壤冻融过程中，虽然多雪年 1～3 月积雪较多，但对土壤湿度的贡献很小，多雪年和少雪年土壤湿度差异较小。少雪年土壤湿度从 3 月随着土壤消融开始增大，土壤湿度开始增大时间早于多雪年。

5.4　黄河源区不同积雪覆盖条件下土壤冻融过程模拟

5.4.1　模拟性能检验

为了深入理解不同积雪覆盖条件下的土壤冻融过程特征，本节利用 CLM4.5 模式对多雪年（2012 年冬春）和少雪年（2013 年冬春）的地表土壤热通量及土壤水热分布进行了模拟、对比分析。

1. 雪深

图 5.22 为 CLM4.5 模拟的多雪年和少雪年 10 月 1 日至次年 4 月 30 日雪深对比。从图中可以看出，模拟的多雪年和少雪年雪深对比明显，多雪年雪深明显大于少雪年，且持续时间更长，积雪主要集中在 1～3 月，各月均有一次积雪积累—消融过程，而少雪年不仅雪深较浅，且持续时间短、分布较为零散，这与观测的反照率判断结果较为一致。模拟的多雪年雪深除 3 月 7 日以外，其余时间雪深均小于 20 cm，而模拟的少雪年雪深均不超过 5 cm。

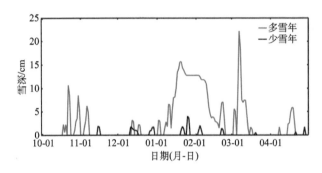

图 5.22　CLM4.5 模拟的多雪年和少雪年雪深对比

2. 地表土壤热通量

图 5.23 给出了多雪年和少雪年日平均地表土壤热通量观测值和模拟值的对比。从图 5.23 中可以看出，模拟的多雪年和少雪年地表土壤热通量峰值和谷值与观测值在相位上均有很好的对应关系。与少雪年相比，多雪年地表土壤热通量模拟值偏差明显较大，可能是由于模式在计算地表土壤热通量时遵循能量守恒原则，因此模式模拟的净辐射、感热通量和潜热通量的偏差会累积到地表土壤热通量的计算中(陈渤黎，2013)。

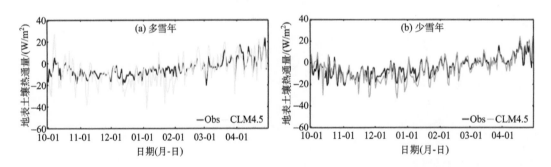

图 5.23　多雪年(a)和少雪年(b)观测和模拟的日平均地表土壤热通量

从表 5.7 中可以看出，多雪年和少雪年地表土壤热通量的模拟值和观测值的相关系数(R^2)均较高，多雪年为 0.80，少雪年为 0.86，少雪年高于多雪年。从 ME 来看，多雪年和少雪年模拟的地表土壤热通量均为负偏差，即模拟的地表土壤热通量整体均偏低，其中多雪年的偏差为–2.07 W/m²，少雪年的偏差为–1.33 W/m²，少雪年的偏差的绝对值比多雪年小。从 RMSE 来看，模拟的多雪年地表土壤热通量的 RMSE 为 8.39 W/m²，而少雪年为 5.89 W/m²，模拟的少雪年的 RMSE 低于多雪年，说明模拟的少雪年的地表土壤热通量与观测值更接近。从 NSE 来看，多雪年的 NSE 系数低于少雪年，多雪年和少雪年的 NSE 系数分别为–0.21 和 0.52。可见，无论是地表土壤热通量的模拟值与观测值的相关性，还是偏差、均方根误差或纳什系数，少雪年模拟结果均优于多雪年。由此表明 CLM4.5 对于雪层的考虑还需要进一步的完善。

表 5.7　观测和模拟的多雪年和少雪年土壤温湿度、地表温度及地表土壤热通量偏差统计

雪年类型	物理量	R^2	ME	RMSE	NSE
多雪年	5 cm 土壤温度	0.97	–0.08℃	1.28℃	0.94
	10 cm 土壤温度	0.97	0.32℃	1.26℃	0.94
	20 cm 土壤温度	0.97	0.29℃	1.11℃	0.94
	40 cm 土壤温度	0.98	0.57℃	1.13℃	0.94
	5 cm 土壤湿度	0.96	4%	4%	0.40
	10 cm 土壤湿度	0.95	7%	7%	–2.56
	20 cm 土壤湿度	0.96	9%	9%	–4.98
	40 cm 土壤湿度	0.95	1%	3%	–0.82
	地表土壤热通量	0.80	–2.07 W/m²	8.39 W/m²	–0.21
少雪年	5 cm 土壤温度	0.98	0.51℃	1.41℃	0.94
	10 cm 土壤温度	0.98	1.00℃	1.53℃	0.92
	20 cm 土壤温度	0.98	1.06℃	1.43℃	0.92
	40 cm 土壤温度	0.98	1.29℃	1.72℃	0.87
	5 cm 土壤湿度	0.95	4%	4%	0.23
	10 cm 土壤湿度	0.97	7%	7%	–3.00
	20 cm 土壤湿度	0.96	9%	9%	–5.57
	40 cm 土壤湿度	0.93	2%	4%	–1.90
	地表土壤热通量	0.86	–1.33 W/m²	5.89 W/m²	0.52

3. 土壤温度

图 5.24 给出了观测和模拟的多雪年和少雪年 5 cm、10 cm、20 cm 和 40 cm 土壤温度观测值和模拟值的对比。从图 5.24 中可以看出，多雪年和少雪年观测和模拟的各层土壤温度的峰值和谷值在相位上有很好的对应关系。浅层土壤温度波动幅度较大，深层土壤温度变化较为平滑，CLM4.5 能较好地模拟出多雪年和少雪年 5～40 cm 土壤温度的变化趋势。

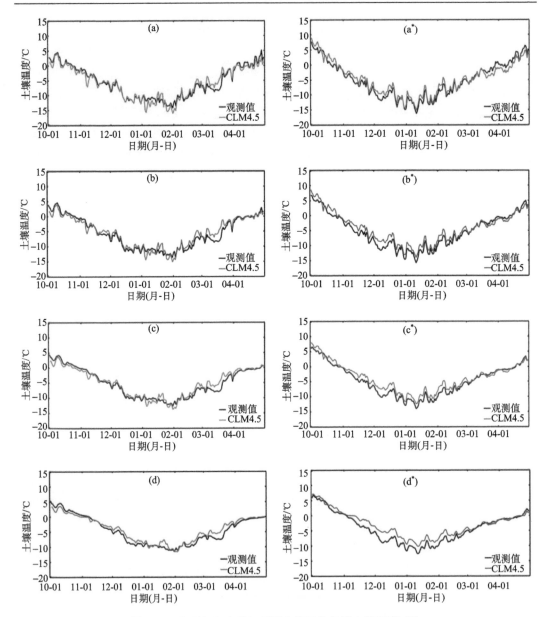

图 5.24　多雪年和少雪年观测和模拟的各层土壤温度对比

(a)多雪年 5 cm；(b)多雪年 10 cm；(c)多雪年 20 cm；(d)多雪年 40 cm；(a*)少雪年 5 cm；(b*)少雪年 10 cm；(c*)少雪年 20 cm；(d*)少雪年 40 cm

　　从表5.7中可以看出,多雪年和少雪年土壤温度模拟值和观测值的相关系数均在0.97以上,多雪年 5~40 cm 土壤温度模拟值与观测值的相关系数分别为0.97、0.97、0.97 和0.98,少雪年 5~40 cm 土壤温度模拟值与观测值的相关系数均为0.98。除多雪年 5 cm土壤温度整体为负偏差外,多雪年其他三层土壤温度和少雪年四层土壤温度整体均偏大。多雪年和少雪年 5 cm 土壤温度的偏差分别为−0.08℃和0.51℃,10 cm 土壤温度的偏差分别为 0.32℃和1.00℃,20 cm 土壤温度的偏差分别为0.29℃和1.06℃,40 cm 土壤温度的偏差分别为 0.57℃和 1.29℃。从 RMSE 来看，少雪年各层土壤温度的均方根误差均大于多雪年，说明少雪年土壤温度模拟值偏离观测值的程度大于多雪年。多雪年各层土壤温度的 NSE 均为 0.94，少雪年各层土壤温度的 NSE 分别为 0.94、0.92、0.92 和 0.87。以上分析表明，CLM4.5 对多雪年和少雪年土壤温度模拟效果均较好。

图 5.25 为观测和模拟的多雪年和少雪年土壤温度日期-土壤深度剖面对比。可以看出 CLM4.5 能很好地模拟出多雪年浅层土壤的冻结时间和土壤的消融时间，但模拟的深层土壤冻结时间较为提前。CLM4.5 能很好地模拟出少雪年土壤的冻结和消融时间。

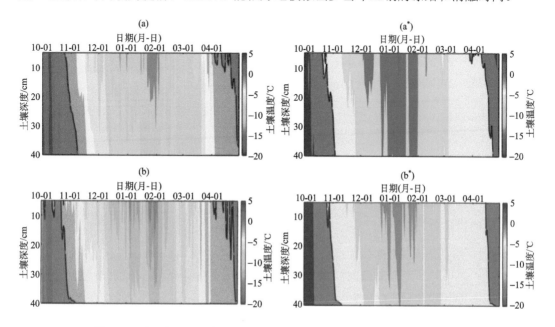

图 5.25　多雪年和少雪年观测和模拟的土壤温度日期-土壤深度剖面对比

(a)多雪年观测；(b)多雪年 CLM4.5；(a*)少雪年观测；(b*)少雪年 CLM4.5

4. 土壤湿度

图 5.26 为多雪年和少雪年观测和模拟的 5 cm 和 40 cm 土壤湿度(本节中土壤湿度均指土壤中液态水的体积含水量)对比。可以看出，土壤湿度模拟值的波峰和波谷与观测值在相位上对应较好。CLM4.5 能较好地模拟出多雪年和少雪年 5 cm 和 40 cm 土壤湿度在冻结和消融过程中的突减和突增变化，突减和突增时间与观测值较为一致。但模拟的多雪年和少雪年的浅层土壤均偏湿。

从表 5.7 中可以看出，多雪年和少雪年土壤湿度的模拟值和观测值相关性均较高，多雪年 5 cm 和 40 cm 土壤湿度模拟值和观测值的相关系数分别为 0.96 和 0.95，少雪年 5 cm 和 40 cm 土壤湿度模拟值和观测值的相关系数分别为 0.95 和 0.93。从 ME 来看，多雪年和少雪年的模拟结果均偏湿。可见，对于土壤湿度的模拟，多雪年和少雪年模拟效果差异不大。

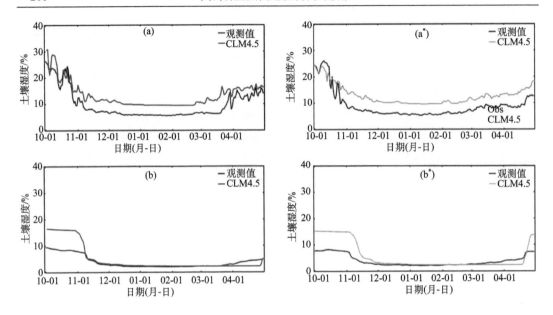

图 5.26　多雪年和少雪年观测和模拟的土壤湿度对比

(a) 多雪年 5 cm；(b) 多雪年 40 cm；(a*) 少雪年 5 cm；(b*) 少雪年 40 cm

5.4.2　敏感性实验

从上述分析可知，多雪年和少雪年的土壤冻融及水热分布存在一定的差异，为了分析积雪是否是引起该差异的原因，本节将设计敏感性实验对此进行分析。另外，已有研究表明积雪的开始和持续时间对土壤温湿度变化也有影响，因此，本节也将对此设计敏感性实验进行分析。本节的模拟时段为多雪年 (2012 年冬春)，由于多雪年积雪集中在 1～3 月，因此下文主要针对 1～4 月进行分析。

1. 实验设计

将 4.4.1 节的实验作为控制实验，在控制实验其他条件不变的基础上，设计了 3 组敏感性实验，具体方案如下。

Case1：将 Ctrl 实验初始场中多雪年 1～3 月的降雪全部取值为 0；

Case2：将 Ctrl 实验初始场中多雪年 1 月的降雪全部取值为 0；

Case3：将 Ctrl 实验初始场中多雪年 3 月的降雪全部取值为 0。

其中，Case1 为了探讨积雪是否是引起多雪年和少雪年土壤冻融过程及水热分布差异的因素，Case2 和 Case3 为了分析积雪的开始和持续时间对土壤温湿度变化的影响。1 月和 3 月雪深均较浅，但 1 月积雪持续时间长，3 月积雪持续时间短。虽然 2 月积雪也较多，但由于 2 月新降雪下层仍有 1 月旧积雪，新雪和老雪的绝热效率和反照率差异均较大，新雪叠加在老雪上后物理过程较为复杂，去掉 2 月新降水之后的土壤温度变化不能单纯地看作 2 月新雪的影响，因此没有设置"多雪年 2 月降雪全部取值为 0"的敏感性实验。

2. 结果分析

1) 雪深

图 5.27 为模拟的控制实验和敏感性实验的雪深变化，从图 5.27 中可以看出，Case1 中 1~3 月雪深均为 0；Case2 中 1 月雪深为 0，3 月雪深与 Ctrl 实验相同；Case3 中 3 月雪深为 0，1~2 月雪深与 Ctrl 实验相同。从图 5.27(b) 中还可以看出，当 1 月雪深为 0 时，2 月初的雪深明显减小，从这儿也可以看出 2 月初的积雪大部分是 1 月积雪持续到 2 月的结果。

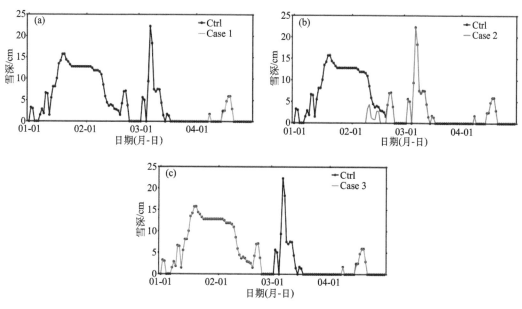

图 5.27　敏感性实验雪深变化

2) 土壤温度

从图 5.28 中可以看出，Case1 中，1 月下旬 5~40 cm 土壤温度均降低，而 2 月上旬 5~40 cm 土壤温度均升高，3 月中旬 5~40 cm 土壤温度也略有增大，说明积雪在 1 月对各层土壤起保温作用，而 2~3 月积雪对各层土壤起降温作用，这是因为 1 月土壤是热 "源"，积雪的存在使土壤净输出的热量减少，从而对土壤起到保温的作用，而 2~3 月土壤处于回温过程，大气向土壤输入的热量逐渐增多，而此时积雪的存在会阻碍大气向土壤的热量输送，因此积雪存在时土壤温度较低，积雪对土壤起降温的作用。由于 3 月积雪持续时间较短，其降温作用较差。

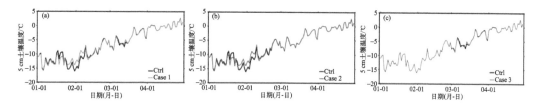

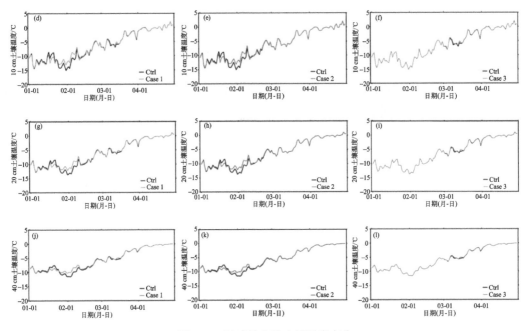

图 5.28　敏感性实验土壤温度变化

　　从图 5.29 中也可以看出，与 Ctrl 实验相比，Case1 5～40 cm 土壤温度在 1 月下旬存在明显的负异常，而在 2 月上旬存在明显的正异常，在 3 月中旬存在较弱的正异常。从图 5.28 中可以看出，Case2 中，1 月下旬 5～40 cm 土壤温度均降低，可以看到，2 月上旬 5～40 cm 土壤温度也均增大了，这是因为 2 月积雪有相当一部分是 1 月积雪的持续，因此 1 月降水取为 0 时，2 月积雪厚度减小，积雪的隔热效果下降，使得地表吸收的太阳短波辐射增加，从而导致 2 月土壤温度增大。从图 5.29(b) 中也可以看出，与 Ctrl 实验相比，Case2 5～40 cm 土壤温度在 1 月下旬存在明显的负异常，而在 2 月上旬存在明显的正异常。从图 5.29(c) 中也可以看出，与 Ctrl 实验相比，3 月中旬存在较弱的正异常。可见，积雪在 1 月对各层土壤起保温作用，2～3 月积雪对各层土壤起降温作用。由于 3 月积雪持续时间较短，其降温作用较弱，从而佐证了前面分析所得积雪是引起多雪年 1 月土壤温度较少雪年高而 2～3 月土壤温度较少雪年低的因素之一的结论。

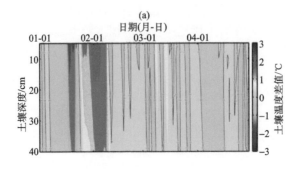

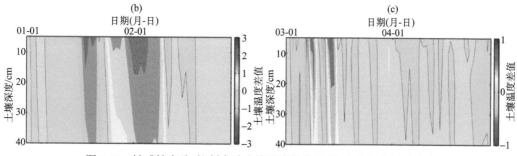

图 5.29　敏感性实验–控制实验土壤温度差值日期–土壤深度剖面对比

(a) Case1-Ctrl；(b) Case2-Ctrl；(c) Case3-Ctrl

3）土壤湿度和土壤含冰量

从图 5.30 中可以看出，与 Ctrl 实验相比，Case1、Case2 和 Case3 土壤湿度变化均较小，但在图 5.31 的 Case1 和 Case3 中去掉 3 月降雪后，5 cm 土壤含冰量均增加，这是因为 3 月白天地表温度在 0℃以上，积雪消融、下渗，但是由于土壤还处于冻结状态，因此下渗的融雪水发生冻结，使得土壤含冰量增加。之所以 1 月积雪对土壤含冰量没有贡献，是因为 1 月地表温度较低，积雪很难消融，另外，1 月土壤的冻结程度大于 3 月，即使有融雪水也很难下渗。

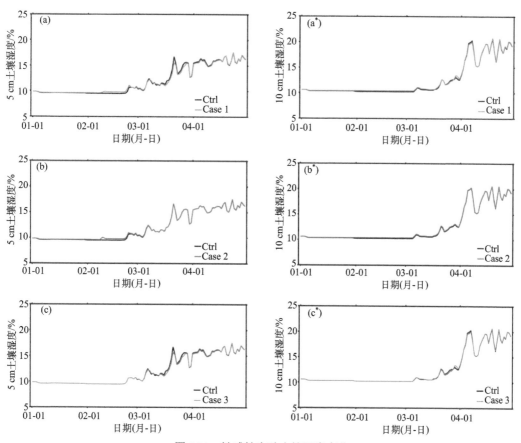

图 5.30　敏感性实验土壤湿度变化

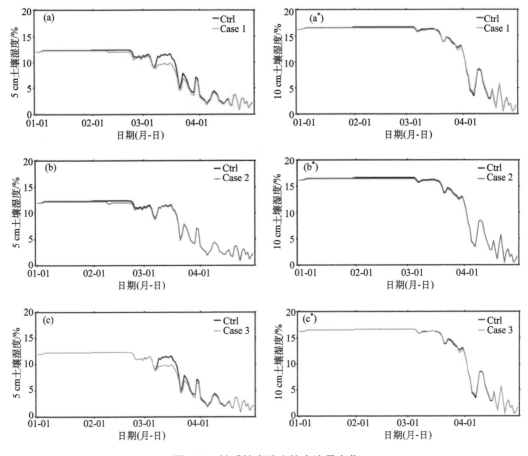

图 5.31　敏感性实验土壤含冰量变化

5.4.3　小结

　　基于选取的多雪年(2012 年冬春)和少雪年(2013 年冬春),首先利用 CLM4.5 对这两个冬春积雪年的地表土壤热通量及土壤水热分布进行了模拟,然后设计敏感性实验分析了多雪年和少雪年土壤温湿度变化差异的原因,以及积雪的开始时间和持续时间对土壤温湿度变化的影响,主要得到以下结论。

　　(1)CLM4.5 模拟的多雪年和少雪年地表土壤热通量峰值和谷值与观测值在相位上均有很好的对应关系,但少雪年模拟结果明显优于多雪年。

　　(2)CLM4.5 多雪年和少雪年土壤温度模拟效果均较好,多雪年和少雪年观测和模拟的各层土壤温度的峰值和谷值在相位上有很好的对应关系,多雪年和少雪年土壤温度模拟值和观测值的相关系数均在 0.97 以上。除少雪年 40 cm 土壤温度纳什系数为 0.87 以外,少雪年其他几层和多雪年各层土壤温度纳什系数均在 0.90 以上。

　　(3)CLM4.5 能较好地模拟出多雪年和少雪年 5~40 cm 土壤湿度在冻结和消融过程中的突减和突增变化,突减和突增时间与观测值较为一致,但模拟的浅层土壤湿度偏湿。

　　(4)积雪在 1 月对各层土壤起保温作用,而 2~3 月积雪对各层土壤起降温作用,佐证了积雪是导致多雪年、少雪年土壤温度差异的因素之一的结论。另外，3 月积雪持续时间较短，其对土壤的降温作用较弱。多雪年积雪对土壤湿度的影响较小，但 3 月积雪消融下渗，发生冻结，使得 5 cm 土壤含冰量增加。

参 考 文 献

陈渤黎. 2013. 青藏高原土壤冻融过程陆面能水特征及区域气候效应研究. 中国科学院寒区旱区环境与工程研究所.

陈海存, 李晓东, 李凤霞, 等. 2013. 黄河源玛多县退化草地土壤温湿度变化特征. 干旱区研究, 30(1): 35-40.

金会军, 王绍令, 吕兰芝, 等. 2010. 黄河源区冻土特征及退化趋势. 冰川冻土, 32(1): 10-17.

刘辉志, 涂钢, 董文杰. 2008. 半干旱区不同下垫面地表反照率变化特征. 科学通报, 53(10): 1220-1227.

刘火霖. 2015. 藏北高原冻融过程的观测与数值模拟研究. 北京: 中国科学院大学.

刘火霖, 胡泽勇, 杨耀先, 等. 2015. 青藏高原那曲地区冻融过程的数值模拟研究. 高原气象, 34(3): 676-683.

缪育聪, 刘树华, 吕世华, 等. 2012. 土壤热扩散率及其温度、热通量计算方法的比较研究. 地球物理学报, 55(2): 441-451.

王澄海, 李燕, 王艺. 2015. 北半球大气环流及其冬季风的年代际变化对青藏高原冬季降雪的影响. 气候与环境研究, 20(4): 421-432.

王胜, 李耀辉, 张良, 等. 张掖戈壁地区土壤热通量特征分析. 干旱气候, 28(2): 148-151.

韦志刚, 黄荣辉, 董文杰. 2003. 青藏高原气温和降水的年际和年代际变化. 大气科学, 27(2): 157-170.

文军, Mo D, Jean-Paul D, 等. 2006. 利用 MODIS 和 ASAR 资料估算青藏高原念青唐古拉山脉地区冰雪范围及厚度. 冰川冻土, (1): 54-61.

杨建平, 丁永建, 陈仁升, 等. 2004. 长江黄河源区多年冻土变化及其生态环境效应. 山地学报, (3): 278-285.

杨建平, 丁永建, 刘俊峰. 2006. 长江黄河源区积雪空间分布与年代际变化. 冰川冻土, (5): 648-655.

于灵雪, 张树文, 卜坤, 等. 2013. 雪数据集研究综述. 地理科学, 33(7): 878-883.

张森琦, 王永贵, 赵永真, 等. 2004. 黄河源区多年冻土退化及其环境反映. 冰川冻土, (1): 1-6.

章少卿. 1985. 冬春季欧亚大陆雪盖面积与我国东部气温、降水的统计关系. 科学通报, (15): 1167-1170.

周秉荣, 李凤霞, 肖宏斌, 等. 2013. 2009/2010 年黄河源区高寒草甸下垫面能量平衡特征分析. 冰川冻土, 35(3): 601-608.

左金清, 王介民, 黄建平, 等. 2010. 半干旱草地地表土壤热通量的计算及其对能量平衡的影响. 高原气象, 29(4): 840-848.

Ding B D, Yang K, Qin J, et al. 2014. The dependence of precipitation types on surface elevation and meteorological conditions and its parameterization. Journal of Hydrology, 513: 154-163.

Jones H G, Pomeroy J W, Walker D A. 2003. 雪生态学: 覆雪生态系统的交叉学科研究. 北京: 海洋出版社.

Koren V, Schaake J, Mitchell K, et al. 1999. A parameterization of snowpack and frozen ground intended for NCEP weather and climate models. Journal of Geophysical Research: Earth Surface, 104(D16): 19569-19585.

Ling F, Zhang T J. 2003. Impact of the timing and duration of seasonal snow cover on the active layer and permafrost in the Alaskan Arctic. Permafrost and Periglacial Processes, 14(2): 141-150.

Luo D L, Jin H J, Lü L Z, et al. 2014 a. Spatiotemporal characteristics of freezing and thawing of the active layer in the source areas of the Yellow River (SAYR). Chinese Science Bulletin, 59(24): 3034-3045.

Luo D L, Jin H J, Marchenko S, et al. 2014 b. Distribution and changes of active layer thickness (ALT) and soil temperature (TTOP) in the source area of the Yellow River using the GIPL model. 中国科学：地球科学英文版, 57(8): 1834-1845.

Niu G Y, Yang Z L. 2006. Effects of frozen soil on snowmelt runoff and soil water storage at a continental scale. Journal of Hydrometeorology, 7(5): 937-952.

Pu Z X, Xu L, Salomonson V V. 2007. MODIS/Terra observed seasonal variations of snow cover over the Tibetan Plateau. Geophysical Research Letters, 34(6): 137-161.

Wen L J, Nagabhatla N, Lü S H, et al. 2013. Impact of rain snow threshold temperature on snow depth simulation in land surface and regional atmospheric models. Advances in Atmospheric Sciences, 30(5): 1449-1460.

Zhang L L, Su F G, Yang D Q, et al. 2013. Discharge regime and simulation for the upstream of major rivers over Tibetan Plateau. Journal of Geophysical Research: Atmospheres, 118(15): 8500-8518.

Zhang T, Osterkamp T E, Stamnes K. 1996. Influence of the depth hoar layer of the seasonal snow cover on the ground thermal regime. Water Resources Research, 32(7): 2075-2086.

Zhang T, Osterkamp T E, Stamnes K. 1997. Effects of climate on the active layer and permafrost on the north slope of Alaska, U.S.A. Permafrost and Periglacial Processes, 8(1): 45-67.

Zhang T, Stamnes K, Bowling S A. 2001. Impact of the atmospheric thickness on the atmospheric downwelling longwave radiation and snowmelt under clear-sky conditions in the Arctic and Subarctic. Journal of Climate, 14(5): 920-939.

Zhang T J. 2005. Influence of the seasonal snow cover on the ground thermal regime: An overview. Reviews of Geophysics, 43(4): DOI: 10.1029/2004RG000157.

第6章　黄河源区积雪反照率遥感和模式产品评估与积雪参数化方案发展

6.1　引　言

地表反照率是影响地表辐射收支的关键物理参数,表征了地表对入射的太阳辐射的反射通量与入射辐射通量之比,直接决定地表吸收的净辐射的比例,影响地表的能量和水分循环过程。王介民和高峰(2004)指出地表反照率是对陆面辐射能收支影响最大的一个参数,即使较小地表反照率误差也会造成估算地表可利用能量的较大误差。Houghton等(2001)表明全球地表反照率值 0.005 的微小变化可使净短波辐射产生 1.7 W/m² 的变化,大于由二氧化碳或其他任何单一因素引起的辐射强迫的影响。地表反照率不仅是制约陆面过程中地表能量收支的基本因子(陈隆勋等,1964;Dickinson,1983;王介民和高峰,2004;马耀明等,2006),也间接对大气环流、区域乃至全球气候产生不容忽视的影响(林朝晖,1995;Lofgren,1995)。例如,在干旱、半干旱区,地表反照率的增大会造成净辐射减小,感热通量、潜热通量相应减少,大气辐合上升运动减弱,进一步造成云和降水量减少,降水量减少导致的土壤湿度减小又使得地表反照率进一步增大,形成一个正反馈作用。同时,云量减少导致太阳辐射增加,引起一个净辐射加大的负反馈过程。在正负反馈共同作用下并最终形成一个稳定状态的过程中,地表反照率起着非常关键的作用(王介民和高峰,2004)。Charney 等(1975)的研究表明 ITCZ 北部的地表反照率从 14%增加到 35%,撒哈拉地区雨季的降雨量减少了 40%,导致地表反照率增大,又进一步加剧该地区的干旱。Curry 等(1995)详细解释了雪/海冰-地表反照率反馈机制对全球变化的影响,即全球变暖导致覆盖的冰雪融化和减少,使得地表反照率减小,导致地球表面吸收更多的太阳辐射,从而进一步加速地球变暖;相反,如果全球温度降低,那么冰雪覆盖会增加,地表反照率会升高,地表反射更多的太阳辐射,使地表温度进一步降低。因此,地表反照率的精准获取及其在陆面过程和气候模式中的准确表达对地面能量平衡分析、天气预报和全球气候变化的研究等具有非常重要的意义。

青藏高原平均海拔高于 4000 m,被称为“世界屋脊”。其独特的大地形所产生的动力和热力作用,直接或间接地影响着我国东部、亚洲及全球的大气环流和天气系统(叶笃正和高由禧,1979;章基嘉等,1988;刘晓东等,1994;范广洲等,1997;吴国雄等,2005)。青藏高原地区地面有效辐射与净辐射的量级基本相同,其在地面和大气加热场中起着极为重要的作用(季国良等,1987)。与其他地区相比,青藏高原的气候变化具有一定的超前性(Liu and Chen,2000),是全球气候变化中最敏感的地区之一(孙鸿烈,1996)。近几十年高原气候逐渐由暖干向暖湿变化(施雅风等,2003;韦志刚等,2003),高原在21 世纪不同时期将有不同程度的暖化(程志刚等,2011;胡芩等,2015),其中 21 世纪最后 10 年高原区域年平均地面气温升温可达 2.7 ℃。高原未来增暖的幅度显著高于全球变暖的幅度(李红梅和李林，2015)。青藏高原地表辐射强烈，气温的上升必将对大气环流、陆面过程、水文和生物化学循环进一步产生影响。因此，有必要精准描述该地区的地表反照率来更好地理解全球变暖背景下地表与大气之间辐射能量的收支和分配过程。

目前，地表反照率的研究方法主要有试验观测、卫星遥感反演和陆面模式模拟(王介民和高峰，2004；肖登攀等，2011)。青藏高原气候恶劣，自然环境复杂，条件艰苦，气象站点稀少，观测资料相对匮乏。卫星遥感和陆面模式具有较大的全球覆盖度和时间重复性，可以获得大区域、空间分布连续的高时间分辨率的地表反照率(Geleyn and Preuss，1983；Pinty et al.，2000)，在一定程度上弥补观测的不足。但受青藏高原观测资料时空代表性、多变的天气以及技术手段等因素的影响，青藏高原地表反照率的原始遥感数据的处理及模式中反照率参数化的建立仍面临极大的困难，导致产品精度存在许多不确定性。因此，采用不同站点和较长时间序列的观测数据对其进行验证与评估就显得尤为重要。利用青藏高原地面观测的反照率数据，对卫星遥感获得的地表反照率产品以及全球模式模拟的地表反照率进行定量评估，一方面有利于遥感反演算法和陆面模式参数化方案的改进，另一方面也便于用户全方位地了解和更有针对性地使用这些产品。

6.2　研究数据和方法

6.2.1　研究数据

1. 地面观测数据

本章地面观测数据来源于黄河源站河曲马场观测点和鄂陵湖高寒草原观测点。

2. 遥感地表反照率产品

1) GLASS 地表反照率产品

GLASS (global land surface satellite) 地表反照率产品是北京师范大学在"863"计划重点项目"全球陆表特征参量产品生成与应用研究"支持下开发的面向全球变化与地球系统科学研究的五个参数产品(叶面积指数、发射率、地表反照率、下行短波辐射和下行光合有效辐射)之一(刘强等，2012；梁顺林等，2014)。该产品覆盖全球陆地表面，时间范围是 1981～2015 年；其中 1981～1999 年的产品基于 AVHRR 数据生成，空间分辨率是 0.05°，采用等经纬度投影；2000～2015 年的产品基于 MODIS 数据生成，空间分辨率是 1 km，采用正弦投影(刘强等，2012；梁顺林等，2014)，每年 46 个数据文件。GLASS地表反照率产品是国内唯一自主研发、时间序列最长的全球地表反照率产品。本章使用的 GLASS 地表反照率产品是 GLASS02A06 产品(第 4 版)。该版本在原有短波波段黑空反照率 BSA (Black-Sky Albedo)、白空反照率 WSA (White-Sky Albedo) 及其质量控制信息的基础上，扩展到可见光波段、近红外波段的 BSA、WSA 及其质量控制信息。数据从网站 http://glass-product.bnu.edu.cn 免费下载。

2）MODIS 地表反照率产品

MODIS（moderate resolution imaging spectroradiometer）是美国国家航空航天局（NASA）地球观测系统 EOS 系列卫星上搭载的一个重要探测器，具有较高的时空分辨率和光谱分辨率。MODIS 全球地表反照率产品联合了 Terra 和 Aqua 双星的数据，编号为MCD43，采用正弦投影和等经纬度投影两种方式（Román et al.，2009）。本章所用的MCD43B3 产品数据是由 NASA 陆地分布式活动档案中心（LP DAAC）、美国地质调查局（United States Geological Survey，USGS）与地球资源观测与科学（Earth Resource Observation and Science，EROS）数据中心提供（https://lpdaac.usgs.gov/data_access/data_pool）。

3）GlobAlbedo 地表反照率产品

欧洲太空总署（ESA）全球地表反照率产品 GlobAlbedo 反演周期为 8 d，以正弦投影和等经纬度投影两种方式提供可见光（VIS）、近红外（NIR）和短波（SW）波段的黑空反照率（DHR）和白空反照率（BHR）（Lewis et al.，2012）。本章使用的是空间分辨率为 1 km、正弦投影的 GlobAlbedo 产品（表 6.1）。该数据由 ESA 地球观测网络计划 EOEP（earth observation envelope programme）提供（http://www.globalbedo.org）。

GLASS、MODIS 和 GlobAlbedo 地表反照率产品信息见表6.1。

表 6.1　GLASS、MODIS 和 GlobAlbedo 地表反照率产品信息

名称	GLASS02A06	MCD43B3	GlobAlbedo
传感器	AVHRR 和 MODIS	MODIS	VGT、MERIS 和 AATTSR
卫星	NOAA、Terra 和 Aqua	Terra 和 Aqua	Envisat
包含的地表反照率数据	3 个宽波段(短波波段，0.3～5.0μm；可见光波段，0.3～0.7μm；近红外波段，0.7～5.0μm)的 BSA 和 WSA	3 个宽波段(短波波段，0.3～5.0μm；可见光波段，0.3～0.7μm；近红外波段，0.7～5.0μm)的 BSA 和 WSA，7 个窄波段(659 nm、865 nm、470 nm、555 nm、1240 nm、1640 nm、2130 nm)的 BSA 和 WSA	3 个宽波段(短波波段，0.3～5.0μm；可见光波段，0.3～0.7μm；近红外波段，0.7～5.0μm)的 BSA 和 WSA
时间覆盖	1981～2015 年	2000～2017 年	1998～2011 年
空间覆盖	全球	全球	全球
投影方式	正弦等面积投影	正弦等面积投影	正弦等面积投影
空间分辨率/km	1	1	1
时间分辨率/d	8	8	8

3. CMIP5 模式

CMIP5（coupled model intercomparison project phase 5）是在 CMIP3 基础上发展而来的，根据联合国政府间气候变化专门委员会（IPCC）第四次评估报告解决了一些主要问题，为促进国际耦合模式的发展提供了重要的平台（Izrael et al.，2007）。IPCC 基于 CMIP5包含的 50 多个全球气候模式的模拟结果预估了不同排放情景下未来气候可能的变化，为

适应和减缓气候变化的可能对策提供了重要的参考依据。本章主要关注 21 世纪代表性浓度路径中等排放情景 RCP4.5（到 2100 年辐射强迫为 4.5 W/m^2）和低排放情景 RCP2.6（辐射强迫先增后减，到 2100 年减少至 2.6 W/m^2）的预估试验资料，获取了 CMIP5 中 24 个全球气候模式在不同初始条件下模拟的每日辐射数据 RSUS（surface upwelling shortwave radiation，单位为 W/m^2）、RSDS（surface downwelling shortwave radiation，单位为 W/m^2），选取时段为 2009～2017 年，模式详细信息见表 6.2。这些模式和辐射资料的筛选是基于它们在研究区域有研究时段内的可用数值。

表 6.2　24 个 CMIP5 全球模式使用的陆面模式的基本信息

模式名称	所属机构简称	单位及所属国家	陆面模式	动态植被	参考文献
bcc-csm1-1 bcc-csm1-1-m	BBC	国家气候中心，中国气象局，中国	BCC_AVIM1.0	✓	Wu 等（2013 a），Wu 等（2014）
BNU-ESM	GCESS	北京师范大学全球变化与地球系统科学研究院，中国	CoLM3 + BNU-DGVM	✓	Wu 等（2013 b），Ji 等（2014）
CanESM2	CCCMA	加拿大气候模拟与分析中心，加拿大	CLASS2.7 + CTEM1.0	—	Verseghy（1991），Arora 等（2011）
CCSM4	NCAR	美国国家大气研究中心，美国	CLM4 + CLM4-CN	✓	Gent 等（2011）
CMCC-CM CMCC-CMS	CMCC	欧洲地中海气候变化中心，意大利	ECHAM5 + SILVA	✓	Fogli 等（2009）
CNRM-CM5	CNRM-CERFACS	国家气象研究中心及欧洲科学计算研究中心，法国	ISBA	—	Voldoire 等（2013）
CSIRO-Mk3.6.0	CSIRO-QCCCE	联邦科学与工业研究组织和昆士兰气候变化卓越中心，澳大利亚	Mk3.6	—	Collier 等（2013）
FGOALS-g2	LASG-CESS	中国科学院大气物理研究所，大气科学和地球流体力学数值模拟国家重点实验室，中国	CLM3.0	✓	Huang 等（2014），Oleson 等（2004）
GFDL-CM3 GFDL-ESM2G	NOAA GFDL	地球物理流体动力学实验室，美国国家海洋和大气管理局/海洋与大气研究办公室，美国	LM3	✓	Donner 等（2011）
HadGEM2-CC HadGEM2-ES	MOHC	英国气象局哈德利中心，英国	JULES + TRIFFID	✓	Essery 等（2001），Collins 等（2011）
INM-CM4	INM	俄罗斯科学院数值计算研究所，俄罗斯	Simple model	—	Volodin（2010）
IPSL-CM5A-LR IPSL-CM5A-MR IPSL-CM5B-LR	IPSL	皮埃尔-西蒙·拉普拉斯研究所，法国	ORCHIDEE	—	Krinner 等（2005），Dufresne 等（2013）

续表

模式名称	所属机构简称	单位及所属国家	陆面模式	动态植被	参考文献
MIROC4 h MIROC5	MIROC	东京大学大气海洋研究所，国家环境研究所，日本海洋–地球科技研究所，日本	MATSIRO	—	Watanabe 等 (2010)，Sakamoto 等 (2012)
MIROC-ESM MIROC-ESM-CHEM	MIROC	东京大学大气海洋研究所，国家环境研究所，日本海洋–地球科技研究所，日本	MATSIRO + SEIB-DGVM	✓	Takata 等 (2003)，Watanabe 等 (2011)
MPI-ESM-MR	MPI-M	马克斯·普朗克气象研究所，德国	JSBACH + BETHY	✓	Brovkin 等 (2013)
MRI-CGCM3	MRI	日本气象厅气象研究所，日本	HAL	—	Yukimoto 等 (2012)

6.2.2　研究方法

由于本书使用的产品种类较多，数据量较大，所以使用以下三个统计量来评价数据的总体表现。对于某一要素 X，用 $X_{obs,i}$ 表示观测值，$X_{model,i}$ 表示估计值，i 表示统计时段内的样本序号，n 为相应样本个数。三个评价指标的计算公式如下。

(1)均方根误差：是观测值与真值(或模拟值)偏差的平方和观测次数 n 比值的平方根。它对一组测量中的特大或特小误差反应非常敏感，能很好地反映测量的精密度。

$$\text{RMSE} = \sqrt{\dfrac{\sum\limits_{i=1}^{n}\left(X_{obs,i} - X_{model,i}\right)^2}{n}} \tag{6.1}$$

(2)偏差：指某一次测量值与模拟值之间的差异。绝对值越大表示与观测值之间的差异越大。

$$\text{bias} = X_{obs,i} - X_{model,i} \tag{6.2}$$

(3)相关系数：表示两个变量之间线性相关程度的量，是一种非确定性的关系。数值越大，表示两组数据的相关性越高。

$$R = \dfrac{\sum\limits_{i=1}^{n}(x_i - \overline{x})(y_i - \overline{y})}{\sqrt{\sum\limits_{i=1}^{n}(x_i - \overline{x})^2 \sum\limits_{i=1}^{n}(y_i - \overline{y})^2}} \tag{6.3}$$

6.3　GLASS、MODIS 和 GlobAlbedo 地表反照率产品精度评估

6.3.1　数据处理

首先剔除观测值中<0 和>1 的异常反照率值。因为 GLASS、MODIS 和 GlobAlbedo 反照率是当地正午时刻的地表反照率(陈爱军等，2015，2016；胡慎慎，2016)，所以本章观测的日平均地表反照率是玛曲草地站点和玛多草地站点 12:00～14:00 的小时平均值(即当地正午)。三种遥感反照率产品的投影虽然一致，但为了得到玛曲草地站点和玛多草地站点对应像元的地表反照率，先对遥感产品进行投影转换，进而提取对应像元的反照率值。

在对比 8 天平均的地表反照率时，GLASS 地表反照率产品是每 8 天以 17 天的时域滤波窗口合成的，如时间标记为第 9 天的 GLASS 产品，实际是第 1～17 天日地表反照率的合成结果(梁顺林等，2014)。为准确对比，观测数据处理成与 GLASS 产品完全相同的时间周期。考虑到积雪对反照率的影响，将当地时间正午地表反照率不小于 0.4 的日期定为"积雪日"(陈爱军等，2015，2016)，8 天平均地表反照率按照 17 天中"无雪日"或"积雪日"的多数计算得到。例如，玛曲草地站点在 2009 年第 321 天开始的反演周期内，17 天中有 6 天的反照率大于 0.4，无雪日数大于积雪日数，地面观测值按无雪日进行计算。

GLASS、MODIS 和 GlobAlbedo 产品都提供了空间分辨率为 1 km、时间分辨率为 8 天、正弦投影的短波黑空反照率和白空反照率，但是 GLASS02A06 和 MCD43B3 的合成时间窗口不一致。为减小这种数据源差异带来的影响，将 GLASS02A06 第 9 天开始的反演周期与 MCD43B3 第 1 天开始的反演周期进行对比，GLASS02A06 第 17 天开始的反演周期与 MCD43B3 第 9 天开始的反演周期对比，依此类推。将这三种产品和地面观测存在有效数据的值进行比较。

遥感产品的实际反照率根据天空漫射光比例和气溶胶光学厚度加权计算得到，但由于无法获得玛曲草地站点和玛多草地站点的气溶胶光学厚度，因此，本章将遥感产品黑空反照率、白空反照率与观测的平均地表反照率直接进行对比。

6.3.2　结果分析

1. 8 天平均反照率对比

图 6.1(a)是 GLASS、MODIS 和 GlobAlbedo 反照率产品和玛曲草地站点观测的 8 年的 8 天平均反照率值的对比。需要注意的是，在 2009 年第 1～49 天和 105～121 天开始的反演周期内，地面观测数据缺失。整体上，玛曲草地站点的反照率集中在 0.16～0.28，但受到植被生长周期的影响，呈现明显的季节变化。冬季玛曲草地站点反照率相对较小，表明玛曲草地站点冬季积雪较少，且可能消融较快。但是，在 2014 年第 49 天和 2015 年第 9 天，观测的地表反照率分别达到了 0.67 和 0.65，这可能与降雪关系密切。其中 2014

年 2 月 17 日 12:00～14:00 的反照率达到了 0.83～0.88。新雪的反照率可达 0.9(王介民和高峰，2004；李丹华等，2017)，草地上覆盖的积雪会影响并提高草地下垫面的反照率。总的来说，三种反照率遥感产品基本都能反映出地面观测的反照率变化趋势与幅度[图6.1(a)]，但 GlobAlbedo 产品的量值明显大于 GLASS 和 MODIS。整体平均来看，GlobAlbedo 反照率比观测值偏高 0.048；而 GLASS 和 MODIS 分别平均偏低 0.074 和0.063。在 2009 年第 321 天开始的反演周期内，MODIS 黑空反照率小于地面观测值，而白空反照率却显著偏大，表明 MODIS 产品对积雪的敏感性较高。但在 2015 年第 9 天开始的反演周期内，观测的反照率突然剧增，而 GLASS 和 MODIS 反照率仅略微增大，未能准确反映观测的实际变化。地表反照率反演需要较长周期的观测数据，因此反演产品时间分辨率较低，不能反映出雨雪或植被快速生长过程中反照率的快速变化(齐文栋等，2014)。GLASS、MODIS 和 GlobAlbedo 与玛曲草地站点观测值的最小绝对偏差和 RMSE分别为 0.052、0.031、0.035 和 0.068、0.037、0.047，相关系数(R)最大分别为 0.922、0.908和 0.815。由图 6.2(a)和图 6.3(a)可以看出，GlobAlbedo 反照率与地面观测值的 RMSE最小，为 0.055，R 为 0.737；GLASS 反照率的 RMSE 最大，为 0.086，R 为 0.684；MODIS产品准确性最高，RMSE=0.069，R=0.710。图 6.4 散点图的结果与上述分析完全一致。

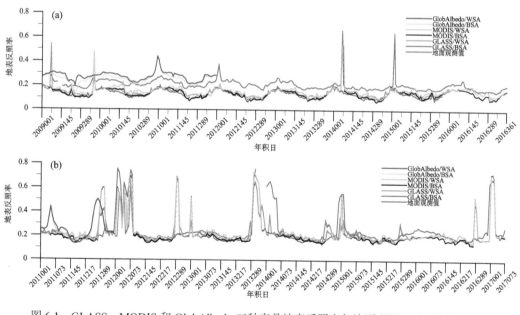

图 6.1　GLASS、MODIS 和 GlobAlbedo 三种产品地表反照率与地面观测 8 天平均值的对比

(a)2009～2016 年玛曲草地站点；(b)2011～2017 年 6 月玛多草地站点

　　玛多草地站点地面观测的反照率年际变化大，与积雪密切相关[图 6.1(b)]。例如，在 2012 年第 9～25 天和第 41～81 天，2013 年第 305～313 天，2014 年第 1～49 天，2015年第 1～9 天及 2017 年第 1～17 天开始的反演周期内，都是积雪日，观测值在 0.6 左右，尤其是 2012 年第 9 天和 2013 年第 313 天开始的 17 天的地表反照率均达到了 0.76，为一年中最大。此类降雪过程与"湖泊效应"降雪有关，在冬季湖泊未完全冻结之前，湖泊

能为"湖泊效应"降雪提供充足的水汽(Zhao et al., 2012)。这些时段内,GLASS 和 MODIS 反照率也显著增大,MODIS 相对增大更快,更敏感。但在 2011 年、2012 年、2014 年和 2016 年第 289 天开始的反演周期内是无雪日,GLASS 和 MODIS 反照率明显增大,与观测存在偏差。这说明 GLASS 和 MODIS 产品对积雪较敏感,当温度升高时,局地积雪快速消融,高原上积雪的非均匀分布造成了较大的偏差。站点观测的范围小,

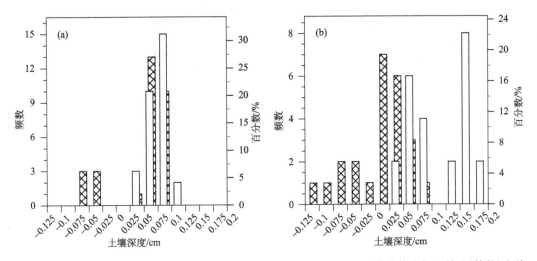

图 6.2　GLASS、MODIS、GlobAlbedo 三种产品地表反照率与地面观测值的均方根误差(网格柱)和绝对误差(空心柱)频数分布

(a)2009~2016 年玛曲草地站点;　(b)2011~2016 年玛多草地站点

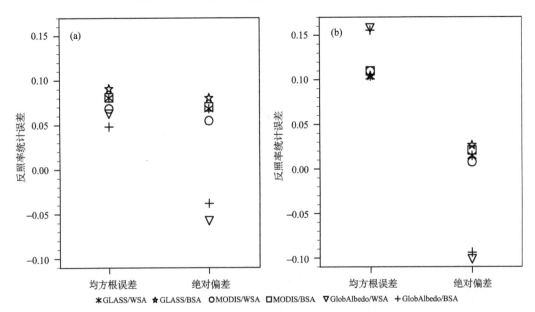

图 6.3　GLASS、MODIS 和 GlobAlbedo 三种产品地表反照率与地面观测值多年平均的均方根误差和绝对误差

(a)2009~2016 年玛曲草地站点;　(b)2011~2016 年玛多草地站点

而遥感像元尺度稍大，尺度的差异也是造成两者不同的重要原因。对比 GLASS、MODIS
与玛多草地站点的统计结果发现，反照率产品存在一定的波动[图 6.3（b），图 6.5]，绝对
偏差范围分别为 0.007～0.062 和 0.005～0.075；RMSE 范围为 0.037～0.180 和 0.057～
0.161；R 范围为 0.350～0.951 和 0.037～0.894。GLASS、MODIS 与观测值的多年平均绝
对偏差分别为 0.02、0.01，RMSE 为 0.10、0.11[图 6.2（b）]。总的来说，GLASS 产品相对
较好，RMSE=0.104，R=0.598。这体现出基于 STF（statistics-based temporal filtering）算法
的 GLASS 产品的优越性。

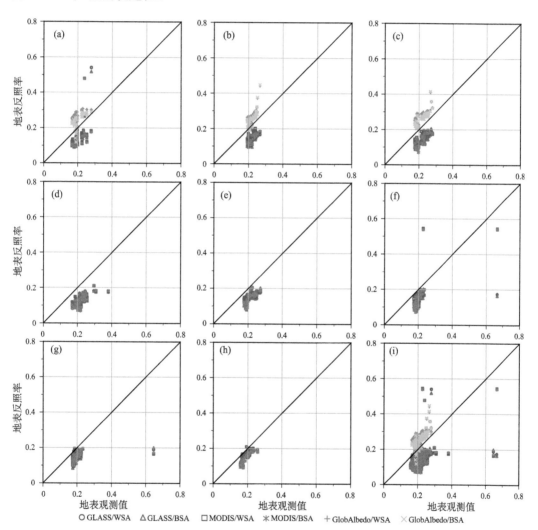

图 6.4　GLASS、MODIS 和 GlobAlbedo 三种产品地表反照率与玛曲草地站点观测值
逐年的和 8 年的散点图

(a) 2009 年；(b) 2010 年；(c) 2011 年；(d) 2012 年；(e) 2013 年；(f) 2014 年；(g) 2015 年；(h) 2016 年；(i) 2009～2016 年

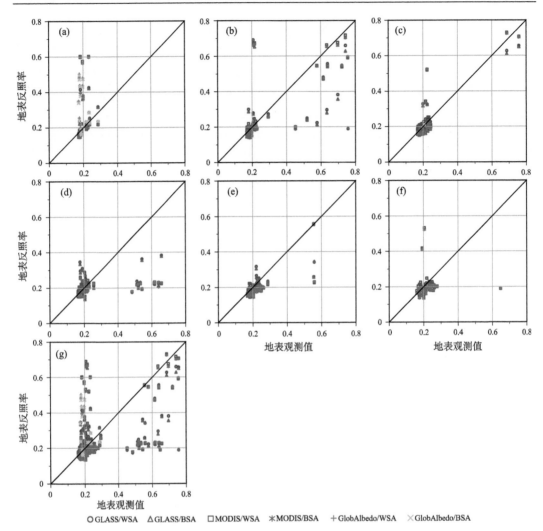

图 6.5　GLASS、MODIS 和 GlobAlbedo 三种产品地表反照率与玛多草地站点观测值逐年的和 6 年的散点图

(a) 2011 年；(b) 2012 年；(c) 2013 年；(d) 2014 年；(e) 2015 年；(f) 2016 年；(g) 2011～2016 年

2.8 天平均反照率的年变化

图 6.6 是 GLASS、MODIS 和 GlobAlbedo 产品与玛曲草地站点（2009～2016 年）和玛多草地站点（2011～2016 年）多年平均地表反照率（8 天均值）的变化。玛曲草地站点年平均反照率为 0.21，与李德帅等（2014）得到的半干旱草地的反照率完全一致。GlobAlbedo 反照率呈现平滑曲线，有明显的高估现象，GLASS 和 MODIS 都存在低估现象，MODIS 低估程度最低。

玛多草地站点年平均地表反照率为 0.25，介于绿洲和沙漠之间，季节变化显著，呈现近似"U"形分布。在第 297 天开始的反演周期内，反照率明显增大且达到一年的最大值 0.49；在第 73 天开始的反演周期内，反照率下降到 0.20～0.33；在第 161～241 天开始的反演周期内，NDVI 较大，反照率最小，为 0.17。GlobAlbedo 地表反照率最不稳定，波动性较大。三种地表反照率产品与玛多草地站点观测值在第 65～241 天开始的反演周期内具有较高的一致性，在第 249 天开始的反演周期内，GlobAlbedo 地表反照率迅速增大，随后 GLASS 和 MODIS 也显著增大。三种产品反照率开始增大的时间早于观测值。在第 313 天开始的反演周期内，产品反照率与地面观测值均减小，在第 1～9 天开始的反演周期内，观测值在 0.3～0.5，但遥感反照率产品反照率继续降低，在 0.2～0.3。只有 GlobAlbedo 在第 49 天开始的反演周期内达到了 0.42，与观测值较为接近。MODIS 本身不做多角度观测，假定地表在一定时间内不发生变化，也就是说它对地表状况的快速变化是不敏感的，这必然会导致反照率产品对积雪反演的偏差(廖瑶等，2014)。

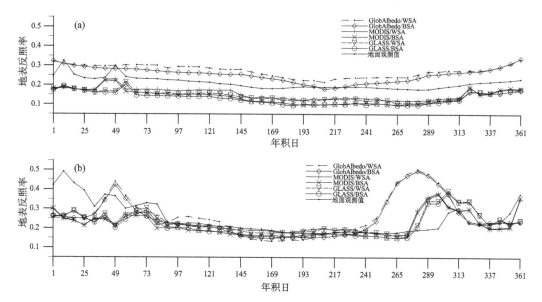

图 6.6　GLASS、MODIS 和 GlobAlbedo 三种产品地表反照率与地面观测的多年 8 天平均变化对比
(a)2009～2016 年玛曲草地站点；(b)2011～2016 年玛多草地站点

3. 季节平均

地表反照率是一个动态的地表参数，它受地面状况(植被、土壤湿度和土壤颜色等)和云量等的影响，不同月份的反照率表现出不同的特征(王鸽和韩琳，2010；孙俊等，2011)。玛曲草地站点地表反照率值为冬季>春季>秋季>夏季，平均值依次为 0.25、0.22、0.19 和 0.18(图 6.7)。夏季，植被长势良好，降水多，表层土壤湿度大，土壤颜色偏暗，反照率为全年最低，为 0.17～0.20。秋季，植被开始枯黄，反照率逐渐增大，但是变化幅度不大。冬季，植被颜色变浅，土壤含水量小，地表反照率最大，在 0.22～0.26。春季，气温回升，冻土消融，土壤湿度增加，反照率随之降低，介于 0.19～0.23。GlobAlbedo 在春、夏、秋、冬均高于地面观测，最大差异在冬季，偏高 0.055；GLASS 和 MODIS 均小于地面观测值，其中 GLASS 与观测最大差异也在冬季，为 0.077；MODIS 与观测的最大差异出现在夏季，为 0.067。对比图 6.5 可见，玛曲草地站点地面观测值与三种产

品的反照率离散程度在冬季最高,最小为 0.16,最大为 0.65。三种遥感产品的传感器、辐射校正、几何配准、反演算法等不相同,导致它们之间存在一定的系统性差异。

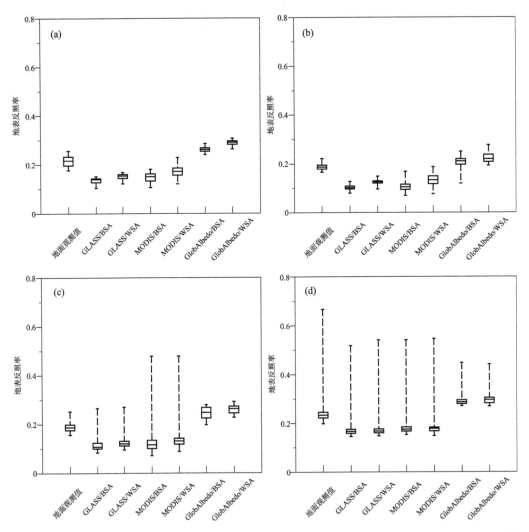

图 6.7　GLASS、MODIS 和 GlobAlbedo 三种产品地表反照率与玛曲草地站点地面观测多年的季节变化

(a)春季；(b)夏季；(c)秋季；(d)冬季

玛多草地站点地表反照率季节变化较玛曲草地站点更显著,夏季反照率最小,平均值为 0.18,秋季为 0.22,与春季较为接近,冬季平均值最大,为 0.33。反照率季节变化的原因与玛曲草地站点相似,不同之处在于玛曲草地站点海拔更高,积雪随季节变化明显,秋季开始出现降雪,再加上植被的影响,反照率离散程度较大,达 0.19~0.31。冬季因地面积雪影响,反照率全年最高,变化幅度也较大,达 0.22~0.48(图 6.8)。这再次证明了地表覆盖对反照率的影响不可忽略。春季和夏季,三种反照率产品与地面观测值具有较高的一致性,差值仅为 0.01；秋季,GlobAlbedo 比地面观测值偏高 0.16,GLASS和 MODIS 与地面观测差值增大到 0.05,尤其是 2011~2014 年明显大于地面观测；冬季,

GlobAlbedo 依然偏高约 0.06，GLASS 和 MODIS 分别偏低 0.09 和 0.08[图 6.9(b)]。地表反照率在秋冬季年际变化最大，差值达 0.12～0.25。对大气产品进行大气校正时，采用不同的气溶胶模型是造成不确定性的主要来源之一，也是使用辐射传输模型进行校正的常见问题。校正算法中使用"暗物体"方法来估计气溶胶光学深度，但这种方法在具有较大的反照率值、植被少(如雪、冰和裸露土壤)的区域存在较大的偏差(Liang，2003)。另外，GLASS 和 MODIS 产品之间的差异也在秋冬季最为突出，在秋冬季节，MODIS产品相对更适用于玛多草地站点，主要归因于 MODIS 分离雪和云的能力(Hall et al.，2002)。

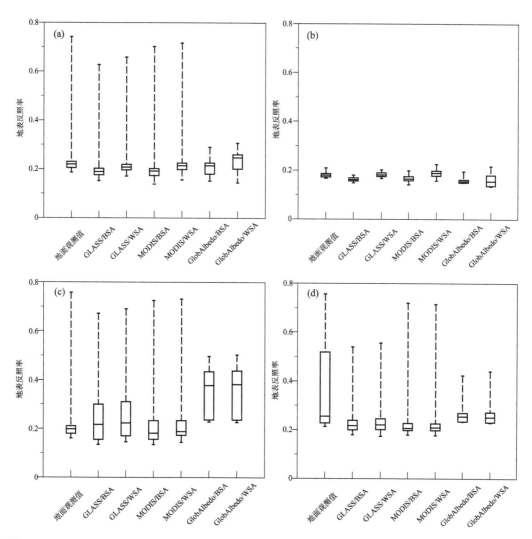

图 6.8　GLASS、MODIS 和 GlobAlbedo 三种产品地表反照率与玛多草地站点地面观测多年的季节变化

(a)春季；(b)夏季；(c)秋季；(d)冬季

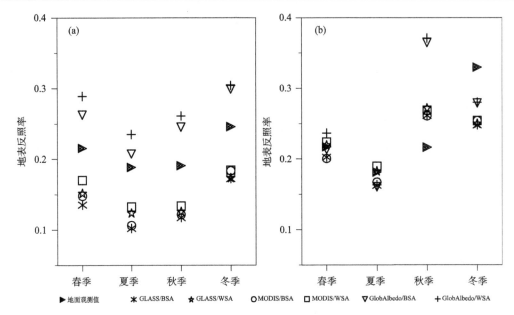

图 6.9　GLASS、MODIS 和 GlobAlbedo 三种产品地表反照率与地面观测值多年平均的季节变化

(a) 2009～2016 年玛曲草地站点；(b) 2011～2016 年玛多草地站点

6.3.3　特殊天气条件下的地表反照率

1. 雪对地表反照率的影响

积雪在地球表面分布极广，作为最重要的陆面强迫因子之一，对气候有着重要的影响 (陈阿娇，2014)。青藏高原地表最显著的特征是广泛存在积雪和冻土，积雪严重影响冬季的地表反照率。在冷季无雪时，地表以稀疏的干草和裸露的土壤为主，反照率变化不大；当有积雪时，反照率剧烈增大。选取玛曲草地站点 2015 年 1 月 1～17 日和玛多草地站点 2016 年 12 月 2～18 日出现连续降雪天气的时间段，探讨反照率的日变化及三种遥感反照率产品对应的变化。

玛曲草地站点在 1～4 日降雪量很小，反照率最大值仅为 0.21，5～7 日降雪增加后，反照率分别迅速增大到 0.75、0.72 和 0.69，日最高气温低于 0 ℃，日平均气温低于 –10 ℃ [图 6.10 (a)]。当降雪量减小、温度升高时，15～17 日反照率重新下降至 0.24～0.29。对比遥感反照率产品发现，GLASS 和 MODIS 小于地面观测值，没有反映出反照率受降雪影响发生的变化。图 6.10 (b) 中 12 月 2 日反照率达到 0.75，是因为出现了 2.2 mm 的降雪，日平均气温从 –8.8 ℃下降到 –11.4 ℃。之后降雪量减小，并且随着气温的逐渐升高，雪融化，11～18 日反照率维持在 0.23 左右。MODIS 小于地面观测值，没有反映 2～6 日在 0.55～0.75 的高反照率。这说明 GLASS 和 MODIS 都不能准确反映不是特别大的降雪过程及快速的消融过程。

一般来说，由于雪和云的光谱特性，遥感卫星在监测过程中受到降雪天气条件的极大限制，现有算法对冰和雪的分辨率不高。GLASS 产品对单日反照率时间序列进行了平滑、缺失填补并合成 8 天分辨率产品(Liu et al.，2013)，方便进行长时间序列的分析。
尽管 MODIS 传感器在积雪监测方面具有绝对优势，但当积雪深度小于 0.5 cm 时，MODIS
检测不到雪(Klein and Barnett，2003)。此外，当卫星过境时，雪有可能已发生融化或仅
存在于观测场小范围内，在 1000 m ×1000 m 像元内积雪深度是极其小的值，这都会增加
GLASS 和 MODIS 反演算法的难度。

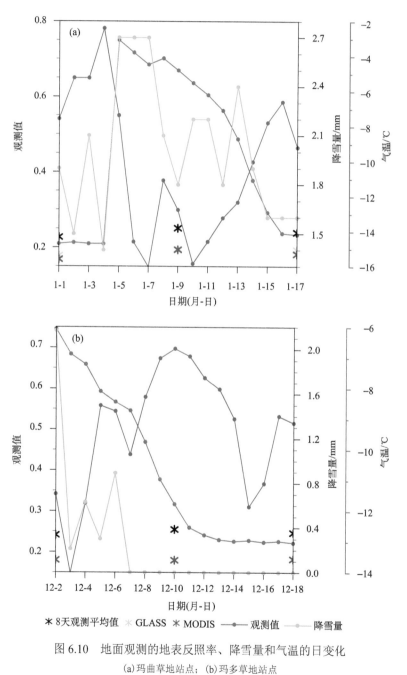

图 6.10　地面观测的地表反照率、降雪量和气温的日变化

(a)玛曲草地站点；(b)玛多草地站点

2. 雨对地表反照率的影响

2014 年 7 月 28 日~8 月 13 日，玛曲草地站点出现了几次明显的降雨天气。其中，8 月 5 日和 8 日降雨量超过了 20 mm，反照率维持在 0.16~0.21[图 6.11(a)]，尤其是当 8 日出现了 23 mm 的降雨后，反照率从 0.20 迅速减小到 0.17，土壤湿度增大到 0.38。9 日

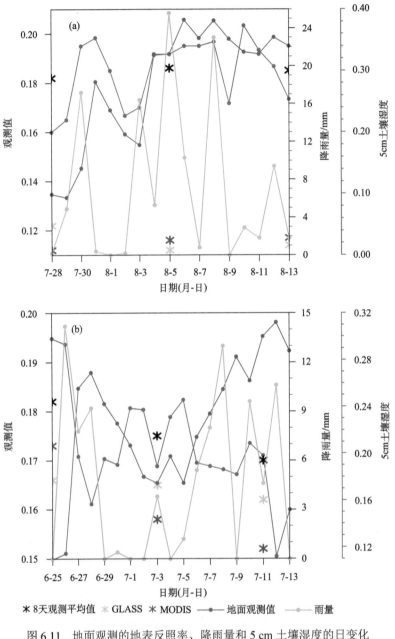

图 6.11　地面观测的地表反照率、降雨量和 5 cm 土壤湿度的日变化

(a)玛曲草地站点；(b)玛多草地站点

后降雨量减小，反照率增大，土壤湿度下降。GLASS 和 MODIS 小于地面观测值约 0.06 左右。降雨过程可以显著增大土壤湿度，加深土壤颜色，降低地表反照率。玛多草地站点在 2012 年 6 月 25 日～7 月 13 日有明显的降雨过程，如图 6.11（b）所示。6 月 26～28 日，降雨量分别为 14.2 mm、7.8 mm 和 9.2 mm，反照率从 0.20 降为 0.16，土壤湿度从 0.19 增大为 0.26。GLASS 和 MODIS 仍小于地面观测。众所周知，青藏高原天气复杂多变，云的形成受地形影响显著，尤其是夏季午后对流性降水天气频发。虽然 MODIS 提供了一定程度的云识别功能，但并不总能可靠地分离光学薄卷云（Klein and Barnett，2003）。另外，玛曲草地站点和玛多草地站点地表均为草地覆盖，因此在降水过程中，站点观测的数据是草地下垫面的地表反照率，更多受地表植被颜色的影响而不一定随降水发生显著变化。因此，GLASS 和 MODIS 都没有准确反映出短时强降雨对地表反照率的影响也就不足为奇了。

6.4　CMIP5 模式模拟的地表反照率评估

6.4.1　数据处理

首先，从 CMIP5 中 24 个全球气候模式模拟的 RSUS 和 RSDS 中获取 2009～2017 年的数据，通过计算 RSUS/RSDS 得到地表反照率模拟值。其次，将<0 和>1 的反照率异常值改为缺省值。接着对 24 个模式中不同初始条件下模拟的地表反照率，分别提取与玛曲草地站点和玛多草地站点距离最近网格点的模拟值，并对相同模式在不同初始条件下的模拟值求平均。最后，对 24 个 CMIP5 模式反照率模拟值计算月平均值。对于玛曲草地站点和玛多草地站点地表反照率的地面观测值，剔除异常值后，将 8:00～20:00 的小时平均值作为地面观测的日平均值；再计算其月平均值和年平均值。

6.4.2　结果分析

1. 月平均地表反照率模式与观测对比

从玛曲草地站点、玛多草地站点地面观测值和 CMIP5 气候模式在 2009～2017 年的月平均值上可以看出，24 个 CMIP5 全球模式模拟的地表反照率差异很大，其中在 6～8 月各个模式间的差异相对较小，12～2 月模式间的差异达到最大（图 6.12）。24 个模式的集合平均能较好地反映玛曲草地站点和玛多草地站点的地表反照率变化趋势，体现出多模式集合的绝对优势。从 24 个 CMIP5 模式多年的均值可以看出，CNRM-CM5、CSIRO-Mk3.6.0、GFDL-CM3、INM-CM4 和 MIROC-ESM 模式的多年均值远远大于玛曲草地站点和玛多草地站点的地面观测值。在玛曲草地站点，24 个 CMIP5 模式集合的多年均值为 0.302，大于地面观测值 0.246（高于地面观测值约 19%）[图 6.13（a）]。多模式集合、bcc-csm1-1、bcc-csm1-1-m、CanESM2、CCSM4、CMCC-CM、CMCC-CMS、FGOALS-g2、GFDL-ESM2G、IPSL-CM5A-MR、MIROC4 h、MIROC5 和 MPI-ESM-MR 与玛曲草地站点地面观测的 RMSE 和偏差相对较小，分别为 0.044～0.093 和 0.002～0.052。模式 BNU-ESM、CNRM-CM5、GFDL-CM3、HadGEM2-CC、HadGEM2-ES、INM-CM4、

IPSL-CM5A-LR 和 IPSL-CM5B-LR 有相对大的 RMSE 和偏差，为 0.173～0.282 和 0.098～0.191。从散点图 6.14 上也可以看出，24 个 CMIP5 模式与玛曲草地站点地面观测的相关性存在非常大的差异，其中 BNU-ESM、CNRM-CM5、GFDL-CM3、INM-CM4、IPSL-CM5A-LR、MIROC5、MIROC-ESM 和 MIROC-ESM-CHEM 比其他模式的相关性稍高。

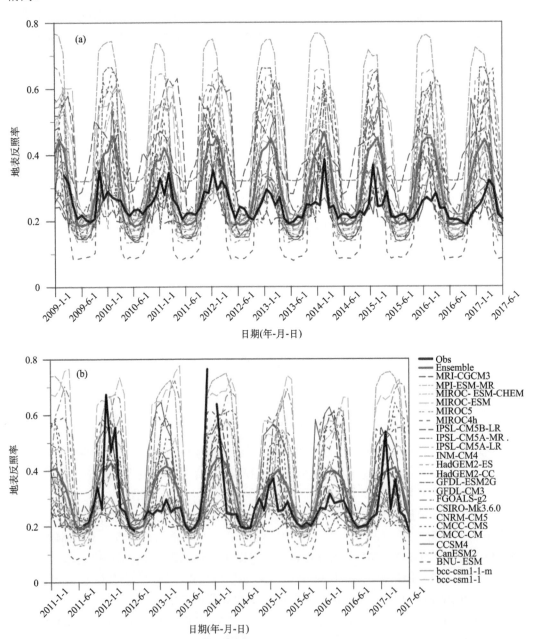

图 6.12　24 个 CMIP5 模式与地面观测的时间序列

(a) 2011～2017 年玛曲草地站点；(b) 2009～2017 玛多草地站点

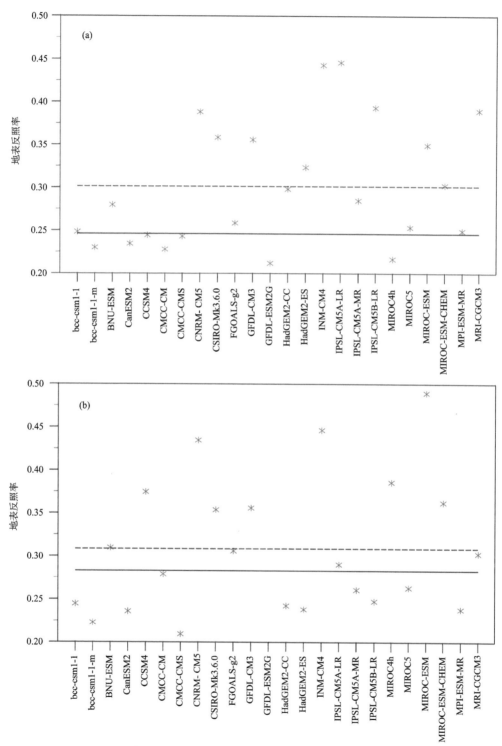

图 6.13　24 个 CMIP5 模式与地面观测的多年均值

黑色实线和虚线分别为模式集合和观测资料的结果

(a)玛曲草地站点；(b)玛多草地站点

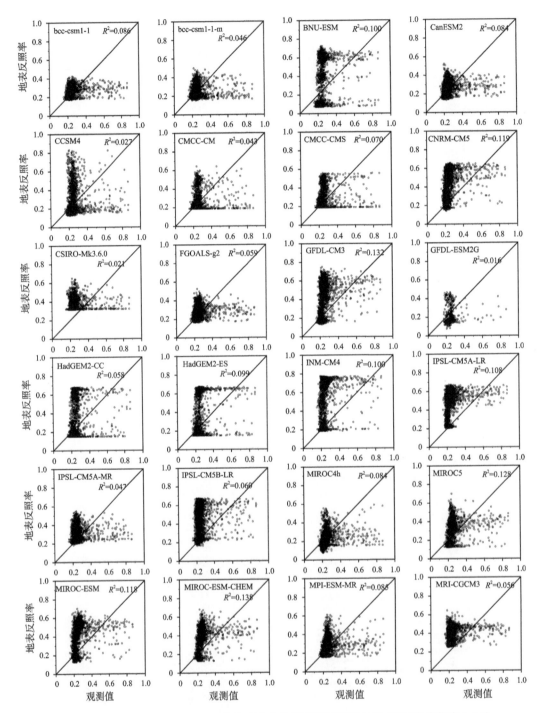

图 6.14　24 个 CMIP5 模式与玛曲草地站点地面观测反照率的散点图(实线代表 1∶1)

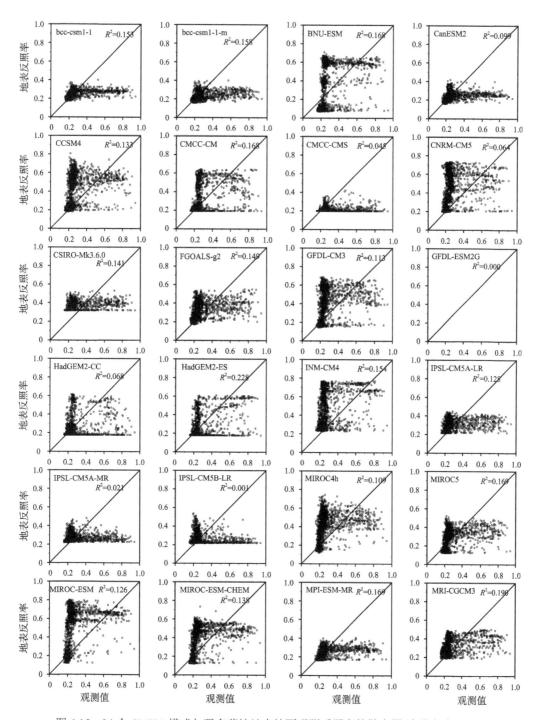

图 6.15　24 个 CMIP5 模式与玛多草地站点地面观测反照率的散点图(实线代表 1∶1)

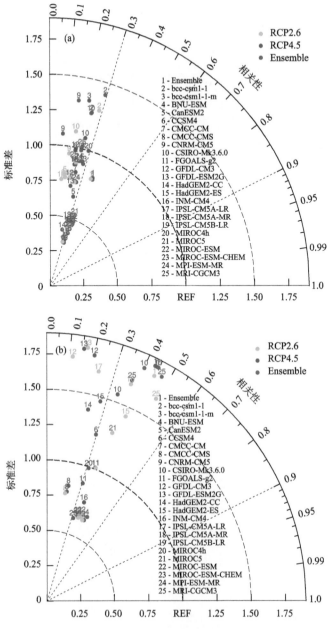

图 6.16　24 个 CMIP5 模式与地面观测反照率的泰勒图

(a)玛曲草地站点；(b)玛多草地站点

　　玛多草地站点的反照率值基本大于玛曲草地站点，特别在 2012 年、2014 年和 2017 年。玛多草地站点地面观测的多年平均值为 0.283，多模式集合为 0.309（比观测值高约 8%）。多模式集合、bcc-csm1-1、FGOALS-g2、HadGEM2-ES、IPSL-CM5A-LR、MIROC5、MPI-ESM-MR 和 MRI-CGCM3 有相对较高的 R^2（大于 0.1）、较低的 RMSE（0.097~0.107）和偏差（0.005~0.048）。相反，CNRM-CM5、INM-CM4 和 MIROC-ESM 与玛多草地站点观测值的差异最大，RMSE 分别为 0.238、0.222 和 0.278，偏差分别为 0.145、0.154

和 0.200。这几个陆面模式对地表反照率存在明显的高估，尤其是 1、2 月的反照率基本维持在 0.7 以上。从图 6.15 和图 6.16(b) 也可以看出，相对来说，CanESM2、CMCC-CMS、CNRM-CM5、HadGEM2-CC、IPSL-CM5A-MR 和玛多草地站点地面观测值的相关性较差。

2. 模式模拟的地表反照率季节变化评估

图 6.17 是玛曲草地站点和玛多草地站点反照率地面观测和 CMIP5 中 24 个陆面模式 2009～2017 年地表反照率的年变化。可以看出，24 个模式模拟的反照率在不同月份存在不同的差异。多模式集合能基本捕捉到玛曲草地站点和玛多草地站点反照率 11～3 月大、6～9 月小的变化趋势，7 月模拟值与地面观测值极其接近。部分模式反照率与地面观测值在 6～9 月基本相同，11～3 月基本大于 0.4，如 MIROC-ESM、MIROC-ESM-CHEM 和 INM-CM4 等；部分模式的反照率全年变化不大，如 CMCC-CMS、CSIRO-Mk3.6.0 和 MPI-ESM-MR 等。反照率的最大值出现在 1 月，玛曲草地站点为 0.299，玛多草地站点为 0.465；最小值出现在 6、7、8 月，玛曲草地站点分别为 0.206、0.218、0.217，玛多草地站点为 0.200、0.190、0.200。大多数陆面模式高估了 1～5 月、11～12 月的反照率，尤其是 BNU-ESM、 CNRM-CM5、INM-CM4、MIROC-ESM 和 MIROC-ESM-CHEM。多模式集合与地面观测的最大偏差玛曲草地站点出现在 2 月，为 0.163，在 6～9 月减小至 –0.032～–0.005；玛多草地站点出现在 1 月，为 0.060(图 6.18)。值得注意的是，BNU-ESM 模式在玛曲草地站点和玛多草地站点的反照率在 1、2 和 12 月的值在 0.565～0.591，在 5～9 月迅速下降至 0.084～0.098。

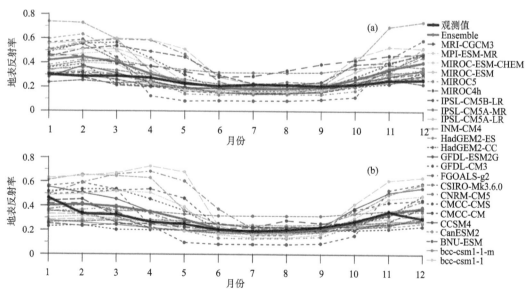

图 6.17　24 个 CMIP5 模式与地面观测反照率的月平均值

(a) 玛曲草地站点；(b) 玛多草地站点

24 个 CMIP5 陆面模式、多模式集合和玛曲草地站点、玛多草地站点的反照率存在明显的季节变化。春、夏、秋和冬季地表反照率的地面观测值在玛曲草地站点分别为

0.262、0.227、0.233 和 0.281，在玛草地站点多分别为 0.281、0.198、0.259 和 0.367。整体而言，除 BNU-ESM 对玛曲草地站点和玛多草地站点夏季反照率存在显著的低估外，24 个模式与地面观测值在夏季的一致性较好，在冬春季 24 个模式与地面观测值的偏差较大，而且 24 个模式之间的差异也达到最大(图 6.19 和图 6.20)。冬春季地表覆盖季节性积雪，积雪具有特殊的反照率效应，24 个模式中采用的不同积雪反照率参数化方案对积雪过程有不同方式的刻画，可能导致模式间较大的差异。陆面模式 bcc-csm1-1、bcc-csm1-1-m、CanESM2、CMCC-CM、CMCC-CMS、FGOALS-g2、IPSL-CM5A-MR、MIROC4 h 和 MPI-ESM-MR 与玛曲草地站点和玛多草地站点地面观测值的偏差在冬季相对较小，BNU-ESM、CNRM-CM5、GFDL-CM3、INM-CM4、MIROC-ESM 和 MIROC-ESM-CHEM 的偏差大于 0.1。HadGEM2-CC、HadGEM2-ES、IPSL-CM5A-LR 和 IPSL-CM5B-LR 在秋冬季与观测值的一致性在玛多草地站点比玛曲草地站点好。

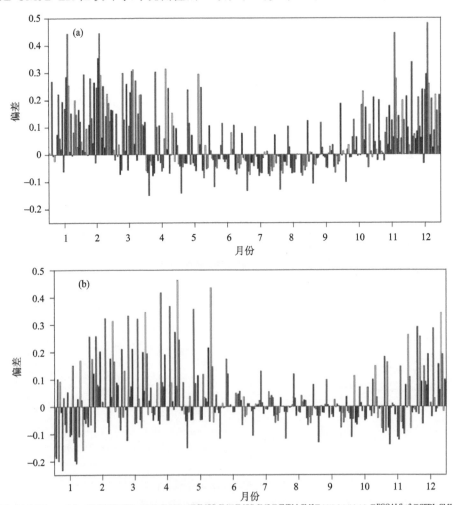

图 6.18　24 个 CMIP5 模式与地面观测反照率月平均值的偏差

(a)玛曲草地站点；(b)玛多草地站点

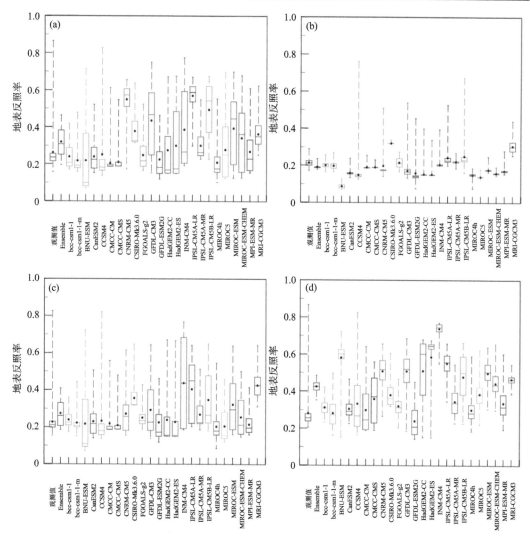

图 6.19　24 个 CMIP5 模式与玛曲草地站点地面观测多年的季节变化

小黑点是反照率的多年平均值

(a)春季；(b)夏季；(c)秋季；(d)冬季

3. CMIP5 模式模拟反照率偏差的原因分析

综上所述，24 个 CMIP5 陆面模式模拟的地表反照率各不相同，与玛曲草地站点和玛多草地站点地面观测值的最大偏差出现在冬春季，这时 24 个模式间的差异也达到最大。在不同的陆面模式中，采用了不同的积雪反照率参数化方案拟合积雪反照率随时间的衰减，这种差异造成了模式模拟的积雪反照率之间的显著差别。24 个 CMIP5 陆面模式中采用的积雪反照率参数化方案如表 6.3 所示，主要可以分为两大类：一类为基于经验性的方案，另一类是基于经验和理论推演的混合型参数化方案。下文分别举例具体分析两类积雪反照率参数化方案的模拟效果。

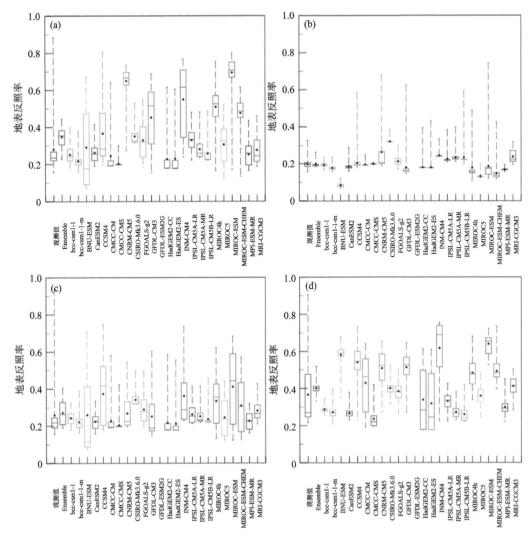

图 6.20　24 个 CMIP5 模式与玛多草地站点地面观测多年的季节变化

小黑点是反照率的多年平均值

(a) 春季；(b) 夏季；(c) 秋季；(d) 冬季

表 6.3　24 个 CMIP5 陆面模式中积雪反照率参数化方案的分类

积雪反照率参数化方案	方案类型
CoLM、CLASS2.7、ECHAM5、ISBA、Mk3.6、LM3 和 ORCHIDEE	经验性
CLM3.0、CLM4.0、JULES、MATSIRO、JSBACH 和 HAL	混合型

　　BNU-ESM、CanESM2、CMCC-CM、CMCC-CMS、CNRM-CM5、GFDL-CM3、CSIRO-Mk3.6.0、GFDL-ESM2G、INM-CM4、IPSL-CM5A-LR、IPSL-CM5A-MR 和 IPSL-CM5B-LR 中的积雪反照率参数化方案意在拟合反照率随着积雪的老化而逐渐衰减，属于经验性参数化方案。这类方案通常是在某些特定的时间与空间数据基础上建立

的，具有一定的局限性。例如，CanESM2 陆面模式采用的 CLASS2.7 方案中积雪反照率依赖于积雪粒径、雪密度，从 0.84 随时间在未融化和融化时都呈指数下降。

未融化时：

$$\alpha_s(t+1) = \left[\alpha_s(t) - 0.70\right]\exp\left[\frac{-0.01\Delta t}{3600}\right] + 0.70 \tag{6.4}$$

融化时：

$$\alpha_s(t+1) = \left[\alpha_s(t) - 0.50\right]\exp\left[\frac{-0.01\Delta t}{3600}\right] + 0.50 \tag{6.5}$$

CMCC-CM 和 CMCC-CMS 采用的 ECHAM5 中积雪反照率是积雪表面温度的线性方程，在温度 T_s 的最小值和最大值之间线性变化（Roeckner et al.，2003）：

$$\alpha_n = \alpha_{n,\min} + \left(\alpha_{n,\max} - \alpha_{n,\min}\right)f(T_s) \tag{6.6}$$

$$f(T_s) = \min\left\{\max\left[\left(\frac{T_0 - T_s}{T_0 - T_d}, 0\right), 1\right]\right\} \tag{6.7}$$

对比玛曲草地站点和玛多草地站点反照率地面观测值，CanESM2 有显著的低估现象，其模拟的反照率最大值小于 0.6；CMCC-CM 和 CMCC-CMS 模式模拟值与观测值一致性较好，最大偏差在冬季，但差值极小。

陆面模式 bcc-csm1-1、bcc-csm1-1-m、CCSM4、FGOALS-g2、HadGEM2-CC、HadGEM2-ES、MIROC4 h、MIROC5、MIROC-ESM、MIROC-ESM-CHEM、MPI-ESM-MR 和 MRI-CGCM3 的积雪反照率参数化方案是基于经验和理论推演的混合型方案。例如，大气科学和地球流体力学数值模拟国家重点实验室开发的 FGOALS-g2 陆面模式采用的 CLM3.0 中的积雪反照率参数化方案在绪论部分已做了介绍。HadGEM2-CC 和 HadGEM2-ES 使用 JULES，区分了不同地表类型无雪和有雪状态下可见光与近红外直射和漫射条件的反照率。JULES 中包含简单的一层和复杂的多层两种雪模型，考虑了太阳天顶角、积雪深度、雪密度及杂质对积雪反照率的影响。积雪有效粒径计算公式为

$$r(t+\delta t) = \left[r(t)^2 + \frac{G_r}{\pi}\delta t\right]^{1/2} - \left[r(t) - r_0\right]\frac{s_f\delta t}{d_0} \tag{6.8}$$

粒径增长速率为

$$G_r = \begin{cases} 0.6 & T_* = T_m \\ 0.06 & T_* < T_m, r < 150\mu m \\ A_s\exp(-4550/T_*) & T_* < T_m, r > 150\mu m \end{cases} \tag{6.9}$$

漫射可见光和近红外波段的反照率为

$$\alpha_{vis} = 0.98 - 0.002\left(r^{1/2} - r_0^{1/2}\right) \tag{6.10}$$

$$\alpha_{nir} = 0.7 - 0.09\ln\left(\frac{r}{r_0}\right) \tag{6.11}$$

在上述方程中用积雪有效粒径代替 r 来表示太阳天顶角余弦对直射辐射反照率的影响：

$$r_e = \left[1 + 0.77(\mu - 0.65)\right]^2 r \tag{6.12}$$

FGOALS-g2 模式模拟的地表反照率与玛曲草地站点和玛多草地站点的观测值偏差较小，冬季的一致性也较好。HadGEM2-CC 和 HadGEM2-ES 与地面观测值在夏秋季的偏差小，冬季在玛曲草地站点存在高估现象，在玛多草地站点存在低估现象。相比于经验性积雪反照率参数化方案的 CMCC-CM 和 CMCC-CMS 模式，其模拟效果并没有显著提高。

混合型积雪反照率参数化方案一般考虑了积雪粒径、太阳天顶角、积雪降落时间、积雪深度及积雪老化效应的影响，分别计算可见光和近红外波段直射和漫射条件下的积雪反照率，相对来说，比经验性的方案计算更为复杂。从上述对积雪反照率参数化方案的评估结果可以看出，陆面模式模拟效果的好坏与积雪反照率的影响因子有关。因此，有必要针对青藏高原地区，进一步分析陆面模式中积雪物理性质及相关物理过程对积雪反照率的具体影响。

6.5　Noah-MP 的积雪反照率参数化方案改进

由前文分析可知，季节性的积雪对地表反照率有不可忽视的影响，对冬春季积雪过程的准确模拟是地面反照率研究的难题之一。基于土地覆盖类型、积雪模型，采用了不同的积雪反照率参数化方案对积雪过程在不同的陆面模式中进行计算，但青藏高原作为地球"第三极"，在高原特殊的气候背景下，其积雪变化特征与其他地区不同，具有"干寒型"的特点。因此，针对青藏高原积雪深度较小、春季降雪多的特点，本章利用具有多种物理参数化方案选择的 Noah-MP(The community Noah Land surface model with multiparameterization options)陆面模式，从雨雪分离、积雪覆盖度和积雪反照率参数化三个方面改进对高原积雪过程的模拟，最终为提高陆面模式在青藏高原的模拟性能提供依据。

6.5.1　模式简介及单点模拟验证

1. 模式简介

Noah-MP 模式是由 Niu 等(2011)和 Yang 等(2011)在 Noah LSM(land surface model)模式的基础上发展得到的，模式中包含多个可供选择参数化方案的物理量，分别为动态植被、气孔阻抗、控制气孔阻抗的土壤湿度因子、径流和地下水、表层拖拽系数、冻土中的过冷液态水、冻土渗透率、辐射传输、雪表反照率、降雨和降雪的区分等(Niu et al., 2011；Yang et al., 2011)。多项参数化方案可以自由组合。Noah-MP 模式辐射传输子模块中使用二流传输方案计算通过冠层的辐射(图 6.21)，将土壤分为不均匀的 4 层，厚度分别为 0.1 m、0.3 m、0.6 m 和 1.0 m。模式既可以单独运行，也可与大气模式耦合。该

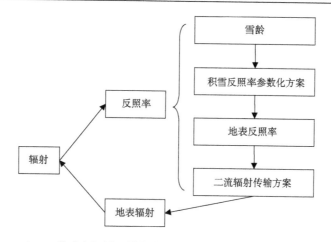

图 6.21　Noah-MP 模式中辐射子模块流程图(Niu et al., 2011；Yang et al., 2011)

模式被 NCEP、WRF、美国空军气象局用于预报天气和气候，在辐射、水文过程、环境预测等多个方面得到了广泛的应用(Cai et al., 2016；张果等，2016；朱智，2016；叶丹等，2017；李火青，2018)。Ma 等(2017)的研究表明 Noah-MP 能更好地表达净辐射、积雪覆盖度、径流的季节和区域变化，采用动态植被模型后，蒸发蒸腾高估 22%。Park和 Park(2016)指出植被效应的不充分表达导致了 Noah-MP 冬季反照率大的正偏差，并通过改进叶面积指数和茎面积指数来改善模式性能。在前人研究的基础上，首先，使用玛曲草地站点的地表反照率观测值对比 Noah-MP 模式模拟的反照率，确定模型的不足之处；其次，基于结果分析提出改进方案，为陆面模式对青藏高原冬季积雪反照率模拟能力的改善提供参考。

2. 实验方案

本章使用玛曲草地站点的地面观测数据驱动 Noah-MP 模式进行了单点模拟实验。本实验模拟的时间长度是 2016 年 1 月 1 日~12 月 31 日。大气强迫变量是风速(m/s)、风向(°)、气温(K)、相对湿度(%)、大气压强(hPa)、向下长波辐射(W/m^2)、向下短波辐射(W/m^2)以及降水率(mm/h)。风场是观测塔 10 m 处的数据，其他变量观测高度是 2 m。模式时间步长为 1 h。Noah-MP 模式包含两种积雪反照率参数化方案，分别是 CLASS 方案和 BATS 方案。除积雪反照率参数化方案外，其他参数化方案的设置均保持模式默认的选项。

3. 模拟结果及分析

从地表反照率观测值与模式中两种积雪反照率参数化方案模拟的日平均值的对比中可以看出，反照率的模拟值大于观测值。在夏季，两种方案的模拟值略大于观测值，且CLASS 和 BATS 的模拟值基本完全重合[图 6.2.2(a)]；在冬春季，模式模拟的反照率与玛曲草地站点观测值存在显著的差异，CLASS 与 BATS 之间的区别也极大，CLASS 模拟值有段时间维持在 0.6 以上，虽然 BATS 反照率发生了变化，但其值仍高于地面观测值，这可能与模式中模拟的较长时间的积雪覆盖或降雪落地后消融慢有直接关系。反照率随时间变化的过程中突然增大至某一较高值，是因为发生了新的降雪天气过程，但Noah-MP 模拟结果并没有很好地反映出反照率对降雪过程的响应。从 CLASS 和 BATS积雪反照率参数化方案模拟的积雪深度和雪水当量图[图6.22(b)和(c)]中也可以看出，模式在冬春季模拟了较长时间的积雪过程，相对来说，BATS 模拟的积雪深度和雪水当量在冬季显著小于 CLASS 对应的模拟值，而且 BATS 方案对较小的降雪过程有较好的反映，突出了 BATS 方案的优越性，分析 Noah-MP 模式对潜热通量、感热通量、5 cm土壤温度和 5 cm 土壤湿度的模拟发现，两个方案在夏季偏差小，冬春季存在明显的不同[图 6.22(d)~(g)]。玛曲草地站点位于开阔地带，地表为典型的高寒草甸，并且玛曲地区积雪较少及降雪落地后融化快，这些因素都影响模式对特定地点和空间模拟的准确度。

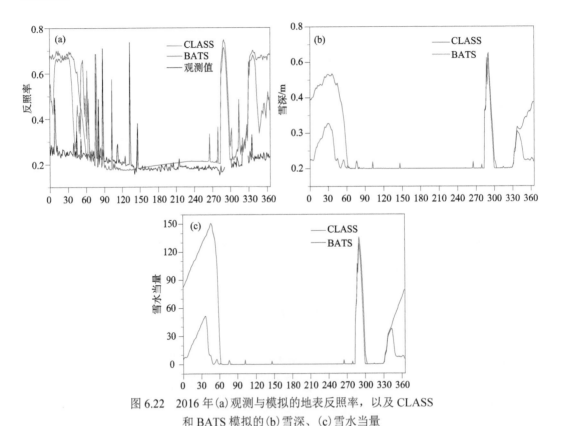

图 6.22　2016 年(a)观测与模拟的地表反照率，以及 CLASS
和 BATS 模拟的(b)雪深、(c)雪水当量

6.5.2　积雪反照率参数化方案改进

从上节的测试结果可以看出，Noah-MP 模式对反照率的模拟并不理想，尤其是对积雪反照率的模拟。因此，根据前面章节的分析，结合玛曲草地站点反照率的模拟结果，对 Noah-MP 模式中的积雪反照率参数化方案做出以下几个方面的改进。

1. 雨雪分离方案的应用

降水是地表水分和能量循环过程中最重要的组成部分之一，降水类型(雨、雪、雨夹雪)对地表径流和能量平衡有很大的影响。然而，很多气象观测站只记录降水量，而不区分降水类型。降雨通常可以较快速地渗入土壤、汇入江河或地下水，而降雪可能会在地表积聚。当有降雪发生时，地表反照率大大增加，显著改变地表能量收支，而发生降雨时，对反照率的影响相反。因此，正确识别驱动数据的降水类型对地表能量、水分循环过程的研究具有重要意义。

Noah-MP 模式中将降水定义为雨或雪有以下三种选择方案。

(1)基于 Jordan(1991)：当气温大于冻结温度时，发生的是降雨天气；当气温小于冻结温度加 0.5 ℃时，发生的是降雪过程(Yang et al., 2011)。

$$
\text{FPICE} = \begin{cases} 0 & T_{\text{sfc}} > T_{\text{frz}} \\ 1 & T_{\text{sfc}} \leqslant T_{\text{frz}} + 0.5 \\ 1 - \left(-54.632 + 0.2 \times T_{\text{sfc}}\right) & T_{\text{sfc}} \leqslant T_{\text{frz}} + 2 \\ 0.6 & T_{\text{sfc}} > T_{\text{frz}} + 0.5 \end{cases} \tag{6.13}
$$

(2)BATS 方案：当气温大于等于冻结温度加 2.2 ℃时，降水类型是雨；当气温小于冻结温度时，降水类型是雪。

$$
\text{FPICE} = \begin{cases} 0 & T_{\text{sfc}} \geqslant T_{\text{frz}} + 2.2 \\ 1 & T_{\text{sfc}} < T_{\text{frz}} \end{cases} \tag{6.14}
$$

(3)地表温度与冻结温度的关系：当气温小于冻结温度时，出现的是降雪天气；否则是降雨天气。

$$
\text{FPICE} = \begin{cases} 0 & T_{\text{sfc}} \geqslant T_{\text{frz}} \\ 1 & T_{\text{sfc}} < T_{\text{frz}} \end{cases} \tag{6.15}
$$

这三种方案是依据地表温度识别降水类型最常见的方法。Ding 等(2014)利用中国 709 个气象台站的资料统计分析得出了更利于我国降水类型的识别方法，特别是高原地区的降水类型。其研究表明湿球温度反映的是空气团中气温、湿度和气压的综合状况，相对于单一的气温而言，是一种更好的指标。此外，还发现相对湿度和地形高度对降水类型的影响超过了风速、比湿、气压和纬度等的影响，所以提出了一种通过湿球温度、相对湿度及地形高度来确定降水类型的新型参数化方案，并在我国进行的评估表明此方案比其他 11 种方案具有更高的精度。定义了两个阈值温度(T_{min} 和 T_{max})来判定降水类型。

$$
\text{FPICE} = \begin{cases} 雪 & T_{\text{w}} \leqslant T_{\text{min}} \\ 雨夹雪 & T_{\text{min}} < T_{\text{w}} < T_{\text{max}} \\ 雨 & T_{\text{w}} \geqslant T_{\text{max}} \end{cases} \tag{6.16}
$$

其中，湿球温度为

$$
T_{\text{w}} = T_{\text{a}} - \frac{e_{\text{sat}}\left(T_{\text{a}}\right)\left(1 - \text{RH}\right)}{0.000643 P_{\text{s}} + \dfrac{\partial e_{\text{sat}}}{\partial T_{\text{a}}}} \tag{6.17}
$$

式中，e_{sat} 是饱和水汽压。T_{min} 和 T_{max} 的计算公式如下：

$$T_{min} = \begin{cases} T_0 - \Delta S \times \ln\left[\exp\left(\dfrac{\Delta T}{\Delta S}\right) - 2 \times \exp\left(-\dfrac{\Delta T}{\Delta S}\right)\right] & \dfrac{\Delta T}{\Delta S} > \ln 2 \\ T_0 & \dfrac{\Delta T}{\Delta S} \leqslant \ln 2 \end{cases} \tag{6.18}$$

$$T_{max} = \begin{cases} 2 \times T_0 - T_{min} & \dfrac{\Delta T}{\Delta S} > \ln 2 \\ T_0 & \dfrac{\Delta T}{\Delta S} \leqslant \ln 2 \end{cases} \tag{6.19}$$

2. 积雪覆盖度

通过对积雪内部物理因子和近地面气象要素的研究，将积雪模型应用于陆面模式时，由于模式网格内下垫面的空间非均匀性，需要将模式网格平均的积雪厚度(或雪水当量)转换为积雪覆盖度，即积雪覆盖面积占模式网格面积的百分比(李伟平等，2009)。Noah-MP 模式中地表积雪覆盖度的计算公式是

$$F = \tanh\left(\frac{d}{2.5 z_{0g} \left(\rho_{snow} / \rho_{new}\right)^m}\right) \tag{6.20}$$

式中，d 为积雪深度(m)；z_{0g} 为裸土表面粗糙度(取值为 0.01 m)；ρ_{snow} 为整层平均积雪密度(kg/m³)；ρ_{new} 为新雪密度(100 kg/m³)；m 为经验常数(模式默认 2.5)。

当模式中的积雪覆盖度分别设置为 0、0.25、0.50、0.75 和 1.0 时，发现积雪深度、雪水当量、潜热通量、感热通量、土壤温湿度有明显的变化，这说明积雪覆盖度对这些物理量有较为显著的影响(图 6.23)。从积雪覆盖度与地表反照率的箱形图上可以看出，玛曲草地站点的积雪覆盖度大于 0.0 且小于 0.25，大致在 0.10~0.25，这表明玛曲地区积雪较少，与前面的分析完全一致。因此针对青藏高原地区积雪过程的特殊性，改善对积雪覆盖度的模拟非常有利于提高模式对潜热通量、感热通量、土壤温湿度等由积雪过程引发的一系列效应的准确模拟。

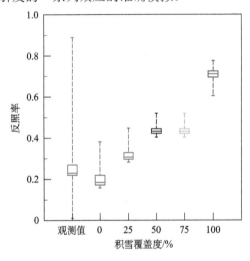
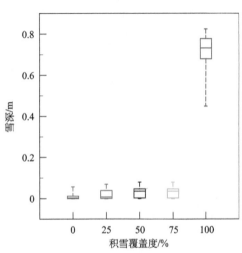

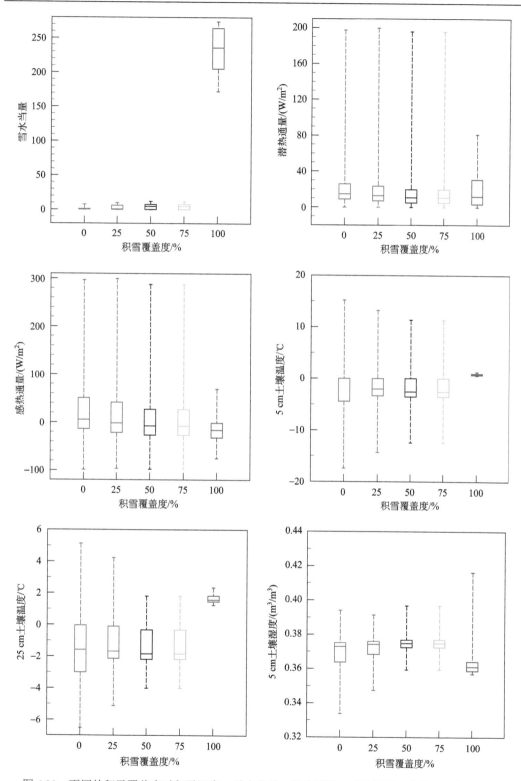

图 6.23　不同的积雪覆盖度对积雪深度、雪水当量、潜热通量、感热通量、土壤温湿度的影响

　　魏文寿等(2001)指出西北地区大陆性气候条件下形成的积雪属于"干寒型"，积雪层一般由新雪(或表层凝结霜)、细粒雪、中粒雪、粗粒雪、松散深霜、聚合深霜层和薄融冻冰层组成，具有密度小(新雪的最小密度为 0.04 g/cm³)、含水率少(隆冬期<1%)、温度梯度大(最大可达–0.52℃/cm)、深霜发育层厚等特点。不同气候与区域条件下形成的积雪密度有非常大的差异。西北地区积雪平均密度为 0.20~0.23 g/cm³，尤其是隆冬季节气温在–12~–16℃，湿度为 70%时新雪的密度仅为 0.04~0.10 g/cm³(魏文寿等,2001)。因此，将积雪覆盖度方案中的新雪密度由 100 kg/m³ 改为 50 kg/m³ 进行测试。

　　3. 积雪反照率参数化

　　新雪降落地面之后，受积雪本身物理性质、光照条件及土地覆盖类型等的影响，积雪反照率会逐渐变化。Noah-MP 模式中对积雪反照率随时间变化的这一过程的描述包括 CLASS 和 BATS 两种方案。其中，CLASS 方案中地表反照率随时间呈指数衰减，属于经验性参数化方案。

$$\alpha_1 = 0.55 + \left(\alpha_{old} - 0.55\right)e^{-0.01dt/3600} \tag{6.21}$$

$$\alpha = \alpha_1 + f_{sn}dt\left(0.84 - \alpha_1\right) \tag{6.22}$$

　　BATS 方案考虑了积雪降落时间、太阳天顶角、积雪粒径的增长等对反照率的影响，分别计算了可见光与近红外波段直射和漫射条件下的积雪反照率。

$$Z_c = \frac{1.5}{1 + 4\cos Z} - 0.5 \tag{6.23}$$

$$\alpha_{sd1} = \alpha_{si1} + 0.4Z_c\left(1 - \alpha_{si1}\right) \tag{6.24}$$

$$\alpha_{sd2} = \alpha_{si2} + 0.4Z_c\left(1 - \alpha_{si2}\right) \tag{6.25}$$

$$\alpha_{si1} = 0.95\left(1 - 0.2A_c\right) \tag{6.26}$$

$$\alpha_{si2} = 0.65\left(1 - 0.5A_c\right) \tag{6.27}$$

式中，α_{sd1} 为直射可见光波段的反照率；α_{sd2} 为直射近红外波段的反照率；α_{si1} 为漫射可见光波段的反照率；α_{si2} 为漫射近红外波段的反照率。经验函数 Z_c 反映了太阳天顶角 Z 对反照率的影响，当 $Z<60°$时，直射反照率与漫射反照率相等，即 $Z_c = 0$；当 $Z \geqslant 60°$ 时，直射反照率随着太阳天顶角的增大而增大。0.95 和 0.65 分别是可见光和近红外波段对应反照率的经验值。

　　BATS 方案比 CLASS 方案复杂，由对模拟结果的分析可以得知，整体来说，BATS 方案的模拟效果较好。因此，选择 BATS 方案。陈阿娇(2014)的研究表明干湿季积雪反照率的变化规律不同，干季积雪反照率比湿季偏大，其改进方案中增大了干湿季的积雪反照率衰减速率。对比玛曲草地站点的地表反照率发现，其变化情况也存在类似的情况。因此，针对 Noah-MP 模拟的积雪反照率偏大，积雪反照率衰减比实际情况偏低的问题，将可见光与近红外波段的系数分别从原始方案的 0.2、0.5 增大为 0.3、0.6。

6.5.3　积雪反照率参数化方案改进后的模拟

根据对 Noah-MP 模式中积雪反照率参数化方案的调整，设计了四组试验(表 6.4)，分别验证方案不同的调整对积雪反照率模拟的影响。选取玛曲草地站点典型的降雪天气过程(2016 年 1 月 10～13 日)对方案模拟结果进行验证与分析。

表 6.4　改进积雪反照率参数化方案的试验设计

试验名称	具体方案
Test1	雨雪分离方案
Test2	积雪覆盖度方案
Test3	积雪反照率方案
Test4	雨雪分离+积雪覆盖度+积雪反照率方案

1. 雨雪分离方案的影响

在 Noah-MP 模式中运行 Test1 方案，模拟的 2016 年 1 月 10～13 日积雪反照率的变化较小，改进后的方案模拟的反照率维持在 0.6 以上，说明 10～13 日的地表积雪过程被 Test1 方案成功地模拟出来了。但是，模拟的地表反照率的日变化出现了先增大后减小的变化趋势，最大值出现在白天，与 Noah-MP 模式中默认方案模拟的变化趋势相同，与玛曲草地站点地面观测的日变化相反[图 6.24(a)]。这可能是因为新雪降落到地面后发生了快速融化，而模式中地表积雪量有所增加造成的。从反照率模式模拟值与观测值的偏差可以看出，新方案的偏差在 0～0.5，稍大于模式默认方案的偏差，但 13 日 BATS 方案的模拟值最大[图 6.24(b)]。各方案模拟的雪深、感热通量和净辐射通量差异不大，新方案模拟的潜热通量明显大于其他方案，最大值出现在 10 日，为 84 W/m^2[图 6.24(c)～(f)]。5 cm 土壤温度和 5 cm 土壤湿度的模拟值存在较大的不同[图 6.24(g)和(h)]。改进的新方案对地表积雪过程的模拟能力良好，这也可能与 Noah-MP 中雪模型、辐射传输方案等物理过程的较好刻画有关。

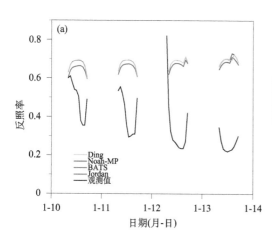
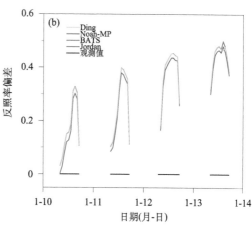

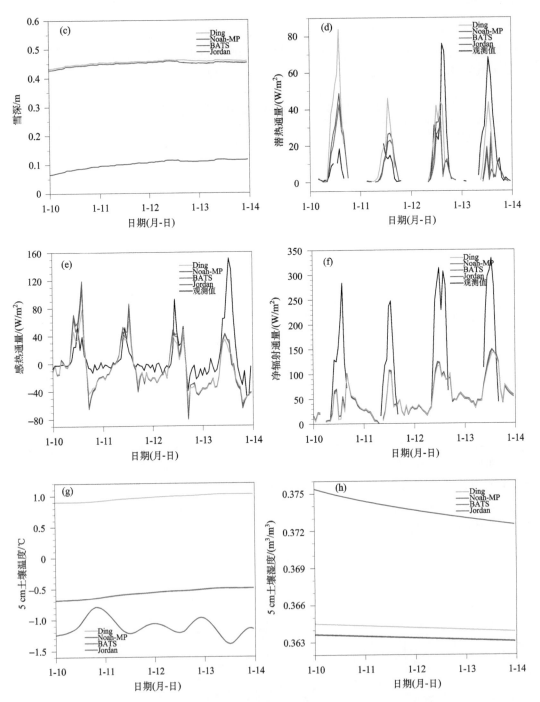

图 6.24　Test1 方案对反照率、雪深、潜热通量、感热通量、净辐射通量、
5 cm 土壤温度和 5 cm 土壤湿度的模拟

2. 积雪覆盖度方案的影响

使用调整后的积雪覆盖度方案(Test2)，从图 6.25(a)中可以看出，积雪反照率有非常显著的变化，改进后的方案很好地模拟了积雪反照率随时间逐渐降低的这一过程，即对积雪反照率日变化的模拟有相当大的改进，且 13 日反照率的模拟值非常接近地面观测值。从雪水当量的对比中可以看到，改进后的方案模拟的雪水当量值小于BATS 方案，但对较小的积雪或融雪过程有较好的刻画，可以捕获细节的变化〔图 6.25(b)〕。同时对照积雪反照率的变化发现，改进后的方案不仅准确地模拟出了11 日、13 日反照率的日变化，而且后期与观测值的偏差也非常小。改进后的方案模拟的潜热通量和净辐射通量基本都大于 BATS，积雪表面接收的净辐射通量增大，积雪从周围吸收热量，融化时间缩短，不利于雪的积累，积雪反照率随时间的衰减加快〔图 6.25(c)~(d)〕。这说明对模式中物理意义明确的雪密度的准确表达对积雪反照率模拟结果的改善至关重要。

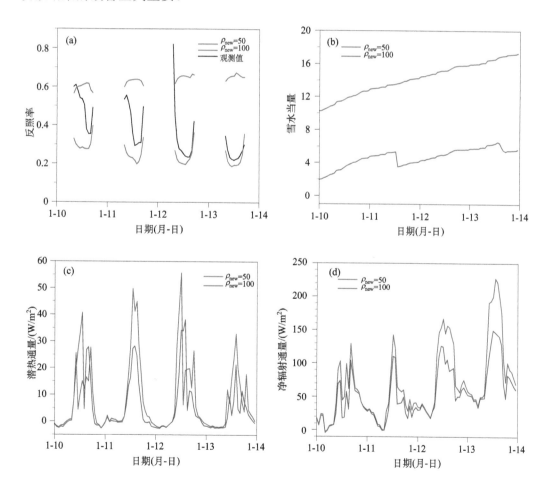

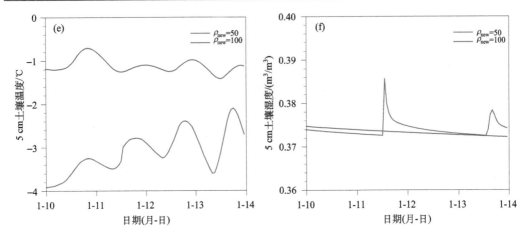

图 6.25　Test2 方案对反照率、雪水当量、潜热通量和净辐射通量、5 cm
土壤温度和 5 cm 土壤湿度的模拟

3. 积雪反照率方案的影响

在 Test3 试验中，BATS 中积雪反照率随时间衰减系数的增大对积雪反照率的影响减小，系数的变化没有改变方案对 11～13 日地面积雪过程的判定。改进后的方案在这几日的反照率仍在 0.6 左右[图 6.26(a)]。相对于原方案，Test3 模拟的积雪反照率较小，虽然更接近观测值，但仍存在明显的正偏差。通过对积雪深度、雪水当量、潜热通量、感热通量和净辐射通量的模拟及对比分析发现，这些量的变化甚小[图 6.26(b)～(f)]。雪的反照率与雪的有效粒径、形状、密度、含水量、积雪厚度及纯净度等物理属性关系密切(肖登攀等，2011)。积雪反照率随时间的变化受多种因素的综合影响，Test3 试验表明对积雪反照率参数化方案中设定的经验参数的简单调整并不能加快积雪反照率随时间的衰减速度。需要在深入理解积雪反照率的主要影响因子及参数化方程的基础上，结合模式的地表植被类型、土地利用分类、水文过程当中可能对积雪过程产生影响的因素，对积雪反照率参数化方案改进完善，使之更适合青藏高原。

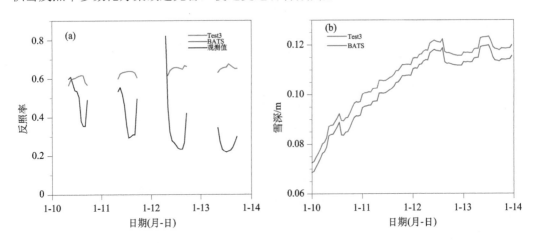

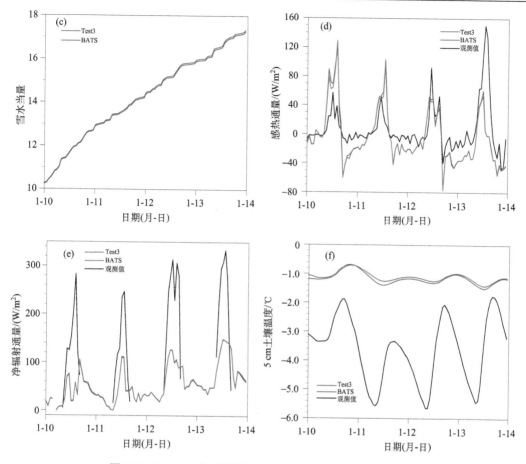

图 6.26 Test3 方案对反照率、雪深、雪水当量、感热通量、
净辐射通量和 5 cm 土壤温度的模拟

4. 三个方案的叠加

在模式中同时修改以上三个参数化方案，模拟发现，Noah-MP 不仅模拟出了积雪反照率的日变化，而且模拟值与地面观测值在 10～13 日非常接近。模拟的 10～12 日早晨的积雪反照率存在低估现象，偏小 0～0.2，白天几乎与观测值相等，偏差不到 0.1［图6.27（a）和（b）］。从积雪深度和雪水当量变化可以看出，改进后的模拟值虽然小于模式默认方案的模拟值，但其对积雪过程的细节变化有很好的反映。改进后模拟的潜热通量和净辐射值都大于模式原来的值，13 日净辐射能量显著增加，可以快速融化更多的雪，融雪时间相对减少，积雪反照率递减率增大，积雪深度、雪水当量相应减小，积雪反照率也逐渐减小，在 Noah-MP 中多方案的集合也显著降低了 5 cm 土壤温度的高偏差［图 6.27（c）～（f）］。

上述结果表明，采用新的雨雪分离、积雪覆盖度和积雪反照率参数化方案后，明显改善了积雪反照率的模拟。对比 Test1、Test2 和 Test3 试验的结果发现，三个方案的叠加效果远大于任何单一方案的改进。积雪反照率、雪深、雪水当量、潜热通量、净辐射通量和土壤温湿度的模拟可以验证这一结论。这一方面体现了模式系统整体性的重要，也充分说明了要改善模式对积雪反照率的模拟，仅改变单一因素的效果是有限的，只有完全理解各参数化方案包含的物理过程及其内在联系，并且考虑研究区域(青藏高原)的特殊性，才能有针对性地充分改进。

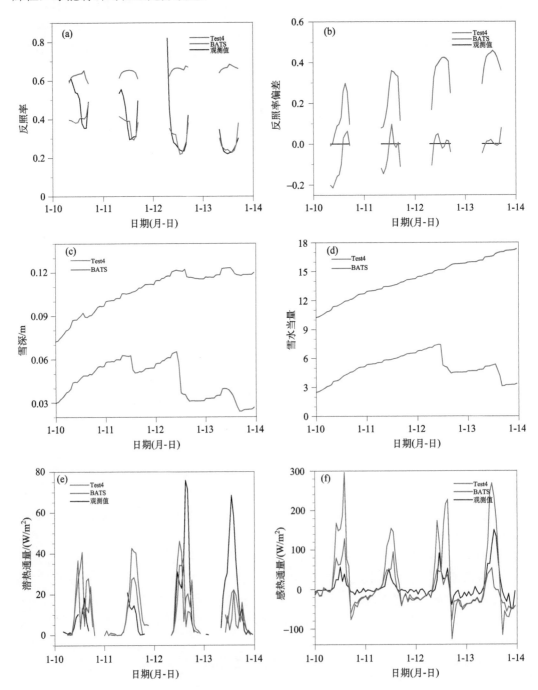

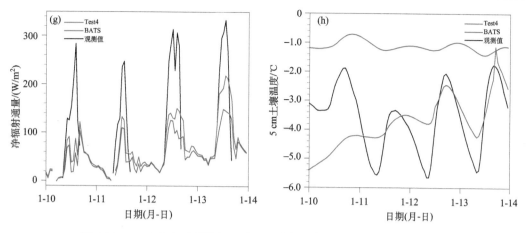

图 6.27　Test4 方案对反照率、雪深、雪水当量、潜热通量、感热通量、
净辐射通量和 5 cm 土壤温度的模拟

6.6　小结与讨论

利用黄河源区玛曲和玛多两个典型高寒草地站点长达 8 年的地面辐射观测数据，对 GLASS、MODIS、GlobAlbedo 地表反照率遥感产品和 CMIP5 中 24 个全球陆面模式模拟的地表反照率进行了验证与评估，并分析产生差异的主要原因；针对青藏高原积雪的特殊性，改进 Noah-MP 模式中的积雪反照率参数化方案。本章结论如下。

(1)玛曲草地站点地表反照率的年际变化较小，集中在 0.16～0.28。各遥感产品在玛曲草地站点精度各有不同，GlobAlbedo 反照率平均比地面观测值偏高 0.048；而 GLASS 和 MODIS 反照率分别偏低 0.074 和 0.063。统计分析表明，MODIS 产品精度相对最高，其中 RMSE=0.069，R=0.710。受积雪影响，玛多草地站点地表反照率年际变化较大。遥感产品中，GLASS 产品精度相对较高，其中 RMSE=0.104，R=0.598。玛曲草地站点地表反照率排序为冬季>春季>秋季>夏季，平均值依次为 0.25、0.22、0.19 和 0.18。玛曲草地站点年平均地表反照率为 0.21；玛多草地站点为 0.25，而且反照率季节变化较玛曲草地站点更显著，呈现近似"U"形分布。夏季反照率最小，平均值为 0.18，秋季为 0.22，与春季较为接近，冬季平均值最大，为 0.33。基于两个站点的对比发现，三种地表反照率遥感产品在春夏季与地面观测一致性较好，反照率秋季开始增大的时间比观测值早，冬季后期遥感的反照率值明显小于地面观测。另外，GLASS 和 MODIS 产品的差异也在秋冬季最为突出。MODIS 产品分离雪和云的能力在秋冬季表现得更好。GLASS 和 MODIS 都不能准确反映特殊天气条件下地表反照率的变化。

(2)CMIP5 中 24 个全球陆面模式模拟的地表反照率差异很大。集合平均后，24 个模式的结果能较好地反映玛曲草地站点和玛多草地站点地表反照率的变化趋势。多模式集合、bcc-csm1-1、bcc-csm1-1-m、CanESM2、CCSM4、CMCC-CM、CMCC-CMS、FGOALS-g2、GFDL-ESM2G、 IPSL-CM5A-MR、MIROC4 h、MIROC5 和 MPI-ESM-MR

与玛曲草地站点地面观测的 RMSE 和偏差相对较小。在玛多草地站点，多模式集合、bcc-csm1-1、FGOALS-g2、HadGEM2-ES、IPSL-CM5A-LR、MIROC5、MPI-ESM-MR和 MRI-CGCM3 与观测值的一致性较好。多模式集合能基本捕捉到玛曲草地站点和玛多草地站点反照率 11～次年 3 月大、6～9 月小的整体变化趋势，7 月模拟值与地面观测值极其接近。24 个 CMIP5 模式模拟的地表反照率在冬春季偏差大，这主要是因为不同的陆面模式采用了不同的积雪反照率参数化方案。24 个模式采用的积雪反照率参数化方案主要包括基于经验性的 CoLM、CLASS2.7、ECHAM5、ISBA、Mk3.6、LM3、ORCHIDEE与基于经验和理论推演的混合型的 CLM3.0、CLM4.0、JULES、MATSIRO、JSBACH、HAL 参数化方案两大类。对这些方案的评估表明，陆面模式模拟效果的好坏与积雪反照率的影响因子有关，有必要进一步具体分析积雪反照率的影响因子。

(3) Noah-MP 模式模拟的反照率显著大于观测值，尤其是在冬春季。采用湿球温度、相对湿度和地形高度确定降水类型的新的雨雪分离方案后，能更准确地模拟出玛曲草地站点典型的地表积雪过程(2016 年 1 月 10～13 日)，模拟值大于 0.6。对积雪覆盖度方案中的新雪密度进行调整，可以极大地改善积雪反照率的模拟。调整后的方案能够模拟出积雪反照率的日变化，并且对较小的积雪或融雪过程也能较好地刻画。表明对模式中物理意义明确的雪密度的准确表达对积雪反照率模拟结果的改善至关重要。然而，在 BATS 积雪反照率参数化方案中，调整积雪随时间衰减系数对模拟结果的影响相对较小。三个参数化方案的叠加极大地提高了积雪反照率的模拟，其模拟效果远大于任何单一方案的改进。不仅模拟出了积雪反照率的日变化，而且模拟值与地面观测值的偏差非常小。

本章研究存在以下不足。

(1) 在利用观测的地表反照率评估遥感反照率产品和陆面模式结果的过程中，存在地面"点"和产品"面"之间的尺度匹配问题，后续将设计辐射多点观测网络、高分辨率影像间接验证或结合以上两种方法估计卫星遥感产品的真实误差，尽可能减少验证方法本身的不确定性，以进行尺度拓展的研究和对比。

(2) 地表反照率观测时间是 2009～2017 年，超出了 CMIP5 历史情景模拟的时间范围，所以对 CMIP5 历史情景下反照率的模拟结果还有待验证。

(3) Noah-MP 模式积雪反照率参数化方案改进时，对 BATS 中积雪反照率衰减系数修改后的模拟效果不太理想。陆面模式中土壤温湿度、积雪液态水含量可以决定积雪与土壤之间的热量传输方向、融水及液态水流动等，直接影响地表积雪过程的模拟。因此，下一步工作有必要考虑这些影响。

(4) 基于物理机制的积雪反照率参数化方案最复杂，应用相对较少，本书验证的陆面模式中都没有包含这类方案。还需要对这类方案的性能进行对比和评估，进一步具体分析陆面模式中积雪反照率偏差的原因。

参 考 文 献

陈阿娇. 2014. 陆面模式 BCC_AVIM 中积雪反照率参数化方案的改进试验. 北京: 中国气象科学研究院.

陈爱军, 胡慎慎, 卞林根, 等. 2015. 青藏高原 GLASS 地表反照率产品精度分析. 气象学报, 73(6): 1114-1120.

陈爱军, 周婵, 卞林根, 等. 2016. 藏北高原 GlobAlbedo 地表反照率的精度分析. 高原气象, 35(4): 887-894.

陈隆勋, 龚知本, 温玉璞, 等. 1964. 东亚地区的大气辐射能的收支(一)——地球和大气的太阳辐射能收支. 气象学报, 2: 002.

程志刚, 刘晓东, 范广洲, 等. 2011. 21 世纪青藏高原气候时空变化评估. 干旱区研究, 4: 669-676.

范广洲, 罗四维, 吕世华. 1997. 青藏高原冬季积雪异常对东、南亚夏季风影响的初步数值模拟研究. 高原气象, 16(2): 140-152.

胡芩, 姜大膀, 范广洲. 2015. 青藏高原未来气候变化预估: CMIP5 模式结果. 大气科学, 39(2): 260-270.

胡慎慎. 2016. 多源数据对比分析青藏高原 GLASS 地表反照率. 南京: 南京信息工程大学.

季国良, 江灏, 查树芳. 1987. 青藏高原地区有效辐射的计算及其分布特征. 高原气象, 6(2): 141-149.

李丹华, 文莉娟, 隆霄, 等. 2017. 积雪对玛曲局地微气象特征影响的观测研究. 高原气象, 36(2): 330-339.

李德帅, 王金艳, 王式功, 等. 2014. 陇中黄土高原半干旱草地地表反照率的变化特征. 高原气象, 33(1): 89-96.

李红梅, 李林. 2015. 2℃全球变暖背景下青藏高原平均气候和极端气候事件变化. 气候变化研究进展, 3(8): 157-164.

李火青. 2018. 陆面模型 Noah-MP 的不同参数化方案在沙漠区域的适用性研究. 沙漠与绿洲气象, 12(6): 58-67.

李伟平, 刘新, 聂肃平, 等. 2009. 气候模式中积雪覆盖率参数化方案的对比研究. 地球科学进展, 24(5): 512-522.

梁顺林, 张晓通, 肖志强, 等. 2014. 全球陆表特征参量(GLASS)产品算法验证与分析. 北京: 高等教育出版社.

廖瑶, 吕达仁, 何晴. 2014. MODIS, MISR 与 POLDER 3 种全球地表反照率卫星反演产品的比较与分析. 遥感技术与应用, 29(6): 1008-1019.

林朝晖. 1995. 气候模式中的反馈机制及模式改进的研究. 北京: 中国科学院大气物理研究所.

刘强, 瞿瑛, 王立钊, 等. 2012. GLASS 陆表反照率产品使用手册. http://www.docin.com/p-912177174.html. [2018-5-25].

刘晓东, 田良, 韦志刚. 1994. 青藏高原地表反射率变化对东亚夏季风影响的数值试验. 高原气象, 13(4): 468-472.

马耀明, 姚檀栋, 王介民, 等. 2006. 青藏高原复杂地表能量通量研究. 地球科学进展, 21(12): 1215-1223.

齐文栋, 刘强, 洪友堂. 2014. 3 种反演算法的地表反照率遥感产品对比分析. 遥感学报, 18(3):

559-572.

施雅风, 沈永平, 李栋梁, 等. 2003. 中国西北气候由暖干向暖湿转型的特征和趋势探讨. 第四纪研究, 23(2): 152-164.

孙鸿烈. 1996. 青藏高原的形成演化. 上海: 科学技术出版社.

孙俊, 胡泽勇, 荀学义, 等. 2011. 黑河中上游不同下垫面反照率特征及其影响因子分析. 高原气象, 30(3): 607-613.

王鸽, 韩琳. 2010. 地表反照率研究进展. 高原山地气象研究, 30(2): 79-83.

王介民, 高峰. 2004. 关于地表反照率遥感反演的几个问题. 遥感技术与应用, 19(5): 295-300.

韦志刚, 黄荣辉, 董文杰. 2003. 青藏高原气温和降水的年际和年代际变化. 大气科学, 27(2): 157-170.

魏文寿, 秦大河, 刘明哲. 2001. 中国西北地区季节性积雪的性质与结构. 干旱区地理, 24(4): 310-313.

吴国雄, 刘屹岷, 刘新, 等. 2005. 青藏高原加热如何影响亚洲夏季的气候格局. 大气科学, 29(1): 47-56.

肖登攀, 陶福禄, Moiwo J P. 2011. 全球变化下地表反照率研究进展. 地球科学进展, 26(11): 1217-1224.

叶丹, 张述文, 王飞洋, 等. 2017. 基于陆面模式 Noah-MP 的不同参数化方案在半干旱区的适用性. 大气科学, 41(1): 189-201.

叶笃正, 高由禧. 1979. 青藏高原气象学. 北京: 科学出版社.

张果, 薛海乐, 徐晶, 等. 2016. 东亚区域陆面过程方案 Noah 和 Noah-MP 的比较评估. 气象, 42(9): 1058-1068.

章基嘉, 朱抱真, 朱福康, 等. 1988. 青藏高原气象学进展. 北京: 科学出版社.

朱智. 2016. 中国区域高时空分辨率驱动数据的建立及其在 Noah-MP 陆面模式中的应用. 南京: 南京信息工程大学.

Arora V K, Scinocca J F, Boer G J, et al. 2011. Carbon emission limits required to satisfy future representative concentration pathways of greenhouse gases. Geophysical Research Letters, 38(5): 387-404.

Brovkin V, Boysen L, Raddatz T, et al. 2013. Evaluation of vegetation cover and land-surface albedo in MPI‐ESM CMIP5 simulations. Journal of Advances in Modeling Earth Systems, 5(1): 48-57.

Cai X, Yang Z L, Fisher J B, et al. 2016. Integration of nitrogen dynamics into the Noah-MP land surface model v1. 1 for climate and environmental predictions. Geoscientific Model Development, 9(1): 1-15.

Charney J G, Quirk W J, Chew S M, et al. 1975. Dynamics of deserts and drought in the Sahel. Quarterly Journal of the Royal Meteorological Society, 101(428): 193-202.

Collier M A, Rotstayn L D, Kim K Y, et al. 2013. Ocean circulation response to anthropogenic-aerosol and greenhouse gas forcing in the CSIRO-Mk3. 6 coupled climate model. Australian Meteorological and Oceanographic Journal, 63: 27-39.

Collins W J, Bellouin N, Doutriauxboucher M, et al. 2011. Development and evaluation of an Earth-System model – HadGEM2. Geoscientific Model Development, 4(4): 1051-1075.

Curry J A, Schramm J L, Ebert E E. 1995. Sea-ice albedo climate feedback mechanism. Journal of Climate, 8(2): 240-247.

Dickinson R E. 1983. Land surface processes and climate-surface albedos and energy balance. Advances in

Geophysics, 25: 305-353.

Ding B H, Yang K, Qin J, et al. 2014. The dependence of precipitation types on surface elevation and meteorological conditions and its parameterization. Journal of Hydrology, 513：154-163, https://doi.org/10.1016/j.jhydrol.2014.03.038.

Donner L J, Wyman B L, Hemler R S, et al. 2011. The dynamical core, physical parameterizations, and basic simulation characteristics of the atmospheric component AM3 of the GFDL global coupled model CM3. Journal of Climate, 24(13): 3484-3519.

Dufresne J L, Foujols M A, Denvil S, et al. 2013. Climate change projections using the IPSL-CM5 Earth System Model: from CMIP3 to CMIP5. Climate Dynamics, 40(9-10): 2123-2165.

Essery R L H, Best M J, Betts R A, et al. 2001. Explicit representation of subgrid heterogeneity in a GCM land surface scheme. Journal of Hydrometeorology, 4(3): 530-543.

Fogli P G, Manzini E, Vichi M, et al. 2009. INGV-CMCC carbon (ICC): A carbon cycle earth system model. SSRN Electronic Journal, DOI: 10. 2139/ssrn. 1517282.

Geleyn J F, Preuss H J. 1983. A new data set of satellite-derived surface albedo values for operational use at ECMWF. Meteorology and Atmospheric Physics, 32(4): 353-359.

Gent P R, Danabasoglu G, Donner L J, et al. 2011. The community climate system model version 4. Journal of Climate, 24(19): 4973-4991.

Hall D K, Riggs G A, Salomonson V V, et al. 2002. MODIS snow-cover products. Remote Sensing of Environment, 83(1): 181-194.

Houghton J T, Ding Y, Griggs D J, et al. 2001. Climate change 2001: The scientific basis. Contribution of working group I to the third assessment report of the international panel on climate change. Cambridge: Cambridge University Press.

Huang W, Wang B, Li L, et al. 2014. Variability of atlantic meridional overturning circulation in FGOALS-g2. Advances in Atmospheric Sciences, 31(1): 95-109.

Izrael Y A, Semenov S M, Anisimov O A, et al. 2007. The fourth assessment report of the intergovernmental panel on climate change: Working group II contribution. Russian Meteorology and Hydrology, 32(9): 551-556.

Ji D, Wang L, Feng J, et al. 2014. Description and basic evaluation of Beijing Normal University Earth system model (BNU-ESM) version 1. Geoscientific Model Development, 7(5): 2039-2064.

Klein A G, Barnett A C. 2003. Validation of daily MODIS snow cover maps of the Upper Rio Grande River Basin for the 2000-2001 snow year. Remote Sensing of Environment, 86(2): 162-176.

Krinner G, Viovy N, de Noblet-Ducoudré N, et al. 2005. A dynamic global vegetation model for studies of the coupled atmosphere-biosphere system. Global Biogeochemical Cycles, 19(1): DOI: 10.1029/2003GB002199.

Lewis P, Guanter L, López G, et al. 2012. GlobAlbedo Algorithm Theoretical Basis Document V3. 1.

Liang S. 2003. A direct algorithm for estimating land surface broadband albedos from MODIS imagery. IEEE Transactions on Geoscience and Remote Sensing, 41(1): 136-145.

Liu Q, Wang L, Qu Y, et al. 2013. Preliminary evaluation of the long-term GLASS albedo product. International Journal of Digital Earth, 6: 69-95.

Liu X D, Chen B D. 2000. Climatic warming in the Tibetan Plateau during recent decades. International

Journal of Climatology, 20(14): 1729-1742.

Lofgren B M. 1995. Surface albedo-climate feedback simulated using two-way coupling. Journal of Climate, 8(10): 2543-2562.

Ma N, Niu G Y, Xia Y, et al. 2017. A systematic evaluation of Noah-MP in simulating land-atmosphere energy, water and carbon exchanges over the continental United States. https: //agupubs. onlinelibrary. wiley. com/doi/10. 1002/2017JD027597. [2018-6-3].

Meng X H, Lyu S H, Zhang T T, et al. 2018. Simulated cold bias being improved by using MODIS time-varying albedo in the Tibetan Plateau in WRF model. Environmental Research Letters, 13.

Niu G, Yang Z, Mitchell K E, et al. 2011. The community Noah land surface model with multiparameterization options (Noah-MP): 1. Model description and evaluation with local-scale measurements. Journal of Geophysical Research Atmospheres, 116(D12): 1248-1256.

Oleson K, Dai Y, Bonan B, et al. 2004. Technical description of the community land model (CLM). NCAR/TN-461+STR, 174.

Park S K, Park S. 2016. Parameterization of the snow-covered surface albedo in the Noah-MP Version 1.0 by implementing vegetation effects. Geoscientific Model Development, 9(3): 1073-1085.

Pinty B, Roveda F, Verstraete M M, et al. 2000. Surface albedo retrieval from Meteosat: 2. Applications. Journal of Geophysical Research Atmospheres, 105(D14): 18113-18134.

Roeckner E, Bäuml G, Bonaventura L, et al. 2003. The atmospheric general circulation model ECHAM 5. PART I: Model description. Technical Report 349, Max Planck Institute for Meteorology, Germany. http://hdl. handle. net/11858/00-001M-0000-0012-0144-5.

Román M O, Schaaf C B, Woodcock C E, et al. 2009. The MODIS (Collection V005) BRDF/albedo product: Assessment of spatial representativeness over forested landscapes. Remote Sensing of Environment, 113(11): 2476-2498.

Sakamoto T T, Komuro Y, Nishimura T, et al. 2012. MIROC4 h-a new high-resolution atmosphere-ocean coupled general circulation model. Journal of the Meteorological Society of Japan. Ser. II, 90(3): 325-359.

Takata K. 2003. Development of the minimal advanced treatments of surface interaction and runoff. Global and Planetary Change, 38(1-2): 209-222.

Verseghy D L. 1991. CLASS-a Canadian Land Surface Scheme for GCMS. 1. Soil model. International Journal of Climatology, 11: 111-133.

Voldoire A, Sanchez-Gomez E, Mélia D S Y, et al. 2013. The CNRM-CM5. 1 global climate model: Description and basic evaluation. Climate Dynamics, 40(9-10): 2091-2121.

Volodin E M, Dianskii N A, Gusev A V. 2010. Simulating present-day climate with the INMCM4.0 coupled model of the atmospheric and oceanic general circulations. Izvestiya Atmospheric and Oceanic Physics, 46(4): 414-431.

Watanabe M, Suzuki T, O'ishi R, et al. 2010. Improved Climate Simulation by MIROC5: Mean States, Variability, and Climate Sensitivity. Journal of Climate, 23(23): 6312-6335.

Watanabe S, Hajima T, Sudo K, et al. 2011. MIROC-ESM 2010: Model description and basic results of CMIP5-20 c3 m experiments. Geoscientific Model Development, 4(4): 845-872.

Wu Q Z, Feng J M, Dong W J, et al. 2013 b. Introduction of the CMIP5 experiments carried out by

BNU-ESM. Advances in Climate Change Research, 9(4): 291-294.

Wu T, Li W, Ji J, et al. 2013 a. Global carbon budgets simulated by the Beijing Climate Center Climate System Model for the last century. Journal of Geophysical Research Atmospheres, 118(10): 4326-4347.

Wu T, Song L, Li W, et al. 2014. An overview of BCC climate system model development and application for climate change studies. Journal of Meteorological Research, 28(1): 34-56.

Yang Z L, Cai X, Gang Z, et al. 2011.The Community Noah Land Surface Model with Multi-Parameterization Options (Noah-MP): Technical Description.

Yang Z, Niu G, Mitchell K E, et al. 2011. The community Noah land surface model with multiparame-terization options (Noah-MP): 2. Evaluation over global river basins. Journal of Geophysical Research Atmospheres, 116(D12): D12110.

Yukimoto S, Adachi Y, Hosaka M, et al. 2012. A new global climate model of the Meteorological Research Institute: MRI-CGCM3-model description and basic performance. Journal of the Meteorological Society of Japan. Ser. II, 90: 23-64.

Zhao L, Jin J, Wang S Y, et al. 2012. Integration of remote-sensing data with WRF to improve lake-effect precipitation simulations over the Great Lakes region. Journal of Geophysical Research Atmospheres, 117(D9).

第7章 基于野外观测和 MODIS 产品的青藏 高原湖泊冰面反照率研究

在全球变暖背景下，由于青藏高原降水量和冰川融水增加，湖泊面积和水位普遍呈上升趋势，而湖泊冻结期总体呈缩短趋势 (Wan et al., 2016; Wang et al., 2013; Zhang et al., 2011)。湖表温度 (LST) 是调节湖气界面能量与水分交换的关键因素 (Adrian et al., 2009)。在青藏高原，一些研究表明夏季湖表温度的上升速度比区域气温的上升速度更快 (Zhang et al., 2014)。青藏高原气候寒冷，湖泊冻结期长达 4~6 个月 (王苏民和窦鸿身, 1998)。地表反照率控制着地表短波辐射平衡，是气候模型的关键参数 (Guo et al., 2013)。调查发现，北美苏必利尔湖水温的快速升高是由冰反照率正反馈引起的 (Austin and Colman, 2007)。冰盖能够增加湖面反照率，从而减少吸收的太阳辐射 (Ingram et al., 1989)。相反，冰的融化主要是由湖泊吸收的太阳辐射决定的 (Efremova and Pal'shin, 2011)，尤其是冰和水吸收的太阳辐射。湖冰的提前融化可以导致夏季温跃层更早建立，加速上部水体的变暖 (Austin and Colman, 2007; Hampton et al., 2008; O'Reilly et al., 2015)。

以往的研究表明，湖冰反照率大多在 0.10~0.60 (Bolsenga, 1969; Gardner and Sharp, 2010; Heron and Woo, 1994; Semmler et al., 2012; Svacina et al., 2014a)。然而，低湖冰反照率 (<0.2) 被观测报道得很少 (Bolsenga, 1969; Lei et al., 2011)。利用 MODIS 反照率产品 (MCD43A3, MOD10A1/MYD10A1) 和野外观测资料，研究人员对加拿大 Malcolm Ramsay 湖冰面反照率 (有少量积雪) 进行了调查，发现其大于 0.6；MCD43A3 产品误差最小 (Svacina et al., 2014b)。不同研究报道的湖冰反照率量值的巨大差异表明，精确的冰反照率参数化对天气和气候模拟是必要的。湖冰反照率与许多因素有关，如太阳天顶角、冰的类型 (Bolsenga, 1977, 1983)、气泡和杂质含量 (Gardner and Sharp, 2010)、冰的厚度 (Mullen and Warren, 1988) 和云量 (Warren, 1982)。根据 Pirazzini (2009) 的研究，目前主要有三种湖泊冰反照率参数化方案。最简单的一种是指定的常量值，如 LAKE2.0 模型 (Stepanenko et al., 2016)。第二种依赖于表面温度，如 FLake 模型 (Mironov et al., 2010)。更复杂的一种还考虑了降雪、雪/冰厚度和其他因素，如 Canadian 湖冰模型 (Svacina et al., 2014a)。大多数参数化方案是依据早期高纬度海洋和湖泊观测建立起来的，甚至是由海冰模型修改而成的。温度依赖型反照率方案所使用的原始观测数据、冰面温度与冰反照率之间的相关性很低，是非常离散的，并且大多为日平均值或月平均值 (Ross and Walsh, 1987)，不适合描述冰面温度的快速变化 (如日变化) 对冰反照率的影响。在先前的研究中，利用 MODIS 产品，发现这些方案严重高估了青藏高原湖冰的反照率。在高纬度的湖泊，由于相对湿润的气候和微弱的太阳辐射，冰的表面经常被积雪覆盖。冰反照率误差的影

响很大程度上被积雪冲淡。然而，在青藏高原，由于强烈的太阳辐射和干燥的气候，冰面积雪较少，不准确的冰反照率导致的湖泊温度模拟偏差也较大 (Hall and Qu, 2006; Svacina et al., 2014a)，进而影响区域气候模拟 (Mallard et al., 2014; Svacina et al., 2014b)。Mallard 等 (2014) 通过改进冰反照率参数化，显著改善了大湖温度和冰盖的模拟。然而，青藏高原湖泊的冰反照率很少被关注。只有少数人研究分析了纳木错湖冻结日期的变化 (Gou et al., 2017; Ye et al., 2011)，以及北麓河小型热熔湖湖冰结构 (Huang et al., 2012)、导热率 (Huang et al., 2013) 和冻融过程 (Huang et al., 2016)。2017 年 2 月，在黄河源区的鄂陵湖开展了冰面辐射与能量平衡观测实验，包括定点观测和移动观测。移动观测可以扩大观测的空间范围，便于和遥感产品进行比较。与之前的同类研究相比 (Hudson et al., 2012)，采用了一个可移动的中空框架平台，减少了对反照率观测的干扰。与此同时，MODIS 反照率产品误差相对较小，可以帮助我们深入了解青藏高原湖泊的冰反照率特征。本章利用现有模型中的冰面反照率参数化方案和观测资料，分析了模型中冰面反照率的偏差。利用 MODIS 反照率产品分析了青藏高原湖泊冻结期的反照率特征，并结合 LAKE2.0 和 FLake 模型说明了反照率参数化不准确对湖泊模拟的影响。

7.1　研究区域、野外观测和数据

7.1.1　研究区域和野外观测

鄂陵湖 (海拔 4274 m) 位于青藏高原东部的黄河源区，平均深度为 17 m，表面积为 610 km^2，是中国最高的大型淡水湖。鄂陵湖流域属于半干旱高寒大陆性气候。从 12 月上旬到翌年 4 月上旬，湖面通常完全被冻结，平均降水量只有 28.16 mm (1954～2014 年)。实地观测显示，2013 年和 2016 年的最大冰厚度约为 0.7 m，通常出现在 2 月下旬。2017 年 2 月 10～18 日，在鄂陵湖进行了观测实验 (图 7.1)，定点观测平台 IOS 位于距离湖岸 240 m 的冰面上 (34.905°N, 97.571°E)，冰厚 0.6 m。湍流通量、辐射分量和常规气象要素被测量。移动观测平台 (MOP) 被用来测量更大范围的冰面辐射平衡。IOS 和 MOP 均采用 Kipp & Zonen CNR4 四分量净辐射仪测量向下和向上短波与长波辐射，观测高度分别为 1.20 m (IOS) 和 1.60 m (MOP)。在 IOS 中，CNR4 每分钟测量一次数据，每 30 min 输出一组平均数据。对于 MOP、CNR4 每 10 s 测量一次，每 60 s 输出一组平均数据。MOP 内置全球定位系统传感器，能够实时记录仪器的位置。此外，使用一架四旋翼无人机 (UAV) 开展航拍，最大飞行高度 500 m。

还选取了包括鄂陵湖在内的青藏高原 6 个面积 (184.9～4254.9 km^2)、海拔 (3260～4990 m)、深度和地理位置不同的典型湖泊 (表 7.1)，利用 MODIS 资料展开分析。阿克赛钦湖是 6 个湖泊中最高 (4848 m) 和最小 (184.9 km^2) 的湖，位于青藏高原西部。纳木错是青藏高原第三大湖，位于高原中部，也是地球上最高的大型湖泊。鄂陵湖是中国最高的大型淡水湖，位于高原东部。

图 7.1　冰面上的定点观测(IOS)(a)、利用无人机航拍的 IOS 观测点照片(b)及位置(黄色五角星)(c)

表 7.1　6 个典型湖泊的面积与海拔

物理量	阿克赛钦湖	纳木错	鲸鱼湖	扎日南木错	鄂陵湖	青海湖
面积/km²	184.9	2040.9	283.7	996.9	629.8	4254.9
海拔/m	4848	4718	4708	4613	4272	3260

7.1.2　数据

1. 观测数据

利用向下和向上长波辐射，可以获得冰面温度：

$$T_s = \left[\frac{Rl_{up} - (1-\varepsilon)Rl_{dw}}{\varepsilon\sigma} \right]^{0.25} \tag{7.1}$$

式中，$\sigma = 5.67 \times 10^{-8}$ [W/(m²·K⁴)]，为 Stefan-Boltzmann 常数；Rl_{dw} 和 Rl_{up} 分别代表向下和向上长波辐射；T_s 为冰面温度。参考 Wilber 等(1999)的研究,式(7.1)的冰面发射率(ε)定为 0.99。冰面发射率存在一定的不确定性。然而，本节的敏感测试表明，其微小的波动(0.97~0.99)对表面温度的影响很小(最大的差异仅为 0.64℃)。T_s 将被用于驱动参数化方案获得模拟的冰面反照率。观测期间，冰面较为清洁，但也有零星积雪。观测开始于 2 月 10 日，结束于 2 月 18 日。在流动观测中，下午风速过大，观测安全无法保障，所以在 2 月 11 日、12 日、14 日、15 日、16 日和 17 日的靠近正午时段(当地时间 10:00~12:00)进行了测量。在此期间，太阳天顶角小于 60°，其变化对反照率的影响可以忽略不计。此外，本节还利用 2015 年 9 月 22 日～2016 年 9 月 21 日的鄂陵湖水温观测数据评价 LAKE 2.0 模型的模拟结果。

2. MODIS 产品

使用的 MODIS 反照率产品为 MOD10A1/MYD10A1 V006 逐日反照率、MCD43A3 16 逐日反照率和质量标记产品 MCD43A2，并和观测结果进行了实地对比。MOD10A1（Terra）/MYD10A1（Aqua）产品包括 500m 空间分辨率的冰雪反照率和积雪覆盖比例（Hall and Riggs, 2007）。MOD10A1/MYD10A1 产品只在晴空条件下反演，观测期间以晴空为主。利用 MCD43A3 V005 16 d 反照率产品，分析 3 个冻结期（2012 年 10 月～2013 年 6 月、2013 年 10 月～2014 年 6 月、2014 年 10 月～2015 年 6 月）的青藏高原湖泊反照率特征。该产品空间分辨率为 500 m，每 8 天更新一次（Schaaf et al., 2002）。覆盖 6 个湖泊的像元被仔细选择（剔除湖泊边界内的两个像素），以确保不受陆地污染。对于 MCD43A3，与 2017 年 2 月的观测数据对比时，使用了黑空反照率（BSA），因为它代表了晴空条件下的反照率。剩余分析中，采用了 MCD43A 产品中的短波波段（459～2155 nm）的白空反照率（WSA）产品。Svacina 等（2014b）发现，MCD43A3 获得的冰雪反照率与地面观测结果小于 MOD10A1 和 MYD10A1 的日反照率误差。MCD43A2 是 MCD43A3 的质量标记产品，记录像元是否有积雪。这些信息将被用来计算湖面上有雪与无雪像元的比例。使用的 MCD43A V005 产品每 8 天更新一次。逐日分辨率的 MCD43A V006 产品已经发布，用于与移动观测结果进行比较。逐日的 MCD43A 实际上也是一种 16 d 产品，每天检索并利用 16 天滚动周期中所有高质量的、多日期的、多角度的、无云的表面反照率，将感兴趣的那天定义为中心日期（Liu et al., 2016b）。本章最后简要讨论 MCD43A3- V005 与 MCD43A3-V006（2013 年 10 月～2014 年 6 月）之间的差异。MOD10A1 产品用于考虑阿克赛钦湖的积雪像元百分比（2014 年 1 月 1～16 日），其中包括 500 m 空间分辨率的积雪反照率、积雪比例、质量标记信息等元数据（Hall and Riggs, 2007）。

此外，还使用了空间分辨率为 1 km 的 MODIS 地表温度产品（MOD11A1）对 2012～2016 年长期模拟结果进行评价。许多研究表明，MODIS 地表温度产品具有良好的精度（Crosman and Horel, 2008）。

7.1.3　湖冰反照率参数化

现有的湖冰反照率参数化方案具有不同程度的复杂性。在 WRF 天气预报模式中，完全冻结湖泊的湖冰反照率为 0.6。在一维湖泊模型 LAKE2.0 中（Stepanenko et al., 2016），冰的反照率也为 0.6。依赖于表面温度的反照率方案通常有一个反照率最小值和最大值，分别对应融化条件和低于某一阈值的表面温度。这些方案主要来源于对海冰或冰川的观测（Brock et al., 2000; Pirazzini et al., 2006; Ross and Walsh, 1987）。FLake 模型中的冰面反照率（a_i）方案来源于海冰模型（Mironov and Ritter, 2004）：

$$a_i = a_{max} - \left(a_{max} - a_{min}\right)\left[\exp\left(-\frac{95.6\left(T_f - T_s\right)}{T_f}\right)\right] \tag{7.2}$$

式中，a_{max} 设为 0.60，表示白冰或雪冰的反照率，蓝冰的反照率（a_{min}）为 0.10。根据（Mironov et al., 2010）的研究，当 T_s 接近冰点（T_f）时，反照率将趋向于 0.10。在 WRF-FLake 模型中（Mallard et al., 2014），白冰或雪冰（a_{max}）被设置为 0.80，其他变量保持不变。

在一些模型中，反照率对地表温度的依赖关系被分为可见光和近红外波段（Roesch et al., 2002）。在 CLM 4.5 中（Oleson et al., 2013），没有可辨雪层条件下的湖冰反照率与 Flake 模型的湖冰反照率相似：

$$a_i = a_0 - (a_0 - 0.10) \left[\exp\left(-\frac{95(T_f - T_s)}{T_f} \right) \right] \tag{7.3}$$

在低温条件下，可见光波段的 a_0 反照率为 0.60，近红外波段的反照率为 0.40。对于有可辨雪层的湖面，冰面反射率固定为 a_0。在 GLM 2.0 中（Hipsey et al., 2014），冰面反照率是表面温度和冰厚度的函数（Svacina et al., 2014a）：

$$a_i = \begin{cases} c_1 h_i^{0.28} + 0.08 & T < T_f \\ \min\left(a_{min}, c_2 h_i^2 + a_w \right) & T_s = T_f \end{cases} \tag{7.4}$$

式中，a_w 为开阔水域的反照率（0.05）；a_{min} 为冰融化阶段的反照率（0.55）；h_i 为冰的厚度（m）；c_1 和 c_2 均为常数（$c_1 = 0.44 / \mathrm{m}^{0.28}$，$c_2 = 0.075 / \mathrm{m}^2$）。

7.1.4 LAKE2.0 和 FLake 模型

LAKE2.0 模型是一个用于求解热量、气体和动量传输水平平均方程的一维湖泊模型（Stepanenko et al., 2016）。在该模型中，近红外太阳辐射在水面被完全消耗，可见光太阳辐射根据水体反照率被部分反射，剩余部分根据湖泊的消光系数随深度衰减。本章参照青藏高原纳木错湖的观测结果，将水体消光系数设为 0.15（次仁尼玛和卓嘎，2012）。LAKE 2.0 模型还包括多层雪/冰模块（Stepanenko and Lykossov, 2005; Stepanenko et al., 2011）。在模拟中，可以选择几种不同的湍流混合参数。本章使用一个标准的 K-ε（K-epsilon）参数化方案计算涡旋扩散率。由于出、入湖的水量对鄂陵湖水量平衡的影响较小，故不考虑。

一维湖泊模型 FLake 能够模拟湖泊水温廓线和地表热通量（Mironov et al., 2010），适用于水深小于 60 m 的淡水湖。此外，还考虑了湖泊冰层、雪层和湖泊沉积物层。该模型应用广泛，性能良好（Pour et al., 2012; Stepanenko et al., 2014）。本章使用 FLake 模型评估冰反照率对鄂陵湖模拟的影响。模拟时间于 2011 年 7 月开始，2016 年 12 月结束。参考观测结果，湖水深度设定为 25 m。驱动数据来自鄂陵湖畔建立的通量观测站，主要输入变量包括气温、相对湿度、风速、气压、向下短波和长波辐射、降水。

7.2　结　果　分　析

7.2.1　反照率的日循环

向下短波辐射的峰值大部分时间超过 800 W/m²[图 7.2(a)]，最大值为 899.13 W/m²，甚至大于高纬度湖泊夏季观测到的最大太阳辐射(Rouse et al., 2003)。除 2 月 11 日以外，向上短波辐射均小于 90 W/m²。相反，向上长波辐射明显大于向下长波辐射。2 月 11～17 日，日平均下行和上行短波辐射分别为 204.20 W/m² 和 24.75 W/m²。向下和向上长波辐射分别为 172.04 W/m² 和 268.59 W/m²。平均净辐射(79.29 W/m²)明显小于夏季(178.01 W/m²)，但大于初冬冻结前的量值(24.11 W/m²)(Li et al., 2015)。强烈的向下短波辐射意味着反照率的微小变化会引起湖泊吸收能量的剧烈变化。冰面反照率在日出后和日落前大约为 0.30，在中午时段下降到 0.08～0.09，明显低于之前报道的反照率(Svacina et al., 2014b)。值得注意的是，IOS 辐射支架下方的冰面(半径为 0.45 m)在安装过程中出现了破裂，导致原本蓝色的冰由于气泡的侵入而变成白色。但是这一现象造成的反照率的高估是轻微的，因为它不在 CNR-4 传感器的正下方，而且仅占很小的面积。

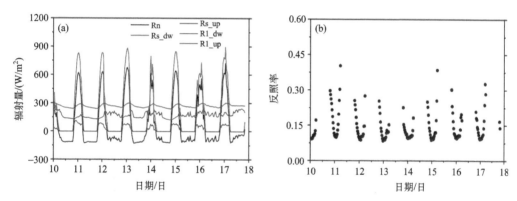

图 7.2　2017 年 2 月 10～17 日 IOS 观测点的辐射分量(a)和冰面反照率(b)的日变化

Rn: 净辐射; Rs_dw 和 Rl_dw: 向下短波与长波辐射; Rs_up 和 Rl_up: 向上短波与长波辐射

7.2.2　移动反照率观测

基于 GPS 和辐射数据，观测路径和反照率如图 7.4 所示。最大观测范围经向约630 m，纬向约 960 m，大于一个 MODIS 像元。在 6 天内获得 529 组有效数据。虽然冰面相对平坦，但其辐射收支仍受到许多小尺度(1～10 m)现象的影响，如气泡、裂缝、尘埃的存在，以及冰色、厚度和水深的变化等。MOP 在冰面上随机行走。在普通冰面上，以 0.5 m/s 的速度缓慢移动，当遇到特定的冰面(如蓝色冰、白色冰、裂缝冰、气泡冰、覆盖着灰尘或雪的冰)时，MOP 会在冰上停留 3～4 min，以获得该类型冰的典型反照率值。这种特定观测约占整个 MOP 数据的 15%。如图 7.4 所示，大部分湖冰反照率都小于0.12。蓝色线区域的反射率明显相对较高(0.12～0.15)，这可能与 2 月 11 日有较多的尘埃覆盖在冰面有关(图 7.3)。反照率高于 0.15 通常来自覆盖着斑块状积雪或沙土的冰面。由图 7.4 可知，0.08～0.12 的反照率样本占 MOP 总数据的 65.41%，小于 0.10 的样本占42.72%，小于 0.12 的样本占 72.21%。此外，93.38%的样本低于 0.16。对于各区间反照率的统计特征，中值线和均值均在 0.08～0.10、0.1～0.12、0.12～0.14 的左侧，且向低反照率方向偏移。

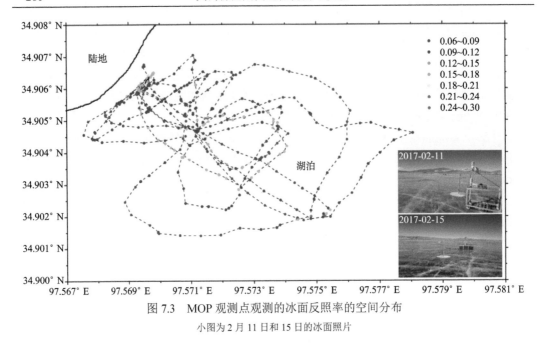

图 7.3　MOP 观测点观测的冰面反照率的空间分布

小图为 2 月 11 日和 15 日的冰面照片

　　图 7.5 为六种典型湖冰状况及其反照率的照片。相对干净的蓝色冰反照率仅为 0.075［图 7.5(a)］，与鄂陵湖的水面反照率非常接近(0.04～0.05)(Li et al., 2015)。破碎的冰由于气泡的侵入而有点发白，其反照率约为 0.106［图 7.5(b)］。湖岸附近的冰通常含有一些小块的雪，而且水浅(可以看到湖底沉积物)，反照率明显较高(0.155)［图 7.5(c)］。当冰被粉尘覆盖且裂缝明显时，反照率(0.119)高于纯净的蓝色冰［图 7.5(d)］。那些表面布满了细小的波浪褶皱的冰，沙子或沉积物很容易收集起来，它的反照率约为 0.135［图 7.5(e)］。值得注意的是，向上短波辐射传感器的观测角度可达 150°，当传感器高度为 1.60 m 时，传感器下方的观测半径可达 5.97 m。这个范围明显大于沉积物斑块的范围，即使传感器正下方方向上的短波辐射的影响比边缘区域的更大。同样，被斑状积雪覆盖的冰面的反照率只有 0.212［图 7.5(f)］，比雪的反照率低得多。

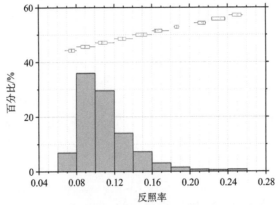

图 7.4　MOP 观测点获得的冰面反照率的概率分布

盒须图的每个盒子的中心代表中位值，盒子左右边缘分别代表第 25%和 75%的分位点，

左右侧的须线分别代表第 5%和 95%的分位点

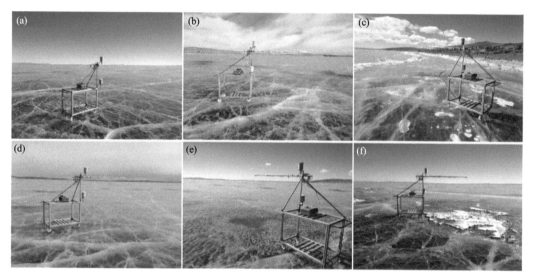

图 7.5　MOP 观测的 6 种不同类型的冰面照片

(a)A=0.075；(b)A=0.106；(c)A=0.155；(d)A=0.119；(e)A=0.135；(f)A=0.212

7.2.3　MODIS 反照率产品评估

更大范围的湖泊冰反照率只能通过遥感获得。由于缺测较多，MODIS 数据与观测站点的位置很难精确匹配。相关人员收集了所有在鄂陵湖可用的 MODIS 数据。从 EOSDIS 的卫星图像观察，2 月 5～18 日，鄂陵湖冰雪覆盖面积逐渐减少。结合 MCD43A2 产品，可以将 MCD43A3 数据划分为无雪反照率[图 7.6(c)]和积雪反照率[图 7.6(d)]。对于 MOD10A1/MYD10A[图 7.6(a) 和图 7.6(b)]，只使用积雪覆盖率小于 15%的像元的数据，近似地认为是无雪像元。

总体上，MOD10A1 产品与观测结果的一致性最好[图 7.6(a)]，其次是 MYD10A1 产品[图 7.6(b)]。MOP 测得的日平均反照率范围为 0.10～0.13，MOD10A1 测得的日平均反照率范围为 0.09～0.17，最大值为 0.28，最小值为 0.08(不含异常值)。考虑到 MOD10A1 反照率在某些像元上可能包含零星积雪的影响，这个结果是合理的。MYD10A1 的反照率为 0.10～0.22，数据比 MOD10A1 更加离散。对于 MCD43A2 中标记为无雪的冰面，MCD43A3 对应的反照率为 0.18～0.20。在 MCD43A3 中，几个相邻日期的反照率非常接近，因为尽管反照率信息每天更新，但仍然是融合了 16 天信息的反照率产品。冰雪反照率主要位于 0.15～0.50，随着积雪的减少，反照率迅速减小[图 7.6(d)]。而 2 月 14～18 日，有积雪覆盖的冰的反照率低于无雪冰[图 7.6(c) 和图 7.6(d)]，说明 MCD43A2 的积雪标记精度不够。这也可能是因为积雪标记使用了当天的积雪状态，但是反照率包含了 16 天的信息，两者的时间窗口不一致。

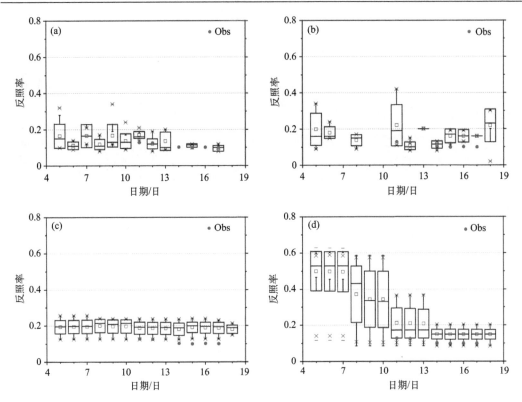

图 7.6　2017 年 2 月从 MOD10A1(a)、MYD10A1(b) 和 MCD43A3(c) 获得的无雪冰面，以及从 MCD43A3(d) 获得的有雪冰面反照率(盒须图)(横坐标为二月的日期)

红色实心圆代表从 MOP 获得的日平均反照率值

7.2.4　反照率参数化方案评估

与 MODIS 产品相比，参数化方案和观测的反照率差异更大(图 7.7 和图 7.8)。在 WRF 和 LAKE 2.0 模式方案中，湖冰反照率均固定为 0.6。其他方案中，冰反照率通常随地表温度的升高而降低。CLM4.5 近红外辐射(CLM4.5/0.4)的反照率均小于 0.40，接近冰点时小于 0.15，这是最接近于观测的反照率，其次是 Flake 模型。地表温度在−5℃以下时，GLM 2.0 的冰反照率为常数(0.6)，地表温度在−5℃以上时，二者呈线性关系。最显著的偏差存在于 WRF-Flake 中。随着表面温度的升高，WRF-Flake 的冰反照率迅速下降；在所有方案中，它的反照率振幅最大，从 255.37 K 附近的 0.80 到 272.64 K 处的 0.22。观测到的冰反照率与地表温度之间没有显著的相关性，这可能与观测时间较短有关，这期间冰的厚度和反照率变化很小，但地表温度呈现明显的日循环。事实上，建立温度依赖型反照率方案所使用的数据多为日平均或月平均(Roesch et al., 1999)及空间平均的卫星平均反照率(Ross and Walsh, 1987)。因此，地表温度的快速变化被平滑，难以表征反照率的日变化周期。观测周期长可采用日平均反照率和地表温度，结果可能变好。然而，这种改善非常小，因为在参数化发展使用的数据中，反照率随冰面温度的分布非常离散(Ross and Walsh, 1987)。这意味着温度本身不足以解释反照率的变化。利用 2012

年 12 月～2015 年 4 月的 MODIS 产品(MOD11/MYD11 地表温度产品和 MCD43A3 反照率产品)进一步验证了鄂陵湖冰反照率与地表温度的相关性。冰反照率与地表温度的分布也很离散,相关系数为–0.13。因此,即使在长时间尺度上,反照率与温度的依赖关系也不显著。IOS 的数据显示,冰的反照率通常会随着表面温度的上升而下降,这可能是由于太阳天顶角是影响冰的反照率日循环的主要因素。当太阳天顶角小于 60°时,冰反照率集中小于 0.15。这意味着为 MOP 选择的时间是合适的。

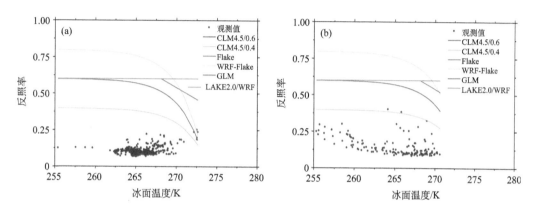

图 7.7　在不同的参数化方案中利用 MOP(a)和 IOS(b)数据获得的及观测的(实心圆)冰面温度
和反照率之间的关系

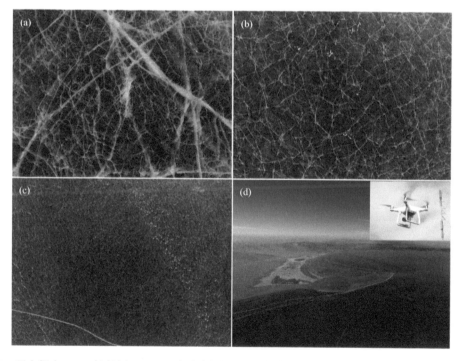

图 7.8　无人机在 10 m 高度(a)、100 m 高度(b)和 500 m 高度(c)向下拍摄的冰面照片,以及 500 m 高
度(d)水平拍摄的湖面和陆地

7.2.5　青藏高原典型湖泊冰面反照率

观测仅进行了 8 天,冰的反照率在不同阶段有显著的变化吗?冰的低反照率在青藏高原湖泊中普遍存在吗?从 EOSDIS Worldview 图像(图 7.9)可以看出, 在冻结期的不同阶段, 鄂陵湖的无雪冰面颜色相似, 与水体的颜色非常接近。先前利用 MODIS 产品的研究也表明, 在冻结期, 鄂陵湖裸冰的反照率变化很小(Lang et al., 2018)。在纳木错(深的咸水湖), 无雪的冰也很暗。由于积雪覆盖, 色林错看起来是白色的, 与附近的湖泊形成对比。

图 7.10 展示了利用 MCD43A3-V005 产品研究的青藏高原 6 个典型湖泊在 2012 年10 月～2015 年 6 月完全冻结期(冰盖面积超过 95%)的反照率分布。那些低于 0.05 的反照率可能是未冻结的区域。如图 7.10 所示, 无雪条件下, 鄂陵湖 72.8%的像元的反照率小于 0.15, 94.6%的像元的反照率小于 0.20。阿克赛钦湖和纳木错分别有 65.6%和 70.5%的像元的反照率小于 0.20。无雪条件下, 鲸鱼湖、扎日南木错和青海湖分别有 67.1%、70.8%和 96.2%的像元的反照率小于 0.25。这些湖泊的反照率频率分布峰值比参数化方案得到的峰值小得多。由于受积雪的影响, 实际湖面反照率必然高于裸冰。但阿克赛钦湖、青海湖和扎日南木错的所有可用像元的反照率分布峰值仍小于 0.40, 低于 0.40 的占总像元的 70.0%、88.9%和 79.9%。在 6 个湖泊中, 纳木错的反照率峰值最大(0.58), 而鄂陵湖和鲸鱼湖的反照率峰值不明显。

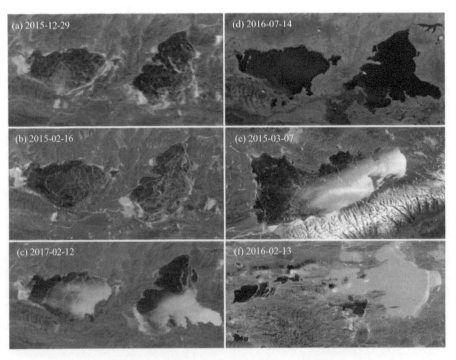

图 7.9　从 EOSDIS Worldview 网站获得的不同时间的鄂陵湖[(a)～(d)]、
纳木错(e)和色林错(f)的影像

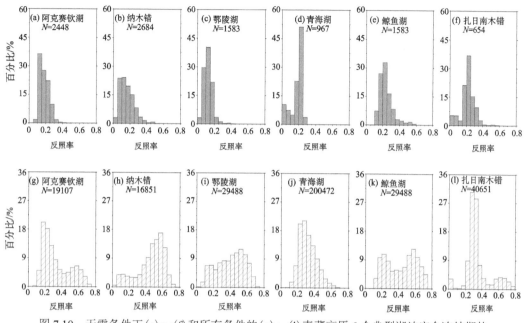

图 7.10　无雪条件下 (a)～(f) 和所有条件的 (g)～(l) 青藏高原 6 个典型湖泊完全冻结期的
湖面反照率分布

N 是可利用的样本数；阿克赛钦湖 (35.21°N, 79.85°E, 4849 m AMSL) 位于青藏高原西部，纳木错 (30.72°N, 90.64°E, 4729 m
AMSL) 和扎日南木错 (30.94°N, 89.45°E, 4617 m AMSL) 位于青藏高原中南部，鲸鱼湖 (36.34°N, 85.61°E, 4718 m AMSL) 位于
青藏高原西北部，青海湖 (36.93°N, 100.16°E, 3198 m AMSL) 位于青藏高原东北部

　　大部分时间，积雪反照率的中值低于 0.6 [图 7.11(a)、图 7.12(a)、图 7.13(a)]。不
同类型雪的反照率不同，导致湖表反照率的剧烈变化。无积雪情况下，阿克赛钦湖的反
照率保持相对稳定，在冻结期约为 0.18，鄂陵湖和纳木错的反照率为 0.15 [图 7.11(b)、
图 7.12(b) 和图 7.13(b)]。有雪状态下鄂陵湖的反照率有两个峰值 (约为 0.5) [图 7.12(a)]，
这与较高的积雪面积比例相吻合 [图 7.13(c)]。有雪状态下纳木错的反照率高于同期的阿
克赛钦湖和鄂陵湖。有广泛的积雪覆盖时，纳木错的反照率中位数可以达到 0.6
[图 7.13(a) 和图 7.13(c)]。

　　表 7.2 总结了这 6 个湖泊 10 月至翌年 6 月的月平均反照率的三年平均值 (2013～2015
年)。有雪覆盖湖泊的反照率在 0.12～0.54，最大值出现在纳木错，最小值出现在鲸鱼湖，
其积雪覆盖期最长，从 10 月底到 6 月初。本节纳木错的完全冻结期与观测结果吻合较好
(Gou et al., 2015)，说明该定义方法是可靠的。总体而言，纳木错、鲸鱼湖和扎日南木错
在有雪状态下反照率较高，特别是 1～3 月，分别为 0.31～0.54、0.12～0.51、0.23～0.40。
有雪状态下，阿克赛钦湖、鄂陵湖和青海湖反照率分别为 0.23～0.35、0.20～0.41 和 0.22～
0.29。以 2 月为例，因为 2 月是湖泊结冰期的中间阶段，各湖泊无雪时的反照率为 0.14～
0.3，与 Bolsenga(1969) 在大湖的观测结果 (0.1～0.46) 非常吻合。其中，纳木错和鄂陵湖
的冰反照率相对较小 (0.14) (表 7.2)。因此，低冰反照率现象在青藏高原的湖泊中具有一
定的普遍性，特别是在考虑冰雪覆盖标记的误差和 MODIS 与地面观测的尺度差异的情
况下。

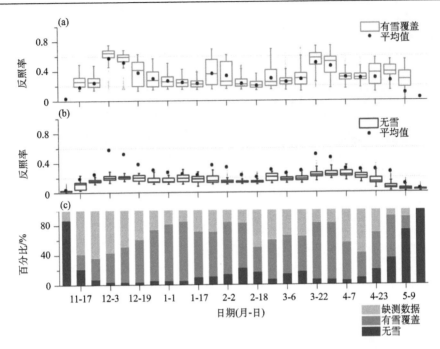

图 7.11　3 年合成平均(11 月 9 日～次年 5 月 17 日)的阿克赛钦湖的有雪覆盖(a)和无雪(b)地表反照率
(盒须图)

黑色实心圆代表所有可用数据的平均反照率(有雪覆盖和无雪)。有雪覆盖、无雪和缺测数据的百分比如图(c)所示。每个方
框的中心表示中值，每个方框的边缘表示第 25 个和第 75 个百分位数，而须条表示第 5 个和第 95 个百分位数

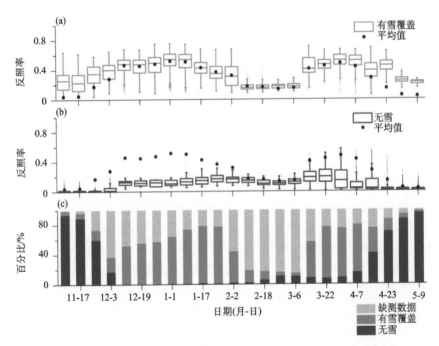

图 7.12　3 年合成平均(11 月 9 日～次年 5 月 9 日)的鄂陵湖的有雪覆盖(a)和无雪(b)地表反照率(盒须图)

黑色实心圆代表所有可用数据的平均反照率(有雪覆盖和无雪)。有雪覆盖、无雪和缺测数据的百分比如图(c)所示。每个方
框的中心表示中值，每个方框的边缘表示第 25 个和第 75 个百分位数，而须条表示第 5 个和第 95 个百分位数

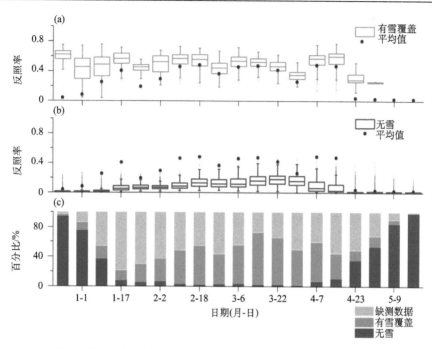

图 7.13　3 年合成平均(12 月 27 日～次年 5 月 17 日)的纳木错有雪覆盖(a)和无雪(b)地表反照率(盒须图)
黑色实心圆代表所有可用数据的平均反照率(有雪覆盖和无雪)。有雪覆盖、无雪和缺测数据的百分比如图(c)所示。每个方
框的中心表示中值，每个方框的边缘表示第 25 个和第 75 个百分位数，而须条表示第 5 个和第 95 个百分位数

表 7.2　6 个典型湖泊包含有雪和无雪状态的反照率月平均值(2013～2015 年)的三年平均值，
"SD"表示标准差

类型	月份及其他	阿克赛钦湖	鲸鱼湖	扎日南木错	鄂陵湖	纳木错	青海湖
	10		0.12				
	11	0.23	0.32	0.23	0.22		0.22
	12	0.31	0.37	0.29	0.36		0.28
	1	0.25	0.40	0.40	0.41	0.40	0.29
	2	0.26	0.28	0.32	0.20	0.52	0.29
有雪	3	0.35	0.44	0.27	0.38	0.54	0.23
	4	0.28	0.51	0.24	0.36	0.42	
	5	0.27	0.47		0.23	0.31	
	6		0.27				
	平均	0.28	0.35	0.29	0.31	0.44	0.26
	SD	0.04	0.11	0.06	0.08	0.08	0.03
	10		0.02				
	11	0.11	0.14	0.01	0.02		0.01
无雪	12	0.21	0.21	0.03	0.10		0.05
	1	0.22	0.24	0.25	0.16	0.07	0.20
	2	0.20	0.20	0.30	0.14	0.14	0.16
	3	0.24	0.27	0.20	0.18	0.19	0.06

类型	月份及其他	阿克赛钦湖	鲸鱼湖	扎日南木错	鄂陵湖	纳木错	青海湖
无雪	4	0.22	0.34	0.05	0.10	0.14	0.02
	5	0.08	0.25		0.02	0.05	
	6		0.04				
	7		0.12				
	平均	0.18	0.18	0.14	0.10	0.12	0.08
	SD	0.06	0.10	0.11	0.06	0.05	0.07

7.2.6 冰反照率对湖泊模拟的影响

1. LAKE2.0 模型模拟

为了研究湖冰反照率的影响，利用 LAKE2.0 模型进行了不同冰反照率(0.10～0.80，间隔为 0.10)的数值模拟。2011 年 7 月 1 日～2016 年 12 月 31 日的驱动数据来自对鄂陵湖的观测，主要输入变量有气温、空气比湿、气压、纬向和经向风速、向下短波和长波辐射、降水率。模式起转过程(spin-up)的初始湖温采用了 2012 年 7 月初在鄂陵湖观测的湖温廓线。之后利用第一年的驱动数据进行了 10 次重复模拟。spin-up 后，湖温达到季节性可重复的平衡状态。这个 spin-up 的最终结果作为各组实验运行的初始场(只有湖冰反照率不同)。

所有模拟实验的日平均湖表温度如图 7.14 所示。在非冻结期，特别是 7～11 月，模拟结果与 MODIS 产品的湖表温度差异较小，冰反照率对湖表温度影响不大。从放大图〔图 7.14(b) 和图 7.14(c)〕来看，冰反照率引起的湖表温度差异主要体现在 11 月下旬至次年 6 月。在这一阶段，冰反照率越低，模拟温度越高，特别是 4～6 月。此外，当冰反照率不超过 0.5 时，不同实验之间的差异不大，随着反照率的增大，模拟的湖表温度的差异迅速增大。这意味着冰的反照率可能会对湖面热量交换和蒸发产生显著的影响，尤其是在春末夏初。以 2012～2016 年感热通量和潜热通量为例，冰反照率分别为 0.10、0.40 和 0.70 时，感热通量平均值分别为 29.70 W/m²、25.33 W/m² 和 21.06 W/m²。这三个实验中，潜热通量分别为 76.63 W/m²、72.84 W/m² 和 67.90 W/m²。时间定位于 4 月、5 月、6 月时，冰反照率增大引起的湍流通量下降更为明显(感热通量为 26.68 W/m²、25.14 W/m² 和 18.93 W/m²，潜热通量为 77.73 W/m²、75.43 W/m² 和 64.41 W/m²)。2011 年 11 月～2012 年 6 月，冰反照率较高时的湖表温度是最接近观测的。在次年同期(2012～2013 年)，低冰反照率实验的湖表温度更接近观测，这似乎与前面几节相反。这种现象可能与对冰面积雪模拟精度的不足有关。此外，之前的研究表明，MODIS 产品低估了地表温度(Li et al., 2014; Trigo et al., 2008)，这可能也是原因之一。

模拟水温与观测水温(2015 年 9 月 22 日～2016 年 9 月 21 日)的变化趋势相反(图 7.15)。虽然模拟水温系统性地偏低(偏差<0)，但偏差和 RMSE 均随冰面反照率的减小而减小。在浅层(3 m)，当冰反照率为 0.10 时，偏差和 RMSE 最小(偏差=0.56℃，RMSE =

2.05℃)。在深层(15 m),对应的冰反照率为 0.20,偏差为 0.16℃,RMSE 为 2.22℃。这意味着,对于鄂陵湖,低冰反照率更适合湖泊温度模拟。

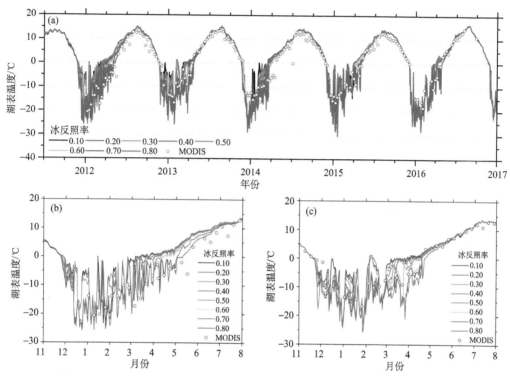

图 7.14　从 MODIS 和 LAKE 2.0 模型的不同反照率实验获得的日平均湖表温度

(a)2011 年 7 月 1 日～2016 年 12 月 31 日;　(b)2011 年 11 月 1 日～2012 年 8 月 1 日的放大图;　(c)2012 年 11 月 1 日～2013 年 8 月 1 日的放大图

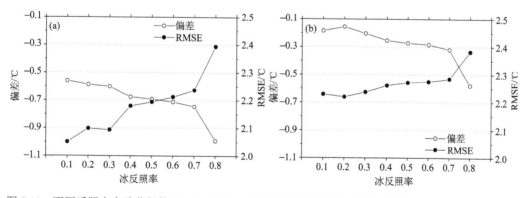

图 7.15　不同反照率实验获得的 3 m(a)和 15 m(b)深度的模拟偏差(模拟–观测)与 RMSE,对比时间为 2015 年 9 月 22 日～2016 年 9 月 21 日

2. FLake 模型模拟

Salonen 等(2014)发现,在冻结期的最后两周,太阳辐射输入的变化可以显著影响湖冰的融化日期。为了探究湖冰反照率的影响的普适性,利用另外一个模型 FLake 进行模

拟。图 7.16 和表 7.3 给出了 FLake 模型中不同的冰反照率(0.1～0.4)对 LST、冰厚和冻结融化日期的影响。当冰反照率设为 0.1、0.15、0.2 和 0.4 时,2012～2016 年 LST 的 RMSE 分别为 9.70 天、9.78 天、9.78 天和 9.84 天。同时,所有结果与 MODIS 观测具有很好的相关性,相关系数在 0.95～0.96。模拟的 LST 对冰反照率的变化非常敏感,尤其是在 4～6 月(图 7.16)。当反照率在 0.1～0.4 时,LST 的变化幅度可达 10℃。在 4 月和 5 月的低冰反照率情况下,MODIS 结果与模拟结果几乎一致。但在 LST 上升到 7℃ 的 6 月、7 月,MODIS 结果明显低于模拟值(图 7.17),可能是因为湖冰融化后风速引起的冷表效应(Donlon et al., 2002)。综上所述,在与移动平台观测结果(0.108)和 MODIS 观测结果(0.1～0.15)接近的情况下,模拟结果与鄂陵湖融化期的 MODIS 观测结果更加吻合(图 7.16)。

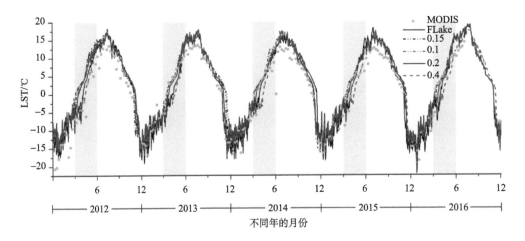

图 7.16　2012～2016 年模拟的及来自 MODIS 的鄂陵湖 LST

"FLake" 表示模拟采用 FLake 模型中默认的冰面反照率方案, "0.1、0.15、0.2、0.4" 表示冰面反照率在 FLake 模型中设置为对应的值;阴影区域表示 4～6 月

表 7.3　模拟的和 MODIS 观测的鄂陵湖湖冰物候(结冰日期、融冰日期、冰厚度)及冬季和融冰后夏季的 LST

年份	冰反照率方案	结冰日期	融冰日期	冰厚度/m	夏季 LST/℃	冬季 LST/℃
	0.1	12.12.05	13.04.14	0.48	15.11	−9.17
	0.15	12.11.30	13.04.18	0.56	15.44	−10.24
2012～2013	0.2	12.12.08	13.04.14	0.54	15.87	−9.12
	0.4	12.12.05	13.04.24	0.69	15.68	−10.58
	FLake	12.12.05	13.05.12	0.74	16.04	−11.56
	0.1	13.12.17	14.04.02	0.43	15.52	−7.49
	0.15	13.12.13	14.04.08	0.52	14.86	−8.35
2013～2014	0.2	13.12.03	14.04.16	0.56	14.85	−9.53
	0.4	13.11.29	14.05.15	0.66	15.42	−11.36
	FLake	13.11.29	14.04.28	0.69	14.27	−12.58

续表

年份	冰反照率方案	结冰日期	融冰日期	冰厚度/m	夏季 LST/℃	冬季 LST/℃
	0.1	14.12.02	15.04.14	0.5	14.33	−9.3
	0.15	14.12.05	15.04.16	0.54	14.31	−9.15
2014~2015	0.2	14.12.06	15.04.20	0.57	14.4	−9.27
	0.4	14.12.04	15.05.18	0.66	13.99	−10.51
	FLake	15.12.16	15.05.02	0.67	14.96	−9.61
	0.1	15.12.12	16.04.06	0.53	16.97	−9.17
	0.15	15.12.09	16.04.11	0.58	16.97	−9.61
2015~2016	0.2	15.12.08	16.04.20	0.59	16.94	−9.91
	0.4	15.12.15	16.05.11	0.66	15.39	−9.92
	FLake	15.12.04	16.04.30	0.73	16.87	−12.93

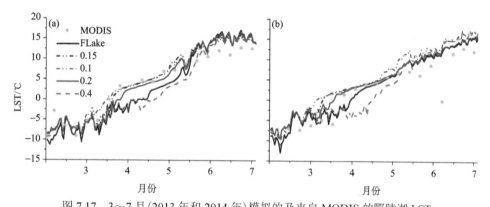

图 7.17　3~7 月(2013 年和 2014 年)模拟的及来自 MODIS 的鄂陵湖 LST

"FLake"表示模拟采用 FLake 模型中默认的冰面反照率方案,"0.1、0.15、0.2、0.4"表示冰面反照率在 FLake 模型中设置为对应的值。(a) 2013 年;(b) 2014 年

表 7.3 总结了冰反照率对湖冰物候的影响。在模拟中,反照率增大可以持续地推迟冰的消融时间。当反照率为 0.1~0.4 时,湖冰融化日期将推迟 10~43 天(2012~2016 年)。当反照率从 0.1 增大到 0.2 时,延迟 2~14 天,当反照率从 0.2 增大到 0.4 时,延迟 10~33 天。冰的平均厚度随反照率的增大而增大。除 2012~2013 年外,夏季(7~8 月)平均 LST 随反照率的增大而减小(从 0.1 减小到 0.4)。除 2012~2013 年外,冬季(12~2 月)平均 LST 总体上随反照率的增大呈下降趋势。在不同的实验中,冻结日期的变化是不规则的,因为它还受到驱动数据中的气温的影响。

7.3　讨　　论

7.3.1　观测尺度的影响

对于 MODIS 与地面观测数据的上述差异,除了仪器误差和 MODIS 产品算法外,两者空间尺度的不一致也是一个可能因素。近年来,一些野外实验尝试通过建立多站点观测网络来衔接地面观测与遥感(Li et al., 2013, Liu et al., 2016a; Yang et al., 2013)。在这项研究中，IOS 和 MOP 的结合扩展了反照率观测的代表性。然而，在航拍照片中仍然可以观察到由测量高度差异造成的视图差异(图 7.8)。通常，较暗的表面反照率较低，较亮的表面反照率较高(Post et al., 2000)。在 10 m 高度处[图 7.8(a)]，冰的颜色变化显著，白色裂纹非常明显，说明同一张照片的反照率空间差异较大。当高度上升到 100 m 时[图 7.8(b)]，冰的颜色变得比较均匀。在 500 m 高度处[图 7.8(c)]，裂缝变得模糊，但由于范围扩大，零星的积雪出现了。中午地面反照率为 0.21～0.23。与陆地相比，冰的颜色明显较深[图 7.8(d)]，意味着低冰反照率是可靠的。

7.3.2　MODIS 产品的不确定性

MOD43A 产品还存在一些不确定性。图 7.18 为冻结期阿克赛钦湖 V005 版和 V006 版 MCD43A3 产品的有雪和无雪时的地表反照率像元比例。V005 版无雪条件下的地表反照率与 V006 版的地表反照率基本一致[图 7.18(a)]。与 V006 版相比，2014 年第 49～97 天 V005 版带积雪的冰反照率较高。然而，2014 年的第 1～16 天出现了一个矛盾的现象。在此期间，积雪覆盖像元占比较高，但反照率仅徘徊在 0.2 左右[图 7.18(a)]。根据 MOD10A1 日反照率产品[图 7.19(a)]，此时每个像元内的归一化积雪差异指数(NDSI)也相当大。对应的 MOD10A1 反照率也较小，除了 2014 年 1 月 6 日，其余时间反照率在 0.1～0.3[图 7.19(b)]。陈爱军等(2016)发现，MODIS MCD43 产品在青藏高原的反照率主要处于"无雪"状态。因此，这个问题在青藏高原上是普遍存在的。

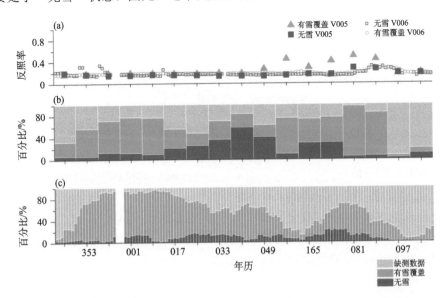

图 7.18　来自 V006 版和 V005 版 MCD43A3 产品的阿克赛钦湖 2013 年第 342 天～2014 年第 109 天的湖表反照率(a)，以及有雪像元和无雪像元的比例(b：V006 版，c：V005 版)

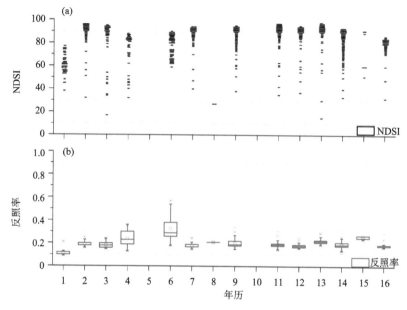

图 7.19　来自 V006 版 MCD43A3 产品的 2014 日 1 月 1～16 日的阿克赛钦湖归一化积雪差异指数(a)和反照率(b)

7.4　小　　结

根据鄂陵湖的野外实验数据，发现日出后和日落前的冰反照率日变化峰值可达到约 0.30，中午时下降到 0.08～0.09。观测的 72.21% 的冰反照率低于 0.12，93.38% 的冰反照率低于 0.16。相对干净的蓝色冰(0.6 m 厚)反照率仅为 0.075，明显低于以往研究报道的湖冰反照率。总体上，MOD10A1 产品与观测结果的一致性最好，其次是 MYD10A1。MCD43A3 产品始终高于观测值，并有一些周期性变化。由于 MCD43A2 中积雪标记的误差，以及 MCD43A3 与 MCD43A2 的时间窗不一致，在某些时间段内，有积雪覆盖湖冰的反照率甚至小于无雪的冰。除受太阳天顶角的影响外，观测到的冰反照率与地表温度之间没有显著的相关性。这一结论与温度依赖型反照率参数化方案得到的结果明显不同。近红外辐射波段的 CLM4.5 反照率与观测的最接近，而 WRF-FLake 模型的偏差最大。所用的反照率参数化方案均不能较好地表征观测到的鄂陵湖冰反照率与地表温度之间的关系。

纳木错、鲸鱼湖和扎日南木错在冻结期的地表反照率较高，分别为 0.31～0.54、0.12～0.51 和 0.23～0.40。阿克赛钦湖、鄂陵湖和青海湖的反照率分别为 0.23～0.35、0.20～0.41、0.22～0.29。反照率的变化与湖面积雪的比例密切相关。2 月无雪地表反照率在 0.14～0.3。阿克赛钦湖、纳木错和鄂陵湖在无雪状态下的冰面反照率概率分布峰值集中在 0.14～0.16、0.08～0.10 和 0.10～0.12。

湖泊冰反照率对春季融冰日期和模拟的冬季湖表最低温度有显著影响。当反照率从 0.1 变化到 0.4 时，湖冰融化日期推迟 10～43 天(2012～2016 年)。湖泊模型中冰反照率与观测值(0.1~0.2)接近时，模拟结果最接近观测值。冬、夏两季平均湖表温度随湖冰反照率的增大(0.1~0.4)一般呈减小趋势。

参 考 文 献

陈爱军, 梁学伟, 卞林根, 等. 2016. 青藏高原 MODIS 地表反照率反演质量分析. 高原气象, 35(2): 277-284.

次仁尼玛, 卓嘎. 2012. 纳木措水体中辐射衰减特性的初步研究. 西藏大学学报(自然科学版), 27(1): 11-14.

王苏民, 窦鸿身. 1998. 中国湖泊志. 北京: 科学出版社.

Adrian R, O'Reilly C M, Zagarese H, et al. 2009. Lakes as sentinels of climate change. Limnology and Oceanography, 54: 2283-2297.

Austin J A, Colman S M. 2007. Lake Superior summer water temperatures are increasing more rapidly than regional air temperatures: A positive ice-albedo feedback. Geophysical Research Letters, 34(6).

Bolsenga S J. 1969. Total albedo of Great Lakes ice. Water Resources Research, 5(5): 1132-1133.

Bolsenga S J. 1977. Preliminary observations on the daily variation of ice albedo. Journal of Glaciology, 18(80): 517-521.

Bolsenga S J. 1983. Spectral reflectances of snow and fresh water ice from 340 through 1100 nm. Journal of Glaciology, 29(102): 296-305.

Brock B W, Willis I C, Sharp M J. 2000. Measurement and parameterization of albedo variations at Haut Glacier d' Arolla. Journal of Glaciology, 46(155): 675-688.

Crosman E T, Horel J D. 2008. MODIS-derived surface temperature of the Great Salt Lake. Remote Sensing of Environment, 113(1): 73-81.

Donlon C J, Minnett P J, Gentemann C, et al. 2002. Toward improved validation of satellite sea surface skin temperature measurements for climate research. Journal of Climate, 15(4): 353-369.

Efremova T V, Pal'shin N I. 2011. Ice phenomena terms on the water bodies of Northwestern Russia. Russian Meteorology and Hydrology, 36(8): 559-565.

Gardner A S, Sharp M J. 2010. A review of snow and ice albedo and the development of a new physically based broadband albedo parameterization. Journal of Geophysical Research: Earth Surface, 115(F1).

Gou P, Ye Q H, Che T, et al. 2017. Lake ice phenology of Nam Co, Central Tibetan Plateau, China, derived from multiple MODIS data products. Journal of Great Lakes Research, 43(6): 989-998.

Gou P, Ye Q H, Wei Q F. 2015. Lake ice change at the Nam Co Lake on the Tibetan Plateau during 2000-2013 and influencing factors. Progress in geography, 34(10): 1241-1249.

Guo Z M, Wang N L, Jiang X, et al. 2013. Research progress on snow and ice albedo measurement, retrieval and application. Remote Sensing Technology and Application, 28(4): 739-746.

Hall A, Qu X. 2006. Using the current seasonal cycle to constrain snow albedo feedback in future climate change. Geophysical Research Letters, 33(3): 155-170.

Hall D K, Riggs G A. 2007. Accuracy assessment of the MODIS snow products. Hydrological Processes, 21(12): 1534-1547.

Hampton S E, Izmest'Eva L R, Moore M V, et al. 2008. Sixty years of environmental change in the world's largest freshwater lake-Lake Baikal, Siberia. Global Change Biology, 14(8): 1947-1958.

Heron R, Woo M K. 1994. Decay of a high Arctic lake-ice cover: Observations and modelling. Journal of Glaciology, 40(135): 283-292.

Hipsey M R, Bruce L C, Hamilton D P. 2014. GLM—General Lake Model: Model overview and user information. Version, 2: 1-42.

Huang W F, Han H W, Shi L Q, et al. 2013. Effective thermal conductivity of thermokarst lake ice in Beiluhe Basin, Qinghai-Tibet Plateau. Cold Regions Science and Technology, 85: 34-41.

Huang W F, Li R L, Han H W, et al. 2016. Ice processes and surface ablation in a shallow thermokarst lake in the central Qinghai–Tibetan Plateau. Annals of Glaciology, 57(71): 20-28.

Huang W F, Li Z J, Han H W, et al. 2012. Structural analysis of thermokarst lake ice in Beiluhe Basin, Qinghai–Tibet Plateau. Cold Regions Science and Technology, 72: 33-42.

Hudson S R, Granskog M A, Karlsen T I, et al. 2012. An integrated platform for observing the radiation budget of sea ice at different spatial scales. Cold Regions Science and Technology, 82: 14-20.

Ingram W J, Wilson C A, Mitchell J F B. 1989. Modeling climate change: An assessment of sea ice and surface albedo feedbacks. Journal of Geophysical Research Atmospheres, 94(D6): 8609-8622.

Lang J H, Lyu S H, Li Z G, et al. 2018. An investigation of ice surface albedo and its influence on the high-altitude lakes of the Tibetan Plateau. Remote Sensing, 10(2): 218.

Lei R, Leppäranta M, Erm A, et al. 2011. Field investigations of apparent optical properties of ice cover in Finnish and Estonian lakes in winter 2009. Estonian Journal of Earth Sciences, 60(1).

Li H, Sun D L, Yu Y Y, et al. 2014. Evaluation of the VIIRS and MODIS LST products in an arid area of Northwest China. Remote Sensing of Environment, 142: 111-121.

Li X, Cheng G D, Liu S M, et al. 2013. Heihe watershed allied telemetry experimental research (HiWATER): Scientific objectives and experimental design. Bulletin of The American Meteorological Society, 94(8): 1145-1160.

Li Z G, Lyu S H, Ao Y H, et al. 2015. Long-term energy flux and radiation balance observations over Lake Ngoring, Tibetan Plateau. Atmospheric Research, 155: 13-25.

Liu S M, Xu Z W, Song L S, et al. 2016a. Upscaling evapotranspiration measurements from multi-site to the satellite pixel scale over heterogeneous land surfaces. Agricultural and Forest Meteorology, 230: 97-113.

Liu Y, Sun Q, Wang Z, et al. 2016b. Evaluation of VIIIRS daily BRDF, Albedo, and NBAR product using the MODIS Collection V006 product and in situ measurements. IEEE International Geoscience and Remote Sensing Symposium (IGARSS), 1962-1965.

Mallard M S, Nolte C G, Bullock O R, et al. 2014. Using a coupled lake model with WRF for dynamical downscaling. Journal of Geophysical Research: Atmospheres, 119(12): 7193-7208.

Mironov D, Heise E, Kourzeneva E, et al. 2010. Implementation of the lake parameterisation scheme FLake into the numerical weather prediction model COSMO. Boreal Environment Research, 15(2): 218-230.

Mironov D, Ritter B. 2004. A New Sea Ice Model for GME. Offenbach am Main: Deutscher Wetterdienst.

Mullen P C, Warren S G. 1988. Theory of the optical properties of lake ice. Journal of Geophysical Research: Earth Surface, 93(D7): 8403-8414.

Oleson K W, Lawrence D M, Bonan G B, et al. 2013. Technical Description of version 4.5 of the Community Land Model (CLM). Boulder, Colorado: National Center for Atmospheric Research (NCAR).

O'Reilly C M, Sharma S, Gray D K, et al. 2015. Rapid and highly variable warming of lake surface waters around the globe. Geophysical Research Letters, 42(24): 10773-10781.

Pirazzini R. 2009. Challenges in snow and ice albedo parameterizations. Geophysica, 45: 41-62.

Pirazzini R, Vihma T, Granskog M A, et al. 2006. Surface albedo measurements over sea ice in the Baltic Sea during the spring snowmelt period. Annals of Glaciology, 44(1): 7-14.

Post D F, Fimbres A, Matthias A D, et al. 2000. Predicting soil albedo from soil color and spectral reflectance data. Soil Science Society of America Journal, 64(3): 1027-1034.

Pour H K, Duguay C R, Martynov A, et al. 2012. Simulation of surface temperature and ice cover of large northern lakes with 1-D models: A comparison with MODIS satellite data andin situmeasurements. Tellus: Series A, Dynamic Meteorology and Oceanography, 64(1).

Roesch A, Gilgen H, Wild M, et al. 1999. Assessment of GCM simulated snow albedo using direct observations. Climate Dynamics, 15(6): 405-418.

Roesch A, Wild M, Pinker R, et al. 2002. Comparison of spectral surface albedos and their impact on the general circulation model simulated surface climate. Journal of Geophysical Research: Earth Surface, 107(D14): ACL 13-1-ACL 13-18.

Ross B, Walsh J E. 1987. A comparison of simulated and observed fluctuations in summertime Arctic surface albedo. Journal of Geophysical Research: Earth Surface, 92(C12): 13115-131125.

Rouse W R, Oswald C J, Binyamin J, et al. 2003. Interannual and seasonal variability of the surface energy balance and temperature of central Great Slave Lake. Journal of Hydrometeorology, 4(4): 720-730.

Salonen K, Pulkkanen M, Salmi P, et al. 2014. Interannual variability of circulation under spring ice in a boreal lake. Limnology and Oceanography, 59(6): 2121-2132.

Schaaf C B, Gao F, Strahler A H, et al. 2002. First operational BRDF, albedo nadir reflectance products from MODIS. Remote Sensing of Environment, 83(1): 135-148.

Semmler T, Cheng B, Yang Y, et al. 2012. Snow and ice on Bear Lake (Alaska)-sensitivity experiments with two lake ice models. Tellus: Series A, Dynamic Meteorology and Oceanography, 64(1).

Stepanenko V, Jöhnk K D, Machulskaya E, et al. 2014. Simulation of surface energy fluxes and stratification of a small boreal lake by a set of one-dimensional models. Tellus: Series A, Dynamic Meteorology and Oceanography, 66(1).

Stepanenko V, Mammarella I, Ojala A, et al. 2016. LAKE 2.0: a model for temperature, methane, carbon dioxide and oxygen dynamics in lakes. Geoscientific Model Development, 9(5): 1977-2006.

Stepanenko V M, Lykossov V N. 2005. Numerical modeling of heat and moisture transfer processes in a system lake-soil. Russian Journal for Meteorology and Hydrology, 3: 95-104.

Stepanenko V M, Machul'skaya E E, Glagolev M V, et al. 2011. Numerical modeling of methane emissions from lakes in the permafrost zone. Izvestiya, Atmospheric and Oceanic Physics, 47(2): 252-264.

Svacina N A, Duguay C R, Brown L C. 2014a. Modelled and satellite-derived surface albedo of lake ice - Part I: evaluation of the albedo parameterization scheme of the Canadian Lake Ice Model. Hydrological

Processes, 28(16): 4550-4561.

Svacina N A, Duguay C R, King J M L. 2014b. Modelled and satellite-derived surface albedo of lake ice - part II: evaluation of MODIS albedo products. Hydrological Process, 28: 4562-4572.

Trigo I, Monteiro I, Olesen F, et al. 2008. An assessment of remotely sensed land surface temperature. Journal of Geophysical Research: Earth Surface, 113(D17): DOI: 10. 1029/2008JD010035.

Wan W, Long D, Hong Y, et al. 2016. A lake data set for the Tibetan Plateau from the 1960s, 2005, and 2014. Scientific data, 3: 160039.

Wang X W, Gong P, Zhao Y Y, et al. 2013. Water-level changes in China's large lakes determined from ICESat/GLAS data. Remote Sensing of Environment, 132: 131-144.

Warren S G. 1982. Optical properties of snow. Reviews of Geophysics, 20(1): 67-89.

Wilber A C, Kratz D P, Gupta S K. 1999. Surface Emissivity Maps for Use in Retrievals of Longwave Radiation Satellite. Washington: NASA.

Yang K, Qin J, Zhao L, et al. 2013. A multiscale soil moisture and freeze–thaw monitoring network on the third pole. Bulletin of the Amercian Meteorological Society, 94(12): 1907-1916.

Ye Q H, Wei Q F, Hochschild V, et al. 2011. Integrated observations of lake ice at Nam Co on the Tibetan Plateau from 2001 to 2009. IEEE International Geoscience and Remote Sensing Symposium.

Zhang G Q, Xie H J, Kang S C, et al. 2011. Monitoring lake level changes on the Tibetan Plateau using ICESat altimetry data (2003–2009). Remote Sensing of Environment, 115(7): 1733-1742.

Zhang G Q, Yao T D, Xie H J, et al. 2014. Estimating surface temperature changes of lakes in the Tibetan Plateau using MODIS LST data. Journal of Geophysical Research: Atmospheres, 119(14): 8552-8567.

第8章 黄河源区陆面过程模式土壤砾石参数化研究

土壤水热传输过程是陆气之间水分和能量交换的重要过程之一，提高土壤水热状况模拟的准确性是改进陆面过程及天气和气候模拟效果的迫切需要。土壤颗粒的大小和矿物质组成对土壤水热性质有重要影响。Cosby 等(1984)利用观测数据获得土壤水力特性和土壤中沙土、粉土和黏土之间的统计关系。土壤热力特性与土壤质地之间的统计关系和参数化方案也通过实验室观测确定(Côté and Konrad, 2005; Farouki, 1981; Johansen, 1977)。这些统计结果和参数化方案被广泛应用于陆面过程模式的土壤水热特性的描述中。

青藏高原土壤与中国其他地区的土壤相比，其地质结构形成时间较晚，生化作用弱，土壤组分较为粗糙，砾石含量较高。砾石的孔隙度、密度和土壤水热特性与细土有所不同，砾石的存在会较大程度改变土壤结构，进而对土壤的水热过程产生不可忽视的影响。Zhang 等(2011)利用玻璃球代替砾石，测量了土石混合物孔隙度随砾石含量的变化，发现土石混合物孔隙度随砾石含量的增大表现为先减小后增大的特征。另外有研究发现，由于砾石内部孔隙结构对土壤持水特性的影响，忽略砾石存在可能造成计算的混合土壤有效含水量的高估和持水特性的偏差(Cousin et al., 2003)。含有砾石土壤的导水率测定较为困难，砾石对土壤饱和导水率和非饱和导水率的影响也不同(Sauer and Logsdon, 2002)，一些学者通过含球形镶嵌物的均匀介质计算含砾石土壤的导水率，并将预测结果与实验数据进行比较，由此获得了土石混合物的导水率计算公式(Peck and Watson, 1979)。砾石的矿物质组成和密度与细土不同。这些物理性质的差异使得土壤的热力特性随砾石含量的变化而发生变化。有研究发现，含砾石土壤的热扩散率要高于细土，造成含砾石土壤的热通量更高，温度日变化传输更深(Li, 2002)。但是目前大部分陆面模式通常不考虑砾石(粒径大于 2 mm)对土壤水热特性的影响，造成模式对砾石含量较高的土壤水热过程模拟出现较大误差(罗斯琼等, 2008)。大量的数值模拟研究也试图描述砾石对土壤水分传输和热量传导的影响。例如，WEPP 模式假设砾石为无孔隙介质，模拟了砾石减小土壤孔隙度和土壤有效水含量的影响。Ma 和 Shao(2010)利用双孔隙模型模拟了土石混合介质的入渗过程，发现砾石的增加会减小土壤入渗量。Chen 等(2012)研究土壤有机质对土壤热参数的作用时发现土壤孔隙度和热特性参数化过程不可忽略砾石的影响。Qin 等(2015)在利用模式模拟青藏高原冻土时，也在陆面模式中考虑了砾石对土壤水热特性的影响。

因此，本章针对青藏高原土壤砾石含量较高的特点，对 CLM4.0 土壤结构进行改进，发展了适合青藏高原土壤特性的土壤参数化方案，在青藏高原那曲站点和玛多草地站点进行了应用，通过模拟结果和观测资料的对比，客观评估了新方案的模拟性能。

8.1　砾石对土壤水力属性的影响

8.1.1　砾石对土壤孔隙度的影响

　　矿物质土壤孔隙度是影响土壤水热属性的重要参数。在计算土壤持水能力和土壤水的入渗、径流等过程中，土壤孔隙度的作用不可忽视。因此提高对土壤孔隙度的描述是获得准确模拟结果的前提。土壤中的砾石会对孔隙度产生影响，而不同种类和不同风化程度的砾石对土壤孔隙度的影响也会不同。对于风化程度较低的砾石，土壤孔隙度主要由土壤中细土比例和细土孔隙度决定。而风化程度较高的砾石可能具有较多的内部裂隙，因此在计算混合土壤孔隙度时需要考虑砾石内部孔隙度。在计算土壤孔隙度时利用Poesen 和 Lavee(1994)的表述方程计算。混合砾石的土壤孔隙度公式表述如下：

$$\theta_{sat,m} = \left(1 - V_g\right)\theta_{sat,f} + V_g\theta_{sat,g} \tag{8.1}$$

式中，$\theta_{sat,f}$ 是细土孔隙度；$\theta_{sat,g}$ 是砾石孔隙度；V_g 是砾石体积含量。根据实地采样和分析发现，两个观测点的砾石风化程度较弱，高寒草原和草甸区细土也基本都能填充砾石之间的间隙。因此本节忽略了砾石孔隙度的影响，$\theta_{sat,g}$ 设置为零，$\theta_{sat,f}$ 可以根据细土中砂土含量计算得到(Ravina and Magier, 1984)。

8.1.2　砾石对土壤矿物质饱和导水率的影响

　　在 CLM4.0 中，矿物质土壤的孔径分布系数(b_m，无单位)是描述土壤水力特性的一个重要无量纲参数，它是基于 Clapp 和 Hornberger(1978)的工作设定的。b_m 的大小与土壤持水能力有关，细土的 b_f 随着土壤中黏土含量的增加而增加。但是目前砾石对 b_m 的影响不清楚。有研究显示在土壤吸力较低的情况下，砾石的持水能力低于细土，而与其相反，在土壤吸力较高的情况下，砾石的持水能力要高于细土(Montagne et al., 1992)。通过敏感性实验测试发现，b_g 设置为 6 时模拟的土壤持水廓线最接近观测(沙土的孔径分布系数是 3，黏土是 12)。

$$b_m = b_g V_g + b_f \left(1 - V_g\right) \tag{8.2}$$

　　砾石对土壤导水率($K_{sat,m}$，mm/s)的影响可能主要在于：①减小了孔隙度；②增加了土壤孔隙的弯曲度；③增加了土壤大孔隙的比例。由于砾石的这些影响，含砾石土壤的饱和导水率可能会随着砾石含量的增加而下降。Peck 和 Watson 根据含球形镶嵌物均匀介质模拟实验计算发现，含砾石土壤的饱和导水率与去除砾石土壤的饱和导水率存在如下关系(Peck and Watson, 1979)，

$$K_{sat,m} = K_{sat,f}\left[\frac{2\left(1 - V_g\right)}{2 + V_g}\right] \tag{8.3}$$

式中，$K_{sat,f}$ 是细土的饱和导水率，它在 CLM4.0 中由土壤沙土含量决定。已有研究表明，Peck 和 Waston 的结果在土壤砾石含量低于 40%时能够较为准确地描述土壤饱和导水率(Zhou et al., 2009)。

8.1.3 砾石对土壤水势的影响

在 CLM4.0 中饱和细土土壤基质势（$\Psi_{\text{sat,f}}$，mm）与土壤含沙量有关。细土持水能力随着砂土含量的增加而降低。砾石的持水能力通常认为较低。但是有研究发现土壤有效水含量会随着砾石风化程度的增大而增大。Cousin 等（2003）对法国巴黎南部两块试验田的研究结果表明如果只考虑砾石容积而忽略其持水特性，计算的有效水量会低估 34%，渗透量会高估 15.8%。因此考虑砾石对土壤持水特性的影响对于准确模拟土石混合介质的水分输送有重要意义。混合土壤基质势可以通过以下方程计算：

$$\Psi_{\text{sat,m}} = \Psi_{\text{sat,f}}^{1-V_g} \Psi_{\text{sat,g}}^{V_g} \tag{8.4}$$

式中，$\Psi_{\text{sat,g}}$ 是饱和砾石基质势。本节通过拟合观测到的较低的风化程度砾石的土壤持水曲线（Wang et al., 2013），估算出砾石饱和水势，将 $\Psi_{\text{sat,g}}$ 设置为–1.3 mm。

8.1.4 砾石对土壤容重的影响

土壤容重是衡量土壤结构的重要指标，但直接测量含砾石的土壤容重会比较困难。Russo（1983）提出利用砾石体积含量、砾石容重和细土容重来计算含砾石的土壤容重 ρ_b。

$$\rho_b = \rho_n \left(1 - V_g\right) + 2650 V_g \tag{8.5}$$

式中，$\rho_n = 2700 \times \left(1 - \theta_{\text{sat,f}}\right)$，是细土容重。

土壤的砾石含量通常可以表示为质量百分比（W_g, kg/kg）和体积百分比（V_g, m³/m³），而实验室中一般测量得到的是质量百分比。因此可以通过以下公式将质量百分比转化为体积百分比：

$$V_g = \frac{\left(\rho_n / 2650\right) W_g}{1 - W_g \left(1 - \rho_n / 2650\right)} \tag{8.6}$$

8.1.5 不同砾石含量对土壤水特性的影响

未饱和土壤矿物质导水率 K 是土壤含水量的函数，表达式如下：

$$K = K_{\text{sat,m}} \left(\frac{\theta}{\theta_{\text{sat,m}}}\right)^{2b_m + 3} \tag{8.7}$$

图 8.1（a）显示不同砾石含量下土壤导水率随土壤含水量的变化。可以发现，混合砾石土壤的导水率随着土壤含水量的增加而增大。尽管饱和土壤导水率 $K_{\text{sat,m}}$ 随着砾石含量的增加而降低，但是混合土壤的未饱和土壤导水率随土壤含水量的增加而增大，随着砾石的增加而增大。这是因为土壤孔隙度随着砾石的增加而减小。这表明砾石的增加将会增强土壤水下渗和增强土壤排水能力。

未饱和土壤矿物质水势也是土壤含水量的函数，表达式如下：

$$\Psi = \Psi_{\text{sat,m}} \left(\frac{\theta}{\theta_{\text{sat,m}}}\right)^{-b_m} \tag{8.8}$$

不同砾石含量土壤的土壤水势随土壤含水量的变化如图 8.1(b) 所示。土壤水势随着含水量的增加呈对数减少趋势。土壤水势变化曲线的斜率随着砾石含量的增加而显著减小。这说明砾石含量较高的土壤持水量要低于砾石含量较低的土壤，同时细土随着土壤吸力的变化会损失更多的水。

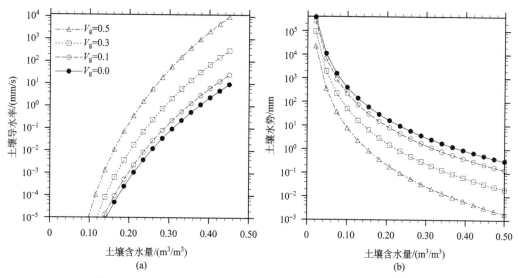

图 8.1　不同砾石体积含量对土壤导水率(a) 和土壤水势(b) 的影响

8.2　砾石对土壤热属性的影响

在 CLM4.0 的原有参数化方案中，土壤矿物质导热率是基于 Farouki 方案利用石英砂导热率和黏土导热率的加权平均计算获得的 (Farouki, 1981)。然而很多研究表明 Farouki 方案高估了冻结和未冻结土壤导热率 (Chen et al., 2012; 罗斯琼等, 2009)。

8.2.1　砾石对土壤导热率的影响

在 Johansen 方案中，饱和土壤导热率 $[\lambda_{\rm s}, {\rm W}/({\rm m \cdot K})]$ 由石英含量决定[①]。Chen 等 (2012) 将土壤有机质对土壤导热率的影响加入到 Johansen 方案中：

$$\lambda_{\rm s} = \lambda_{\rm q}^{f_{\rm q}} \lambda_{\rm soc}^{f_{\rm soc}} \lambda_{\rm o}^{f_{\rm o}} \tag{8.9}$$

式中，$\lambda_{\rm soc} = 0.25$，$\lambda_{\rm q} = 7.7$，$\lambda_{\rm o} = 2.0$，分别是土壤有机质、石英、其他矿物质的导热率；$f_{\rm q}$ 和 $f_{\rm o}$ 是石英和其他矿物质的体积分数，由于缺少观测数据，$f_{\rm q}$ 通常设定为砾石和砂体积分数之和，$f_{\rm o}$ 等于黏土和粉土体积分数之和。

Farouki 和 Jonansen 方案计算干土壤导热率都是基于土壤块密度而没有考虑不同土壤成分对干土壤导热率的影响。因此，在新方案中干土壤导热率和 Kersten 数 ($K_{\rm e}$，无单位) 都是基于 Côté 和 Konrad (2005) 的工作：

[①] Johansen O. 1977. Thermal Conductivity of Soils. Cold Regions Research and Engineering Lab Hanover N H

$$\lambda_{\text{dry}} = \chi \times 10^{-\eta\theta_{\text{sat,m}}} \tag{8.10}$$

$$K_{\text{e}} = \frac{\kappa S_{\text{r}}}{1+(\kappa-1)S_{\text{r}}} \tag{8.11}$$

式中，S_{r} 是土壤饱和度；$\chi\,[\text{W}/(\text{m}\cdot\text{K})]$、$\eta$（无单位）和 κ（无单位）都是用于计算不同土壤类型的经验参数。例如，砾石 χ 和 η 的值是 1.70 和 1.80，同时未冻结状态砾石 $\kappa = 4.6$，冻结状态砾石 $\kappa = 1.70$。

8.2.2　砾石对土壤热容量的影响

由于不同砾石种类的结构和矿物组成不同，砾石热容量也不相同。为了计算简单，砾石对土壤矿物质热容量的影响也可以通过加权平均的方式计算。由 Vosteen 和 Schellschmidt（2003）对不同岩石热容量的测量结果可知，在温度为 0℃时岩石的平均体积热容量为 $2.1\times10^{6} \sim 2.5\times10^{6}\,[\text{J}/(\text{m}^3\cdot\text{K})]$，所以新的土壤矿物质热容量计算公式为

$$c_{\text{m}} = \left(\frac{2.128V_{\text{sand}} + 2.385V_{\text{clay}} + 2.5V_{\text{g}}}{V_{\text{sand}} + V_{\text{clay}} + V_{\text{g}}}\right) \times 10^6 \tag{8.12}$$

式中，V_{sand} 和 V_{clay} 是沙和黏土的体积分数。

8.2.3　不同砾石含量对土壤热特性的影响

混合砾石土壤的 Kersten 数和土壤导热率（λ_{m}）都是土壤饱和度的函数，表达式如下：

$$\lambda_{\text{m}} = \begin{cases} K_{\text{e}}\lambda_{\text{s}} + (1-K_{\text{e}})\lambda_{\text{dry}} & S_{\text{r}} > 1\times10^{-5} \\ \lambda_{\text{dry}} & S_{\text{r}} \leqslant 1\times10^{-5} \end{cases} \tag{8.13}$$

不同砾石含量条件下这两个热变量与饱和度的关系如图 8.2 所示。未冻结土壤 Kersten 数要高于冻结状态。未冻结和冻结状态下的混合砾石土壤导热率随饱和度的增大而增大，随砾石含量的增加而增大。这说明，土壤温度对大气温度的响应也会随着砾石

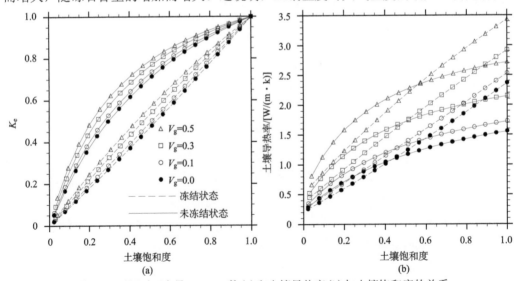

图 8.2　不同砾石含量 Kersten 数（a）和土壤导热率（b）与土壤饱和度的关系

含量的增加而加强。冻结状态导热率在饱和度低于 0.5 时低于未冻结状态导热率。含砾石土壤能够保持更少的水分，土壤饱和度可能会低于 0.5。因此，含砾石土壤的导热率在冬季冻结期间可能会低于夏季消融期间。

8.3 新方案敏感性实验

在把新方案加入到模式之前，需要对新方案进行敏感性实验测试。测试新方案对不同砾石含量土壤含水量和土壤温度模拟值的敏感性。将地表数据中各层土壤砾石体积含量设置为 0、10%、30% 和 50% 进行 4 次模拟实验。在 CLM4 中引入上面描述的新参数化方案进行模拟实验。利用 2013 年 6 月 10~20 日玛多草地站点的观测数据作为强迫数据进行敏感性实验。首先把大气降水设置为 0 mm/s，地表类型设置为裸土，各层土壤有机质含量设置为 0.0 kg/m³。这样就避免了降水下渗、土壤有机质、植被对模拟实验结果产生影响。模拟实验从 2002 年 6 月 10 日开始积分，积分步长为 1800 s，初始场的各层土壤温度都取为 275 K，各层土壤湿度取为 25%。取前 480 h 的模拟结果分析土壤温度和土壤水对砾石含量的敏感性。

利用新方案中的计算公式得到不同砾石含量（V_g = 0, 10%, 30%, 50%）土壤孔隙度、容重、饱和导水率和土壤饱和水势（表 8.1）。土壤孔隙度随着砾石含量的增加而减小，土壤块密度随着砾石含量的增加而增加。饱和土壤导水率和土壤水势都随砾石含量的增加而减小。

表 8.1 不同砾石含量对土壤属性的影响

V_g /%	孔隙度 /(m³/m³)	容重 /(kg/m³)	饱和导水率 /(mm/h)	饱和水势 /mm
0	0.45	1481.7	9.54	306.9
10	0.41	1695.8	8.18	202.8
30	0.33	2059.0	5.81	88.5
50	0.25	2335.9	3.82	38.6

不同砾石含量下土壤水热状况的敏感性实验模拟结果如图 8.3 所示。土壤含水量随砾石含量的增加而迅速下降，这是因为混合砾石土壤具有较高的导水率和较低的土壤基质势，土壤液态水迅速下渗流失。4.5 cm 处的混合土壤含水量白天减少，夜晚增加，日变化幅度较其他层要高，而且随着砾石含量的增加而减少。这是因为实验中没有降水，白天蒸发导致浅层土壤的湿度降低，而在夜晚深层水通过向上输送使得浅层水含量回升。这种现象也随着砾石含量的增加而减弱，说明砾石的增加会减弱土壤水的向上输送。土壤温度的日变化幅度随着深度的变深而减弱，随着砾石含量的增加而增加。原因可能是土壤湿度随着砾石增加而下降使得土壤导热率上升。随着大气强迫气温的不断上升，每层土壤温度也随之上升。其中砾石含量为 50% 的土壤增温最快，最深层增温速率约为 0.92℃/d。以上结果显示砾石的存在对土壤温度和土壤含水量有较大的影响。

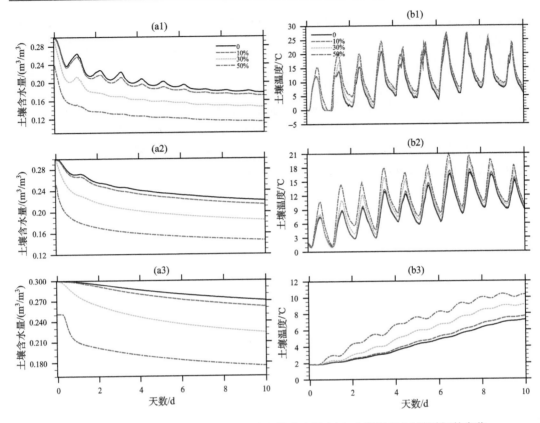

图 8.3　敏感性实验模拟的不同土壤深度土壤含水量 (a) 与土壤温度 (b) 随时间的变化

(a1) 0.045 m；(a2) 0.166 m；(a3) 0.829 m；(b1) 0.045 m；(b2) 0.166 m；(b3) 0.829 m

8.4　站点观测数据介绍

为了检验砾石参数化方案的模拟效果和适用性，所用到的模式验证数据包括中国科学院西北生态环境资源研究院那曲高寒气候环境观测研究站 (简称那曲站) 和玛多草地站点。其中那曲 BJ 站点 (31.37°N、91.09°E，海拔 4509 m) 位于青藏高原中部，在唐古拉山脉和冈底斯山脉之间，年平均气温为 −3.35℃，平均年降水量为 420 mm 左右，属于典型高原亚寒带半湿润气候。该地区下垫面以高寒草甸为主，土壤结构主要为沙土，含有稀疏的砾石块 (表 8.2)。通过申请获取了那曲 BJ 站 2002 年 6 月~2004 年 4 月的大气强迫数据 (包括向下太阳辐射、向下长波辐射、2 m 空气温度、相对湿度、降水量、气压、风速) 和土壤温度、含水量数据 (表 8.2 和图 8.4)。从图 8.5 可以看出，此次模拟时间段 (灰色区域) 的气温和降水量能够代表近 55 年那曲气温逐年上升、降水微弱增加的气候变化。其中所用降水资料已经由罗斯琼等进行了修正 (罗斯琼等，2008)。由于气压观测仪器在 2002 年和 2003 年出现异常，所以气压取平均值为 587.2 hPa。玛多草地站点模拟所用的大气强迫场向下太阳辐射、气温、相对湿度、降水如图 8.6 所示。

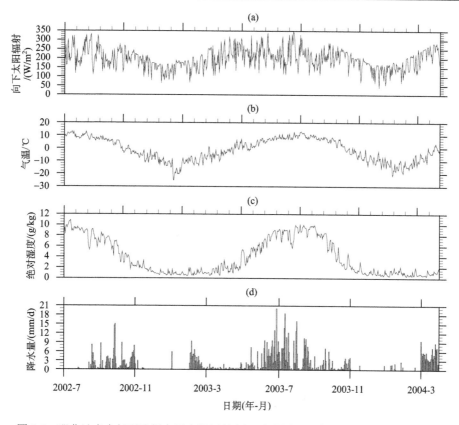

图 8.4　那曲站点大气强迫场向下太阳辐射(a)、气温(b)、绝对湿度(c)、降水量(d)

表 8.2　那曲站土壤温度、含水量初值及土壤成分

土层	深度/m	砂土含水量/%	黏土含水量/%	砾石含水量/%	有机质/(kg/m³)
1	0.0175	63.68	4.13	10	100.4
2	0.0451	63.68	4.13	10	100.4
3	0.0906	63.68	4.13	10	100.5
4	0.1656	63.68	4.13	10	70.53
5	0.2891	43.50	10.99	10	45.15
6	0.4930	71.94	3.58	19.03	24.91
7	0.8289	67.08	0.88	28.46	13.52
8	1.3828	64.75	1.87	28.46	3
9	2.2961	64.75	1.87	28.46	0
10	3.4331	64.75	1.87	28.46	0

　　玛多草地站点属于典型的高寒半干旱大陆性气候。地表植被类型为高寒草原,土壤粒径较粗,砾石和岩石碎块含量较高(表 8.4)。所用到的主要观测项目和架设的仪器见表 8.3。土壤结构和有机质含量数据为埋设土壤温湿度探头时,对观测点土壤分层采样并带回实验

室测得，土壤质地分布表 8.4。同时，我们观测获取了 2013 年 1 月到 2014 年 6 月的大气强迫数据(图 8.6)。

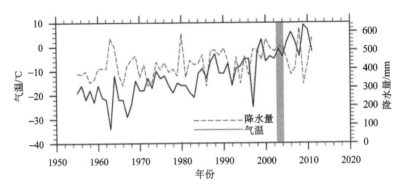

图 8.5　那曲气象站 1955～2011 年降水量和气温的年际变化

表 8.3　观测项目及观测仪器型号

仪器名称	型号	观测高度/m
三维超声风速仪	CSAT3	3.2
辐射计	CNR1/CNR4	1.5
空气温湿度	HFP01	3.2
土壤热通量	CS616	0.1
土壤温度	109L	0.05, 0.1, 0.2, 0.4, 0.8, 1.6, 3.2
土壤湿度	CS616	0.05, 0.1, 0.2, 0.4, 0.8, 1.6, 3.2

表 8.4　玛多草地站点土壤结构数据

土层	深度/m	砂土含量/%	黏土含量/%	砾石含量/%	有机质/(kg/m³)
1	0.0175	30.20	30.0	5	85
2	0.0451	36.47	25.5	5.70	75.12
3	0.0906	51.09	14.03	18.14	40.14
4	0.1656	49.36	13.59	27.08	31.37
5	0.2891	59.05	9.42	26.37	18.14
6	0.4930	71.97	2.47	24.54	1.92
7	0.8289	64.06	1.82	33.07	1.18
8	1.3828	75.56	2.96	20.62	1.1
9	2.2961	72.99	3.2	22.73	0
10	3.4331	63.80	2.95	31.80	0

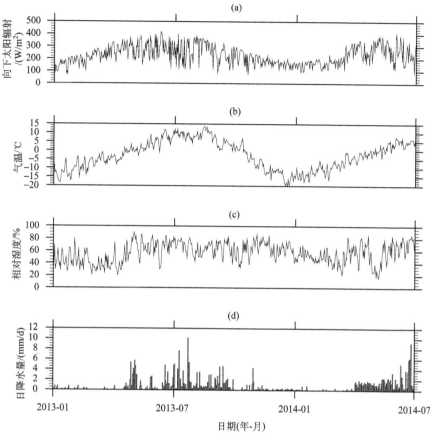

图 8.6　玛多草地站点模拟所用的大气强迫场向下太阳辐射(a)、气温(b)、相对湿度(c)、日降水量(d)

8.5　新方案在那曲站的数值模拟检验

8.5.1　土壤含水量模拟与观测对比

　　图 8.7 给出了在模拟时间段内 BJ 站点土壤含水量随深度的变化。由图 8.7(a)可以看出，土壤含水量随季节发生明显变化。冬季土壤冻结，土壤含水量较低；夏季土壤消融，土壤含水量较高。消融期顶层土壤水受降水下渗影响，深层土壤水则主要受地下水补充影响。另外，值得注意的是，土壤在冻结期并没有完全变干，有未冻结液态水的存在。对比图 8.7(a)和图 8.7(b)发现，原参数化方案基本上能反映土壤含水量随着季节的变化，但是仍存在明显偏差[图 8.7(d)]。主要表现在：①冬季冻结期土壤未冻结水模拟偏低；②对深层地下水对土壤水补充的低估，造成对深层土壤含水量的低估；③对夏季上层土壤含水量的高估。

　　从图 8.7(c)、图 8.7(d)可以看出，新的参数化方案考虑了砾石对土壤含水量和土壤导水率的影响后，对于原参数化方案的模拟不足有所改进。例如，新方案模拟的冬季土壤中未冻结水含量相对于原参数化方案更接近观测，春季消融期整体偏差减小。从图 8.1(a)可知，土壤导水率随砾石增多而增大，使得夏季降水更多下渗到深层土壤，补充深层土壤的含水量，总体新方案模拟与观测的偏差相对于原参数化方案减小。

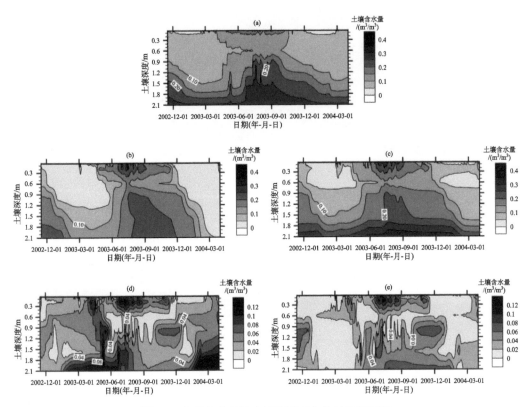

图 8.7　土壤含水量随土壤深度变化的时间剖面图

(a)观测值；(b)原方案模拟值；(c)新方案模拟值；(d)原方案模拟值与观测值绝对误差；
(e)新方案模拟值与观测值绝对误差

图 8.8 分别为 20 cm、60 cm、100 cm、210 cm 不同深度土壤含水量随时间变化的曲线图。浅层 20 cm 处冬季发生冻结，但是土壤含水量并没有降到零。说明模式能够模拟出冬季冻结期土壤中未冻结水的存在。7~10 月，土壤含水量的观测结果表现为平缓变化，但是模拟值出现较大波动，这些波动反映了土壤含水量对降水的直接响应。浅层土壤含水量的模拟值与观测值不一致(新方案略微改进了原方案的高估)可能与该地区高寒草甸丰富的根系分布和较高的有机质含量有关。通过比较深层土壤含水量的模拟状况可以看出，新方案相对于原方案能够更好地模拟土壤含水量的变化。原参数化方案高估了深度为 210 cm 的土壤含水量，其偏差为 0.2。这一高估可能与深层土壤排水过程有关。含砾石土壤的导水率较高而土壤持水能力较弱，土壤液态水容易下渗流失。图 8.9 显示了新方案和原方案模拟的那曲站点排水量、入渗量和径流的日变化。新方案和原方案对比发现，新方案模拟对排水量的影响较大，对入渗量和径流的影响较小。那曲站点砾石的存在使得排水量增加了 175.3%，径流量轻微增加 9.5%，这导致新方案模拟的深层土壤含水量低于原方案。总体上，新方案通过修改土壤孔隙度和水力学参数，其对不同深度土壤含水量的模拟结果均有提高。其中模拟偏差由原方案的 0.047 减小到 0.029，均方根误差由原来的 0.055 减小到 0.037(表 8.5)。

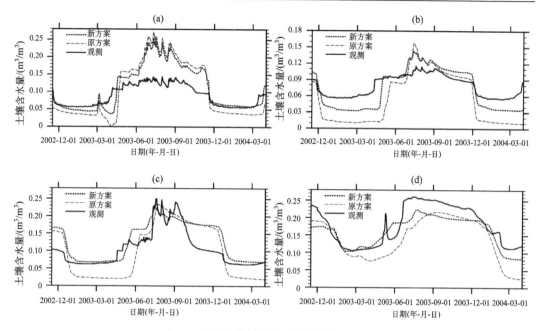

图 8.8　观测和模拟的日平均土壤含水量变化

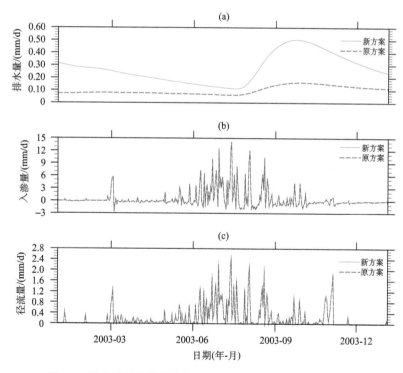

图 8.9　模式模拟的排水量(a)、入渗量(b)和径流量(c)日变化

图 8.10 为模拟时段内土壤含冰量随深度的变化图,由于土壤含冰量无观测数据,所以无法直接验证模式对含冰量的模拟结果。通过比较新方案和原方案的模拟结果可以发现新方案模拟的含冰量要低于原方案。含砾石土壤含冰量较低且冻结期缩短,说明含砾

石土壤温度比不含砾石土壤温度高。另外，土壤含冰量的减少使得土壤在消融过程中所需热量减少。

表 8.5　那曲地区原方案、新方案土壤含水量模拟值和观测值比较

项目	方案	4 cm	20 cm	60 cm	100 cm	160 cm	210 cm	平均	百分比*/%
相关系数	原方案	0.94	0.90	0.90	0.80	0.88	0.55	0.83	3.6
	新方案	0.91	0.92	0.92	0.83	0.89	0.71	0.86	
偏差/(m³/m³)	原方案	0.026	0.046	0.033	0.042	0.040	0.093	0.047	−38.3
	新方案	0.024	0.032	0.018	0.028	0.027	0.042	0.029	
均方根误差 /(m³/m³)	原方案	0.031	0.056	0.039	0.048	0.048	0.106	0.055	−32.7
	新方案	0.035	0.044	0.021	0.038	0.032	0.049	0.037	

*百分比是用新方案与原方案的统计值差值比原方案统计值。

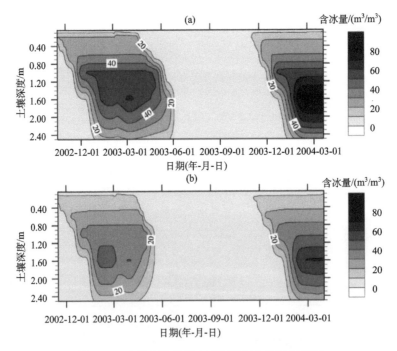

图 8.10　土壤含冰量随土壤深度变化的时间剖面
(a)原方案模拟值；(b)新方案模拟值

8.5.2　土壤温度模拟与观测对比

对比土壤温度的模拟值与观测值[图 8.11(a)～图 8.11(c)]可以发现，模式可以模拟出不同深度土壤温度随季节的变化，但是新方案和原方案对土壤温度都存在一定的低估。例如，冬季观测的土壤温度零度线最深为 1.6 m，而模拟的零度线最深为 2.0 m，模拟的冻结深度偏低，夏季温度也明显偏低。这可能与模式的土壤热扩散率的描述不准确有关，使得进入土壤的热量偏少。对比图 8.11(d)和图 8.12(e)发现，新方案对土壤温度模拟有

一定的改进。2003 年 6 月土壤温度原方案模拟值与观测值偏差可达 4℃，而新方案模拟的土壤温度偏差减小到不足 2℃［图 8.11（e）］。相比于原参数化方案，新方案改进了模式原来的土壤热传导过程参数化方案，同时新方案对土壤湿度模拟的改变会影响模式对土壤温度的模拟。另外，2003 年 3 月新方案模拟的土壤含冰量较原方案小，在土壤升温过程中，融化土壤冰所需的热量会减小，所以新方案模拟的土壤温度比原方案好。

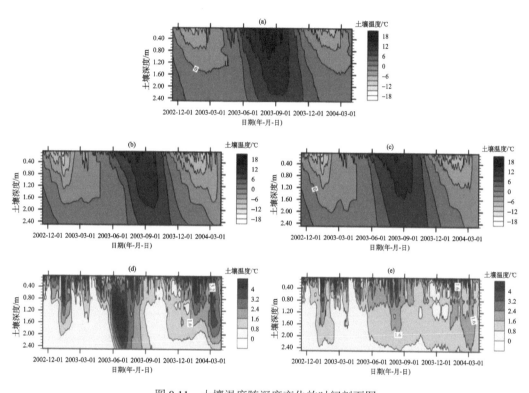

图 8.11　土壤温度随深度变化的时间剖面图

（a）观测值；（b）原方案模拟值；（c）新方案模拟值；（d）原方案模拟值与观测值绝对误差；（e）新方案模拟值与观测值绝对误差

图 8.12 分别是 20 cm、60 cm、100 cm、160 cm 不同深度日均土壤温度变化曲线。浅层 20 cm［图 8.12（a）］土壤温度日变化较大，深层 160 cm［图 8.12（d）］土壤温度变化曲线较为光滑，仅表现为温度的季节变化。新方案和原方案模拟的浅层土壤温度都与观测值接近，而对于深层土壤温度的模拟有较大的差异。由图 8.12（c）可以看出，新方案模拟的春、夏季温度的升高过程比原方案更接近观测曲线，升温时间比原方案提前。总体来讲，新方案对各层土壤温度的模拟要优于原方案，其中新方案模拟值与观测值之间的相关系数各层平均为 0.99，原方案为 0.96；平均绝对误差从原来的 1.71℃下降到 1.32℃；平均均方根误差由原来的 1.95℃下降到 1.47℃（表 8.6）。

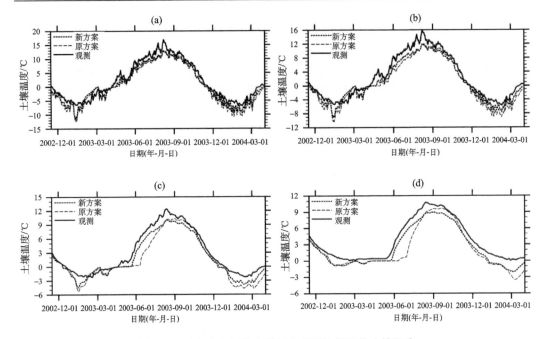

图 8.12　原方案和新方案模拟和观测的日平均土壤温度

(a) 20 cm；(b) 60 cm；(c) 100 cm；(d) 160 cm

表 8.6　那曲地区原方案、新方案土壤温度模拟值和观测值比较

项目	方案	4 cm	20 cm	60 cm	100 cm	160 cm	250 cm	平均	百分比*/%
相关系数	原方案	0.97	0.98	0.98	0.96	0.94	0.93	0.96	2.1
	新方案	0.97	0.98	0.99	0.99	0.99	0.99	0.99	
偏差/℃	原方案	2.48	2.12	1.85	1.54	1.52	0.76	1.71	−22.8
	新方案	2.18	1.67	1.34	1.11	1.15	0.48	1.32	
均方根误差/℃	原方案	2.81	2.24	1.95	1.79	1.78	1.14	1.95	−24.6
	新方案	2.48	1.75	1.40	1.10	1.14	0.92	1.47	

*百分比是用新方案与原方案的统计值差值比原方案统计值。

　　值得注意的是，考虑砾石之后，新方案对土壤温度模拟的改进可能来自两方面的原因。①新方案导热率和原方案不同。以第 7 层土壤质地为例，原方案矿物质导热率为 8.74 W/(m·K)，新方案导热率为 7.03 W/(m·K)。土壤在冬季的热通量小于零(图 8.13)，所以冬季土壤是作为热源向外界释放热量，导热率的降低使得冬季有更多的热量以未冻结水的形式存储在土壤中。②新方案对土壤含水量的改进和对冬季土壤含冰量模拟的减少。由于土壤中的液态水和冰对土壤导热率和土壤热容量的影响很大，所以土壤含水量和含冰量的变化将会引起土壤热特性的变化。从图 8.12(c) 和图 8.12(d) 中看出新方案对春、夏季土壤升温过程的模拟优于原方案，而这一时段土壤含水量的模拟也有较大的改进，说明土壤水的分布和状态对土壤温度模拟有重要影响。

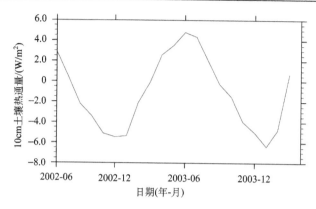

图 8.13　2002 年 6 月～2004 年 3 月观测的 10 cm 月平均土壤热通量变化

8.6　新方案在玛多草地站点的数值模拟检验

8.6.1　玛多草地站点土壤含水量模拟与观测对比

　　将模拟结果通过线性插值方法插值到和观测值同样的深度，然后进行对比分析。玛多草地站点降水量和土壤含水量模拟与观测对比如图 8.14 所示。从图中可以看出，模式能够模拟出各层土壤含水量的季节变化，其时间相关系数均通过了显著性检验，另外，新方案的时间相关系数要高于原方案。新方案和原方案模拟的土壤含水量峰值与降水的最大值能够较好地匹配，但是模式模拟的土壤含水量对降水的响应较弱，其中，10 cm 深度的土壤湿度模拟值对降水的响应比其他层要迅速，但是变化的幅度小于观测值。新方案模拟的各层土壤含水量比原方案模拟的土壤含水量准确。原方案对浅层土壤含水量有高估，对深层有低估(10 cm 土壤层原方案模拟土壤含水量偏差为 0.050)。观测值显示，玛多地区深层土壤含水量较少，但是原方案模拟的值比观测值更低(160 cm 处土壤含水量模拟值比观测值低 0.02 m³/m³)。Wang 等(2013)研究发现当土壤含水量较低时，混合砾石的土壤能都保持更多的水分。考虑到砾石对土壤基质势和孔径分布系数的影响，新方案较原方案在深层土壤模拟的土壤持水能力更大，土壤含水量更接近观测值。表 8.7 中，新方案模拟值与观测值的平均偏差和平均均方根误差都小于原方案模拟结果，尤其是在 10 cm 深度，新方案的模拟结果明显好于原方案的模拟结果。以上分析表明尽管新方案在玛多地区对土壤含水量的模拟还存在不足，但是整体模拟结果优于原方案。

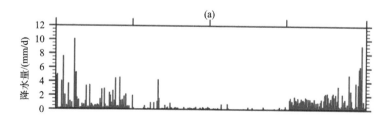

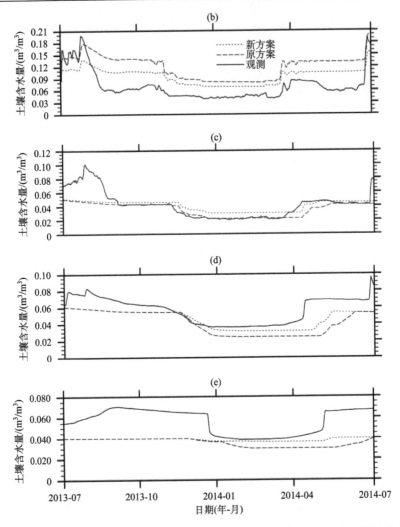

图 8.14 玛多草地站点降水量及原方案和新方案模拟和观测的日平均土壤含水量

(a)降水量；(b)～(e)分别为 10 cm、40 cm、80 cm、160 cm 土壤深度的日平均土壤含水量

表 8.7 玛多地区原方案、新方案土壤含水量模拟值和观测值比较

项目	方案	10 cm	40 cm	80 cm	160 cm	平均
相关系数	原方案	0.75	0.80	0.74	0.70	0.75
	新方案	0.78	0.79	0.82	0.90	0.82
偏差/(m³/m³)	原方案	0.050	−0.006	−0.015	−0.020	0.002
	新方案	0.026	−0.001	−0.011	−0.018	−0.001
均方根误差 /(m³/m³)	原方案	0.055	0.014	0.019	0.023	0.028
	新方案	0.036	0.014	0.014	0.021	0.021

8.6.2 玛多草地站点土壤温度模拟与观测对比

土壤热状况的模拟效果取决于土壤导热率和土壤热容量的大小。由于水在液态和固态两种状态下热性质存在很大差异，土壤冻结状态和消融状态下热性质也不相同。冰的导热率[2.2 W/(m·K)]大于水的导热率[0.56 W/(m·K)]，所以一般情况下冻结土壤的饱和导热率大于消融土壤的饱和导热率。另外，水的体积热容量[4.2 MJ/(m³·K)]远大于冰的热容量[1.9 MJ/(m³·K)]，所以冻结土壤的体积热容量小于消融土壤的体积热容量。因此模式模拟的土壤含水量和土壤含冰量会影响土壤热属性及土壤温度的模拟结果。

地表温度在地气热交换中起重要作用。因此地表温度的准确模拟是深层地温能够被准确模拟的前提。图 8.15 给出了玛多地区模拟值和观测值的日平均地表温度时间序列。由图 8.15 可以看出，地表温度的模拟值和观测值基本一致，新方案和原方案也没有较大差异，其模拟值和观测值的相关系数都是 0.98。结果表明地表少量的砾石并没有显著地改变地表温度的大小，准确的地表温度模拟为深层土壤温度的准确模拟提供了保障。

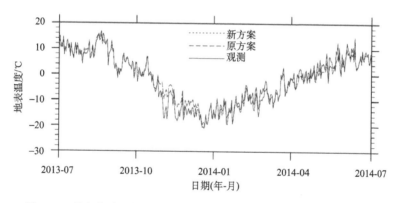

图 8.15　玛多草地站点原方案和新方案模拟和观测的日平均地表温度

图 8.16 比较了新方案和原方案对玛多地区土壤温度的模拟状况。从图 8.16 中可以看出，新方案和原方案都能够模拟出各层土壤温度的季节变化。各层土壤的模拟值和观测值的时间相关系数均通过了显著性检验。新方案和原方案对浅层 10 cm 和 40 cm 土壤温度的模拟值与观测值一致性较高[图 8.16(a)和图 8.16(b)]，其偏差和均方根误差也较低（表 8.8）。然而新方案对深层土壤温度的模拟结果优于原方案[图 8.16(c)和图 8.16(d)]。原方案模拟的 160 cm 和 320 cm 深度的夏季土壤温度低于观测值，其均方根误差分别是 2.58℃和 2.94℃（表 8.8）。原因可能是原方案对土壤含水量和土壤含冰量的模拟存在高估现象，导致土壤的热容量较高，热扩散率较低，土壤水的相变吸热消耗更多热量。通过修正土壤热参数化方案和提高对土壤湿度的模拟准确度，新方案较原方案模拟的深层土壤有了较大的提高。新方案模拟值与观测值的平均偏差是−0.83℃，均方根误差是 1.31℃，都小于原方案的模拟结果。在图 8.16(d)中可以看出，观测值和原方案模拟值之间存在相位差，而新方案的相位差小于原方案。其原因是，考虑砾石影响的新方案模拟的深层土壤温度对强迫气温的响应更快，导热率更大，热惯性更小，使得新方案模拟的土壤温度

与观测之间的相位差减小。

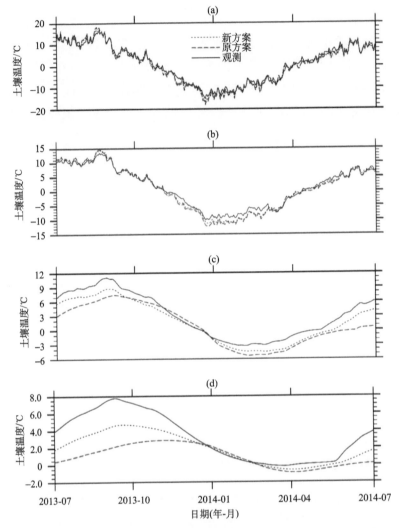

图 8.16　玛多草地站点原方案和新方案模拟和观测的日平均土壤温度

(a) 10 cm；　(b) 40 cm；　(c) 160 cm；　(d) 320 cm

表 8.8　玛多地区原方案、新方案土壤温度模拟值和观测值比较

项目	方案	10 cm	40 cm	160 cm	320 cm	平均
相关系数	原方案	0.99	1.00	0.94	0.75	0.92
	新方案	0.99	1.00	0.99	0.96	0.99
偏差/℃	原方案	−0.44	−0.57	−2.05	−2.16	−1.31
	新方案	−0.38	−0.29	−1.35	−1.29	−0.83
均方根误差 /℃	原方案	1.25	1.23	2.58	2.94	2.00
	新方案	1.08	0.99	1.48	1.70	1.31

8.7 小 结

在陆面过程模拟中，土壤水热状况的准确模拟是检验陆面模式的重要指标，也是利用气候陆面耦合模式研究全球气候变化的重要基础。目前 CLM4.0 并没有考虑分布广泛的砾石对土壤结构和土壤水热过程的影响，在青藏高原这样土壤比较粗糙且砾石丰富的区域容易产生偏差。本章在土壤水热参数化方案中考虑了砾石这一土壤成分的影响，发展了适合青藏高原土壤组分的土壤水热参数化方案，并利用那曲站点和玛多草地站点的观测资料对新方案进行了单点模拟验证，得到以下几点结论。

(1)基于理想的数值模拟实验，砾石的存在会减弱土壤持水能力，增强土壤导水率和排水能力。根据新方案在那曲地区的模拟结果可以看出，由于表层砾石含量很低，所以新方案模拟的土壤入渗和径流影响与原方案差异不大。导热率随着砾石含量的增加而增大，同时深层土壤温度对气温的响应也会加强。

(2)通过对土壤孔隙度、土壤导水率和土壤基质势的改进，新方案对土壤水的模拟效果较原方案有较大的提高，在那曲地区模拟的各层土壤含水量的模拟值与观测值的平均相关系数从原来的 0.83 提高到 0.86，平均绝对误差从原来的 0.047 下降到 0.029，平均均方根误差从原来的 0.055 降低到 0.037。玛多地区的模拟结果也有所改进。

(3)由于新方案模拟的土壤湿度变好，同时新方案对土壤热参数化方案有改进，最终使得新方案对于土壤温度的模拟结果优于原方案。那曲地区各层土壤温度模拟与观测的平均相关系数从原来的 0.96 提高到了 0.99，平均绝对误差从原来的 1.71℃下降到 1.32℃，平均均方根误差从原来的 1.95℃降低到 1.47℃。玛多地区平均偏差由原方案的 1.54℃降低到 1.15℃。

需要说明的是，本章没有考虑地表砾石覆盖对土壤水热状况的影响。有研究表明有砾石覆盖的地表能为植物生长提供适宜的土壤环境(Li, 2003)。同时，砾石覆盖能够显著增大土壤温度(Nachtergaele et al., 1998)，增加入渗量，减小土壤蒸发和地表径流(Wang et al., 2011)。这些过程将会在以后的研究中逐步考虑增加到新方案中。

虽然新方案对于土壤水热物理过程的模拟效果有一定的提高，但是新方案对于砾石的影响考虑得过于简单，一些参数还需要进一步通过实验室分析确定。另外，新方案在模拟中只考虑了风化程度较低的砾石，而对于风化程度较高的砾石，其孔隙度和水热特性将完全不同。Brouwer 和 Anderson(2000)研究发现，对于较高风化程度的砾石，其体积含水量可以达到 36%，甚至更高。另外，本章所用土壤数据有限，以后会获得更多高原站点土壤结构数据，可以在多点进行新方案的检验，以验证新方案在青藏高原的适用性，最终将该参数化方案推广到高原区域模拟。

参 考 文 献

罗斯琼, 吕世华, 张宇, 等. 2008. CoLM 模式对青藏高原中部 BJ 站陆面过程的数值模拟. 高原气象, (2): 259-271.

罗斯琼, 吕世华, 张宇, 等. 2009. 青藏高原中土壤热传导率参数化方案的确立及在数值模式中的应用. 地球物理学报, 52 (04)：919-928.

Brouwer J, Anderson H. 2000. Water holding capacity of ironstone gravel in a typic plinthoxeralf in Southeast Australia. Soil Science Society of America Journal, 64 (5)：1603-1608.

Chen, Y Y, Yang K, Tang W J, et al. 2012. Parameterizing soil organic carbon's impacts on soil porosity and thermal parameters for Eastern Tibet grasslands. Science China (Earth Sciences), 55 (06)：1001-1011.

Clapp R B, Hornberger G M. 1978. Empirical equations for some soil hydraulic properties. Water Resources Research, 14 (4)：601-604.

Cosby B J, Hornberger G M, Clapp R B, et al. 1984. A statistical exploration of the relationships of soil moisture characteristics to the physical properties of soils. Water Resources Research, 20 (6)：682-690.

Côté J, Konrad J M. 2005. A generalized thermal conductivity model for soils and construction materials. Canadian Geotechnical Journal, 42 (2)：443-458.

Cousin I, Nicoullaud B, Coutadeur C. 2003. Influence of rock fragments on the water retention and water percolation in a calcareous soil. Catena, 53 (2)：97-114.

Farouki O T. 1981. The thermal properties of soils in cold regions. Cold Regions Science and Technology, 5 (1)：67-75.

Johansen O. 1975. Themal Conductivity of Soils. Norway: University of Trondheim.

Li X Y. 2002. Effects of gravel and sand mulches on dew deposition in the semiarid region of China. Journal of Hydrology, 260 (1)：151-160.

Li X Y. 2003. Gravel-sand mulch for soil and water conservation in the semiarid loess region of northwest China. Catena, 52 (2)：105-127.

Ma D H, Shao M G. 2010. Simulating infiltration into stony soils with a dual-porosity model. European Journal of Soil Science, 59 (5)：950-959.

Montagne C, Ferguson H, Ruddell J. 1992. Water retention of soft siltstone fragments in a ustic torriorthent, central Montana. Soil Science Society of America Journal, 56 (2)：555-557.

Nachtergaele J, Poesen J, van Wesemael B. 1998. Gravel mulching in vineyards of southern Switzerland. Soil and Tillage Research, 46 (1)：51-59.

Peck A J, Watson J D. 1979. Hydraulic Conductivity and Flow in Non-Uniform Soil. Canberra: CSIRO Division of Environmental Mechanics.

Poesen, J, Lavee H. 1994. Rock fragments in top soils: Significance and processes. Catena, 23 (1-2)：1-28.

Qin Y, Yi S H, Chen J J, et al. 2015. Effects of gravel on soil and vegetation properties of alpine grassland on the Qinghai-Tibetan plateau. Ecological Engineering, 74: 351-355.

Ravina I, Magier J. 1984. Hydraulic conductivity and water retention of clay soils containing coarse fragments. Soil Science Society of America Journal, 48 (4)：736-740.

Russo D. 1983. Leaching characteristics of a stony desert soil. Soil Science Society of America Journal, 47 (3)：431-438.

Sauer T J, Logsdon S D. 2002. Hydraulic and physical properties of stony soils in a small watershed. Soil Science Society of America Journal, 66 (6)：1947-1956.

Vosteen H D, Schellschmidt R. 2003. Influence of temperature on thermal conductivity, thermal capacity and thermal diffusivity for different types of rock. Physics and Chemistry of the Earth, 28 (9)：499-509.

Wang H F, Xiao B, Wang M Y, et al. 2013. Modeling the soil water retention curves of soil-gravel mixtures with regression method on the Loess Plateau of China. Plos One, 8(3): e59475.

Wang X D, Liu G C, Liu S Z. 2011. Effects of gravel on grassland soil carbon and nitrogen in the arid regions of the Tibetan Plateau. Geoderma, 166(1): 181-188.

Zhang Z F, Ward A L, Keller J M. 2011. Determining the porosity and saturated hydraulic conductivity of binary mixtures. Vadose Zone Journal, 10(1): 313-321.

Zhou B B, Ming'an S, Shao H B. 2009. Effects of rock fragments on water movement and solute transport in a Loess Plateau soil. Comptes Rendus Geoscience, 341(6): 462-472.

第9章　黄河源区陆面过程湖泊模式参数化研究

陆地面积占地球表面积的 29%，包括森林、草原、沙漠、农田、江河、湖泊、湿地、冰川等多种下垫面，并且下垫面的性质随季节发生变化。湖泊作为其中一种，是陆面过程研究的重要组成部分。世界范围内，湖泊总面积达 4.2×10^6 km^2，占地球陆地表面的 3%(Downing et al., 2006)，而在我国，湖泊总面积几乎与浙江省大小相当。

与覆盖有植被的陆地相比，由于具有独特的反照率、热容量、粗糙度、表面能量与物质交换，湖泊能够通过生物物理和生物地球化学等过程在区域甚至全球气候中扮演重要角色(Bonan, 1995; Kling et al., 1991; Long et al., 2007; Rouse et al., 2005)。此外，受面积、深度、地理位置、季节及湖水成分等影响，湖泊陆面过程与气候效应复杂多样。深的寒区湖泊，春夏季节长期被稳定大气层结控制，湍流交换受到抑制(Nordbo et al., 2011; Oswald and Rouse, 2004; Rouse et al., 2003)。较浅的亚热带湖泊，其因热容量小而对大气强迫响应较快，近地层大气全年以不稳定层结为主，感热通量与潜热通量多为正值(Liu et al., 2012, 2009)。而在热带，即使是大型深湖，湖面近地层大气也长期处于不稳定状态(Verburg and Antenucci, 2010)。

随着湖泊气候效应逐渐受到重视及计算机性能的进步，在大量观测实验开展的同时，湖泊模型的研究也日趋活跃，并且被耦合到如今的一些主流陆面模式和区域气候模式中，如 CLM 和 WRF。然而，目前大多数湖泊模型中的粗糙度参数化方案仍旧衍生自特定条件下的海洋观测数据(Grachev et al., 2011; Mahrt et al., 2003; Vickers and Mahrt, 2010; Zilitinkevich et al., 2000)，海洋与湖泊在面积、深度和波浪等诸多特性上的差异势必导致模拟的偏差。此外，在区域气候模式中，如 WRF 模式，湖泊粗糙度均为定值，并且动量、热量和水汽粗糙度相等，有悖物理事实，需要予以改进。

在我国，青藏高原面积大于 1.0 km^2 的湖泊共计 1123 个，总面积为 4.07×10^4 km^2，约占全国湖泊面积的 49%，是全国第一大湖区(Zhang et al., 2013; 王苏民和窦鸿身，1998)。其中，黄河源区湖泊又是青藏高原湖泊群的重要组成部分，源区共有湖泊 5300 多个，总面积为 1270.77 km^2，主要有鄂陵湖、扎陵湖等。作为世界屋脊，青藏高原平均海拔超过 4000 m，对全球水循环和亚洲季风具有重要影响，是气候变化的敏感区(Gu et al., 2005; Yang et al., 2014; Yao et al., 2011)。1990～2010 年，得益于冰川融水和降水的增加，青藏高原湖泊的水量和面积不断增加。在青藏高原，地表空气密度和气压仅为海平面的 50%～60%，但是这里太阳辐射强烈，夏季超太阳常数现象时常出现，并且高原东南部相对湿润，西北部极为干旱，气候环境差异较大，这种特殊的环境可能导致这里的湖泊大气相互作用具有独特性(李超等，2000)。近几年来在西藏纳木错和黄河源区鄂陵湖的观测研究表明，这里的湖面近地层大气长期处于不稳定状态，明显不同于中高纬度其他地区的湖泊(Biermann et al., 2014; Li et al., 2015)。

以往关于湖泊陆面过程与气候效应的研究主要集中于北美五大湖区和欧洲北部，中纬度高寒地区的相关研究较少，尤其是关于青藏高原湖泊气候效应的研究直到最近几年才逐步展开。在全球变化背景下，气候变暖将使水文循环加快，加剧陆地降水分布的非均匀性，而大型湖泊对局地天气与气候常常具有不可忽视的影响，研究青藏高原湖泊陆面过程与气候效应有利于建立适用于高寒地区湖泊的数值模式，有助于进一步认识高寒湖泊对区域气候的影响及作用机理。

9.1 　 黄河源区鄂陵湖加强观测实验概述

选择黄河源区典型的湖泊密集区(鄂陵湖)(图 9.1)，重点完成鄂陵湖湖泊效应观测(图 9.2)；针对 2012 年观测的不足，2013～2016 年开展了补充观测，主要站点的观测持续进行。

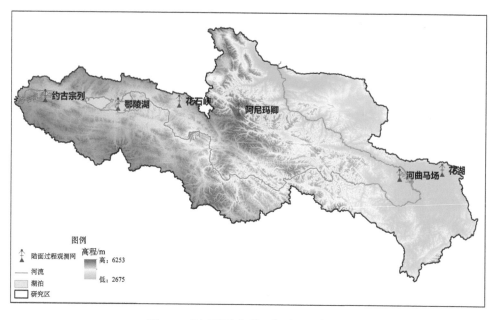

图 9.1　黄河源区典型下垫面观测点位置

观测实验主要利用 CSAT3 和 EC150/LI-7500 涡动相关系统获得动量、感热通量、潜热通量等湍流分量；用 CNR1/CNR4 净辐射计，结合通量观测，研究下垫面地表辐射特征；利用自动气象站观测不同下垫面的微气象特征；利用大孔径闪烁仪结合涡动相关系统进行区域尺度的通量观测；利用称重式雨量计观测实验期间的降水；利用 GPS 探空和微波辐射计观测边界层气象要素变化。鄂陵湖湖泊效应是本实验的观测重点，2012 年分别在鄂陵湖的东北部、西北部、南部架设了 3 个自动气象站(图 9.2)，同时在鄂陵湖西北部湖面和西岸湖滨草地分别架设有一套涡动相关系统，用来对比观测水面和草地的通量和辐射特征。此外，2012 年 7 月下旬还在玛多气象站和鄂陵湖同步开展了 GPS 探空对比观测，加深了对高原湖区和陆地边界层变化规律的认识。另外，在鄂陵湖还进行了湖泊水温廓线的观测。针对 2012 年观测存在的不足，2013 年至今仍在进行主要站点的观测。为了配合鄂陵湖西岸梯度塔的观测，在湖畔新建了涡动相关系统。2012 年黄河源区鄂陵湖区野外观测实验图如图 9.3 所示。

图 9.2　2012 年鄂陵湖区观测实验分布示意图

图 9.3　2012 年黄河源区鄂陵湖区野外观测实验图

9.2　黄河源区湖泊表面水热交换特征研究

湖泊水体的巨大热容量导致其温度变化明显滞后于太阳辐射，湍流通量的变化也与陆地不同(Venäläinen et al., 1999)。但是，湖泊的这种特性也受到其深度、面积、地理环境和区域气候的影响。青藏高原平均海拔超过 4000 m，太阳辐射强烈，空气密度和气压仅有海平面的 50%~60%，这种独特的气候环境可能导致湖泊大气能量与物质交换具有一定的特殊性。本章首先利用鄂陵湖流域的野外观测资料，分析了从湖面到湖岸再到距离稍远的草地等不同下垫面的辐射与能量平衡状况，以及天气过程对湖面通量交换的影响；然后在此基础上，计算了湖面输送系数和粗糙度长度等陆面过程参数；最后，根据获得的粗糙度参数，以一次典型的冷空气入侵为例，结合高分辨率数值模拟，分析了鄂陵湖区的地表水热交换、边界层结构和天气过程之间的联动变化。

9.2.1　观测数据的质量控制

1. 涡旋协方差数据的后处理

目前涡旋协方差(EC)数据处理软件有很多种，如英国爱丁堡大学发展的 EdiRer 软件，德国拜罗伊特大学发展的 TK3 软件及美国 LI-COR 公司推出的 EddyPro 软件。本章的 10Hz 涡旋协方差数据采用 EddyPro 软件进行处理。EddyPro 是一款用于对原始的涡旋协方差观测数据进行校正和处理并计算大气中的湍流通量及 CO_2 等气体通量的免费开源软件，除了数据校正外，它还能对观测数据进行质量评估标记和谱分析。EddyPro 软件的最早版本于 2011 年 4 月问世，截至目前已发展到 7.0 版。主要处理流程包括野点剔除、坐标旋转、水汽和 CO_2 的 Webb-Pearman-Leuning 密度修正(Webb et al., 1980)、时间补偿校正和超声虚温校正等。在能量平衡分析中，那些零散缺失的通量数据，需要结合同时段或相近时段其他气象要素的变化进行插值补全，而用于模式参数化改进的数据则需要设置更加严格的条件，确保数据质量的高度可靠。

动量通量(τ)、摩擦速度(u_*)、感热通量和潜热通量分别通过以下方程计算获得

$$\tau = -\rho_a u_*^2 \tag{9.1}$$

$$u_* = \left(\overline{u'w'}^2 + \overline{v'w'}^2\right)^{1/4} \tag{9.2}$$

$$H = \rho_a c_p \overline{w'T'} \tag{9.3}$$

$$LE = L_v \rho_a \overline{w'q'} \tag{9.4}$$

式中：ρ_a 是大气密度；c_p 是定压下空气的比热容；L_v 是潜热蒸发系数；u' 和 v' 是水平风速的脉动量；w' 是垂直风速的脉动量；T' 和 q' 分别是空气中温度和比湿的脉动量。

观测数据可以用于计算奥布霍夫长度(L)和近地层大气稳定度(ζ)：

$$L = \frac{\overline{T_v}}{g\kappa} \frac{u_*^3}{\overline{w'T_v'}} \tag{9.5}$$

$$\zeta = (z - d)/L \tag{9.6}$$

式中，$\overline{T_v}$ 是虚温；g 是重力加速度；κ（=0.40）是 von Karmans 常数；z 是仪器的观测高度；d 是零平面位移。

水体表层存在热力分子子层，即所谓的"冷表"，导致水表面温度往往不同于其下的混合层（Saunders, 1967）。在白天，贯穿水面热力子层的温度差异可能因为吸收太阳辐射而变为正值，即所谓的"暖表"（Soloviev and Schlüssel, 1996）。研究表明，水体表层的这种温度差异一般可达 0.1～0.6℃，因此，本章观测的水表温度并非水面下观测的水温，而是根据 Stefan-Boltzmann 方程利用观测的长波辐射计算获得的：

$$\mathrm{Rl_{up}} = (1 - \varepsilon)\mathrm{Rl_{dw}} + \varepsilon\sigma T_s^4 \tag{9.7}$$

式中，σ [=5.67×10^{-8} W/(m^2·K^4)]，代表 Stefan-Boltzmann 常数；ε 是比辐射率；$\mathrm{Rl_{dw}}$ 和 $\mathrm{Rl_{up}}$ 分别是由净辐射计观测的向下与向上长波辐射；T_s 是湖泊表面温度。基于先前的研究（Davies, 1972; Thiery et al., 2014b），式（9.7）中非冻结期湖面的比辐射率设定为 0.97，湖冰的比辐射率设定为 0.99。

2. 湖面通量观测数据的足迹分析

足迹（footprint）被定义为通量观测源/汇区域内的每个点对观测的总通量或者浓度的相对贡献（Leclerc and Thurtell, 1990; Schuepp et al., 1990）。湖面涡动相关观测平台距离湖岸和小岛较近，在某些气象条件下，湍流通量的源区可能超出湖面的范围，观测到的通量势必受到陆地的影响，从而难以完全代表湖面的结果。因此，有必要开展足迹分析以剔除那些受到陆地和小岛影响的观测数据。

我们采用的足迹模型分别为 Kljun 等（2004）模型和 Hsieh 等（2000）模型。前者适用于摩擦速度较大的条件（–200<ζ<1，u_*≥0.2 m/s），后者则被用于其他条件下的分析。两个模型均包含在 EddyPro 软件中，并且将两种足迹模型结合起来进行分析的方法已经被其他研究采用（Sommar et al., 2013）。EddyPro 软件中默认的选项是优先采用 Kljun 模型，因为它是一个新的模型并已经被有效验证。Kljun 模型的输入变量包括观测高度、垂直速度、摩擦速度和动量粗糙度。垂直速度和摩擦速度可以从观测数据中直接获得，动量粗糙度在本章被设定为 1 mm，在实际分析中，发现最严格的限制条件是摩擦速度，2011 年和 2012 年的观测资料中，大约有 54.64%的数据因摩擦速度小于临界值而无法使用 Kljun 模型。Hsieh 模型的输入变量主要包括观测高度、感热通量、气温、空气密度和动量粗糙度长度。

以 2011 年和 2012 年为例，进行足迹分析后，达到 90%贡献率的湍流通量源区分布被分析。图 9.4 展现了通量足迹的频率分布，大部分足迹距离在 300 m 以下，平均距离约为 225 m，这也符合一般情况下通量足迹约为观测高度的 100 倍的规律，在低风速或稳定大气条件下，这个比例可能会增加到 100∶1～500∶1。总体上，通量源区的大小主要依赖于观测高度、地表粗糙度和大气稳定度。源区大小会随着观测高度的增大而增大，随着粗糙度的增大而减小。在不稳定条件下，源区大小随着不稳定程度的减小而缓慢增大，近中性条件下，源区大小大于不稳定层结，但变化范围较大，过渡到稳定层结后，源区迅速增大(图 9.5)。

图 9.6 描绘了通量源区随风向的分布,圆周外的标签(0°~360°)代表风向,圆半径代表距离。例如,如果一个灰点的位置对应的圆周外标签是 270,并且所在半径长度是 250 m,那么这一时段它的足迹距离是 250 m,并且风向为西风。从图 9.6 中可以看到风向 270°~30°范围内均有某些数据的足迹范围超过湖面,落在陆地上。实际处理中,仅有风向 290°~15°范围内足迹距离大于 200 m 的数据被剔除,这是因为 200 m 是湖面观测平台和湖岸之间的最近距离,实际上,风向 290°~330°和 0°~15°范围内两者之间的最大距离可以达到 250~300 m,这意味着某些不受陆地影响的数据可能也被剔除了。这是一种折中的选择,由于湖岸是曲线,只能选择相对简单的方式进行剔除。风向 270°~290°和 15°~30°范围内,尤其是 15°~30°,少量数据也被陆地影响,但它们没有被剔除,考虑到总体的平衡,其用于补偿风向 290°~15°范围内那些原本不需要被剔除的数据。风向 220°~245°范围内的数据受到小岛的较大影响,因此也被剔除。最终,2011 年和 2012年湖面涡动观测点分别有 24.45%和 19.68%的通量数据被弃用。如果算上由降雨、降雪及仪器故障导致的不合格数据,这两年中分别有 30.85%和 22.85%的数据被剔除。

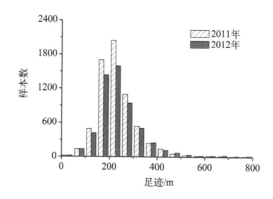

图 9.4 湖面通量足迹的频率分布

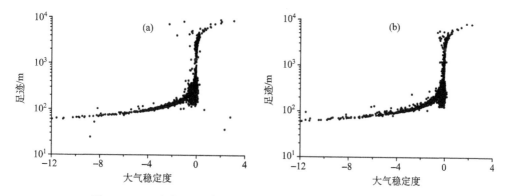

图 9.5 2011 年与 2012 年湖面通量的足迹随着大气稳定度的变化

(a)2011 年;(b)2012 年

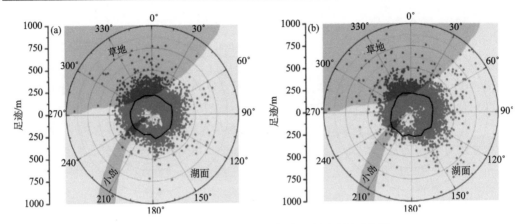

图 9.6　湖面涡动相关观测点足迹分析结果示意图

(a) 2011 年；(b) 2012 年。灰色圆点代表 30 min 通量数据的 90%贡献源区，黑色实线代表 90%贡献源区的平均值，圆圈周围的标签为地理坐标系下的方向(0°~360°，间隔 30°)，图中深色的阴影为湖岸草地和小岛，浅色阴影部分为湖面

9.2.2　非结冰期湖面的辐射与能量平衡特征

图 9.7 描述了日平均能量收支分量和气象变量的变化(2011~2012 年)。日平均感热通量值介于 0~80 W/m², 暖季较小，冷季较大。潜热通量的日均值相反，暖季较大而冷季较小，介于 30~165 W/m²。与亚热带湖泊相比(Zhang and Liu, 2013)，鄂陵湖的感热通量与潜热通量的振幅较小，经历的脉冲式跃变亦较小，并且感热通量几乎都为正值，近地层长期维持正的水气温差。湖面的净辐射日均值介于–30~260 W/m²，最大值出现在夏季，量值比亚热带湖泊略大。水面感热通量与潜热通量的变化主要受到风速、水气温差和比湿差的影响，它们构成了模式中通量算法的基础。如图 9.7 所示，温度和比湿的年度最大值均出现在 8 月，然而水气温差从夏季至秋末一直增大，比湿差值先增大后减小，最大值出现在夏季。

对于月平均日变化，湖面上的感热通量与潜热通量的变化形态不同于净辐射(图 9.8)。观测期内，潜热通量先增大后减小，峰值出现在 8~10 月(超过 130 W/m²)。潜热通量日变化的最大值出现在下午而最小值出现在午夜。感热的变化趋势几乎与之相反，月平均日变化峰值不超过 57 W/m²。统计显示，夜间(当地时间 20:00~08:00)的感热通量占日总量的 48%~62%，夜间潜热通量占日总量的 41%~51%。进一步的统计显示，暖季夜间感热通量与潜热通量占的比重更高，比冷季高出 5 个百分点。对于净辐射，月均日变化峰值从 7 月的 740 W/m² 减小至 11 月的 510 W/m²。在夜间，净辐射为–100~–145 W/m²。净辐射 7 月和 11 月的月平均值分别为 178 W/m² 和 24 W/m²。能量平衡残差项($S = \mathrm{Rn} - H - \mathrm{LE}$)可以被用来描述水体热储存的变化。正值的 S 表示热量被存储于水中。S 的月平均日变化介于–260~660 W/m²，日变化的形态与净辐射一致。值得注意的是，理论上，涡动相关仪器通常会低估观测的感热通量与潜热通量，因此在白天被储存于水中的能量可能低于图中显示的值，而在夜间则可能释放更多的能量到大气中。

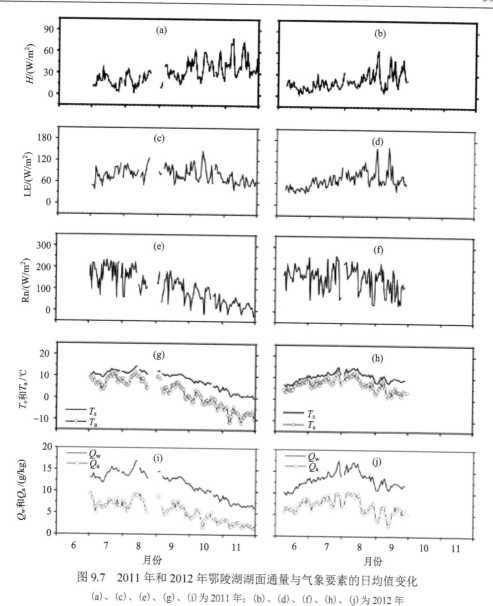

图 9.7　2011 年和 2012 年鄂陵湖湖面通量与气象要素的日均值变化

(a)、(c)、(e)、(g)、(i) 为 2011 年；(b)、(d)、(f)、(h)、(j) 为 2012 年

夏季至秋季，短波辐射具有显著的日变化，而长波辐射不明显。除了向上短波辐射外，其他的 3 个辐射分量都持续减小。对于向上短波辐射，先在 9 月减小至最小值而后又逐渐增大，这可能与反照率和太阳高度角的季节变化有关。以 2011 年为例，7 月、9 月和 11 月的向下短波辐射分别是 292.91 W/m² 、210.52 W/m² 和 174.45 W/m² ，而对应月份的反照率分别为 0.052、0.053 和 0.070。向下短波辐射在 11 月减小至极小值，但向上短波辐射此时反而变大，这与反照率的增大有关。就辐射分量而言，最大值是向上长波辐射，最小值是向上短波辐射。

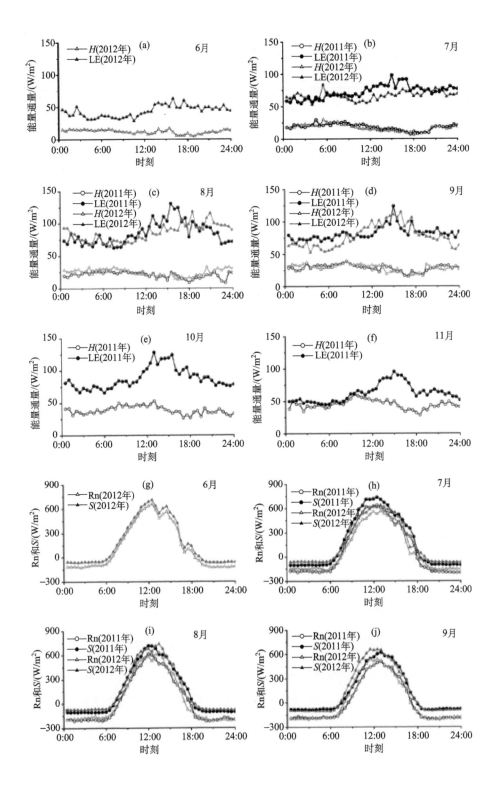

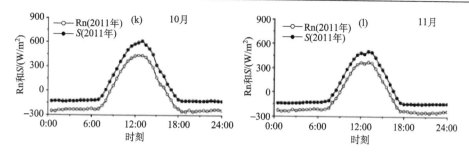

图9.8　2011 年和 2012 年鄂陵湖湖面能量收支分量的月均日变化

如果感热通量与潜热通量之和被定义为地表加热场强度的指示因子，那么最强的加热强度出现在 10 月（120 W/m²）。夏季湖面上感热通量与潜热通量之和远小于净辐射 $[0.31<(H+LE)/Rn<0.72]$，很大一部分能量储存于水中[图 9.9(a)]。自秋季开始，太阳辐射总量显著减小且夜间变长，能量被储存于湖中的天数减少，湖泊开始失去能量。因此，感热通量与潜热通量之和（120.61 W/m²）自 10 月起超过净辐射（65.73 W/m²），11 月感热通量与潜热通量之和可以达到净辐射的 4.43 倍之多。表 9.1 中，S 在 10 月之前一直为正值，此后快速减小至负值，表明鄂陵湖的热储存时段在月尺度上可以持续到 9 月。

月平均波文比如图 9.9(b) 所示，夏季波文比很小（0.24～0.29），但是进入秋季后开始快速增长（0.35～0.72）。对于同一地区，感热通量与潜热通量主要受风速、水气温差和比湿差的控制，在鄂陵湖流域，观测期内平均风速的逐月变化较小，因此波文比的变化主要依赖于水气温差和比湿差。以 2011 年为例，月平均风速的最大值仅为最小值的 1.19 倍，然而，对应的水气温差和比湿差的比值则分别达到 2.64 和 1.49。与亚热带湖泊相比（Liu et al., 2009），鄂陵湖的波文比更大，这与青藏高原稀薄的大气和低温环境有关。较低的空气密度导致夜间空气冷却较快，增大水气温差。在冷季，水气温差随着夜间的变

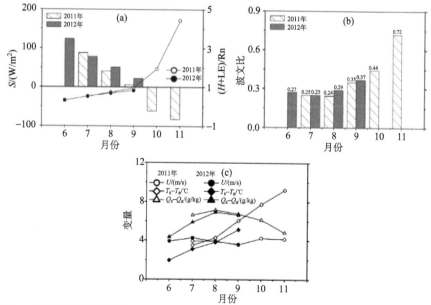

图9.9　月平均能量残差项（$S = Rn - H - LE$）(a)、$(H+LE)/Rn$ (b) 及气象要素(c)的变化

表 9.1　湖面 2011 年和 2012 年能量收支分量、辐射分量及气象要素的月均值

月份	年份	H /(W/m²)	LE /(W/m²)	Rn /(W/m²)	S /(W/m²)	T_s-T_a /℃	Q_s-Q_a /(g/kg)	U /(m/s)	ζ	Rs_{dw} /(W/m²)	Rs_{up} /(W/m²)	Rl_{dw} /(W/m²)	Rl_{up} /(W/m²)
6	2011	—	—	—	—	—	—	—		—	—	—	—
	2012	11.57	42.99	178.17	123.61	1.95	4.34	3.91	−0.32	250.02	15.45	297.81	352.25
7	2011	17.86	72.37	178.01	87.78	3.49	6.63	3.92	−0.39	292.91	16.25	280.34	367.71
	2012	16.48	66.21	160.55	77.86	3.10	5.88	4.25	−0.49	234.27	14.47	312.88	369.91
8	2011	20.73	85.12	146.83	40.98	4.26	7.14	3.94	−0.37	255.55	15.74	280.43	371.92
	2012	24.61	85.71	161.02	50.70	3.82	6.93	3.89	−0.58	248.38	13.56	303.52	374.31
9	2011	28.48	81.75	115.69	5.47	6.06	6.74	3.56	−0.54	210.52	12.77	283.01	363.60
	2012	28.44	77.39	128.13	22.30	5.11	6.64	3.60	−0.69	235.82	15.07	267.68	356.38
10	2011	38.86	81.75	65.73	−61.00	7.74	6.13	4.22	−0.46	200.85	14.37	223.99	342.66
	2012	—	—	—	—	—	—	—		—	—	—	—
11	2011	44.69	62.12	24.11	−82.71	9.21	4.79	4.14	−0.43	174.45	16.71	188.21	319.46
	2012	—	—	—	—	—	—	—		—	—	—	—

注：U 为水平风速，其他变量意义同前。

长而快速增大。特别是 9 月之后，水气温差可以超过亚热带湖泊的两倍，但是在暖季两者的量值接近。比湿随着温度的升高呈现指数式增长，因此，与亚热带湖泊相比，鄂陵湖低温环境下相同的水气温差对应的比湿差较小。

　　湍流通量和气象要素随大气稳定度的变化如图 9.10 所示。感热通量与潜热通量随大气稳定度的分布形态存在较大差异。在不稳定条件下，感热通量较大，尤其是从中度不稳定到弱不稳定情况下（例如，$-0.8 \leqslant \zeta \leqslant -0.1, H \geqslant 28.50$ W/m²）。当 ζ 大于−0.05 的时候，感热通量开始迅速减小并在稳定层结下转为负值。然而，潜热通量的大值区集中在弱不稳定到近中性条件下（例如，$-0.12 \leqslant \zeta \leqslant 0, LE \geqslant 80.00$ W/m²），并且当 ζ 小于−0.05 时，潜热通量随着大气不稳定程度的增强而迅速减小。$U(T_s-T_a)$ 和 $U(Q_s-Q_a)$ 的分布形态分别与感热通量和潜热通量类似。当 ζ 小于−0.50 时，$U(T_s-T_a)$ 接近于 $U(Q_s-Q_a)$，这种情况下，潜热通量约为感热通量的 2.40 倍，这与 L_v 和 c_p 的比值一致。当 ζ 大于−0.50 时，伴随着 $U(T_s-T_a)$ 和 $U(Q_s-Q_a)$ 差异的增大，潜热通量与感热通量的比率快速增大（2.42～8.25）。比湿随着温度的增大而呈指数增长趋势，比湿差受到温度绝对大小和水气温差大小的双重约束，在暖季，水温和气温较高但温差较小，而在冷季则相反。比湿差随着大气稳定度的变化很小，然而，大气不稳定程度总体上随水气温差的增大而增大。因此，水气温差和比湿差分布的最大差异体现在弱不稳定到近中性条件下。总体上，比湿差对鄂陵湖潜热通量的贡献超过了风速（$1.14 \leqslant \Delta Q/U \leqslant 2.52$），然而，在近中性条件下，风速的贡献急剧增大。在不稳定情况下（$\zeta \leqslant -0.1$），水气温差对感热通量的贡献超过风速（$1.00 \leqslant \Delta T/U \leqslant 2.53$），而在近中性和弱稳定情况下相反（$0.59 \leqslant \Delta T/U < 1$）。

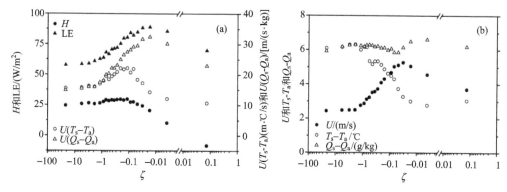

图 9.10　感热通量与潜热通量及其他气象要素随着大气稳定度的分布

9.2.3　典型天气事件对湖面能量收支的影响

天气过程对于湖面能量收支有重要影响(Zhang and Liu, 2013)。大风的干冷空气入侵能够明显地促进感热通量与潜热通量交换，通常被称为脉冲事件。对浅的亚热带湖泊的研究显示脉冲事件对湖面全年感热通量贡献可达 50%，对潜热通量的贡献达到 28%，尽管它们的时间长度仅占 16%(Zhang and Liu, 2013)。观测发现，鄂陵湖在秋季频繁遭受干冷空气的侵袭，每 10~15 天一次，而在夏季，受到印度季风的影响，暖湿气团有时会控制该区域。先前的大多数研究关注干冷空气过境，而忽视了暖湿空气对湍流交换的抑制作用。

如图 9.11 所示，2011 年 10 月的第 2 周，干冷空气通过鄂陵湖。这期间，除了 10 月 15 日外，向下短波辐射的逐日差异很小，气温和比湿在跌到谷底后逐渐回升，而风速和气压则先增后减。湖水的热容量巨大，因此，湖表温度仅有小幅下降，远不如气温变化剧烈。此期间，扩大的 T_s-T_a 和 Q_s-Q_a 创造了垂直方向更强的热力对流层结和更大的比湿梯度。此外，风速的增大加强了湍流机械性混合。上述变化的联合非常有利于感热与潜热通量交换的增加。

冷空气过境期间气象要素日均值的变化如图 9.12(a) 所示。分别以 10 月 9 日(冷空气到来前)和 10 月 13 日(冷空气过境期间)为例，T_a 日均值从 2.72℃ 降低为-2.96℃，Q_a 则从 5.71 g/kg 减小为 1.72 g/kg，比湿的降幅高达 69.88%，表明这是一次异常干的冷空气。此期间，风速增大了 4.21 m/s，达到冷空气前的 2.24 倍。值得注意的是，10 月 15 日开始，随着风速的迅速减小和比湿的快速增大，冷空气明显衰退，然而当日(15 日)的阴天导致气温仍较低，直到次日才明显回升。受到干冷空气的影响，潜热通量加倍(由 67.70 W/m² 增至 139.95 W/m²)，感热通量增幅更大(由 16.15 W/m² 增至 68.61 W/m²)，随着冷空气的衰退，两者显著减小。上述过程中，水气温差的增幅也高于比湿差的增幅，这与感热通量和潜热通量的变化一致。波文比在这一期间至少增大了 0.20。对于能量收支分量，冷空气到来后，Rn 和 S 均有所减小，分别下降了 37.52 W/m² 和 162.23 W/m²，S 的剧烈减小意味着储于水中的能量大量释放,其达到感热通量与潜热通量之和的 70%(10 月 13 日)。冷空气结束后，Rn 和 S 又快速回升。

Liu 等(2009)研究发现冷空气的入侵有时伴随多云或阴天，减小了向下短波辐射，进而降低了净辐射，然而有时伴随着晴天(Zhang and Liu, 2013)。冷空气到来后天气变得更加晴朗(10 月 15 日除外)，云量减少，向下长波辐射($\Delta Rl_{dw} = -110.1$　W/m^2)与向下短波辐射($\Delta Rs_{dw} = 77.7$　W/m^2)变化趋势相反。与向下辐射相比，向上短波辐射和向上长波辐射的变化很小。统计显示，日均气温和向下长波辐射与向下短波辐射的相关系数分别为 0.83 和 0.44，因此，除了冷平流入侵带来的降温外，由向下长波辐射减小导致的气温下降不可忽视。

与干冷空气入侵相反，暖湿气团过境将抑制湖面湍流交换。图 9.12(b)中，气温和比湿均表现为先增后减，这一阶段两者最大增幅分别达到 6.19℃ 和 3.39 g/kg。此外，风速仅有微小幅度增大。因此，与潜热通量(降幅 21%)相比，感热通量的降幅更大，接近 60%。在这一过程中，感热通量与潜热通量交换受到抑制，净辐射伴随着向下短波辐射的增大而快速增大，更多的能量被储存于水中，达到之前的两倍以上(85.77～197.50 W/m^2，以 2012 年 7 月 23 日和 27 日为例)。在干旱或者半干旱区域，干冷空气过境对于水汽变化的影响相对较小，因为空气中实际的水汽含量较小。两种天气过程中，气温的变率均高于比湿的变率，感热通量受到更显著的影响，这与 Liu 等(2009)的研究结果是相似的。

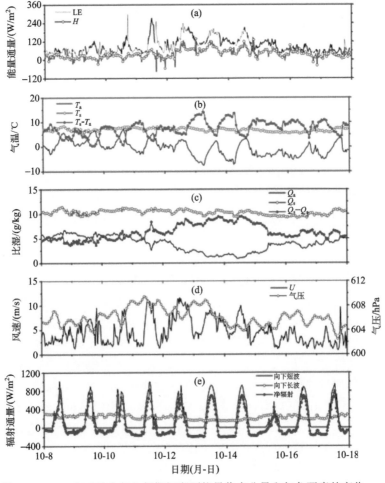

图 9.11　2011 年干冷空气入侵期间湖面能量收支分量和气象要素的变化

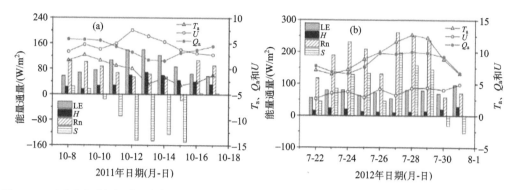

图 9.12　干冷空气(a)和暖湿空气(b)过境期间湖面能量收支分量和气象要素的日均值变化(单位: U, m/s; T_a, ℃; Q_a, g/kg)

9.2.4　冻结期冰面辐射与能量平衡特征

利用 2014 年 1 月 3～6 日鄂陵湖冰面的观测资料分析了湖冰表面的辐射与能量平衡。受陆地沙尘输送的影响,湖冰表面覆盖有薄层尘土,正午时段湖冰反照率约为 0.14。冰面温度和气温均在午后达到日最高值,不同于水面,与陆地相似。冰面全天冰气温差大部分时段为正值,最大值发生在冰面温度最高时,最小值出现在气温最高时(图 9.13)。冰面净辐射峰值约为 500 W/m²,冰面热通量峰值约为 84 W/m²,直接观测的冰面能量闭合率极低,仅为 10%左右,可能与大量太阳辐射透射到冰面以下有关。

9.2.5　湖泊与陆地表面水热交换特征的对比

1. 湖泊和草地下垫面能量与辐射特征

利用黄河源区鄂陵湖湖面(LS)和草地(GS)观测点的资料,对比研究了水陆不同下垫面上的水热交换特征,分析了气象因子对地表能量分配的影响。以 2011 年下半年的观测结果为例,两种下垫面上的净辐射与湍流通量表现出显著的差异[图 9.14(a)和图 9.14(b)]。在近距离内净辐射的差异主要与向上短波和长波辐射有关。白天湖面低反照率和表面温度决定了其净辐射明显高于草地,而夜间湖面温度相对较高,导致其向大气释放更多的热量,加剧净辐射的亏缺。湖面上,感热通量与潜热通量的日变化与净辐射之间存在明显差别,而草地上则较为一致。7～11 月,湖面潜热通量表现为先增后减的趋势,其中 8～10 月均超过了 125 W/m²,日变化峰值一般出现在当地时间 14:00～15:00。感热通量逐月增大,峰值不超过 57 W/m²,多出现在清晨至上午,傍晚最小。8～12 月,草地的潜热通量逐渐降低,尤其在进入 11 月土壤冻结后迅速减小,而感热通量季节变化不显著,峰值介于 110～155 W/m²,夜间常为负值。

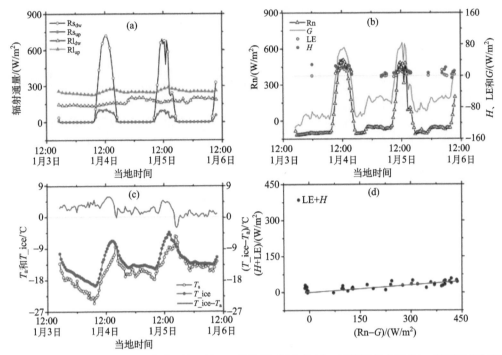

图9.13 2014年1月3日12时至1月6日12时冰面辐射分量(a)、冰面能量分量(b)、冰面温度与气温及温差(c)、H+LE (d)与Rn − G 的关系

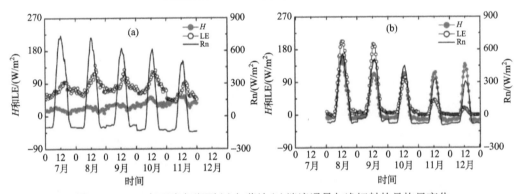

图9.14 2011年下半年湖面(a)与草地(b)湍流通量与净辐射的月均日变化
日变化为地方时，下同，鄂陵湖地方时比北京时滞后1.5 h

地气之间的湍流交换受到风速、温度、湿度等气象要素及地表物理特性(例如粗糙度)的共同影响。其中，大气稳定度是非中性层结大气表征湍流发展的重要参数，也是最适合衡量垂直和水平风速、温度和湿度整体湍流特征的变量。研究表明，水体与大气的温差可以作为大气稳定度的指示器(Derecki, 1981)，尽管还受到风速和湿度等因素的影响。在鄂陵湖，观测期内大部分时段水温均高于气温，表明近地层大气长期处于不稳定状态(ζ<0)，有利于热力对流性湍流的发展；进一步分析显示，2011~2013年，3年夏秋季的观测中，均出现类似现象，这也与观测的湖面感热通量大部分为正值吻合。虽然湖面大气长期保持不稳定，但仍具有典型的日变化，夜间至早晨最不稳定，下午相对接近中性[图 9.15(a)]；草地上大气稳定度的日变化与湖面几乎相反，夜间最稳定[图

9.15 (b)]。图 9.15 (c) 和图 9.15 (d) 分别描绘了两个观测点风速、水 (地) 气温差及饱和水汽压差的逐月变化。需要说明的是，湖面的饱和水汽压差指湖面饱和水汽压减去空气中实际水汽压，而草地上的则是空气中饱和水汽压减去空气中实际水汽压，因为草地地表的水汽压难以计算。从夏季到初冬，风速总体增大，有助于感热通量和潜热通量交换，并且具有规律的日变化，而饱和水汽压差却不断减小，不利于潜热通量输送。水 (地) 气温差的变化在两地有所不同，但都与各自感热通量的变化较为吻合；湖面上水气温差持续增大，而草地上地气温差先减后增，在土壤冻结前后表现出不同的趋势。

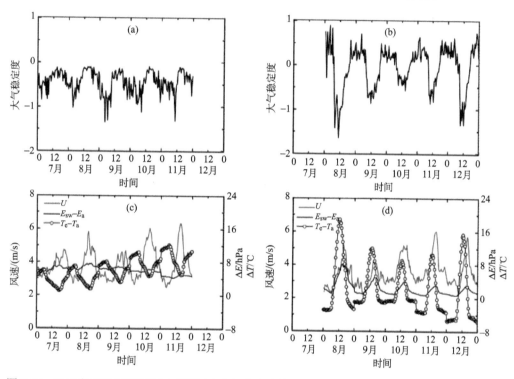

图 9.15 2011 年下半年湖面 (a) 与草地 (b) 大气稳定度的月均日变化，同时段湖面 (c) 与草地 (d) 气象要素的月均日变化

图 9.16 描绘了更长时段内 (2011～2013 年) 两种下垫面 LE、H、Rn 及 $(LE + H)/Rn$ 的月平均值的变化。结合图 9.14，尽管夏季湖面潜热通量日变化的峰值小于草地，但其均值高于后者，并且逐月差异较小，主要由于湖面夜间也有旺盛的蒸发，而草地上的比例很小。与之类似，夜间湖面感热通量占日总量的比重也较高，而草地夜间感热通量很小，甚至为负值；在这种背景下，湖面感热通量日变化的峰值虽明显小于草地，但进入 9 月后，日均值便超过后者，进入深秋后，差异进一步增大。类似的趋势在 3 年的观测中均有不同程度的体现，具有较好的一致性。湖面上的潜热通量始终大于感热通量，而草地上两者在不同月份表现各异。如果定义 $(H + LE)/Rn$ 为下垫面将净辐射转化为加热大气的能量的热源转化效率，那么从夏季到冬季湖面和草地上这种效率均会增大，但湖面上的增大更明显。以 2011 年为例，7～9 月，湖面感热通量与潜热通量之和小于净辐

射，意味着有一部分吸收的辐射能被储存入湖水中，进入 10 月，$(H+\text{LE})$ 明显超过 Rn，11 月已达 Rn 的 4 倍以上，先前储存于水体的能量大量释放；而该时段草地上 $(H+\text{LE})$ 仅略高于 Rn，表明陆地上也具有类似的现象，但强度较弱。

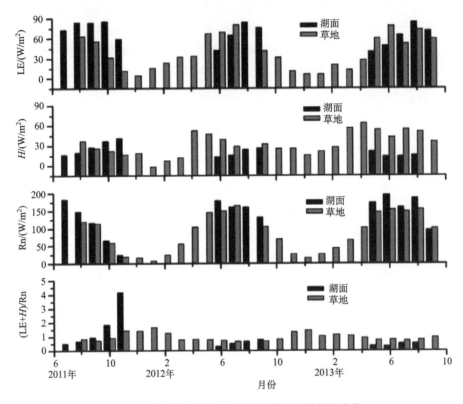

图 9.16　湖面和草地地表能量通量月平均值的变化

2. 湖泊、草地及两者过渡区的通量交换特征

湖泊与草地下垫面性质的差异导致其通量交换存在较大差异，而在这两种下垫面的过渡区，由于相互影响，通量交换可能更为复杂。相关研究表明，湖泊与陆地的过渡区可能存在环湖泊的感热通量大值带，先前在鄂陵湖的数值模拟也佐证了这一现象（李照国等，2012）。本节利用 2012 年 11 月～2014 年 10 月的草地观测点和湖畔观测点两套涡动相关观测数据，对湖泊、草地及两者过渡区的通量交换特征进行了对比分析。

图 9.17 描绘了湖面、湖岸和草地 3 个地点的感热通量与潜热通量年度变化。需要说明的是，这里的湖面和湖岸的数据均来自湖畔观测点（图 9.17 和图 9.18），以风向划分，风向 35°～215°范围的数据来自湖面，230°～20°范围为湖岸陆地，剩余范围视为水陆交汇区，难以区分，故没有纳入分析。图 9.17 中，结冰期（12 月初～4 月初）与非结冰期（4 月中下旬～11 月）的潜热通量具有明显差异，结冰期潜热通量基本在 50 W/m² 以下；4 月中旬湖冰消融后，潜热通量迅速增加，形成一个小高峰，峰值达到 80 W/m² 以上；融冰后至 6 月底，湖面潜热通量表现为轻度减小趋势，以 2013 年最为明显；进入 7 月后，

潜热通量又迅速增加，年度峰值区出现在 8～9 月，10 月开始明显下降。湖面感热通量的年度峰值出现在结冰前的 11 月(超过 120 W/m²)，由 9.2.2 节的分析可知，该时段水气温差达到年度最大值；结冰后，感热通量迅速下降，一般不超过 40 W/m²，并且从 12 月至次年 4 月，呈现连续下降趋势，但总体上仍以正值为主；5 月湖面感热通量进入年度第一个小高峰(仍以 2013 年最显著)，之后略有下降，这种趋势持续到 6 月底，与潜热通量的变化较为类似；自 7 月开始，感热通量进入新一轮上升期，在结冰前，达到年度最大值。需要说明的是，湖畔观测点地处鄂陵湖西岸，而冬半年该地区盛行偏西风，并且大风事件也多与此有关，这一阶段来自湖面的数据偏少，就平均值而言，可能比湖面实际的通量均值偏低。此外，湖陆风效应导致来自湖面的数据多集中在白天(图 9.18)，以冬半年最明显，而湖面夜间的感热通量也较为可观，这也可能导致图 9.17(a)中的感热通量偏小。

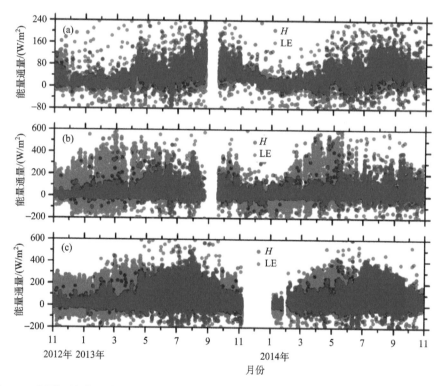

图 9.17　湖面、湖岸和草地 3 个地点的感热通量与潜热通量年度变化(空白时段为数据缺失)
(a)湖面；(b)湖岸；(c)草地

与湖面形成鲜明对比的是，湖岸陆地的感热通量峰值出现在春季，进入 7 月后迅速减小。2013 年 3 月的感热通量峰值接近 600 W/m²，并且在整个冬季和春季(12～5 月)均具有强烈的感热通量输送，而 2013 年 11 月～2014 年 2 月，感热通量同比明显偏低，这主要是由于本时段降雪较多，地表温度偏低，是个典型的"湿冬"，而上一年度同期则是典型的"干冬"，降雪量很小。与冬春季节湖岸白天强烈的感热通量对应的是，夜间负感热通量非常显著(接近-200 W/m²)，意味着近地层具有明显的逆温。潜热通量方面，5～

9月相对较大，峰值一般出现在7月，但多在300 W/m²以下，明显小于感热通量的年度峰值。需要说明的是，湖陆风环流使得白天湖畔观测点获得的湖岸陆地观测数据偏少，尤其是在夏季，而夏季又是陆地潜热通量的大值区，因此图9.17(b)中湖岸潜热通量可能较实际偏低。

对于距离湖岸较远的草地，通量交换的年度变化趋势与湖岸相似，但量值上存在明显差异。草地感热通量的峰值基本在400 W/m²左右，明显低于湖岸，夜间负感热通量多大于–120 W/m²，也没有湖岸显著。潜热通量方面，夏季草地潜热通量明显高于同期的湖岸，峰值达到400 W/m²左右，与前期感热通量峰值相当。由此可见，湖岸地区确实存在感热通量的大值区，这与该地区特殊的小气候有关。湖岸与草地的地表类型相似，白天接收的太阳辐射相近，因此其浅层土壤温度接近，但气温方面，湖岸地区白天受冷湖效应的影响更显著，导致地气温差更大，感热通量较大，而夜间相反，湖岸受暖湖效应影响更明显，近地层逆温更强，负感热通量更显著。

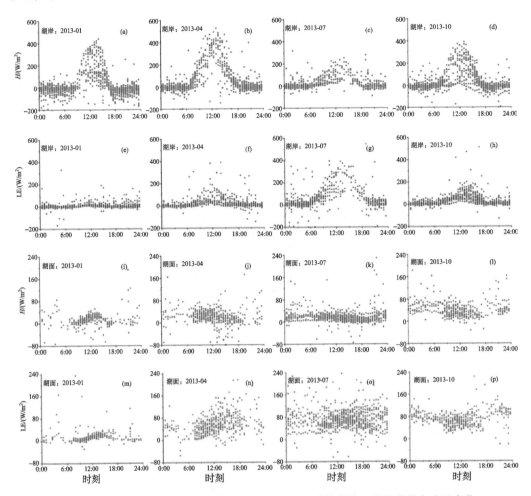

图9.18　湖面、湖岸2013年不同季节典型月份的感热通量与潜热通量合成日变化

　　图 9.19 展现了湖岸和湖面不同季节典型月份的感热通量与潜热通量的合成日变化。1 月、4 月和 10 月均具有较大的感热通量，7 月明显较小，而潜热通量基本相反。与湖岸相比，湖面感热通量与潜热通量的日变化比较弱，但在非结冰期感热通量依然是夜间至上午较大，傍晚较小，结冰期(1 月)的感热通量日变化峰值则集中在午后时段。不同季节中，湖泊表面均以正感热通量为主，即使在结冰期的 1 月亦如此，这与模式模拟结果有所不同，表明湖面上大多数时段都存在正湖气温差，近地层大气处于热力不稳定状态。在 4 个月份中，夜间时段来自湖面的数据数量具有明显差别，1 月最少，7 月最多，即使在湖泊结冰后的 1 月，这里也具有一定的湖陆风环流存在。结合冬季的 MODIS 地表温度监测发现，冬季无积雪覆盖的湖冰表面，昼(夜)依然具有冷(暖)湖效应，与夏季类似。草地上的不同月份合成日变化与湖岸类似，但量级有所差异，如前文所分析的，感热通量峰值减小，潜热通量增大。

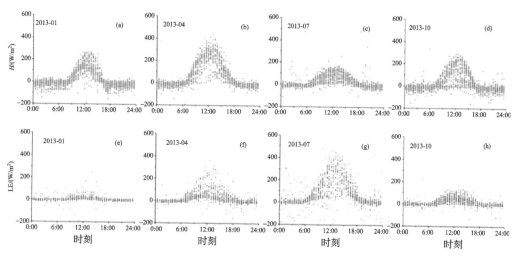

图 9.19　草地 2013 年不同季节典型月份的感热通量与潜热通量合成日变化

9.3　黄河源区非均匀下垫面大气边界层过程研究

　　大气边界层是地球气候系统之间相互作用的关键部分，其作为与地面有直接接触的气层，是地球表面与自由大气间进行热量和水汽交换的必经之地，因此它的结构及发展规律与天气、气候的形成和演化密切相关。其中，大气边界层(也即对流边界层)的厚度是大气数值模式和大气环境评价研究所关注的物理参数之一。已有研究表明，在边界层较薄且稳定的地区，局地气候变化会受到大气边界层厚度的显著影响，因为后者对于热力变化非常敏感；深厚的边界层虽然对弱的热力影响不太敏感，但它通过湍流夹卷作用，仍调节着地球表面和自由大气之间的能量和物质交换，影响对流云的形成和气候系统(Zilitinkevich，2011)。

9.3.1　非冻结期湖面近地层不稳定层结的成因

1. 湖泊模式介绍及性能评估

本节将使用简化的 CLM4.5(Oleson et al.,2013)一维动态湖泊方案 SLCLM 进一步研究前文利用观测资料揭示的湖面不稳定大气层结特征。原湖泊方案必须在地球系统模型(CESM)框架下运行。为了单站模拟的便捷,将湖泊方案提出进行独立运行,但无法再与原湖面反照率算法耦合。在不考虑日变化的情况下,将无冰条件下的湖面反照率设置为 0.06,并用以下公式(Mironov et al., 2010; Oleson et al., 2013; Subin et al., 2012)计算湖泊冰面反照率:

$$\alpha = \alpha_{max} - \alpha_{max}x + \alpha_{min}x, \quad x = \exp\left[-95.6(T_f - T)/T_f\right] \tag{9.8}$$

式中, T_f 是冻结温度; α_{max} 和 α_{min} 分别是湖面冰反照率的最大值和最小值。在原模式中, $\alpha_{max}(\alpha_{min})$ 对于近红外辐射和可见光是不同的。本章不区分这两种辐射类型,根据 Mironov 等(2010)给出的值将 α_{max} 和 α_{min} 分别设置为 0.6 和 0.1。修改后的模型以下简称为 SLCLM,除了上述修改外,SLCLM 几乎与 CLM4.5 相同。

由于 2011～2012 年冬季缺测,仅用 SLCLM 研究 2012 年 6 月 9 日～2013 年 8 月 23 日。模型驱动数据来源于 LS 2012 年 6～10 月和 2013 年 5～9 月的观测数据,以及 LBS 2012 年 10 月～2013 年 5 月的数据。湖泊深度设置为 17 m(平均湖泊深度),将该模拟作为控制实验(CTL)。CTL 很好地模拟出 T_s 、 T_w 、冰厚度、 H 和 LE 的时间变化(表 9.2)。 T_s 日平均值的模拟(BIAS=1.48℃, RMSE =1.6℃,CC=0.95)和 T_w 日平均值的模拟(BIAS=0.4℃, RMSE =0.7℃,CC=0.98)与观测值很接近,略偏大。 ΔT_{sa} 的模拟比观测略强。最大冰厚度模拟值比观测值小 0.1 m。 H 的观测量级和日变化有所高估(偏差=9.8 W/m², RMSE =14.7 W/m²),然而模式明显高估了 LE(偏差=31.1 W/m²,由于 2013 年水汽蒸发测量仪故障,只评估了 2012 年 6～10 月的数值)。总的来说,除了 LE,SLCLM 模式对鄂陵湖边界层特性模拟得不错。模式可以代表和验证未冻结湖泊的大部分 ΔT_{sa} 为正值。对于湖泊上方一般持续性不稳定的大气,SLCLM 的模式性能可以通过改变灵敏度性控制因素而进一步研究。

表9.2　模拟值和观测值的偏差、均方根误差和相关系数

项目	实验	T_s	T_w	H	LE	湖冰厚度
	Sd2	22℃	1.2℃	14.2 W/m²	38.9 W/m²	0.14 m
偏差(BIAS)	CTL	1.4℃	0.4℃	9.8 W/m²	31.2 W/m²	−0.05 m
	Sd32	1.2℃	0.2℃	8.7 W/m²	29.1 W/m²	−0.21 m
	Sd2	2.6℃	1.9℃	17.3 W/m²	43.2 W/m²	0.15 m
均方根误差(RMSE)	CTL	1.6℃	0.7℃	14.7 W/m²	35.2 W/m²	0.07 m
	Sd32	1.5℃	0.6℃	14.1 W/m²	33.9 W/m²	0.21 m

续表

项目	实验	T_s	T_w	H	LE	湖冰厚度
	Sd2	0.88	0.83	0.63	0.68	0.91
相关系数(CC)	CTL	0.95	0.98	0.70	0.86	0.97
	Sd32	0.94	0.98	0.70	0.85	0.91

2. 模型对不同湖泊特征的敏感性

1)湖泊深度的影响

湖泊深度为 2 m(LS 周围)和 32 m(湖泊最深处)的敏感性模拟,分别记作 Sd2 和 Sd32,用于检测湖泊深度对模拟结果的影响。不同湖泊深度的所有模拟显示出在湖泊无冰期,T_s、T_w、H 和 LE 的季节性和亚季节性时间变化的偏差均为正值。这些变量的偏差和 RMSE 随着湖泊深度从 Sd2 到 CTL 再到 Sd32 增大而减小,CTL 的模拟值与观测值的 CC 最高。此外,CTL 模拟的温度日变化和冰层厚度也比 Sd32 模拟的结果更接近观测值。当湖泊深度都变化 15 m 时,所有分析的变量和相关模型效能评分(BIAS、RMSE 和CC)的值在 Sd2 和 CTL 之间的变化比在 CTL 和 Sd32 之间的变化更大,即湖泊深度增大,湖泊的热容量增大,模型对湖泊深度的敏感度降低。总之,CTL 和 Sd32 的模拟性能比 Sd2 的模拟性能好。然而,无论使用哪个湖泊深度,所有模拟结果都再现了湖泊上正的 ΔT_{sa}(不稳定)。

2)消光系数的影响

为揭示消光系数 Lec 对青藏高原湖泊模拟的影响,以下通过不同 Lec 的敏感性实验Sles(Lec 值)进行研究。Lec 的变化范围取为 0.1～1.2/m,间隔为 0.1/m。与观测值相比,模拟结果显示 Slec0.2 在 Slec 运行中具有最小的 RMSE,而 Slec1.2 具有最高的 cc(图9.20)。CTL 的模拟使用模型计算得到的 Lec=0.35/m,性能在 Slec0.1 和 Slec1.2 之间(图9.20)。在 CTL 下的模拟和在高消光系数 Slec1.2 下的模拟都比在低消光系数 Slec0.1 下的模拟更接近观测值。因此,正如 Heiskanen 等(2015)先前研究发现的那样,若 Lec 缺测,不妨将其设置成大值。

当 Lec<0.5/m 时,SLCLM 的模拟结果对 Lec 非常敏感,在低海拔湖泊先前的研究中该值被视为湖泊模型响应的临界阈值(Heiskanen et al., 2015; Zolfaghari et al., 2017)。在 Lec高于临界值时,Lec 变化对模拟没有明显影响。反过来,在 Lec 低于临界值时,因为太阳辐射的渗透更深,而靠近水面的湖层中储存的热量较少,湖泊升温期间 T_s 的模拟值低于观测值[图 9.20(b)]。在 9 月后湖泊降温期间,由于湖中先前积累的热量较大,相较于观测值,模拟的温度下降较慢且数值略高。鄂陵湖 Lec 对 T_s 模拟的影响与之前在其他地区湖泊发现的相似(Heiskanen et al., 2015; Thiery et al., 2014 a; Zolfaghari et al., 2017)。在鄂陵湖的无冰期间,Lec 在 0.1～1.2/m 任意变化,只要湖面有足够大的热量就能维持正 ΔT_{sa}[图9.20(c)]。

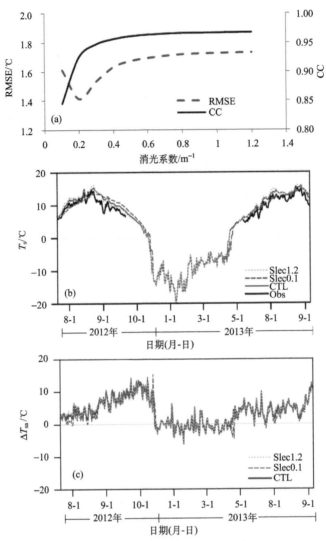

图 9.20 (a) 观测和模拟的 T_s 之间的 RMSE(虚线)和 CC(实线),(b) 观测的 T_s、控制性实验(CTL)和消光系数 0.1/m 和 1.2/m 的敏感性试验 Slec0.1(红色虚线)和 Slec1.2(绿色点线)的模拟 T_s 对比,(c) 控制性实验(CTL,蓝色实线)和消光系数 0.1/m 和 1.2/m 的敏感性试验 Slec0.1(红色虚线)和 Slec1.2(绿色点线)模拟的 ΔT_{sa} 对比

3. 气温和太阳辐射对湖面边界层特征的影响

利用低海拔气候特征变量(主要是基于太湖流域的研究数据,太湖流域纬度同鄂陵湖接近,海拔 3 m),替换 CTL 驱动数据的大气特征变量,进行敏感性数值实验来揭示高原气候对湖面温度 T_s 和空气温度 T_a 之间正差值的影响。

Sta:根据整体环境绝热递减率,海拔每降低 1000 m,T_a 升高约 6.5℃。

Sswd:根据中国科学院青藏高原研究所的数据,基于太湖和鄂陵湖流域年平均辐射比(RT/L=0.65),向下太阳短波辐射 Swd 减少 35%(Chen et al., 2011)。

　　上述情景不合理，因为大气变量紧密相关。然而，这种构想的敏感性研究能够揭示支配高海拔湖-气相互作用的主要因素。

　　T_a 的影响如下。相较于 CTL，在无冰期 CTL 和 Sta 中[图 9.21(a)]及较短的结冰期，Sta 中 T_a 升高 6.5℃造成 T_s 升高约 2.5℃。当 CTL 中出现结冰而 Sta 无冰时，二者的 T_s 差值达到最大值 16℃。Sta 的 ΔT_{sa} 在量级上比 CTL 小，且在 2012 年和 2013 年 9 月之前主要是负值(稳定边界层的特征)[图 9.21(b)]。因此，在春季和夏季，青藏高原的冷空气是在非冻结鄂陵湖上形成不稳定边界层的主要因素。H 随 ΔT_{sa} 的减小而降低[图 9.21(c)]。反过来，由于气温越高，饱和水汽压越大，潜热通量就越大，导致湖面蒸发更多的水分[图 9.21(c)]。

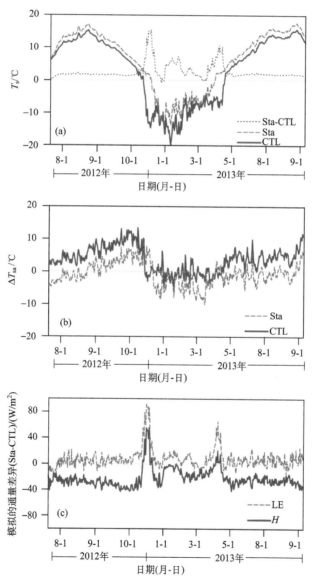

图 9.21　(a)CTL 中 T_s 的模拟(蓝色实线)，敏感性实验 Sta 中模拟的 T_s (红色虚线)，以及二者的差值(棕色点线)；(b)CTL 中 ΔT_{sa} 的模拟(蓝色实线)，敏感性实验 Sta 中模拟的 ΔT_{sa} (红色虚线)；(c)CTL 和 Sta 模拟得到的 H 差值(蓝色实线)，以及二者模拟的 LE 差值(红色虚线)

太阳辐射的影响：在 Sswd 中，随着太阳短波辐射减少 40%，湖面变得更冷，冰期比在 CTL 中提前 15 d[图 9.22(a)]。在 CTL 中冰开始融化的时间为 2013 年 4 月中旬，但在 Sswd 中 5 月底冰才融化，晚了 39 天。Sswd 和 CTL 之间的 T_s 差异在无冰期间约为 $-4.8℃$，当 Sswd 中出现冰但 CTL 中没有冰时相差最大(约$-15.8℃$)。CTL 无冰期间的正 ΔT_{sa} 在 Sswd 中减少[图 9.22(b)]，$5\sim8$ 月偶尔出现负 ΔT_{sa}。减少的太阳辐射缩短了无冰湖不稳定(正 ΔT_{sa})的时期，并将其首次出现的时间从 5 月延迟到 7 月。因此，鄂陵湖强烈的辐射加热并伴有低气温是影响湖泊不稳定边界层形成的主要原因。尽管在 Sswd 中改变太阳辐射(减少 Swd 来模拟海平面状况)造成的影响在数值上弱于 Sta 中空气温度

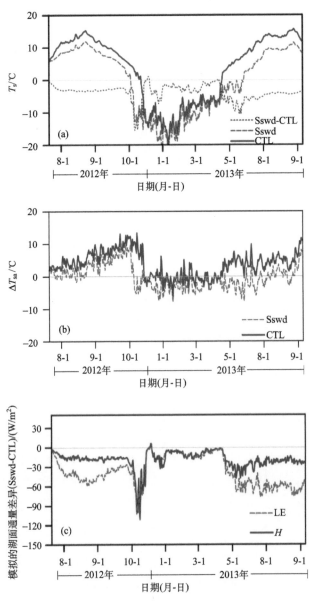

图 9.22 与图 9.21 相同，但是 CTL 和敏感性实验 Sswd

下降(海拔每降低 1000 m，空气温度升高 6.5℃)造成的影响，但这两个因素密切相关，都是高海拔地区的典型特征。入射太阳辐射的减少也降低了湖面 H 和 LE。在无冰期间，LE 比 H 多降低约 30W/m^2，而在结冰期间，二者几乎相等。也就是说太阳辐射减少造成的 T_s 改变对饱和蒸气压和 LE 的影响强于对 H 的影响。

9.3.2　湖泊与陆地大气边界层结构演变的差异

　　2012 年 7 月 23 日上午～8 月 1 日早晨，在鄂陵湖西岸(34°54′12.82″N，97°33′52.64″E)开展了连续探空观测，观测手段主要为 GPS 探空仪和微波辐射计。微波辐射计基本上保持连续性观测；对于 GPS 探空仪，7 月 23～27 日每日释放 3～4 个(集中在白天)，7 月 28～29 日和 7 月 30 日晚间～8 月 1 日早晨，每 3 h 释放一个。需要指出的是，当地时间每日 9:30～18:30 的探空仪基本都在距离湖岸 200～300 m 的湖面上释放，其他时间多在湖岸边释放。为了观测湖区边界层与不受湖泊影响的陆地边界层的差异，7 月 28～31 日早晨在距离鄂陵湖观测点约 60 km 的玛多气象站(海拔4279 m，34°55′02.77″N，98°12′56.85″E)开展了同步探空观测，GPS 探空仪型号与鄂陵湖观测点一致。

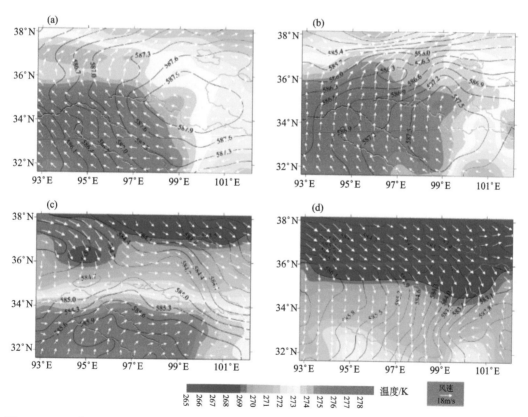

图 9.23　2012 年 7 月 28 日(a)、29 日(b)、30 日(c)和 31 日(d)每天 14:00(北京时)500 hPa 的风场、温度场和位势高度场合成图

数据来自 NCEP-FNL 1°×1°再分析资料；其中，阴影为温度，白色箭头为风矢量，黑色实线为位势高度(单位：dagpm)，绿色实线为河流与湖泊

　　本节主要研究了 7 月 28 日～8 月 1 日的边界层变化。7 月 28 日和 29 日，地面观测为晴天，根据 NCEP-FNL1°×1°再分析资料显示，北京时间 14:00 500 hPa 鄂陵湖上空位于一个小高压的西侧[图 9.23 (a)和图 9.23 (b)]，盛行偏南风。7 月 29 日夜间，地面观测转为阴天，7 月 30 日 14:00，鄂陵湖上空风场出现典型的辐合带，冷暖气流在此交汇，地面观测到了此次过程带来的弱性降水。降水天气持续到 7 月 31 日早晨，7 月 31 日白天仍为阴天，从 7 月 31 日 14:00 的高空图上可以看到辐合带已经消退，来自北方的干冷空气大举入侵，带来降温天气。MODIS 卫星云图的观测佐证了再分析资料的结果(图 9.24)，7 月 28～29 日白天，天气晴好，云量很少，7 月 30 日鄂陵湖上空被浓云覆盖，7 月 31 日中午云量依旧较多，但相比于前一天已明显减少。

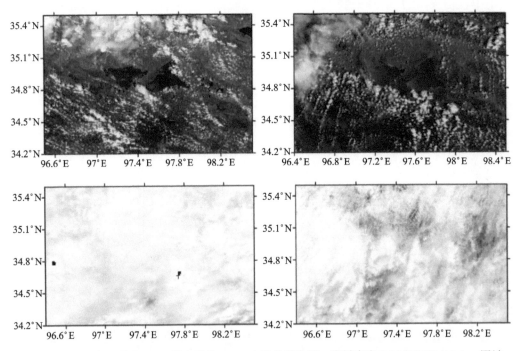

图 9.24　2012 年 7 月 28～31 日白天的 MODIS 卫星影像图，资料来自 EOSDIS-Worldview 网站

　　为了便于分析，本小节选取了冷空气到来前后 7 月 28～29 日早晨[图 9.25 (a)]及 7 月 31 日～8 月 1 日早晨[图 9.25 (b)]的边界层过程进行分析。

　　图 9.25 展现了冷空气到来前后两个时段内 4 km 以下 GPS 探空仪飞行轨迹的变化。冷空气到来前，低空白天和夜间均为偏东南风，GPS 探空仪向西北方向飞去，到达西岸陆地上空，随着高度的升高，受对流层中层的西风气流的影响，GPS 探空仪逐渐向东飞行，靠近湖泊上空。从图 9.25 (b)中可以看到冷空气到来时风向的转变过程，7 月 31 日早晨，GPS 探空仪轨迹与 7 月 29 日相似。从当地时间上午开始，轨迹明显改变，受低空偏北风影响，向南在湖面上空飞行；7 月 31 日白天，中高空依然盛行偏西风，但从傍晚开始，转为偏西北风，与低空风场的差异缩小。从飞行轨迹来看，28～29 日，4 km 以下，GPS 探空仪的轨迹投影主要在鄂陵湖西岸的陆地上(湖面释放的气球近地层飞行时

投影在湖面上），但最远的陆地投影点距离湖面不足 5 km，并且位于扎陵湖与鄂陵湖之间，因此仍可能受到湖泊边界层的影响。7 月 31 日～8 月 1 日，飞行轨迹几乎完全位于湖面上空，相对而言能够更好地代表湖泊边界层。

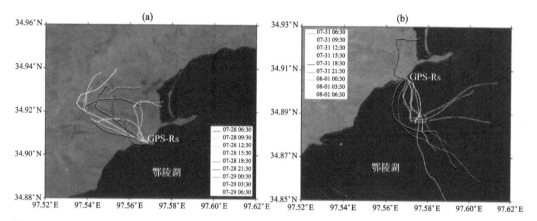

图 9.25　2012 年 7 月 28～29 日(a)和 7 月 31 日～8 月 1 日(b)的 GPS 探空仪飞行轨迹图(4000 m 以下)

注：图中时间为地方时

图 9.26 描述了两个时段内对流层 4 km 以下大气位温与比湿的变化。冷空气到来前[图 9.26(a)～图 9.26(e)]，尽管 GPS 探空仪飞行轨迹在陆地上空，但位温廓线的变化与玛多气象站的同期观测结果(图 9.27)差异明显(这一时段两地天气状况相似)。图 9.26(a)～图 9.26(e)中，白天低空表现为稳定边界层(逆温层)，夜间出现较显著的对流边界层(厚度 400～500 m)，而玛多的变化与其他陆地上的研究相似，对流边界层主要出现在白天，午后时段达到了 1500 m 左右，傍晚约为 500 m，夜间为显著的稳定边界层。值得注意的是，7 月 28 日 12:30 鄂陵湖的位温廓线中，近地面为对流边界层(厚度约 60 m)，其上为稳定边界层，之上再次出现了 500 m 厚的混合层(高度在 300～800 m)，但位温明显高于底部的混合层(图 9.28)。这种叠加的现象可能是因为底部位于湖面上空，直接受到湖泊边界层的影响。湖泊的冷岛效应在低空表现得最为明显，当 GPS 探空仪飞入陆地上空低层时，距离湖面较近，风由湖面吹向陆地，仍受到湖泊边界层的影响，位温较低；随着高度的上升，GPS 探空仪距离湖面渐远，逐渐进入陆地边界层。相对于湖

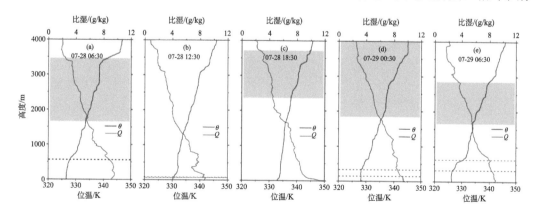

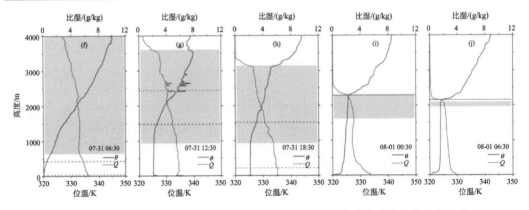

图 9.26　2012 年 7 月 28～29 日和 7 月 31 日～8 月 1 日鄂陵湖的位温与比湿廓线

阴影部分代表基于相对湿度法判定的云层位置，黑色和蓝色实线分别代表位温和比湿廓线，黑色和蓝色虚线分别代表基于位温和比湿垂直梯度判定的对流边界层高度的位置

泊表面，夏季晴好天气时白天陆地一般增温较快，导致上空位温相对较高。7 月 28 日 18:30 底部稳定边界层之上再次出现的混合层进一步佐证了上述假设。7 月 31 日～8 月 1 日，位温廓线的变化较之前大不相同，31 日清晨主导风向尚未改变，对流边界层较薄（500 m 左右）；冷空气到来后，风向剧变，中午至傍晚边界层厚度增长到 1000 m 以上，夜间至次日清晨，混合层厚度更是超过 2000 m，这甚至超过了平时非湖区的陆地边界层厚度。值得注意的是，除 7 月 31 日清晨外，本时段内 GPS 探空仪从湖岸或近岸湖面释放后，轨迹投影基本都在湖面上，但中午至傍晚，低层大气是一致的混合层，甚至底部出现超绝热层，而在夜间至 8 月 1 日清晨，底部出现明显的稳定边界层，这可能与夜间陆地边界层的侵袭有关，而非真正的湖泊边界层。从图 9.29 中可以发现，随着冷空气的到来，湖面水气温差显著增大，尤其是在夜间（峰值达到 8.33℃），湖面大气的热力不稳定加剧，更难形成稳定边界层；与此同时，白天陆地地气温差大幅减小，抑制了对流边界层的发展。梯度塔 2 m 与 18 m 的气温差显示，7 月 28 日夜间至 29 日清晨，近地层为正的气温差，没有逆温层出现，这可能与风由湖面吹向陆地导致的湖泊边界层侵袭有关，夜间湖面水气温差增大，边界层大气往往更不稳定。而在 31 日夜间至次日清晨，则出现明显的逆温层，温差超过-3℃，从风向判断，这体现了夜间陆地边界层的特征；夜间陆地表面冷却较快，近地层容易形成负的温度梯度。这种由逆温导致的稳定边界层随着气流由陆地向近岸湖面侵袭，形成图 9.26(b) 中夜间的特殊边界层结构。伴随着冷空气导致的降温，后一时段 2000 m 以下的大气位温较之前明显减小。

比湿廓线的变化亦折射出了冷空气带来的变化。与位温相反，比湿自下而上逐渐减小，但在边界层内递减率相对较小，转折点高度与位温匹配较好。冷空气到来前，昼夜比湿差异较小，而在冷空气入侵后，随着时间的推移，比湿迅速下降，以 7 月 31 日 6:30 和 8 月 1 日 6:30 为例，整层比湿减小幅度超过 3 g/kg，尤其是边界层以上降幅最为剧烈，夜间处于极干状态。

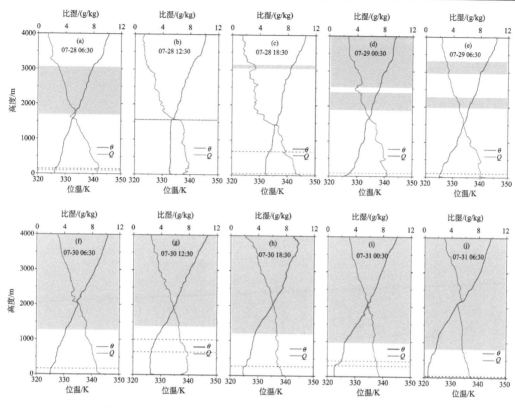

图9.27　2012年7月28～29日玛多气象站的位温与比湿廓线

阴影部分代表基于相对湿度法判定的云层位置，黑色和蓝色实线分别代表位温和比湿廓线，黑色和蓝色虚线分别代表基于位温和比湿垂直梯度判定的对流边界层高度的位置

在 GPS 探空仪观测的同时，在湖岸架设了一台 RPG-HATPRO 多通道微波辐射计对大气温湿度开展连续观测。微波辐射计观测高度为 10 km，共 39 层，其中 4000 m 以下有 31 层，高度分别为 0 m、10 m、30 m、50 m、75 m、100 m、125 m、150 m、200 m、250 m、325 m、400 m、475 m、550 m、625 m、700 m、800 m、900 m、1000 m、1150 m、1300 m、1450 m、1600 m、1800 m、2000 m、2200 m、2500 m、2800 m、3100 m、3500 m 和 3900 m。微波辐射计放置在梯度塔观测场，距离湖面 30 m 左右，GPS 探空的释放点白天在距离微波辐射计 200～300 m 的湖面，夜间则紧邻观测场。与 GPS 探空仪相比，微波辐射计为定点观测，连续性好，但垂直分辨率较低，GPS 探空仪垂直分辨率高，但易受到风场影响，位置一般随着高度上升会漂移。在鄂陵湖这种非均匀下垫面上，两者观测结果可能存在一定差异。

微波辐射计不观测不同高度层的气压，因此本小节利用微波辐射计观测的气温结合 GPS 探空仪观测的气压计算出了位温廓线(图9.28)。7月 28～29 日为典型晴天，位温廓线表现为典型的日变化，夜间对流边界层厚度为 250 m 左右(低于 GPS 探空仪的结果)，白天达到 1300 m 以上。7月 30 日，降水发生后，这种日变化不再明显，全天对流边界层厚度不超过 800 m。7月 31 日，随着冷空气的大举入侵，对流层下层明显降温，但对流边界层高度却显著升高，下午达到 1300 m 左右，夜间仍保持较高状态。

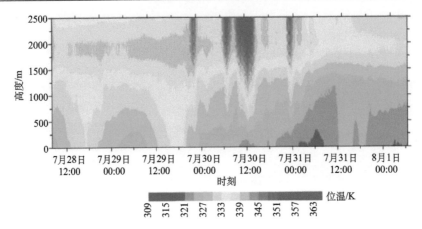

图 9.28　微波辐射计观测的鄂陵湖西岸上空位温廓线变化(地方时)

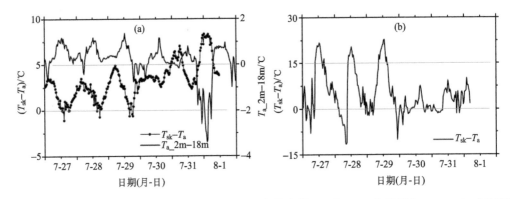

图 9.29　7 月 27 日～8 月 1 日湖面水气温差($T_{sk}-T_a$)与梯度塔 2 m 与 18 m 气温差($T_a\_2\,m-18\,m$)的变化(a)，以及草地地气温差($T_{sk}-T_a$)的变化(b)

除了地表热力作用外，不同高度风场的变化在动力上助长了湖区边界层的爆发式增长。研究表明，除了地表热力作用而外，大气边界层自身的动力因素还会引起机械湍流，它也在一定程度上影响边界层的发展和演变。其中，风速是影响大气边界层发展的主要动力因素(张强等，2011)。Pino 等(2003)及 Conzemius 和 Fedorovich(2006)的研究认为风切变能增强边界层顶的夹卷通量，进而有助于对流边界层厚度的增大。黄倩等(2014)最近采用大涡模拟表明，有风切变存在时，边界层对流泡会发生倾斜，与垂直的对流泡相比，倾斜的对流泡在边界层顶更容易将上部逆温层中的暖空气向下夹卷混合，进而使边界层进一步增暖、增厚。本节观测中，7 月 28～29 日，总体上低层盛行偏东南风，上部盛行偏西风，与图 9.25 的轨迹变化一致；整层风速相对较小，变化平缓，并且大风速主要出现在低层[图 9.30(a)]。7 月 31 日至次日，冷空气到来后，整体上风速有所增强，垂直方向风向风速的切变较之前更为明显，特别是在 2000 m 以下，以 7 月 31 日 6:30 和 12:30 时最为显著[图 9.30(b)]。这种强烈的风切变有助于边界层内外更好地混合，加强对流边界层的增长。

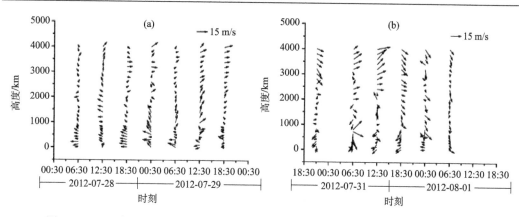

图 9.30　2012 年 7 月 28～29 日(a)和 7 月 31 日～8 月 1 日(b)的风向和风速廓线变化

9.3.3　鄂陵湖地区大气边界层的模拟

与陆地相比，水体表面由于风浪、仪器架设及观测成本等，观测起来更为困难。特别是在青藏高原，气候环境与自然条件十分艰苦，大气边界层观测个例十分有限，必须借助数值模式全面理解湖区大气边界层的发展规律。

1. 模拟方案设置

模拟采用 WRF 模式，采用三重网格单向嵌套，时段为 2012 年 7 月 27 日 00:00～8 月 2 日 00:00(北京时)，每 0.5 h 输出一次结果。下垫面选用 MODIS 土地利用/植被类型资料。NCEP/NCAR 每 6 h 的 1°×1° 再分析资料作为模式的初始场和边界条件。

模式垂直方向 45 层，模式层顶大气压 50 hPa。实验中，开启湖泊参数化方案，采用 Noah_LSM 陆面过程方案、WSM5 微物理方案、RRTMG 长波辐射方案、RRTMG 短波辐射方案，近地层方案选择 Revised MM5 Monin-Obukhov 方案，边界层方案分别采用 ACM2 方案和 BouLac 方案，第一重网格和第二重网格积云参数化选择 Kain-Fritsch 方案，第三重网格无积云参数化方案。模拟前，用计算的动量、热量和水汽粗糙度量值替换模式原方案中的粗糙度，对初始场第二重区域和第三重区域中的鄂陵湖与扎陵湖深度进行修正，第三重区域采用 MODIS 地表温度替换模式中的初始地表温度。本实验中，为了评估不同类型边界层方案的适用性，特进行了两组实验，分别采用了属于非局地方案的 ACM2 和属于 TKE 方案的 BouLac。模拟区域网格参数见表 9.3。

表 9.3　模拟区域嵌套网格参数

网格域	中心坐标	网格点数	水平格距 /km	时间步长 /s
1	97.2°E，34.7°N	70×60	50	300
2	97.2°E，34.7°N	81×71	10	60
3	97.2°E，34.7°N	101×91	2	12

2. 模拟结果

图 9.31 比较了模拟与观测的 2400 m 以下的大气位温廓线。模拟结果用来比较位温廓线的站点的经纬度为 97.588°E 和 34.907°N，位于模式中的湖面，距离 GPS 探空仪的释放地点偏东大约 1 km。7 月 28～29 日，两种边界层方案均较好地模拟出了位温廓线的垂直结构和形态演变，模拟出了白天的稳定边界层和夜间的对流边界层厚度，与观测值较接近。但模拟的位温比观测值偏低，1600 m 以下较为明显，尤其是在夜间，其中 BouLac 在低层比 ACM2 方案模拟得更低。这种偏低可能与模式初始场水温仍比实际值略偏低有关，同时，实际观测中，GPS 探空仪位置漂移较明显，涵盖不同的下垫面，而模拟结果来自固定的点，这种差异在非均匀下垫面区域更为明显。7 月 31 日～8 月 1 日，模拟的位温总体上比观测值偏高，7 月 31 日 ACM2 方案的模拟结果更接近观测，较好地模拟出对流边界层的爆发式增长过程，这一时段 BouLac 模拟的边界层发展相对较慢；7 月 31 日夜间至 8 月 1 日清晨，两种方案均未能模拟出深厚的混合层，但 BouLac 的模拟结果稍好一些。受到水平和垂直方向分辨率的限制，模拟结果并未揭示出湖岸区域陆地边界层与湖泊边界层交替侵袭的过程。

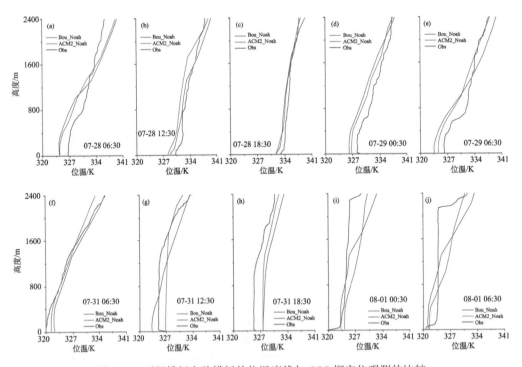

图 9.31　两组模拟实验模拟的位温廓线与 GPS 探空仪观测的比较

根据 GPS 探空仪的观测结果，计算了所有观测时次边界层高度(PBLH)的变化，并与模拟结果进行了比较[图 9.32(a)]。PBLH 的计算标准主要依据由底层到高层，百米温度递减率首次达到或大于 0.8°C 时对应的高度。但是，7 月 31 日夜间至次日早晨，观测的位温廓线底部出现了显著的逆温层，分析后发现，这种现象极可能是夜间陆地边界层侵袭到近岸湖面所致，并非实际的湖泊边界层，因此选择了上部深厚混合层顶的高度作为边界层高度。与前文的分析较为一致，7 月 28～29 日，湖区边界层厚度夜间较高，为400～600 m，白天较低。7 月 30 日因下雨而没有开展 GPS 探空仪观测，7 月 31 日由于伴随着偏北风带来的干冷空气，湖面边界层厚度爆发式增长，达到 2300 m 左右，持续到观测结束。从地表热力作用来看，这几天中观测的陆地与湖泊的日累积感热通量此消彼长[图 9.32(b)]。7 月 30 日后，陆地感热通量随着地气温差的急剧减小而迅速降低，相反，由于湖水热容量巨大，湖表温度的下降速度远小于地表温度，而气温则大幅下降，因此，湖面上水气温差迅速增大，大大增强了湖面感热通量；与此同时，陆地却因地气温差的急剧减小而感热通量骤降。7 月 31 日湖面感热累积量与前面晴天时陆地的日累积量相当，这在很大程度上解释了湖泊边界层爆发性增长的合理性。

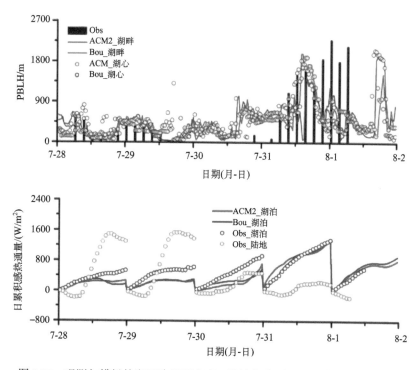

图 9.32　观测与模拟的湖区边界层高度、陆地与湖面日累积感热通量的变化

9.4　湖泊气候效应研究

　　观测和模拟结果发现湖泊对局地气候有显著影响，这种影响具有明显的时空差异（Samuelsson et al., 2010）。湖面能量平衡特征与陆面不同，如对东非坦噶尼喀湖的研究表明，湖泊上空存在的不稳定大气层结使得年平均潜热通量和感热通量分别增加了 13％和18％（Verburg and Antenucci, 2010）。与之相反，北美五大湖区在夏季通常为稳定层结（Verburg and Antenucci, 2010）。湖泊对局地气温的影响也存在差异。例如，加拿大的大奴湖和大熊湖的湖面气温在 7 月比周边陆地低 4℃，而模拟结果显示芬兰南部湖面气温

全年都高于陆地(Long et al., 2007)。在湖面强烈的正感热通量的影响下,加拿大巴芬岛中南部的两个大型湖泊推迟了秋季和初冬内陆低海拔地区的季节性降温(Jacobs and Grondin, 1988)。相对较暖的湖面会对降水产生明显的影响,特别是在下游区域(Kristovich et al., 2000; Niziol et al., 1995)。以俄罗斯拉多加湖为例,其湖泊效应可以在夏末秋初增加多达 20%~40%的对流性降水(Samuelsson et al., 2010)。较暖的湖面甚至能够导致五大湖下游冬季降水量增加两倍(Scott and Huff, 1996)。另外,五大湖使得夏季降水量减少 10%~20%(Eerola et al., 2010)。上述研究表明,虽然湖泊效应在全球不同地区均十分明显,但其性质和程度存在显著差异。湖泊在水循环中发挥着重要作用,提供了大量的由降水、冰雪融化产生的地表水存储(Bowling et al., 2003; Hostetler and Bartlein, 1990; Small et al., 1999)。

目前对青藏高原湖泊效应的数值研究大多关注湖泊对局地气候的短期影响(Li et al., 2009)。此外,很少采用大气与湖泊的耦合模式。已有模拟的驱动场将湖表温度设定为海表温度,无法真实再现湖泊温度的日循环及湖-气之间的相互作用。为了改进湖泊效应模拟,本节选取黄河源区最大的两个湖泊(鄂陵湖和扎陵湖)为代表,利用包含 10 层湖泊模块的WRF-CLM(WRF 与 CLM 耦合模式)(Subin et al., 2012),研究青藏高原湖泊的局地气候效应。

9.4.1　研究区域、数据与方法

1. 研究区域

鄂陵湖位于青藏高原东部的黄河源区,面积约 610 km^2,平均深度 17 m(最大深度 32 m),海拔 4274 m。扎陵湖(526 km^2)位于鄂陵湖的西侧(相距约 15 km),两者之间被山脉阻隔。两湖被称为中国海拔最高的大型淡水湖。鄂陵湖周围以覆盖有高寒草甸的低矮山脉为主,植被覆盖度为 40%~70%。根据玛多气象站 1953~2012 年的气候资料,鄂陵湖流域属于半干旱高寒大陆性气候,多年平均气温与降水分别为-3.7℃和 321.4 mm。该地区处于季风区与非季风区的过渡区,对东亚季风、印度季风和西风急流的变化非常敏感(Zhang et al., 2014)。

2. 数据

青藏高原地广人稀,自然条件恶劣,观测数据稀少。在模拟区域内,常规气象站点仅有玛多草地站点(98.2°E, 34.9°N),海拔为 4272 m。玛多草地站点观测到的日平均 2 m高度气温(T_2)和日降水数据可从中国气象数据网获取,该数据用来验证 2010 年 7 月 1日~2011 年 7 月 31 日的模拟结果。

在鄂陵湖西岸湖畔(97.57°E, 34.92°N)、附近的草地(97.65°E, 35.03°N)及湖内小岛(97.65°E, 35.02°N)分别建了 3 个自动气象站。上述观测站分别称为湖畔站、草地站和岛屿站(图 9.33)。湖畔站从 2010 年 10 月 17 日开始观测,直到 2011 年 7 月底。草地站和岛屿站也收集 T_2 数据,但只在 2010 年 7 月。同时在岛屿站对 2010 年 7 月 12~27 日的LST 也进行了观测。

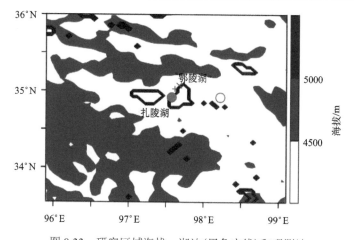

图 9.33　研究区域海拔、湖泊(黑色实线)和观测站

玛多草地站点：红色空心圆；湖畔站：红色实心圆；岛屿站：红色+号；草地站：红色×号

3. 模拟实验方案

WRF-CLM 作为广泛应用的区域大气模式，被运用于研究大气与湖面之间的相互作用(Subin et al., 2012)。湖泊过程和湖气相互作用通过具有 10 个湖泊层的一维质量和能量平衡湖泊方案进行动态模拟。湖面通量的计算与裸地表面通量的计算近似，进而用于计算 LST。每层湖水温度的计算由 Crank-Nicholson 热扩散方案来决定(Oleson et al., 2004)。

模拟区域中心在鄂陵湖和扎陵湖之间(97.5 °E，34.8 °N)，空间分辨率为 5 km(表9.4)，水平格点数量为 60×60，垂直大气层数设置为 31 层，垂直土壤和湖泊层数设置为10 层，湖泊深度设置为 17 m(鄂陵湖的平均水深)。湖区占据 48 个网格。初始和侧向边界条件由 DOE / NCEP(能源部/美国国家环境预报中心)的再分析数据版本 II 提供，其中侧边界数据每 6 h 更新一次(Kanamitsu et al., 2002)。2010 年 5 月 2 日～2011 年 7 月 31日，每 6 h 进行一次模拟结果输出。前两个月的模拟作为模式预热(spin-up)剔除。选择的物理参数化方案包括 Morrison double-moment 微物理方案(Morrison et al., 2005)、Dudhia 短波辐射方案(Dudhia, 1989)、RRTM 长波辐射方案(Mlawer et al., 1997)、Kain-Fritsch 积云方案(Kain, 2004)、CLM3.5 陆面方案(Oleson et al., 2008)和 YSU 边界层方案(Noh et al., 2003)。

表 9.4　模拟区域网格参数

模拟区域	参数
中心位置	97.5°E，34.8°N
空间分辨率/km	5
水平格点数量	60×60
垂直大气层数/层	31
垂直土壤(湖泊)层数/层	10
湖泊深度/m	17

上述数值实验也称为 S-lake(有湖实验)。为了量化湖泊对局地气候的影响,进行了另外的数值实验 S-nolake(无湖实验)与 S-lake 对照。S-nolake 基于 S-lake,保留研究区域内的小型湖泊,但是两个大湖(鄂陵湖和扎陵湖)采用邻近土地利用类型(稀疏植被)填充。

9.4.2　模式结果验证评估

S-lake 的模拟结果分别用 4 个站点观测的日 T_2 数据、玛多草地站点的降水量数据及岛屿站的 LST 数据进行评估。由于岛屿站和草地站观测时间短且结果类似,二者的模拟结果未在图中显示,仅在表 9.5 中给出了它们的 RMSE。S-lake 实验中模拟的湖泊和陆地气温的大小及变化与观测值相当,但在冬季出现冷偏差[图 9.34(a)和图 9.34(b)]。S-lake 模拟很好地捕捉了主要降水事件[图 9.34(c)],除了高估了五次降水事件外,模拟的日降水量与观测吻合较好。WRF-CLM 合理地再现了降水的季节变化。可以说,5~10 月是降水的多发期(94%的年降水事件发生在这个时期),而 11 月至次年 3 月几乎没有降水。

表 9.5　不同测站模拟的日降水量(mm)和温度(℃)的 RMSE

实验	T_2(玛多站)	降水量(玛多站)	T_2(湖畔站)	T_2(草地站)	T_2(岛屿站)	LSST(岛屿站)
S-lake	1.7	5.1	2.2	0.9	0.7	1.2
S-nolake	1.7	5.4	2.3	1.0	0.7	1.3

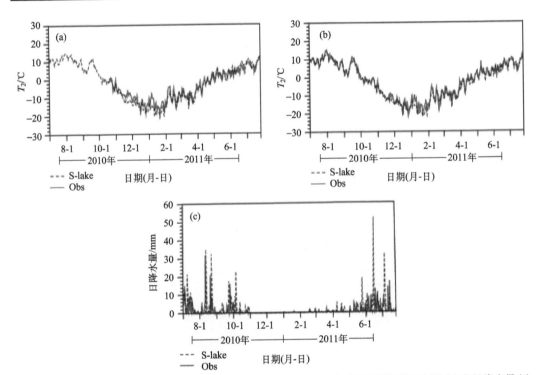

图 9.34　(a)S-lake 实验湖畔站观测和模拟的日气温;玛多草地站点观测和模拟的日气温(b)和日降水量(c)

经研究，S-nolake 与 S-lake 模拟类似。但 S-lake 模拟值和观测值之间所有的 RMSE 均不大于 S-nolake 模拟（表9.5），且 S-lake 模拟具有更高的准确度。一般来说，WRF-CLM 能够很好地重现观测的可变性。与无湖实验相比，耦合了湖泊模块的 WRF-CLM 对湖泊及其周边区域的模拟结果相对较好。

9.4.3　湖泊对区域气候的影响

高原模拟的年平均温度相对较低[图9.35(a)]。湖泊上空模拟的年平均温度为-2℃，而湖泊周围地区模拟值为-4℃。山区的模拟温度为-6℃，甚至更低，且温度随海拔升高而进一步降低。分析模拟结果可知：①温度分布明显受地形特征影响，该区域内等温线和等高线重合。②湖泊和陆面上方的气温呈现相似的季节变化和日变化[图9.34(a)和图9.34(b)]。模拟的1月（7月）最低（最高）气温约为-17(11)℃，10~4月模拟的气温低于0℃ [图9.36(a)和图9.36(b)]。

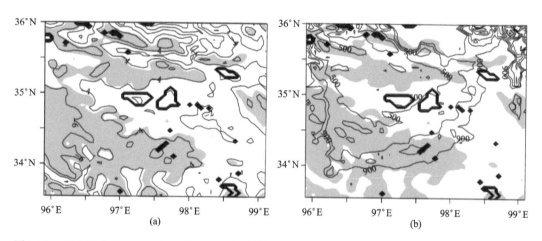

图9.35　2010年7月~2011年6月 S-lake 实验模拟的年平均温度（℃）(a)和年降水量（mm，等值线）(b) 阴影区表示海拔高于4500 m 的区域

S-lake 和 S-nolake 的温度年较差说明湖泊比陆地表面更暖[图9.36(a)]。图9.37(a) 为图9.36(a)方框中（96.7°E~98.4°E, 34.6°N~35.5°N）S-lake 和 S-nolake 实验模拟的区域月平均 T_2、T_{max}（T_2 的日最大值）和 T_{min}（T_2 的日最小值）的差异时间序列。鄂陵湖和扎陵湖在模型中用48个网格表示，约为1200 km²，方框中的区域在模型中由651个网格（约15000 km²）组成，面积是两大湖泊的12倍多。湖泊使得全年3月的 T_{min} 增大[图9.37(a)]，但对 T_{max} 没有增暖效应。平均而言，湖泊在6月至次年1月较暖并且是热源[图9.36(a)]，而在2~5月较冷。研究区域由于海拔较高相对较冷，当地植物的生长季为5~9月。湖泊的增暖效应有益于高原地区植被生长和生态稳定。

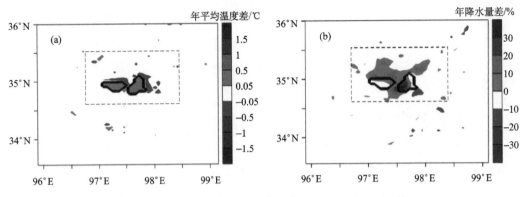

图 9.36　2010 年 7 月～2011 年 6 月 S-lake 和 S-nolake 的
年平均温度差(a)和年降水量差(b)

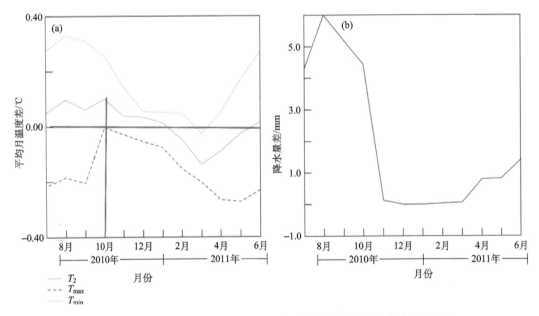

图 9.37　S-lake 和 S-nolake 实验的区域平均月温度差(a)和降水量差(b)

9.4.4　湖泊对降水的影响

降水与温度均受到区域地形的影响(图 9.35)。海拔越高,降水量越大。对应于湖泊到周边山区,模拟的降水量梯度从小于 300 mm 到超过 900 mm 波动变化。降水量的最小值出现在湖区。发生在 5～10 月的降水占 94%,冬季降水可忽略[图 9.34(c)]。从玛多草地站点观测结果来看,S-lake 和 S-nolake 实验中降水事件是同时发生的,主要受大尺度环流控制,但湖泊可以改变降水的量级。

湖泊的存在使得湖区和邻近区域的年降水量增大,最大可增大 49%[图 9.36(b)]。湖泊及附近区域年降水量增幅大于 10% 的地区约占 158 个网格点(约 3875 km²),是 48 个湖泊网格点的三倍多。以往对这种现象的研究大多表明由湖泊引起的降水具有局地性,且仅限于湖区或其邻近区域(Eerola et al., 2010)。

　　图 9.37(b)展示了图 9.36(a)方框中湖泊效应月平均降水量。湖泊效应增加了除寒冷期以外的降水量，因为寒冷期不是雨季，总降水很少，可忽略不计[图 9.34(c)]。与鄂陵湖和扎陵湖在春季和夏初的降水量增加不同，五大湖夏季降水量会减少 10%～20%(Eerola et al., 2010)。这可能与高海拔、寒冷的气候及两大湖对太阳辐射的强烈吸收有关；因此，青藏高原的湖泊更易提早变暖。降水量在 7～10 月明显增加，且在 8 月达到峰值。夏末秋初区域降水量的增加与北方湖泊相似，其中俄罗斯的拉多加湖能够增加20%～40%的对流性降水(Samuelsson et al., 2010)。由于研究区域海拔较高，湖泊在无雨的冬季冻结，从而降水量没有明显变化。这也和未冻结的五大湖冬季进行的研究不同，五大湖在冬季对降水量有较大影响(Yeager et al., 2013; Zhao et al., 2012)。湖泊效应使年降水量增加，其中86%的增加量发生在 7～10 月，这也是后文研究的重点。7～10 月，鄂陵湖和扎陵湖造成湖区及毗邻区域的降水量显著增加(图 9.38)，降水增幅可达 72%，大部分地区降水量增加了 10～180 mm。降水量增加 20%的区域接近 151 个网格(约 3775 km^2)，是湖泊面积的 3 倍。

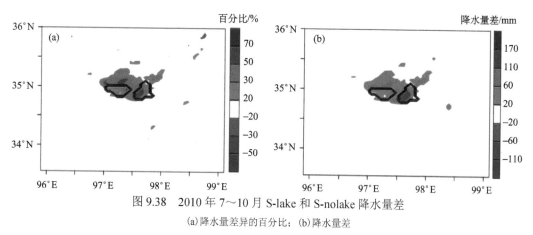

图 9.38　2010 年 7～10 月 S-lake 和 S-nolake 降水量差

(a)降水量差异的百分比；(b)降水量差

　　7～10 月增加的降水主要为对流性降水(图 9.39)。其中北京时间 2:00～8:00、8:00～14:00 及 20:00～2:00，降水量分别增加 55%、32%和 16%。而 14:00～20:00，湖泊减少3%的降水。7～10 月 S-lake 中降水量的增加通常与 LSST 变暖相对应(图 9.40)，尤其是在2:00～14:00。由于水的比热容大，湖泊在夜间和早晨的温度比陆地高。7～10 月，湖泊在8:00 的平均增暖效应可达 2℃[图 9.41(a)]，并且可影响模式区域内湖区及下风向陆地面积约 514 个网格(两个模拟实验中温差大于 0.05℃的网格)，远大于湖泊占据的 48 个网格。

　　在动态上，夜间和早晨湖泊的增暖效应诱发出从陆面吹向湖面风速约为 1 m／s 的微风[图 9.41(a)]。低层水平辐合触发的上升气流可达 540 hPa 高度[图 9.41(b)]。相应地，湖区上方高空出现辐散气流，在上升气流两侧出现下沉气流。这样就形成了一个次级环流，低层的能量和水汽被输送到高层。从热力方面来看，湖泊释放更多的潜热通量且蒸发更多的水汽[图 9.41(a)]，有利于对流性降水的发展。暖性湖面增大了大气层结的不稳定性(图 9.42)，导致 S-lake 模拟中产生更多降水。

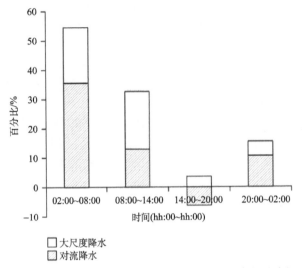

图 9.39 2010 年 7～10 月 4 个时段 S-lake 和 S-nolake 模拟降水量差占同时段 S-lake 降水量百分比

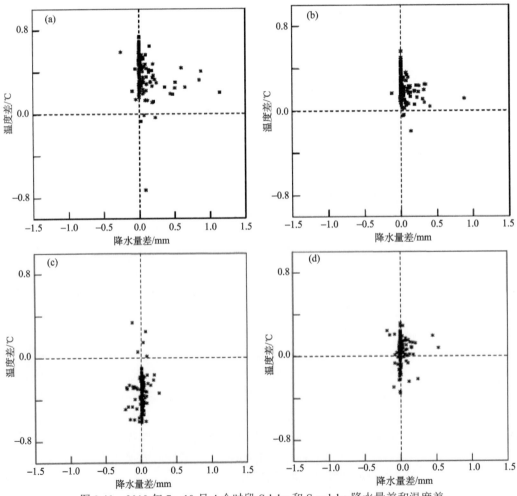

图 9.40 2010 年 7～10 月 4 个时段 S-lake 和 S-nolake 降水量差和温度差

(a)2:00～8:00；(b)8:00～14:00；(c)14:00～20:00；(d)20:00～2:00

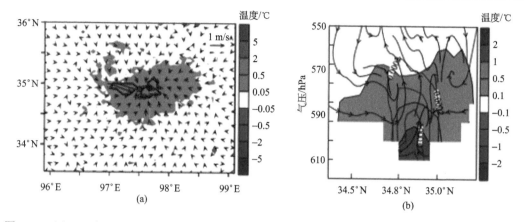

图 9.41　(a) 2010 年 7～10 月，8:00 S-lake 和 S-nolake 实验中平均空气温度(阴影)，潜热通量(等值线)和风(矢量)的差值; (b) 2010 年 7～10 月，8:00 S-lake 和 S-nolake 实验沿图(a)中绿线垂直剖面的平均温度(阴影)，比湿(廓线)和风(流线)的差值

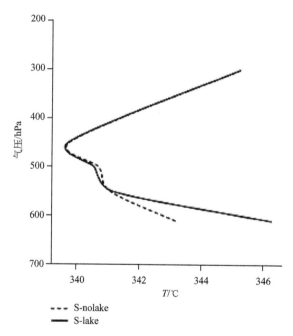

图 9.42　2010 年 7～10 月 8:00 时 S-lake 和 S-nolake
实验在图 9.41(a) 黑点处的相当位温廓线

9.4.5　讨论与结论

本节利用包含 10 层湖泊方案的最新 WRF-CLM，研究并量化了黄河源区鄂陵湖与扎陵湖对局地气候的影响。进行了有湖和无湖情景下的两个模拟实验。结果表明，WRF-CLM 对黄河源区的陆面和湖面具有良好的模拟能力，在包含湖泊时具有更高的模拟准确性。

虽然湖泊在 11 月至次年 4 月(半年)冻结,但整体而言暖湖效应是明显的。除 3 月外,湖泊的存在全年降低了区域最高气温,升高了最低气温。这种现象对寒冷的青藏高原地区植被的繁生具有积极意义。

研究区域 94%的降水发生在 5~10 月,冬季降水可忽略不计。湖泊可使湖区及周边地区的年降水量最大增加 49%。湖泊效应导致的降水增加是促使研究区域植被生长的另一个重要因素。除了对植被扩张的影响之外,降水和植被增加预计将有助于满足青藏高原河流下游地区的灌溉需求。除了非雨季和降水量非常少的寒冷时期,湖泊效应总是适时地增加月降水量。湖泊效应增加的降水有 86%都发生在 7~10 月。在此期间,鄂陵湖和扎陵湖导致湖泊及毗邻地区降水量增加了 72%。增加的降水主要是对流性降水。增加的降水 87%发生在北京时间 2:00~14:00,这与暖湖泊表面温度对应,暖的湖面通过热力和动力强迫共同作用使降水量增加。暖性湖面触发湖泊上方低空水平辐合形成上升气流,并为对流性降水的发展提供能量和水汽。

虽然本节调查了湖泊对当地气候的影响,但仍存在一定的局限性:①研究周期仅为一年,未来随着观测期的延长将进一步拓展研究时期。②分析中并未考虑雨季期间存在的淹没地区和湿地区域,从湿地对尼罗河水文气候的影响可推测出二者对局地气候也有重要影响。之后在卫星数据的帮助下将考虑这点。③假设湖深固定为 17 m,而实际情况湖深并不均匀。未来将用湖泊深度测量仪测量网格化的湖泊深度,并将其放入模式中进行更真实的数值模拟。

9.5　黄河源区湖泊模式参数化改进研究

9.5.1　模式参数化所需数据的质量控制

湍流通量数据常常具有一定的随机性。输送系数和粗糙度长度通常是比较离散的,因为它们是根据式(9.10)和式(9.11)计算的,主要依赖于气象要素和湍流通量。克服或减缓这种离散性的唯一手段就是采用高质量的观测数据(Andreas et al., 2010a)。

设置了以下条件用来剔除那些不可靠的数据(Andreas et al., 2005, 2010b; Yang et al., 2008)。

(1)第一个条件是 $U_{10} \geqslant 1.0$ m/s 和 $u_* \geqslant 0.05$ m/s,因为在极弱风速下观测计算的 z_0 和 u_* 具有较大的不确定性。U_{10} 是订正到 10 m 高度的风速。

(2)第二个条件是 $|H| \geqslant 10$ W/m^2 和 $|LE| \geqslant 10$ W/m^2。设置这一条件主要是因为感热通量与潜热通量较小时,z_h 和 z_q 对观测误差很敏感。

(3)为了消除内边界层、有限的源区和障碍物的影响,根据风向对输送系数和粗糙度长度进行了筛选。风向的范围分别是 40°~105° 和 120°~190°,这个范围内,风区长度可以达到 1.5~32.5 km,源区都在湖面上,通量基本不会受到陆地、超声风速计支撑臂和其他支架的影响。

(4)降雨和降雪期间的通量数据被剔除,因为开路 H_2O/CO_2 气体分析仪对于雨雪等粒子的干扰非常敏感。

除了以上条件外，如果计算的粗糙度满足以下条件，则假定其不可靠并且将其剔除：

$$z_0, z_h, z_q \geqslant 0.3 \text{ m} \tag{9.9a}$$

$$z_0 \leqslant 1.0 \times 10^{-8} \text{ m} \tag{9.9b}$$

$$z_h, z_q \leqslant 1.0 \times 10^{-7} \text{m} \tag{9.9c}$$

采用不等式(9.9a)是为了保证满足相似理论，一般认为粗糙度长度不应该超过观测高度的 1/10(本章中观测高度为 3.0 m)。采用不等式(9.9b)，主要因为查阅到的文献表明湖面上的动量粗糙度不太可能低于这个阈值(1.0×10^{-8} m)。湖面紧贴水气界面的薄层内，湍流混合通常受到抑制，分子混合占主导优势(Soloviev and Lukas, 2013)。分子混合过程中，分子通过彼此碰撞传导能量，不等式(9.9c)代表热量和水汽粗糙度不能小于鄂陵湖地区的空气分子自由程，小于这个距离热量和水汽交换很难发生(Andreas and Emanuel, 2001; Andreas et al., 2010b)。

通过条件(1)～(2)和不等式(9.9a)～不等式(9.9c)的筛选后，剩下的数据量占原数据的大约 1/5。在所有条件中，最大的限制是风向，剔除了 40%的观测数据。需要指出的是，本小节的方法仅用于输送系数和粗糙度长度的计算及参数化过程。在能量收支分析中，主要剔除了那些受雨雪影响及源区之外的通量数据，因为与理论研究(如模式参数化)相比，能量收支分析中对于数据质量的要求相对要低一些。

9.5.2　输送系数与粗糙度长度的计算方法

在天气与气候模式中，动量通量(τ)、感热通量(H)和潜热通量(LE)一般通过以下整体通量算法获得

$$\tau = \rho_a u_*^2 = \rho_a C_d U^2 \tag{9.10a}$$

$$H = \rho_a c_p C_h U (T_s - T_a) \tag{9.10b}$$

$$\text{LE} = \rho_a L_v C_q U (q_s - q_a) \tag{9.10c}$$

式中，C_d、C_h 和 C_q 分别是动量输送系数、热量输送系数和水汽输送系数；U、T_a 和 q_a 分别是风速、气温和比湿；T_s 是地表温度；q_s 是地表的饱和比湿。

整体通量算法的关键是估算动量输送系数、热量输送系数和水汽输送系数。输送系数的计算方法通常有通量廓线法、组合倒算法、变分法和涡动相关法等。一般认为，涡动相关法直接测量地-气间湍流通量，因此用涡动相关法计算的通量整体输送系数最为精确(张强等，2001)。根据已有研究(Garratt, 1994)，输送系数的计算通常与粗糙度长度和大气稳定度有关。

$$C_d = \frac{\kappa^2}{\left\{ \ln\left[(z-d)/z_0 \right] - \psi_m(\zeta) \right\}^2} \tag{9.11a}$$

$$C_h = \frac{\kappa^2}{\left\{ \ln\left[(z-d)/z_0 \right] - \psi_m(\zeta) \right\} \left\{ \ln\left[(z-d)/z_h \right] - \psi_h(\zeta) \right\}} \tag{9.11b}$$

$$C_q = \frac{\kappa^2}{\{\ln[(z-d)/z_0] - \psi_m(\zeta)\}\{\ln[(z-d)/z_q] - \psi_h(\zeta)\}} \tag{9.11c}$$

根据上述方程，粗糙度长度被进一步表示为

$$z_0 = (z-d)\exp\left\{-\left[\frac{\kappa}{\sqrt{C_d}} + \psi_m(\zeta)\right]\right\} \tag{9.12a}$$

$$z_h = (z-d)\exp\left\{-\left[\frac{\kappa\sqrt{C_d}}{C_h} + \psi_h(\zeta)\right]\right\} \tag{9.12b}$$

$$z_q = (z-d)\exp\left\{-\left[\frac{\kappa\sqrt{C_d}}{C_q} + \psi_h(\zeta)\right]\right\} \tag{9.12c}$$

式中，z_0、z_h 和 z_q 分别为动量粗糙度、热量粗糙度和水汽粗糙度；$\psi_m(\zeta)$ 和 $\psi_h(\zeta)$ 分别是针对风速矢量和标量(温度、水汽)的稳定度普适函数。过去数十年中，这样的函数已经被发展出很多形式，但最常用的仍然是基于 Dyer-Businger 廓线关系的普适函数(Businger et al., 1971; Dyer, 1974)。选择 Högström(1988)普适函数，这是被 Foken(2006)推荐的 Dyer-Businger 廓线关系的改进版。普适函数方程如下：

$$\psi_m(\zeta) = \ln\left[\left(\frac{1+x^2}{2}\right)\left(\frac{1+x}{2}\right)^2\right] - 2\tan^{-1}x + \frac{\pi}{2} \quad \text{for } \zeta < 0 \tag{9.13a}$$

$$\psi_h(\zeta) = 2\ln\left(\frac{1+y}{2}\right) \quad \text{for } \zeta < 0 \tag{9.13b}$$

这里

$$x = (1-19.3\zeta)^{1/4} \quad y = 0.95(1-11.6\zeta)^{1/2}$$

$$\psi_m(\zeta) = -6\zeta \quad \text{for } \zeta \geqslant 0 \tag{9.13c}$$

$$\psi_h(\zeta) = -7.8\zeta \quad \text{for } \zeta \geqslant 0 \tag{9.13d}$$

本节中，输送系数可由式(9.11a)计算获得，因为式中的湍流通量和气象要素已经通过观测获得。基于以上结果和由式(9.13a)计算的稳定度普适函数，可以通过式(9.12a)计算得到粗糙度长度。近地层大气中，粗糙度是一个表征地表物理特性的物理量，并不随高度变化，因此，可以通过式(9.12a)将输送系数从 3 m 订正到 10 m 高度(式中" z "被调整为 10)，以便与其他研究进行比较。风速根据对数风廓线方程和稳定度普适函数也被订正到了 10 m 高度，其他变量未作订正。

对于输送系数的高度订正，Verburg 和 Antenucci(2010)也根据观测值拟合了一个公式。本节比较了两种订正手段的差别，发现两者结果具有高度的一致性[图 9.43(a)～图 9.43(c)]。对 3 m 和 10 m 高度的输送系数进行比较，发现两者具有很好的相关性。上述结果证明本节中的方法是合理的[图 9.43(d)～(f)]。

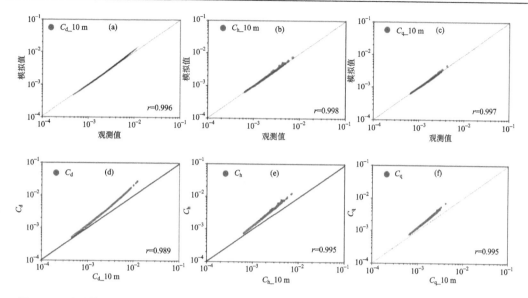

图 9.43　采用普适函数订正的输送系数与 Verburg 和 Antenucci(2010)方法订正的输送系数的比较[(a)～(c)]，以及未订正的 3 m 高度输送系数和订正后的 10 m 高度输送系数的比较[(d)～(f)]

9.5.3　湖面粗糙度参数化方案介绍

本节评估和改进了目前湖泊模型中的粗糙度计算方案，所使用的粗糙度参数化方案主要来自 3 个湖泊模型，分别是 Subin 等(2012)发展的 The Lake, Ice, Snow, and Sediment Simulator(简称 LISSS)模型、CLM4.5-LISSS(简称 CLM4.5)模型，以及 Verburg 和 Antenucci(2010)发展的湖泊(简称 Verburg)模型。其中，CLM4.5-LISSS 湖泊模型是 LISSS 耦合进入 Community Land Model 4.5 的变形版，主要是热量和水汽粗糙度计算方案与 LISSS 不同；而 Verburg 模型则适用于近地层大气长期不稳定的湖泊，鄂陵湖近地层大气特性与之相似。

本节主要评估粗糙度参数化方案对通量计算的影响，因此关闭了湖泊模型中的水温预报功能，只保留了输送系数和粗糙度及湍流通量计算模块，湖表温度由观测值代替。除了水表温度外，其他输入变量包括水平风速、气温、相对湿度、气压、观测高度和 Charnock 系数。在 LISSS 模型和 CLM4.5-LISSS 模型中，Charnock 系数的计算考虑了风区长度和湖泊深度的影响，计算方程如下：

$$C = C_{\min} + \left(C_{\max} - C_{\min}\right)\exp\left\{-\min\left(A, B\right)\right\} \tag{9.14}$$

$$A = \left(\frac{Fg}{u_*^2}\right)^{1/3}\bigg/f_c \tag{9.15}$$

$$B = \varepsilon\frac{\sqrt{dg}}{U} \tag{9.16}$$

式中，C 代表 Charnock 系数；A 和 B 分别代表风区长度限制和湖泊深度限制；$C_{\min} = 0.01$；$C_{\max} = 0.11$；$\varepsilon = 1$；$f_c = 100$；d 代表湖泊深度；F 代表风区长度；U 代

表水平风速。本节风向 $40°\sim190°$ 范围内，风区长度介于 $1.5\sim32.5$ km，但小于 10 km 和大于 25 km 的长度占比例均很小。因此对于风区长度限制项 A，分别评估了风区长度为 10 km 和 25 km 时 A 的量值，风区长度越小，A 的值越小。B 方面，分别评估了深度为 4 m 和 20 m 对 B 的影响，湖泊深度越小，B 的值越小。就 A 和 B 对于 C 的影响，总体上，A 小于 B，即只要湖泊深度不是特别浅，其对 Charnock 系数无影响，风区长度成为影响 Charnock 系数的主要变量。最终的 Charnock 系数选取风区长度分别为 10 km 和 25 km 时两者的平均值。为了便于比较，Verburg 模型的计算中也引入了上述的动态 Charnock 系数计算方案。

LISSS 模型中，对于未结冰的湖泊，动量粗糙度的计算主要考虑了空气动力学光滑面上黏性应力 $\left(\dfrac{\alpha v}{u_*}\right)$ 和粗糙面上重力波 $\left(C\dfrac{u_*^2}{g}\right)$ 的影响：

$$z_0 = \max\left\{\frac{\alpha v}{u_*}, C\frac{u_*^2}{g}\right\} \tag{9.17}$$

式中，$\alpha\,(0.1)$ 是一个无量纲经验常数；v 是空气动黏性；g 是重力加速度；C 是 Charnock 系数。热量粗糙度和水汽粗糙度作为粗糙雷诺数 (R_e) 和动量粗糙度 (z_0) 的函数，表示为

$$z_h = z_0 \exp\left\{-\frac{k}{P_r}\left(4\sqrt{R_e}-3.2\right)\right\} \tag{9.18}$$

$$z_q = z_0 \exp\left\{-\frac{k}{S_c}\left(4\sqrt{R_e}-4.2\right)\right\} \tag{9.19}$$

式中，$P_r\,(0.71)$ 是空气分子的分子普朗特数；$S_c\,(0.66)$ 是水汽分子的普朗特数；R_e 是粗糙雷诺数 $\left(R_e = \dfrac{z_0 u_*}{v}\right)$ (Subin et al., 2012)。

CLM4.5-LISSS 模型中，动量粗糙度的计算方案与 LISSS 模型相同，热量和水汽粗糙度计算方案相同，方程为

$$z_h = z_q = z_0 \exp\left(-0.13 R_e^{0.45}\right) \tag{9.20}$$

Verburg 模型中，动量粗糙度的计算方案与 LISSS 模型有所差异，但仍只考虑了黏性应力 $\left(\dfrac{v}{u_*}\right)$ 和重力波 $\left(C\dfrac{u_*^2}{g}\right)$ 的影响：

$$z_0 = \frac{0.11v}{u_*} + C\frac{u_*^2}{g} \tag{9.21}$$

热量粗糙度和水汽粗糙度的计算方案相同，方程为

$$z_h = z_q = z_0 \exp\left(-2.67 R_e^{0.45} + 2.57\right) \tag{9.22}$$

9.5.4 鄂陵湖粗糙度与输送系数分布特征

利用涡动相关法计算了湖面上的动量输送系数、热量输送系数和水汽输送系数及粗糙度长度等陆面过程参数。动量输送系数又被称为拖曳系数。

表 9.6 显示了 2011 年不同稳定度下 10 m 高度输送系数的平均值和标准差。本节中，观测高度为 3 m，之所以将输送系数订正到 10 m 高度，是为了便于和其他研究进行比较，完全是基于业务的需要而非物理过程需要。稳定条件下 ($\zeta \geqslant 0.30$)，由于样本太少而未列出。近中性层结下 ($-0.10 \leqslant \zeta \leqslant 0.10$)，拖曳系数、热量输送系数和水汽输送系数分别为 2.51×10^{-3}、1.49×10^{-3} 和 1.36×10^{-3}，拖曳系数的平均值相对较大 ($C_{dn}/C_{hn} = 1.68$；$C_{dn}/C_{qn} = 1.85$)。除此之外，拖曳系数的标准差大得几乎和其平均值相当，尤其是在不稳定条件下。

表 9.6　2011 年不同稳定度下的输送系数及考虑通量低估后获得的新值

标准差	不稳定		近中性	
	实测	扩大	实测	扩大
C_d	1.79	1.96	2.51	3.23
Std	1.65	1.94	1.61	2.23
C_h	1.70	1.96	1.49	1.73
Std	0.85	0.99	0.54	0.65
C_q	1.50	1.71	1.36	1.60
Std	0.42	0.49	0.35	0.44

注：“扩大”列为考虑到观测通量可能被低估，因此假定扩大值为将感热通量与潜热通量均增加 15% 后得到的结果；Std 为标准差。

粗糙度长度的频率分布在图 9.44 中被展示。对于粗糙度长度的平均值，Yang 等（2008）提出了一种采用 $\ln z_0$ 直方图的峰值频率筛选出最优值的方法。与之类似，本节采用 $\lg z_0$ 直方图，图 9.44 中，$\lg z_0$ 的最大频率分布对应的是 -3.21，那么 z_0 的最优值就是 6.17×10^{-4} m。z_h 和 z_q 的最优值分别为 7.59×10^{-5} m 和 6.73×10^{-5} m（总的样本数为 1079）。与其他地区类似，热量粗糙度和水汽粗糙度小于动量粗糙度一个量级，并且热量粗糙度与水汽粗糙度呈现一个典型的正态分布，比动量粗糙度的集中程度更高。

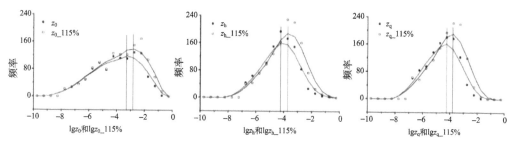

图 9.44　2011 年 $\lg z_0$、$\lg z_h$ 和 $\lg z_q$ 的频率分布

实线代表的是 5 点滑动平均的结果

相对于低矮植被覆盖的陆地，湖泊表面受到波浪的影响，粗糙度变化较大，动量粗糙度主要分布于 $10^{-5} \sim 10^{-2}$ m，热量粗糙度和水汽粗糙度主要分布于 $10^{-5} \sim 10^{-3}$ m。但是，在一些区域气候模式中（如 WRF3.6.1），其湖泊粗糙度计算使用的仍是定值，并且三种粗

糙度大小相等，这与观测结果差异较大。

　　大量的研究表明涡动协方差观测通常低估感热通量与潜热通量(Foken, 2008; Nordbo et al., 2011; Stepanenko et al., 2014)，这种系统性的低估很难被目前的数据质量控制流程所消除。通量低估对输送系数和粗糙度计算的影响不应该被忽视。然而，湖面能量平衡闭合率计算起来非常困难，因为水表热通量很难被精确观测。本节首先估算了草地观测点的地表能量平衡闭合率，在考虑浅层土壤热储存等校正后，草地的能量平衡闭合率最高达到 85%～88%，因此，假设湖面的能量平衡闭合率与之相近。在此基础上，将观测的感热通量与潜热通量分别增加 15%后作为假设的完全平衡时的量值，重新计算了输送系数和粗糙度长度，并与利用观测值直接计算的结果进行比较(表 9.6 和图 9.44)。通量增加后，输送系数均有不同程度增大，其中热量输送系数和水汽输送系数在不稳定和近中性层结下的输送系数增幅均在 15%左右，差异较小；而动量输送系数在两种层结下的增幅则有较大差异，不稳定层结下增幅约为 9%，近中性层结下增幅为 28%。用于计算的动量通量并未增加，动量输送系数的增大主要是由于热量输送系数和水汽粗糙度改变，从而最终筛选出的数据和数据量改变，进而间接影响动量输送系数的平均值。粗糙度长度对于通量的变化更加敏感，通量增加后，动量粗糙度、热量粗糙度和水汽粗糙度分别为 2.13×10^{-3} m、2.27×10^{-4} m 和 1.84×10^{-4} m，增长了至少半个数量级，约为原值的 3 倍。因此，通量的准确观测对于粗糙度等陆面过程参数的计算十分重要。

9.5.5　湖面粗糙度与输送系数随风速的变化特征

　　粗糙度对于湖面水热交换和区域气候的模拟具有显著影响。然而，现有湖泊模式中的粗糙度参数化大多是基于海洋观测资料获得的(Grachev et al., 2011; Mahrt et al., 2003; Vickers and Mahrt, 2010; Zilitinkevich et al., 2000)，特别是动量粗糙度主要是依据 Smith(1988)的方程[式(9.22)]建立的，该方程考虑了分子黏性力(光滑流体)和重力波(粗糙流体)的作用：

$$z_0 = \frac{0.11v}{u_*} + C\frac{u_*^2}{g}$$

　　正如前文所述，$\dfrac{0.11v}{u_*}$ 代表光滑面上分子黏性应力的作用，$C\dfrac{u_*^2}{g}$ 代表粗糙面上重力波的影响。Smith(1988)的方程所用的观测资料来自开阔海面，所用资料的风速较大($U_{10} > 6$ m/s)。为了弥补模型在弱风下的不足，Smith 增加了一个针对光滑流体的分子黏性力项，意味着这个模型假定了弱风条件下水面近似于光滑流体。鄂陵湖地区 3 年的风速调查表明(图 9.45)，4 m/s 以下的弱风时段占了将近一半(48.17%)，6 m/s 以下的时段占 72.71%，这与 Smith(1988)方案的背景风速差异较大。另外，湖泊与海洋在深度、面积和波浪等方面的明显差异，导致其粗糙度长度的变化存在一定差异。一项在中国太湖的调查表明，相同风速下太湖表面比开阔的海洋更为粗糙，直接使用海洋参数化方案可能导致模拟的蒸发量偏差 40%以上(肖薇等, 2012)。其他一系列研究也都表明了浅水表面的粗糙度大于开阔洋面(Geernaert et al., 1987; Jiménez and Dudhia, 2014; Smith et al.,

1992; Taylor and Yelland, 2001）。因此有必要对现有湖泊模型中的粗糙度参数化方案进行比较和评估。

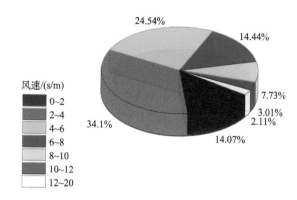

图 9.45　鄂陵湖地区 10 m 高度风速的频率分布（2011～2013 年）

利用前文所述方法，分别计算了 2011 年与 2012 年夏秋季湖面的输送系数和粗糙度长度，分析了其随水平风速的变化，以及大气稳定度对输送系数的影响。其中动量输送系数又被称为拖曳系数。

1. 输送系数随风速的变化

图 9.46 中揭示了不同稳定度下输送系数随风速的变化（$\zeta < -0.1$ 为不稳定层结；$-0.1 \leqslant \zeta \leqslant 0.1$ 为近中性层结），需要指出的是，已经对本章图中 30 min 平均涡旋协方差数据已经做了质量控制。图中的实线代表近中性条件下二次多项式拟合的结果。以 2011 年为例[图 9.46(a)～(c)]，近中性条件下，拖曳系数随着风速的增大而减小，在风速约等于 9 m/s 时达到最小值，之后又缓慢增大。尤其是在弱风条件下（≤4.0 m/s），拖曳系数随着风速快速减小。这种现象已经根据 Risø Air Sea Experiment 的结果进行了报道（Vickers and Mahrt, 1997）。他们发现在弱风条件下，风向更加多变且波浪随风场很难维持一种平衡状态。其他调查也显示，与成熟的波浪相比，年轻的或正处于发展状态的波浪场具有更大的风应力（Donelan et al., 1993; Geernaert et al., 1987; Smith et al., 1992）。原因主要在于年轻波浪的相速度往往慢于风速，因此能在水气界面和大气表层产生更强的切变，并且年轻的波浪一般更陡峭，能够加强波峰处的气流变形，产生更强的压力拖曳作用（Vickers and Mahrt, 1997）。成熟的波浪场往往能与风场保持一种平衡状态。与拖曳系数相比，不同稳定度下热量和水汽输送系数各自的差异很小，两者都随风速的增大而缓慢减小，在风速大于 8 m/s 后趋于不变。2012 年的输送系数量级和变化形态与 2011 年基本一致，但较大风速条件下（≥8 m/s）样本数量相对较多，分布更加均衡。

从图 9.46 中可以发现，湖面上大气层结对于拖曳系数有重要影响。相同风速下，近中性层结下的拖曳系数显著大于不稳定层结下，这似乎有悖于奥布霍夫相似理论，不同于其他一些研究结论。理论上[式(9.12a)]，在不稳定条件下，当粗糙度是常数时拖曳系数会随着不稳定程度的增大而增大，然而这种依赖性被利用涡旋相关法开展的实验研究所证实的却不多,尤其是在不稳定条件下。因为与拖曳系数对风速的依赖性相比,很少有实验致力于探索大气稳定度对拖曳系数的影响。一些分析研究认为拖曳系数随大气稳定度的变化遵从奥布霍夫相似理论(Hicks, 1972; Joffre, 1982; Mahrt et al., 2000),另一些基于直接通量观测的研究却得出了相反的结论。利用涡动相关观测资料,Tsukamoto 等(1991)也发现了拖曳系数随着不稳定度的增大而减小,但对于热量输送系数和水汽输送系数则变化不明显,这与本节的结果相似。相似的规律也被其他学者进行了研究,但是关于物理本质的解释仍然鲜见报道(Hanabusa et al., 1976; Konishi and Nan-niti, 1979; Sethuraman and Raynor, 1975)。

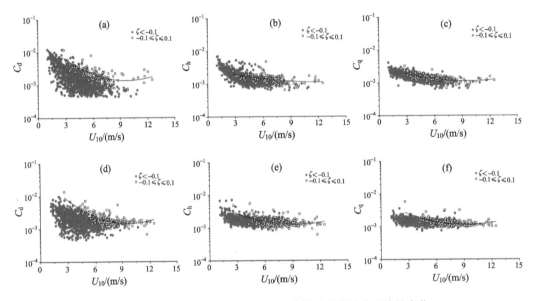

图 9.46　不同稳定度下 10 m 参考高度输送系数随着风速的变化

数据是基于 30 min 平均的涡旋相关观测结果计算获得的。实线代表的是近中性层结下(−0.1≤ζ≤0.1)二次多项式拟合的结果,(a)～(c)代表 2011 年,(d)～(f)代表 2012 年

根据式(9.12a),当观测高度(z)固定时,拖曳系数可以被视为 z_0 和 ζ 的函数。在水体表面,当波浪很小时,零平面位移(d)可以被视为零。与陆地不同,湖面粗糙度在波浪的影响下变化非常剧烈。以 2011 年的结果为例,首先测试了高度订正对不同稳定度下拖曳系数随风速变化的影响,因为订正过程中涉及大气稳定度普适函数。比较图 9.46(a)和图 9.47 可以发现,未经高度订正的中性层结下的拖曳系数在风速为 8.0～9.0 m/s 时的转折更为显著,但拖曳系数随大气稳定度的分布形态与订正后的基本一致,表明高度订正是可靠的,不会对大气稳定度与拖曳系数的关系造成根本影响。进一步研究发现,动量粗糙度对拖曳系数的影响远大于大气稳定度对它的影响,如图 9.48 所示,$4 < \left| \ln((z-d)/z_0)/\psi_m(\zeta) \right| < 156$。因此,在湖面上,拖曳系数与大气稳定度的关系可能更为复杂。更进一步,当将粗糙度长度近似地假定为常数时(变化范围不超过一个数量级),在 4 个不同量级的粗糙度下,拖曳系数分别随着不稳定度的增大而增大(图 9.49)。因此,它在本质上与奥布霍夫相似理论仍旧是一致的。

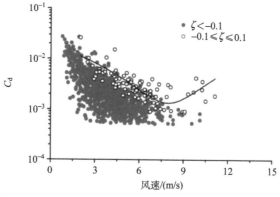

图 9.47　直接观测的 3 m 高度不同稳定度下拖曳系数随风速的变化（2011 年）

近中性层结下（$-0.1 \leqslant \zeta \leqslant 0.1$）

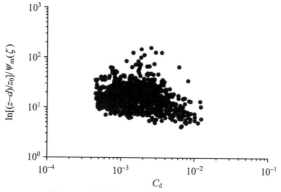

图 9.48　$\ln\left[(z-d)/z_0\right]/\psi_{\mathrm{m}}(\zeta)$ 随拖曳系数的变化（2011 年）

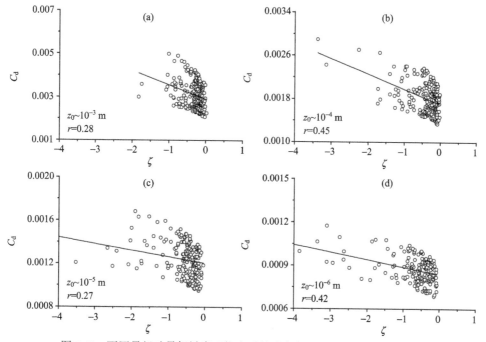

图 9.49　不同量级动量粗糙度下拖曳系数随大气稳定度的变化（2011 年）

2. 粗糙度随风速的变化

观测的粗糙度随风速的变化在图 9.50 中被描绘。如前所述，粗糙度的分布近似于对数正态分布，对于"块平均"，本节采用几何平均而非算术平均。几何平均是基于一个平均区间内数据的对数的平均，能够更好地指示区间内数据分布的中心趋势，而算术平均容易被区间内最大的那些数据影响而产生偏差(Andreas et al., 2010a)。"块平均"的误差条表示正负两倍的标准误差，标准误差的计算同样是基于 30 min 数据的对数。

当风速小于 6.0 m/s 时，动量粗糙度总体上随风速的增大而明显减小，并且分布比较离散，但主体分布在 $10^{-2}\sim10^{-6}$ m。当风速大于 6.0 m/s 时，2011 年的结果因为该范围内样本太少而显得离散，2012 年的数据分布比较均衡，较大风速时动量粗糙度有所增大，并且分布相对集中。"块平均"后的结果显示，当风速大于 4.0 m/s 时，2011 年的动量粗糙度较 2012 年偏小，一部分原因是经过数据筛选后，2011 年风速大于该阈值的数据偏少且离散，数值整体偏低；但两个年份在弱风条件下的变化具有高度相似性，表明其是可靠的。总体上，动量粗糙度随风速的变化趋势与拖曳系数的变化较为一致。在弱风条件下，水体表面拖曳系数和动量粗糙度随风速减小而明显增加的现象也被其他学者所报道(Bourassa et al., 1999; Saunders, 1967; Wu, 1994)，可能原因在于弱风下表面张力或细纹波及大气自由对流过程的影响。本质上，动量粗糙度受水面波浪状况及风速的较大影响，是具有真实物理意义的变量，而热量粗糙度和水汽粗糙度并没有实际的物理意义，与风速无直接关系。但在湖泊模型中，一般都采用动量粗糙度及粗糙雷诺数等因子来参数化热量粗糙度和水汽粗糙度，基于这个角度，它们与风速又建立了间接联系。如图 9.50(b)和图 9.50(c)所示，30 min 的数据中，热量粗糙度和水汽粗糙度与风速的关系并不显著，

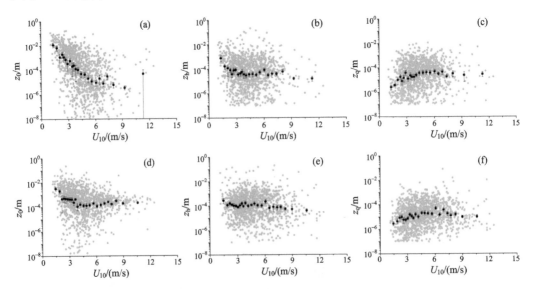

图 9.50　动量粗糙度、热量粗糙度和水汽粗糙度随 10 m 高度风速的变化

(a)~(c)代表 2011 年；(d)~(f)代表 2012 年。灰色圆点代表采用 30 min 平均的涡旋相关观测数据计算的结果，黑色圆点代表基于 30 min 数据进行"块平均"后的结果(采用几何平均法)，误差条表示±2 倍标准误差

"块平均"后的结果显示，热量粗糙度在弱风下相对较大，当风速超过 3.0 m/s 时近似于常数，随着风速的增大而缓慢减小；而水汽粗糙度在弱风下较小，当风速大于 5.0 m/s 时近似于常数。两年中，2012 年"块平均"后的热量粗糙度略大于 2011 年，水汽粗糙度略小于 2011 年；2011 年的热量粗糙度与水汽粗糙度比较接近，与其他研究较为一致，而 2012 年水汽粗糙度总体偏高。

3. 标量粗糙度比率随风速的变化

图 9.51 表明标量粗糙度比率（z_h/z_q）在弱风条件下较大（>1），随着风速的增大而减小，乃至趋于常数。以 2011 年为例，这种趋势变化的转折点的风速为 4.0 m/s，这一变化趋势与中纬度海岸区域的观测结果相似，但后者转折点更高达到 12.0 m/s（Vickers and Mahrt, 2010）。风速较大时，z_h/z_q 可以理解为由波浪掩蔽作用而引起的 z_h 的减小（Liu et al., 1979）及波浪破碎导致的 z_q 的增大所致（Donelan, 1990）。虽然两年中的变化趋势相近，但 2012 年"块平均"后的 z_h/z_q 始终大于 1，一定程度上可能与观测不确定性有关。

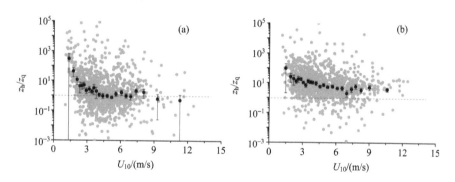

图 9.51　热量粗糙度与水汽粗糙度比值随 10 m 高度风速的变化

(a) 2011 年；(b) 2012 年。灰色圆点代表采用 30 min 平均的观测数据计算结果，黑色圆点代表基于 30 min 数据进行"块平均"后的结果（采用几何平均法），误差条表示±2 倍标准误差

9.5.6　现有湖泊模型中粗糙度参数化方案评估

1. 模拟与观测的感热通量和潜热通量

以 Verburg 湖泊通量模型为基础，将其中的静态 Charnock 系数方案替换为 LISSS 模型中的动态 Charnock 系数方案，分别计算了 2011 年和 2012 年观测期内的感热通量与潜热通量。在此之后，分别采用 LISSS 和 CLM4.5 模型中的粗糙度参数化方案替换 Verburg 湖泊通量模型中的方案，构成简化版的 LISSS 和 CLM4.5 湖泊通量模型，并计算感热通量与潜热通量。这样，三种粗糙度参数化方案镶嵌在相同的模型框架基础上，输入变量相同，排除了其他因子的干扰，有利于进行比较。模型的输入变量分别是水平风速、气温、相对湿度、气压、观测高度及表面温度和 Charnock 系数。其中风速、气温、相对湿度和气压来自直接观测，表面温度利用向下和向上长波辐射根据式 (9.7) 计算获得，Charnock 系数根据式 (9.14)～式 (9.16) 计算得到。

图 9.52 描绘了模型计算的感热通量与观测值的比较。2011 年 3 个模型计算结果均偏大，相关系数最高的是 LISSS 和 Verburg(r=0.85)，均方根误差最小的是 LISSS（RMSE = 9.70 W/m^2)，最大的是 CLM4.5（RMSE = 16.04 W/m^2)。2012 年相关系数最高的是 Verburg(r=0.91)，LISSS 次之，并且 LISSS 的均方根误差最小（RMSE = 4.23 W/m^2)。两年中，CLM4.5 的相关系数均最小，均方根误差最大。2012 年的均方根误差明显小于 2011 年，不及后者的一半，这可能是因为两个年份的观测期不同，2011 年深秋时段湖面感热通量较大，提高了感热通量均值的同时也提升了均方根误差。

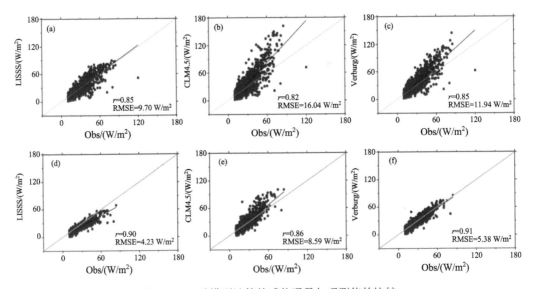

图 9.52　三种模型计算的感热通量与观测值的比较

黑色实线代表线性拟合结果，各分图中右下角列出了相关系数(r)和均方根误差(RMSE)，(a)~(c)代表 2011 年，(d)~(f)代表 2012 年

模型计算的潜热通量与观测值的比较在图 9.53 中被展示。2011 年 3 个模型计算结果均偏大，相关系数最高的是 Verburg(r=0.80)，但均方根误差最小的是 LISSS（RMSE = 16.72 W/m^2)，最大的是 CLM4.5（RMSE = 32.22 W/m^2)，后者几乎是前者的两倍。2012 年相关系数最高的依然是 Verburg(r=0.86)，均方根误差最小的是 LISSS（RMSE = 15.22 W/m^2)，但其相关系数最低(r=0.78)，CLM4.5 的相关系数居中，均方根误差最大。整体上，CLM4.5 计算的感热通量偏高最显著，Verburg 次之，LISSS 的结果则与观测值最接近。相对于感热通量，潜热通量模拟的 RMSE 在年际间的差异较小，可能因为湖面潜热通量峰值所处的夏秋交替阶段均包含在两年的观测内，潜热通量均值的差异较小。

2. 模型计算的粗糙度和输送系数与观测值的比较

在计算通量的过程中，同时获得了模型计算的输送系数和粗糙度长度。图 9.54 描绘了"块平均"后的模型计算与观测的粗糙度随风速的变化。三种模型计算的动量粗糙度呈现高度的相似性，尤其是在风速大于 4.0 m/s 时，这与其参数化方案的相似性有关。弱风条件下（＜4.0 m/s），Verburg 方案的结果略大于另两种，是由于 Verburg 方案中动量粗糙度等于分子黏性项与重力波项之和，而另两种方案则是取两者之最大值。弱风时，模型计算的动量粗糙度明显低于观测值，尽管模拟值在风速低于 2.5 m/s 时亦表现为粗糙度随风速减小而增大，但增幅远小于观测值，模拟值的增长主要与分子黏性项有关。风速大于 4.0 m/s 时的趋势与弱风时相反，但是 2012 年模拟与观测的差异明显小于 2011 年，这可能与前文提到的 2011 年较大风速时数据较离散且偏小有关，意味着模拟值与观测值在中高风速下的差异并不大，差异主要体现在弱风时。

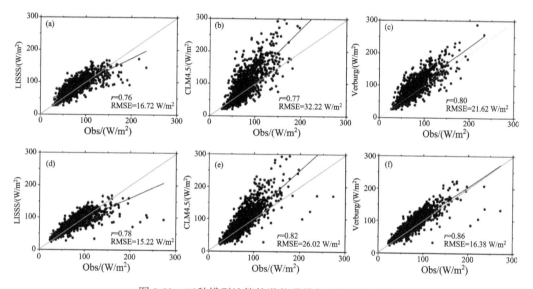

图 9.53　三种模型计算的潜热通量与观测值的比较

黑色实线代表的是线性拟合结果，图中右下角列出了相关系数(r)和均方根误差(RMSE)，(a)～(c) 代表 2011 年，(d)～(f) 代表 2012 年

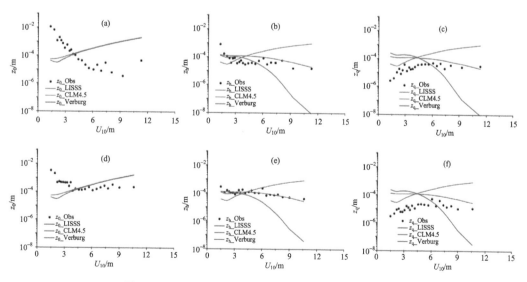

图 9.54　三种模型计算的和观测的粗糙度随风速的变化

均在 30 min 数据的基础上进行了"块平均"，(a)～(c) 代表 2011 年，(d)～(f) 代表 2012 年

Verburg 方案计算的热量粗糙度与观测值的变化趋势最接近，LISSS 方案的结果在弱风时与观测值较一致，但在中高风速下明显小于观测值。上述两个方案的热量粗糙度随风速增大均呈减小趋势，与观测结果类似，而 CLM4.5 方案的热量粗糙度变化趋势与动量粗糙度相似，与观测差异明显。模拟的水汽粗糙度总体上高于观测值，Verburg 方案在中高风速下接近观测值，而 CLM4.5 方案在弱风下更接近观测值，LISSS 方案则差异较大，弱风下明显偏高，较大风速时偏低。

根据式 (9.11a)，动量输送系数的变化主要与动量粗糙度及大气稳定度有关。图 9.55 (a) 中，C_d 随风速的变化趋势与 z_0 极为相似，这也意味着湖面上动量粗糙度对动量输送系数的变化起着决定性的作用。热量(水汽)输送系数的变化则比较复杂，$C_h(C_q)$ 同时受到动量粗糙度、热量(水汽)粗糙度及大气稳定度的影响。LISSS 方案的 C_h 与观测值最接近，Verburg 次之，CLM4.5 差异最大，与 C_d 不同的是，各种方案计算的 C_h 在弱风下都与观测值较为接近。模拟的水汽输送系数总体上高于观测，只有 CLM4.5 的结果在风速小于 2.5 m/s 时与观测极为一致。整体上，仍旧是 LISSS 方案的 C_q 最接近观测值，Verburg 次之，CLM4.5 差异最大。

比较图 9.54 和图 9.55 可知，模型计算的 $C_h(C_q)$ 是否与观测一致取决于 z_0 和 $z_h(z_q)$ 的配合。LISSS 方案计算的 z_h 在中高风速下明显偏小，但此时的 z_0 表现相反，两者偏差的相互抵消促成了 LISSS 计算的 C_h 超越 Verburg 而最接近观测值；而 Verburg 方案计算的 z_h 的变化趋势尽管与观测值最接近，但 z_0 的偏差与 LISSS 相似，这一偏差直接导致计算的 C_h 不够准确。水汽粗糙度和输送系数的情景与之相似。在风速、水气温差和饱和比湿差均直接或间接来自观测的情况下，感热能量与潜热通量的模拟主要取决于输送系数，因此，尽管 LISSS 方案计算的粗糙度随风速的变化不是最佳的，但由于计算的 C_h 和 C_q 的变化相对较好，因此最终对感热通量与潜热通量的模拟效果较好。从随风速变化的角

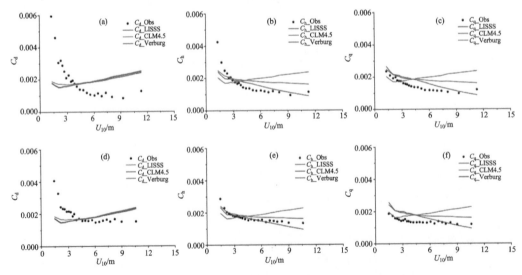

图 9.55　三种模型计算的和观测的输送系数随风速的变化

均在 30 min 数据的基础上进行了"块平均"，(a)～(c) 代表 2011 年，(d)～(f) 代表 2012 年

度,模拟值与观测值仍存在明显差异,但实际过程中,中高风速时样本数量少、偏差大,弱风条件下样本数量大、偏差小,因此,频率分布的差异相对较小(图9.56)。以 2011 年为例,三种方案计算的粗糙度的峰值区差异很小,与观测非常接近,但峰值的集中度远高于观测。在输送系数的频率分布方面,模拟的峰值比观测一致偏高 1.0×10^{-3} 左右,与图9.55 基本一致。

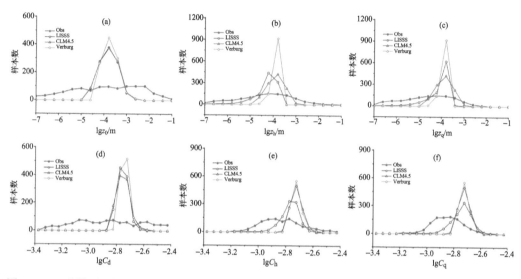

图 9.56　三种模型计算的和观测的输送系数和粗糙度的频率分布(2011 年,基于 30 min 平均的数据计算得到)

3. 弱风条件下的动量粗糙度和拖曳系数

弱风条件下,观测的动量粗糙度与拖曳系数随风速的增大而迅速减小,降幅远大于湖泊模型的模拟结果,这种现象已有了报道(Bradley et al., 1991; Vickers and Mahrt, 1997; Yelland and Taylor, 1996)。拖曳系数的变化很大程度上依赖于风速和波浪状态。进一步的研究显示,拖曳系数通常在风速为 5.0 m/s 左右达到最小值,这时水体表面的动量粗糙度也最小,风场与波浪相互作用处于表面张力主导与重力波主导的过渡阶段(Wu, 1994)。以该风速为基础,风速增大或减小, z_0 和 C_d 均增大。大风条件下, z_0 主要由重力波高度决定,而在弱风下,表面张力或细纹波产生成为影响 z_0 的重要因素(Bourassa et al., 1999; Wüest and Lorke, 2003; Wu, 1994),这种情境下,由于重力波的衰退,Charnock 关系不再适用(Charnock, 1955; Vickers and Mahrt, 1997)。这是形成我们的结果的一个可能机制,但在我们的研究中,转折风速为 6.0~7.0 m/s[图 9.54(a)、图 9.54(d)、图 9.55(a)和图 9.55(d)],较以往研究偏大 1~2 m/s,可能是由于波浪的发展状态与风速和空气-水体密度比有关。根据 Bernoulli 的方程(Le Roux, 2009),青藏高原上较低的空气密度导致该地区在同等风速下的风能减小。换言之,为了达到同样的波浪高度,青藏高原上需要的风速一般大于低海拔地区,当然,这是一种理想假设,实际过程中波浪的发展更为复杂。在目前的大多数湖泊模型中,表面张力或细纹波的影响没有被考虑在内,因此影响了其在弱风下的模拟性能,并且可能造成对动量粗糙度和输送系数的低估。

此外，受到湖泊有限风区长度的影响，波浪一般很难达到稳定状态，因此湖泊中波浪诱导应力往往比开阔洋面更加复杂。这就意味着许多湖面上的波浪很难达到成熟状态，而年轻的或正在发展的波浪需要汲取动量以便发展和补偿波浪破碎过程中的损失（Wüest and Lorke, 2003）。因此，与成熟波浪相比，年轻的波浪通常更为粗糙并且能产生更强的湍流。已有研究中，观测到的湖泊表面应力和动量粗糙度一般高于开阔海面。Stepanenko 等（2014）的研究证实了湖泊模型低估了 Valkea-Kotinen Lake 的拖曳系数，可能的原因就是模型无法完全描述有限风区长度下的波浪发展状态。在极弱风速条件下，增大表面粗糙度的因素还有近地层大气的自由对流过程[①]（Businger, 1973; Godfrey and Beljaars, 1991）。但是，本节处理过程中，已经剔除了极弱风速（<1.0 m/s）的数据，因此没有对该物理过程展开讨论。

9.5.7　新参数化方案的建立与验证

1. 数据选用中的虚假相关性

如式（9.21）所示，湖面动量粗糙度参数化方案中的分子黏性项和重力波项均包含摩擦速度 u_*，一般都将 z_0 表达为 u_* 的函数。图 9.57(a) 描绘了 2012 年观测的 z_0 随观测的 u_* 的变化，图 9.57(b) 中则是同一时段观测的 z_0 随 LISSS 模型计算的 u_* 的变化。当 u_* 小于 0.2 m/s 时，两者的变化特征近乎相反；后者的变化与 z_0 随观测风速的变化趋势类似，而前者则几乎相反。一般意义上，摩擦速度与风速具有良好的正相关关系（图 9.58），模式中亦常用风速对摩擦速度的初始值进行参数化，然而，图 9.57 中的现象表明直接采用观测的 u_* 与 z_0 进行拟合可能并不妥当。

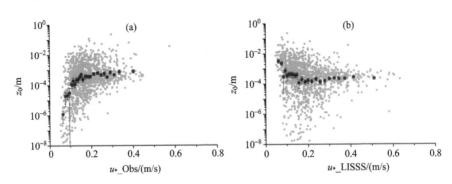

图 9.57　观测计算的动量粗糙度随摩擦速度的变化

(a)摩擦速度来自观测；(b)摩擦速度来自 LISSS 模型。灰色圆点代表采用 30 min 平均的观测数据计算的结果，黑色圆点代表基于 30 min 数据进行"块平均"后的结果（采用几何平均法），误差条表示±2 倍标准误差

Andreas 等（2005）的研究采用了图 9.57(a) 中的方法，计算了海冰表面的动量粗糙度随摩擦速度的变化，并拟合了函数关系；但是，在其后续研究中（Andreas et al., 2010a,

① Huang C H. 2010. Sea surface roughness and drag coefficient under free convection conditions. Proceedings of the 2010 international conference on theoretical and applied mechanics, and 2010 international conference on Fluid mechanics and heat & mass transfer. 121-127

2010b），摈弃了上述方法，转而采用体积通量模型计算的 u_* 代替直接观测的 u_*，并与 z_0 进行拟合，与图 9.57(b)类似。由于 z_0 的计算过程需要 u_* 的参与，u_* 观测的不确定性的误差会被传递给 z_0，因此直接采用观测的 u_* 与 z_0 进行拟合易导致结果中产生虚假相关。

类似的现象在粗糙雷诺数（$R_e = \dfrac{z_0 u_*}{v}$）与粗糙度比（$\dfrac{z_h}{z_0}$ 或 $\dfrac{z_q}{z_0}$）的拟合中同样存在。为了减少这种虚假相关性的干扰，在本章拟合中，采用了 LISSS 模型计算的 u_*。LISSS 模型中的 u_* 主要依据输入的观测风速结合相似理论而计算获得。图 9.58 中，LISSS 模型计算的 u_* 在弱风下略小于观测值，尤其是当 U_{10} 小于 3.0 m/s 时，随着风速的增大，LISSS 模型计算值开始反超并大于观测值，差异逐渐增大。在本节中，粗糙度拟合过程中所需的 u_* 和 R_e 均采用 LISSS 模型的计算值。

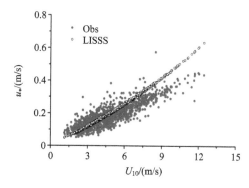

图 9.58　观测的和 LISSS 模型计算的摩擦速度与观测的水平风速的关系

2. 水面粗糙度参数化中细纹波的作用

中高风速下，动量粗糙度主要受重力波的影响，参数化中的 Charnock 关系在这种情况下是有效的。然而，近似静风条件亦时常出现在海洋或湖面上，水面静如玻璃，此时的水气界面边界层变成了黏性或层状的，粗糙度长度尺度即分子副层的厚度（v/u_*）。当风速开始增大但为弱风时，产生的波浪即细纹波（图 9.59），其尺度可以被表示为 γ/u_*^2（Bourassa et al., 1999）。细纹波比重力波更短、更陡峭且分布更密集。Wu(1968)的研究显示，因细纹波产生的粗糙度随着风速的增大而减小。同等风速下，与细纹波有关的粗糙度大于空气动力学光滑面上的粗糙度。利用 Riso Air Sea Experiment (RASEX)的观测数据，Mahrt 等(1996)尝试调查了微风条件下粗糙度是否因细纹波而增大。尽管弱风下涡旋协方差观测的不确定性增大，但实验结果仍表明拖曳系数在风速为 4 m/s 左右时达到最小值。

处于初始阶段的层流边界层时，水体表面 z_0 随着风速的增大而减小，直到水气界面受到风力强迫破坏了层流的稳定性进而导致细纹波的产生。干净的水体表面这种现象一般出现在 $u_* = 0.044$ m/s，表面有浮油存在时 $u_* = 0.20$ m/s。对于典型的海洋下垫面，采用 $u_* = 0.07$ m/s（$U_{10} = 2.0$ m/s）作为细纹波产生的临界风速比较合适（需要说明的是，当摩擦速度约为 0.02 m/s 时，细纹波就已经开始产生，但这时还无法被人眼识别）。随着风速进一步增大（$u_* = 0.15$ m/s，$U_{10} = 4.0$ m/s），短的重力波开始支配拖曳作用，高于这个风速时，重力波成为支配动量粗糙度的主要因素。动量粗糙度随摩擦速度的变化可由图 9.60 展现。基于上述认识，Wu（1994）和 Bourassa 等（1999）发展了一个考虑了细纹波影响的动量粗糙度方案。

图 9.59　　水体表面的细纹波

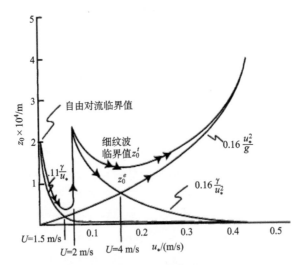

图 9.60　　动量粗糙度作为摩擦速度的函数（Kantha and Clayson, 2000）
包含分子黏性力、细纹波和重力波的影响

　　尽管 Bourassa 等（1999）的研究利用实验室造波场数据给出了一个包含细纹波影响的海面粗糙度计算模型，但较为复杂的模型框架制约了该模型的推广。在目前的湖泊粗糙度参数化方案中也未得到应用。另外，细纹波波长短、高度小，对观测仪器精度的要求极高，导致野外观测极为困难；已有的定量研究多在实验室内人工环境下进行，与野外环境仍有一定差别，这些都限制了对细纹波的研究。本节观测中，并没有设置对波浪的专门监测，因此只能借助先前的研究定性地验证和评估细纹波的影响。
　　与前文所述类似，2012 年的数据分布相对均衡，形态更加合理，因此动量粗糙度参数化过程中采用了该年的数据。借鉴 Bourassa 等（1999, 2001）的研究，将动量粗糙度 z_0 表

示为

$$z_0 = \frac{av}{u_*} + \frac{b}{u_*^2} + C\frac{u_*^2}{g} \tag{9.23}$$

式中，a 和 b 均为常数；C 为 Charnock 系数；v 为空气分子动黏性系数；u_* 为摩擦速度；g 为重力加速度。利用 2012 年的观测数据拟合后，a、b 和 c 的值分别为 0.56、3.3×10^{-6} 和 0.01。在 Kondo（1975）和 Brutsaert（1982）的实验室研究中，光滑面上分子黏性项（$\frac{av}{u_*}$）的系数 a 的值分别为 0.40 和 0.62，与本节拟合结果接近。对于 Charnock 系数，海洋上靠近海岸的水域可以取 0.0185（Wu, 1980），开阔洋面取 0.011（Smith, 1988），后者与本节的量值接近，但本节观测的水域靠近湖岸，因此，两者实际上还存在一定偏差。图 9.61 中即描述了 2011 年和 2012 年观测的动量粗糙度随摩擦速度（计算自 LISSS 模型）的分布，可以发现当 u_* 大于 0.25 m/s 时，2011 年的样本因为偏少而出现"块平均"后的动量粗糙度偏小的现象，既小于 2012 年的观测值，也小于拟合值。尽管 2012 年的拟合曲线与"块平均"后的观测值变化非常接近，但拟合值比较平滑，变化范围相对较小，当 u_* 小于 0.10 m/s 时，拟合值略小于观测值，而 0.15 m/s$<u_*<$0.20 m/s 时，则相反。

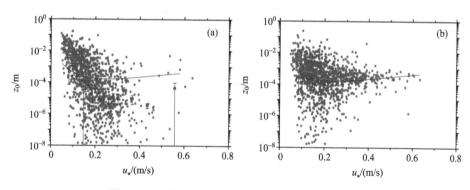

图 9.61　观测计算的动量粗糙度随摩擦速度的变化

(a)2011 年；(b)2012 年。灰色圆点代表 30 min 平均结果，蓝色圆点代表基于 30 min 数据进行"块平均"的结果（采用几何平均法），误差条表示±2 倍标准误差；红色实线代表考虑了细纹波后对 2012 年数据的拟合结果

3. 新参数化方案的验证

LISSS 模型计算的和改进的 LISSS 模型（动量粗糙度方案来自拟合公式）计算的粗糙度随风速的变化在图 9.62 中被展示，两者具有显著的差异。改进后的结果显示弱风下动量粗糙度随风速增大而减小，当风速大于 6 m/s 后又缓慢增大，这与观测结果[图 9.62（d）]较为一致，但如前文所述，拟合得到的结果变化范围偏小。根据式（9.18）和式（9.19），z_h 与 z_q 粗糙度的计算受到 z_0 的支配，因此，z_0 的计算方案变化必将间接导致 z_h 与 z_q 的变化[图 9.62（b）]，改进后获得的热量粗糙度与水汽粗糙度随风速的变化同样更接近于观测值[图 9.63（e）和图 9.63（f）]，尤其是风速大于 6 m/s 时。从频率分布的角度，除了 2012 年的 z_h 外，其他情况下，改进的方案计算的粗糙度均比 LISSS 模型直接计算的结果更接近

观测值(图 9.63)。值得注意的是,观测的粗糙度各自的波动范围比模型计算的结果大得多,这可能是由观测和模型的特点决定的。观测过程中,复杂的环境条件和仪器误差都会造成结果的不确定性,因此分析时需要提炼出其核心的特点和趋势,而模型一般都是通过最优设计获取主要趋势和特征,这必然会弱化其模拟极端事件的能力,因此图 9.63 的频率分布能较好地体现模拟与观测在粗糙度量级上的匹配程度。

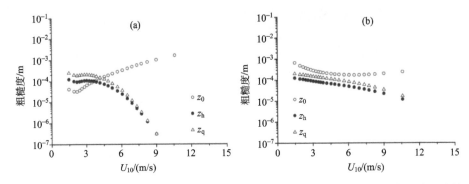

图 9.62 LISSS 模型计算的 2012 年粗糙度随风速的变化(a);采用观测拟合的动量粗糙度方案的 LISSS 模型计算结果(b)

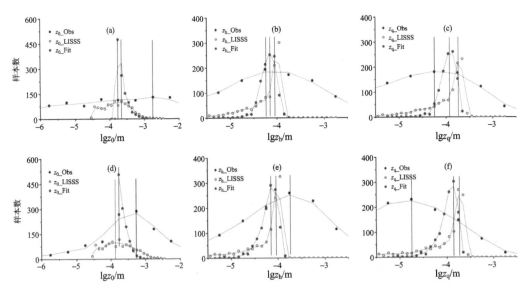

图 9.63 LISSS 模型、采用了拟合方案后计算的和观测的粗糙度分布

(a)~(c)2011 年;(d)~(f)2012 年

Fit 表示观测获得的参数化方案拟合的结果

LISSS 方案与改进后的方案计算的感热通量与潜热通量和观测值的相关系数在表 9.7 中列出。需要说明的是,对于热量粗糙度与水汽粗糙度,采用观测值拟合的方程分别为

$$z_h = z_0 \exp\left[-0.317 - 0.093\ln R_e - 0.006\left(\ln R_e\right)^2\right] \tag{9.24}$$

$$z_q = z_0 \exp\left[-1.143 - 0.033\ln R_e + 0.024\left(\ln R_e\right)^2 \right] \tag{9.25}$$

改进后的计算结果与观测值的相关系数均较原方案有所提高,大部分情况下均方根误差也较原方案低,潜热通量方面相关性和均方根误差的改善相对较明显,而感热通量的改进较为微弱。两年中,2012 年的改进相对明显,这与拟合方案的数据来自2012 年有关。需要说明的是,所用的这些方案均是简化版的模型,关闭了模型的水温预报功能,水表温度观测值代替,因此 LISSS 模型对感热通量与潜热通量已经具有较好的模拟效果,改进后的 LISSS 模型提升效果有限。实际模型中,水温由模型预报,粗糙度和输送系数的偏差必然导致预报的水温有所不同,必然会加大感热通量与潜热通量的模拟偏差。

表 9.7　原方案和改进后的方案模拟的感热通量及潜热通量与观测值的相关关系

方案	项目	H		LE	
		2011 年	2012 年	2011 年	2012 年
LISSS	r	0.85	0.90	0.76	0.78
	RMSE	9.70	4.23	16.72	15.22
LISSS-Fit-z_0	r	0.86	0.92	0.81	0.83
	RMSE	9.62	4.19	16.10	14.25
LISSS-Fit-z_0-z_h-z_q	r	0.87	0.91	0.81	0.84
	RMSE	10.87	4.90	16.69	14.28

注: r 表示相关系数;RMSE 表示均方根误差;LISSS-Fit-z_0 表示仅动量粗糙度采用了观测拟合方案;LISSS-Fit-z_0-z_h-z_q 表示三种粗糙度均采用了观测拟合方案。

参 考 文 献

黄倩, 王蓉, 田文寿, 等. 2014. 风切变对边界层对流影响的大涡模拟研究. 气象学报, 72 (1): 100-115.

李超, 巩远发, 段廷扬, 等. 2000. 青藏高原地区总辐射超太阳常数的观测研究. 成都信息工程学院学报, (2): 107-112.

李照国, 吕世华, 奥银焕, 等. 2012. 黄河源区生态环境变化对湖泊效应影响的数值模拟. 高原气象, 31(6): 1591-1600.

王苏民, 窦鸿身. 1998. 中国湖泊志. 北京: 科学出版社.

肖薇, 刘寿东, 李旭辉, 等. 2012. 大型浅水湖泊与大气之间的动量和水热交换系数——以太湖为例. 湖泊科学, 24(6): 932-942.

杨兴国, 牛生杰, 郑有飞. 2003. 陆面过程观测试验研究进展. 干旱气象, 21(3): 83-89.

张强, 卫国安, 黄荣辉. 2001. 敦煌戈壁大气曳力系数的观测与研究. 中国科学: D 辑, 31(9): 783-792.

张强, 张杰, 乔娟, 等. 2011. 我国干旱区深厚大气边界层与陆面热力过程的关系研究. 中国科学: 地球科学, 41(9): 1365-1374.

Andreas E L, Emanuel K A. 2001. Effects of sea spray on tropical cyclone intensity. Journal of the Atmospheric Sciences, 58(24): 3741-3751.

Andreas E L, Horst T W, Grachev A A, et al. 2010a. Parametrizing turbulent exchange over summer sea ice and the marginal ice zone. Quarterly Journal of the Royal Meteorological Society, 136(649): 927-943.

Andreas E L, Jordan R E, Makshtas A P. 2005. Parameterizing turbulent exchange over sea ice: The Ice Station Weddell results. Boundary-Layer Meteorology, 114(2): 439-460.

Andreas E L, Persson P O G, Grachev A A, et al. 2010b. Parameterizing turbulent exchange over sea ice in winter. Journal of Hydrometeorology, 11(1): 87-104.

Bates G T, Giorgi F, Hostetler S W. 1993. Toward the simulation of the effects of the Great Lakes on regional climate. Monthly Weather Review, 121(5): 1373-1387.

Biermann T, Babel W, Ma W Q, et al. 2014. Turbulent flux observations and modelling over a shallow lake and a wet grassland in the Nam Co basin, Tibetan Plateau. Theoretical and Applied Climatology, 116(1-2): 301-316.

Bonan G B. 1995. Sensitivity of a GCM simulation to inclusion of inland water surfaces. Journal of Climate, 8(11): 2691-2704.

Bourassa M A, Vincent D G, Wood W L. 1999. A flux parameterization including the effects of capillary waves and sea state. Journal of the Atmospheric Sciences, 56(9): 1123-1139.

Bourassa M A, Vincent D G, Wood W L. 2001. A sea state parameterization with nonarbitrary wave age applicable to low and moderate wind speeds. Journal of Physical Oceanography, 31(10): 2840-2851.

Bowling L C, Kane D L, Gieck R E, et al. 2003. The role of surface storage in a low - gradient Arctic watershed. Water Resources Research, 39(4): DOI: 10. 1029/2002WR001466.

Bradley E F, Coppin P A, Godfrey J S. 1991. Measurements of sensible and latent heat flux in the western equatorial Pacific ocean. Journal of Geophysical Research: Earth Surface, 96: 3375-3389.

Brutsaert W A. 1982. Evaporation into the Atmosphere. Netherlands: Springer.

Businger J A. 1973. Turbulent Transfer in the Atmospheric Surface Layer. In Workshop on Micrometeorology. Boston: American Meteorological Society.

Businger J A, Wyngaard J C, Izumi Y, et al. 1971. Flux-profile relationships in the atmospheric surface layer. Journal of the Atmospheric Sciences, 28(2): 181-189.

Charnock H. 1955. Wind stress on a water surface. Quarterly Journal of the Royal Meteorological Society, 81: 639-640.

Chen Y Y, Yang K, He J, et al. 2011. Improving land surface temperature modeling for dry land of China. Journal of Geophysical Research, 116(D20).

Conzemius R J, Fedorovich E. 2006. Dynamics of sheared convective boundary layer entrainment. Part I: Methodological background and large-eddy simulations. Journal of the Atmospheric Sciences, 63(4): 1151-1178.

Davies J. 1972. Surface albedo and emissivity for Lake Ontario. Climatological Bulletin, 12: 12-22.

Derecki J A. 1981. Stability effects on Great Lakes evaporation. Journal of Great Lakes Research, 7(4): 357-362.

Donelan M A. 1990. Air-sea interaction// LeméhautéB, Hanes D M. Ocean Engineering Science. New York : Wiley: 239-292.

Donelan M A, Dobson F W, Smith S D, et al. 1993. On the dependence of sea surface roughness on wave development. Journal of Physical Oceanography, 23(9): 2143-2149.

Downing J A, Prairie Y T, Cole J J, et al. 2006. The global abundance and size distribution of lakes, ponds, and impoundments. Limnology and Oceanography, 51(5): 2388-2397.

Dudhia J. 1989. Numerical study of convection observed during the winter monsoon experiment using a mesoscale two-dimensional model. Journal of Atmospheric Sciences, 46(20): 3077-3107.

Dutra E, Stepanenko V M, Balsamo G, et al. 2010. An offline study of the impact of lakes on the performance of the ECMWF surface scheme. Boreal Environment Research, 15(2): 100-112.

Dyer A J. 1974. A review of flux-profile relationships. Boundary-Layer Meteorology, 7 (3): 363-372.

Eerola K, Rontu L, Kourzeneva E, et al. 2010. A study on effects of lake temperature and ice cover in HIRLAM. Boreal Environment Research, 15 (2): 130-142.

Ellis A W, Leathers D J. 1996. A synoptic climatological approach to the analysis of lake-effect snowfall: Potential forecasting applications. Weather and Forecasting, 11(2): 216-229.

Foken T. 2006. 50 years of the Monin-Obukhov similarity theory. Boundary-Layer Meteorology, 119(3): 431-447.

Foken T. 2008. The energy balance closure problem: An overview. Ecological Applications, 18(6): 1351-1367.

Fu B P. 1997. The climatic effects of waters in different natural conditions. Acta Geographica Sinica, 52 (3): 246-253.

Garratt J. 1994. The atmospheric boundary layer. Earth-Science Reviews, 37(1): 89-134.

Geernaert G L, Larsen S E, Hansen F. 1987. Measurements of the wind stress, heat flux and turbulence intensity during storm conditions over the North Sea. Journal of Geophysical Research: Earth Surface, 92(C12): 13127-13139.

Gerbush M R, Kristovich D A R, Laird N F. 2008. Mesoscale boundary layer and heat flux variations over pack ice-covered lake erie. Journal of Applied Meteorology and Climatology, 47 (2): 668-682.

Godfrey J S, Beljaars A C M. 1991. On the turbulent fluxes of buoyancy, heat and moisture at the air-sea interface at low wind speeds. Journal of Geophysical Research: Earth Surface, 96(C12): 22043-22048.

Grachev A A, Bariteau L, Fairall C W, et al. 2011. Turbulent fluxes and transfer of trace gases from ship-based measurements during TexAQS 2006. Journal of Geophysical Research: Earth Surface, 116(D13).

Gu S, Tang Y H, Cui X Y, et al. 2005. Energy exchange between the atmosphere and a meadow ecosystem on the Qinghai-Tibetan Plateau. Agricultural and Forest Meteorology, 129(3): 175-185.

Hanabusa T, Fujita T, Uozu H. 1976. The measurement of turbulent fluxes at Miyako Island (AMTEX'75). In Preprint of annual meeting of Jap, Meteorol Soc: 35.

Heiskanen J J, Mammarella I, Ojala A, et al. 2015. Effects of water clarity on lake stratification and lake-atmosphere heat exchange. Journal of Geophysical Research: Atmospheres, 120 (15): 7412-7428.

Hicks B B. 1972. Some evaluations of drag and bulk transfer coefficients over water bodies of different sizes. Boundary-Layer Meteorol, 3 (2): 201-213.

Högström U. 1988. Non-dimensional wind and temperature profiles in the atmospheric surface layer: A re-evaluation. Boundary-Layer Meteorol, 42(1-2): 55-78.

Hostetler S W, Bartlein P J. 1990. Simulation of lake evaporation with application to modeling lake level variations of Harney - Malheur Lake, Oregon. Water Resources Research, 26(10): 2603-2612.

Hsieh C I, Katul G, Chi T W. 2000. An approximate analytical model for footprint estimation of scalar fluxes in thermally stratified atmospheric flows. Advances in Water Resources,23 (7)： 765-772.

Huang W F, Han H W, Shi L Q, et al. 2013. Effective thermal conductivity of thermokarst lake ice in Beiluhe Basin, Qinghai-Tibet Plateau. Cold Regions Science and Technology, 85： 34-41.

Huang W F, Li Z J, Han H W, et al. 2012. Structural analysis of thermokarst lake ice in Beiluhe Basin, Qinghai–Tibet Plateau. Cold Regions Science and Technology,72： 33-42.

Huang W F, Li Z J, Han H W, et al. 2016. Ice processes and surface ablation in a shallow thermokarst lake in the central Qinghai-Tibetan Plateau. Annals of Glaciology, 57 (71)： 20-28.

Jacobs J D, Grondin L D. 1988. The influence of an Arctic large-lakes system on mesoclimate in south-central Baffin Island, NWT, Canada. Arctic and Alpine Research, 20 (2)： 212-219.

Jeffries M O, Zhang T, Frey K, et al. 1999. Estimating late-winter heat flow to the atmosphere from the lake-dominated Alaskan North Slope. Journal of Glaciology, 45 (150)： 315-324.

Jiménez P A, Dudhia J. 2014. On the wind stress formulation over shallow waters in atmospheric models. Geoscientific Model Development Discussions, 7 (6)： 9063-9077.

Joffre S M. 1982. Momentum and heat transfer in the surface layer over a frozen sea. Boundary-Layer Meteorology, 24 (2)： 211-229.

Kain J S. 2004. The Kain–Fritsch convective parameterization: an update. Journal of Applied Meteorology, 43 (1)： 170-181.

Kanamitsu M, Ebisuzaki W, Woollen J, et al. 2002. Ncep–doe amip-ii reanalysis (r-2). Bulletin of the American Meteorological Society, 83 (11)： 1631-1644.

Kantha L H, Clayson C A. 2000. Small Scale Processes in Geophysical Fluid Flows. New York: Academic Press.

Kling G W, Kipphut G W, Miller M C. 1991. Arctic lakes and streams as gas conduits to the atmosphere: Implications for tundra carbon budgets. Science, 251 (4991)： 298-301.

Kljun N, Calanca P, Rotach M W, et al. 2004. A simple parameterisation for flux footprint predictions. Boundary-Layer Meteorology, 112： 503-523.

Kondo J. 1975. Air–sea bulk transfer coefficients in diabatic conditions. Boundary-Layer Meteorology, 9 (1)： 91-112.

Konishi T, Nan-niti T. 1979. Observed relationship between the drag coefficient, Cd, and stability parameter, (-z/L). Journal of the Oceanographical Society of Japan, 35 (5)： 209-214.

Kristovich D A R, Laird N F. 1998. Observations of widespread lake-effect cloudiness: Influences of lake surface temperature and upwind conditions. Weather and Forecasting, 13 (3)： 811-821.

Kristovich D A, Braham R R. 1998. Mean profiles of moisture fluxes in snow-filled boundary layers. Boundary-Layer Meteorology, 87 (2)： 195-215.

Kristovich D A, Young G S, Verlinde , et al. 2000. The lake-induced convection experiment and the snowband dynamics project. Bulletin of the American Meteorological Society, 81 (3)： 519-542.

Lavoie R L. 1972. A mesoseale numerical model of lake-fffect storms. Journal of the Atmospheric Sciences, 29 (6)： 1025-1040.

Le Roux J P. 2009. Characteristics of developing waves as a function of atmospheric conditions, water properties, fetch and duration. Coastal Engineering, 56 (4)： 479-483.

Leclerc M Y, Thurtell G W. 1990. Footprint prediction of scalar fluxes using a Markovian analysis.

Boundary-Layer Meteorol, 52 (3): 247-258.

Li M, Ma Y, Hu Z, et al. 2009. Snow distribution over the Namco lake area of the Tibetan Plateau. Hydrology and Earth System Sciences, 13 (11): 2023-2030.

Li Z G, Lyu S H, Ao Y H, et al. 2015. Long-term energy flux and radiation balance observations over Lake Ngoring, Tibetan Plateau. Atmospheric Research, 155: 13-25.

Li Z G, Lyu S H, Zhao L, et al. 2016. Turbulent transfer coefficient and roughness length in a high-altitude lake, Tibetan Plateau. Theoretical and Applied Climatology, 124 (3-4): 723-735.

Liu H P, Zhang Y, Liu S H, et al. 2009. Eddy covariance measurements of surface energy budget and evaporation in a cool season over southern open water in Mississippi. Journal of Geophysical Research: Earth Surface, 114 (D4).

Liu H, Zhang Q, Dowler G. 2012. Environmental controls on the surface energy budget over a large southern inland water in the United States: An analysis of one-year eddy covariance flux data. Journal of Hydrometeorology, 13 (6): 1893-1910.

Liu W T, Katsaros K B, Businger J A. 1979. Bulk parameterization of the air–sea exchange of heat and water vapor including the molecular constraints at the interface. Journal of the Atmospheric Sciences, 36 (6): 1722-1735.

Lofgren B M. 1997. Simulated effects of idealized Laurentian Great Lakes on regional and large-scale climate. Journal of Climate, 10 (11): 2847-2858.

Lofgren B M. 2004. A model for simulation of the climate and hydrology of the Great Lakes basin. Journal of Geophysical Research: Earth Surface, 109 (D18).

Long Z, Perrie W, Gyakum J, et al. 2007. Northern lake impacts on local seasonal climate. Journal of Hydrometeorology, 8 (4): 881-896.

Mahrt L, Vickers D, Frederickson P, et al. 2003. Sea-surface aerodynamic roughness. Journal of Geophysical Research: Oceans, 108 (C6): 3171.

Mahrt L, Vickers D, Howell J, et al. 1996. Sea surface drag coefficients in the Risø Air Sea Experiment. Journal of Geophysical Research: Earth Surface, 101 (C6): 14327-14335.

Mahrt L, Vickers D, Sun J L, et al. 2000. Determination of the surface drag coefficient. Boundary-Layer Meteorology, 99 (2): 249-276.

Mironov D, Heise E, Kourzeneva E, et al. 2010. Implementation of the lake parameterisation scheme FLake into the numerical weather prediction model COSMO. Boreal Environment Research, 15 (2): 218-230.

Mlawer E J, Taubman S J, Brown P D, et al. 1997. Radiative transfer for inhomogeneous atmospheres: RRTM, a validated correlated‐k model for the longwave. Journal of Geophysical Research: Atmospheres, 102 (D14): 16663-16682.

Morrison H, Curry J A, Shupe M D, et al. 2005. A new double-moment microphysics parameterization for application in cloud and climate models. Part II: Single-column modeling of Arctic clouds. Journal of the Atmospheric Sciences, 62 (6): 1678-1693.

Niziol T A, Snyder W R, Waldstreicher J S. 1995. Winter weather forecasting throughout the Eastern United States. Part IV: Lake effect snow. Weather and Forecasting, 10 (1): 61-77.

Noh Y, Cheon W G, Hong S Y, et al. 2003. Improvement of the K-profile model for the planetary boundary layer based on large eddy simulation data. Boundary-layer meteorology, 107 (2): 401-427.

Nordbo A, Launiainen S, Mammarella I, et al. 2011. Long-term energy flux measurements and energy balance over a small boreal lake using eddy covariance technique. Journal of Geophysical Research: Earth Surface, 116 (D2).

Norton D C, Bolsenga S J. 1993. Spatiotemporal trends in lake effect and continental snowfall in the Laurentian Great Lakes, 1951-1980. Journal of Climate, 6 (10): 1943-1956.

Oleson K W, Dai Y, Bonan G, et al. 2004. Technical description of the community land model (CLM). Tech. Note NCAR/TN-461+ STR.

Oleson K W, Niu G Y, Yang Z L, et al. 2008. Improvements to the Community Land Model and their impact on the hydrological cycle. Journal of Geophysical Research: Biogeosciences, 113 (G1): DOI: 10. 1029/2007JG000562.

Oleson K, Lawrence D, Bonan G, et al. 2013. Technical Description of Version 4.5 of the Community Land Model (CLM). Boulder, Colorado: National Center for Atmospheric Research (NCAR).

Oswald C J, Rouse W R. 2004. Thermal characteristics and energy balance of various-size canadian shield lakes in the Mackenzie River basin. Journal of Hydrometeorology, 5 (1): 129-144.

Pino D, Vilà-Guerau de Arellano J, Duynkerke P G. 2003. The contribution of shear to the evolution of a convective boundary layer. Journal of the Atmospheric Sciences, 60 (16): 1913-1926.

Rouse W R, Blanken P D, Bussières N, et al. 2008. An Investigation of the thermal and energy balance regimes of Great Slave and Great Bear Lakes. Journal of Hydrometeorology, 9 (6): 1318-1333.

Rouse W R, Oswald C J, Binyamin J, et al. 2005. The role of northern lakes in a regional energy balance. Journal of Hydrometeorology, 6 (3): 291-305.

Rouse W R, Oswald C M, Binyamin J, et al. 2003. Interannual and seasonal variability of the surface energy balance and temperature of central Great Slave Lake. Journal of Hydrometeorology, 4 (4): 720-730.

Samuelsson P, Kourzeneva E, Mironov D. 2010. The impact of lakes on the European climate as simulated by a regional climate model. Boreal environment research, 15 (2): 113-129.

Saunders P M. 1967. The temperature at the ocean-air interface. Journal of the Atmospheric Sciences, 24 (3): 269-273.

Schuepp P H, Leclerc M Y, MacPherson J I, et al. 1990. Footprint prediction of scalar fluxes from analytical solutions of the diffusion equation. Boundary-Layer Meteorology, 50 (1-4): 355-373.

Scott R W, Huff F A. 1996. Impacts of the Great Lakes on regional climate conditions. Journal of Great Lakes Research, 22 (4): 845-863.

Sethuraman S, Raynor G S. 1975. Surface drag coefficient dependence on the aerodynamic roughness of the sea. Journal of Geophysical Research, 80 (36): 4983-4988.

Small E E, Sloan L C, Hostetler S, et al. 1999. Simulating the water balance of the Aral Sea with a coupled regional climate‐lake model. Journal of Geophysical Research: Atmospheres, 104 (D6): 6583-6602.

Smith S D. 1988. Coefficients for sea surface wind stress, heat flux, and wind profiles as a function of wind speed and temperature. Journal of Geophysical Research: Earth Surface, 93 (C12): 15467-15474.

Smith S D, Anderson R J, Oost W A, et al. 1992. Sea surface wind stress and drag coefficients: The hexos results. Boundary-Layer Meteorology, 60 (1-2): 109-142.

Soloviev A V, Lukas R. 2013. The Near-surface Layer of the Ocean: Structure, Dynamics and Applications. 2nd ed. Netherlands: Springer.

Soloviev A V, Schlüssel P. 1996. Evolution of cool skin and direct air-sea gas transfer coefficient during daytime. Boundary-Layer Meteorology, 77(1): 45-68.

Sommar J, Zhu W, Shang L, et al. 2013. A whole-air relaxed eddy accumulation measurement system for sampling vertical vapour exchange of elemental mercury. Tellus B: Chemical and Physical Meteorology, 65(10): 1-21.

Song C Q, Huang B, Richards K, et al. 2014. Accelerated lake expansion on the Tibetan Plateau in the 2000s: Induced by glacial melting or other processes? Water Rresource Research, 50(4): 3170-3186.

Stepanenko V, Jöhnk K D, Machulskaya E, et al. 2014. Simulation of surface energy fluxes and stratification of a small boreal lake by a set of one-dimensional models. Tellus A: Dynamic Meteorology and Oceanography, 66(1): 174-179.

Subin Z, Riley W J, Mironov D. 2012. An improved lake model for climate simulations: Model structure, evaluation, and sensitivity analyses in CESM1. Journal of Advances in Modeling Earth Systems, 4(1): 1-10.

Taylor P K, Yelland M J. 2001. The dependence of sea surface roughness on the height and steepness of the waves. Journal of physical oceanography, 31(2): 572-590.

Thiery W I M, Stepanenko V M, Fang X, et al. 2014b. LakeMIP Kivu: Evaluating the representation of a large, deep tropical lake by a set of one-dimensional lake models. Tellus: Series A, Dynamic Meteorology and Oceanography, 66(1).

Thiery W, Martynov A, Darchambeau F, et al. 2014a. Understanding the performance of the fLake model over two African Great Lakes. Geosci Model Development, 7: 317-337.

Tsukamoto O, Ohtaki E, Iwatani Y, et al. 1991. Stability dependence of the drag and bulk transfer coefficients over a coastal sea surface. Boundary-Layer Meteorology, 57(4): 359-375.

Venäläinen A, Frech M, Heikinheimo M, et al. 1999. Comparison of latent and sensible heat fluxes over boreal lakes with concurrent fluxes over a forest: Implications for regional averaging. Agricultural and Forest Meteorology, 98: 535-546.

Verburg P, Antenucci J P. 2010. Persistent unstable atmospheric boundary layer enhances sensible and latent heat loss in a tropical great lake: Lake Tanganyika. Journal of Geophysical Research: Earth Surface, 115 (D11).

Vickers D, Mahrt L. 1997. Fetch limited drag coefficients. Boundary-Layer Meteorology, 85(1): 53-79.

Vickers D, Mahrt L. 2010. Sea-surface roughness lengths in the midlatitude coastal zone. Quarterly Journal of the Royal Meteorological Society, 136(649): 1089-1093.

Wan W, Long D, Hong Y, et al. 2016. A lake data set for the Tibetan Plateau from the 1960s, 2005, and 2014. Scientific Data, 3: 160039.

Webb E K, Pearman G I, Leuning R. 1980. Correction of flux measurements for density effects due to heat and water vapour transfer. Quarterly Journal of the Royal Meteorological Society, 106(447): 85-100.

Wen L, Lv S, Li Z, et al. 2015. Impacts of the two biggest lakes on local temperature and precipitation in the Yellow River Source Region of the Tibetan Plateau. Advances in Meteorology, 2015: DOI: 10.1155/2015/248031.

Wilson J W. 1977. Effect of lake ontario on precipitation. Monthly Weather Review, 105 (2): 207-214.

Wu J. 1968. Laboratory studies of wind-wave interactions. Journal of Fluid Mechanics, 34 (1): 91-111.

Wu J. 1980. Wind-stress coefficients over sea surface near neutral conditions—A revisit. Journal of Physical

Oceanography, 10(5): 727-740.

Wu J. 1994. The sea surface is aerodynamically rough even under light winds. Boundary-Layer Meteorology ,69(1-2): 149-158.

Wüest A, Lorke A. 2003. Smallscale hydrodynamics in lakes. Ann Rev Fluid Mech, 35: 373-412.

Yang K, Koike T, Ishikawa H, et al. 2008. Turbulent flux transfer over bare-soil surfaces: Characteristics and parameterization. Journal of Applied Meteorology & Climatology, 47(1): 276-290.

Yang K, Wu H, Qin J, et al. 2014. Recent climate changes over the Tibetan Plateau and their impacts on energy and water cycle: A review. Global and Planetary Change, 112: 79-91.

Yao J M, Zhao L, Gu L L, et al. 2011. The surface energy budget in the permafrost region of the Tibetan Plateau. Atmospheric Research 102(4): 394-407.

Ye Q H, Wei Q F, Hochschild V, et al. 2011. Integrated observations of lake ice at Nam Co on the Tibetan Plateau from 2001 to 2009. IEEE International Geoscience and Remote Sensing Symposium.

Yeager K N, Steenburgh W J, Alcott T I. 2013. Contributions of lake-effect periods to the cool-season hydroclimate of the Great Salt Lake basin. Journal of Applied Meteorology and Climatology, 52(2): 341-362.

Yelland M, Taylor P K. 1996. Wind stress measurements from the open ocean. Journal of Physical Oceanography, 26(4): 541-558.

Zhang G Q, Yao T D, Xie H J, et al. 2013. Increased mass over the Tibetan Plateau: From lakes or glaciers? Geophysical Research Letters, 40(10): 2125-2130.

Zhang H, Shan B Q, Ao L, et al. 2014. Past atmospheric trace metal deposition in a remote lake (Lake Ngoring) at the headwater areas of Yellow River, Tibetan Plateau. Environmental Earth Sciences, 72(2): 399-406.

Zhang Q Y, Liu H P. 2013. Interannual variability in the surface energy budget and evaporation over a large southern inland water in the United States. Journal of Geophysical Research: Atmospheres, 118(10): 4290-4302.

Zhao L, Jin J, Wang S Y, et al. 2012. Integration of remote-sensing data with WRF to improve lake-effect precipitation simulations over the Great Lakes region. Journal of Geophysical Research: Earth Surface, 117 (D9).

Zilitinkevich S S. 2011. The height of the atmospheric planetary boundary layer: State of the art and new development. National Security and Human Health Implications of Climate Change: 147-161.

Zilitinkevich S S, Grachev A A, Fairall C W. 2000. Scaling reasoning and field aata on the sea surface roughness lengths for scalars. Journal of the Atmospheric Sciences, 58(3): 320-325.

Zolfaghari K, Duguay C R, Kheyrollah Pour H. 2017. Satellite-derived light extinction coefficient and its impact on thermal structure simulations in a 1-D lake model. Hydrology and Earth System Sciences, 21(1): 377-391.

第 10 章　三江源国家公园气候环境与生态评估

2016 年 3 月，中共中央办公厅、国务院办公厅印发《三江源国家公园体制试点方案》，拉开了中国建立国家公园体制实践探索的序幕，三江源区气候和生态环境变化备受关注。在此背景下，青海省气象科学研究所系统开展了三江源国家公园所在区域，特别是分不同的源区对近期气候环境和生态变化进行了评估。鉴于其与本书开展的黄河源区气候与陆面过程研究密切相关，因此也一并将其写入此书。

三江源国家公园地理位置为 89°50′57″～99°14′57″E，32°22′36″～36°47′53″N，优化整合了可可西里国家级自然保护区、三江源国家级自然保护区等构成了"一园三区"格局，由长江源园区、黄河源园区、澜沧江源园区组成，总面积为 12.31 万 km²，占三江源地区面积的 31.16%，其中，冰川雪山 833.4 km²、湿地 29842.8 km²、草地 86832.2 km²、林地 495.2 km²。包括三江源国家级自然保护区的扎陵湖-鄂陵湖、星星海、索加-曲麻河、果宗木查和昂赛 5 个保护分区和可可西里国家级自然保护区，其中核心区 4.17 万 km²，缓冲区 4.53 万 km²，实验区 2.96 万 km²，为增强连通性和完整性，将 0.66 万 km² 非保护区一并纳入。同时，三江源国家公园范围内有扎陵湖、鄂陵湖两处国际重要湿地，均位于自然保护区的核心区；有列入国家《中国湿地保护行动计划》的国家重要湿地 7 处；有扎陵湖-鄂陵湖和楚玛尔河两处国家级水产种质资源保护区；有黄河源水利风景区 1 处。青海可可西里世界自然遗产被完整地划入了三江源国家公园长江源园区，位于可可西里国家级自然保护区和三江源国家级自然保护区的索加-曲麻河保护分区内。

本章基于地面监测资料和卫星遥感数据，评估了 2004～2015 年三江源国家公园草地、积雪、湖泊、河流等生态要素，荒漠化、水患等生态安全事件，以及干旱、雪灾等生态气象灾害演变规律，揭示了 1961～2015 年气温升高、降水增加等气候趋于暖湿化的客观事实，预估了未来气候变化情景下三江源国家公园生态可能的演变趋势，开展生态文明建设气象保障服务等对策建议，以期为政府部门开展国家公园体制试点建设提供决策参考。

10.1　三江源国家公园基本概况

三江源国家公园位于地球"第三极"——青藏高原腹地，以山原和高山峡谷地貌为主，主要山脉有昆仑山主脉及其支脉可可西里山、巴颜喀拉山、唐古拉山等，山系绵延，地势高耸，地形复杂，平均海拔 4500 m 以上。中西部和北部为河谷山地，多宽阔而平坦的滩地，因冻土广泛发育、排水不畅，形成了大面积以冻胀丘为基底的高寒草甸和沼泽湿地；东南部唐古拉山北麓则以高山峡谷为多，河流切割强烈，地势陡峭，山体相对高差多在 500 m 以上。

三江源作为长江、黄河、澜沧江三条江河的发源地，多年平均径流量 499 亿 m³，其中长江 184 亿 m^3，黄河 208 亿 m^3，澜沧江 107 亿 m^3，水质均为优良。国家公园内湖泊众多，面积大于 1 km^2 的有 167 个，其中长江源园区 120 个、黄河源园区 36 个、澜沧江源园区 11 个，以淡水湖和微咸水湖居多。雪山冰川总面积 833.4 km^2；河湖和湿地总面积 29842.8 km^2。

高寒草甸与高寒草原是三江源国家公园的生态主体资源，在维护三江源水源涵养和生物多样性主导服务功能中具有基础性地位。国家公园共有各类草地 868 万 hm^2，其中可利用草地 743 万 hm^2。按草地类型分，未退化和轻度退化草地 339 万 hm^2，中度退化草地 161 万 hm^2，重度退化草地 243 万 hm^2；森林和灌丛在公园内分布较少，仅占总面积的 0.4%，主要分布在三江源自然保护区的昂赛保护分区；国家公园共有河湖和湿地及雪山冰川 307 万 hm^2，类型丰富，景观独特并稀有，是水源涵养、净化、调蓄、供水的重要单元;荒漠主要分布于可可西里自然保护区，未受到人类活动干扰，仍保留着原始风貌，是极其珍贵的自然遗产。山水林田湖草共同组成三江源的生命共同体，孕育了无数的高原精灵，培育了独一无二的生态文化，必须坚定不移地加以保护。

10.2　生态演变特征

10.2.1　草地

1. 长江源园区

2004～2015 年长江源园区牧草返青明显提前、黄枯显著提前，生育期总体呈缩短趋势。长江源园区牧草返青期平均为 6 月 3 日，最早为 5 月 22 日，最晚为 6 月 10 日；黄枯期平均为 9 月 19 日，最早为 9 月 8 日，最晚为 9 月 29 日；生育期平均为 108 天，最短为 102 天，最长达 119 天(图 10.1)。

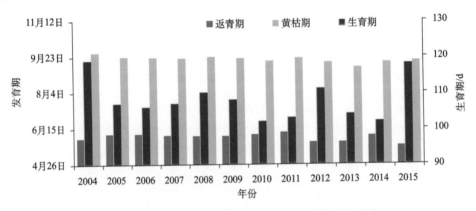

图 10.1　2004～2015 年长江源园区牧草生育期动态变化

2. 黄河源园区

2004～2015 年黄河源园区牧草返青期显著推迟、黄枯期显著提前和生育期显著缩短。黄河源园区牧草返青期平均为 5 月 21 日,最早为 5 月 14 日,最晚为 5 月 30 日;黄枯期平均为 9 月 21 日,最早为 9 月 12 日,最晚为 9 月 27 日;生育期平均为 124 天,最短为 111 天,最长达 134 天(图 10.2)。

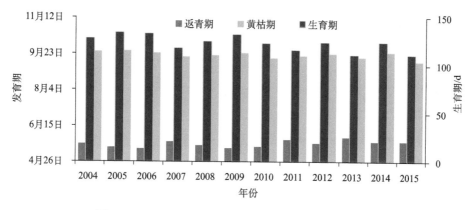

图 10.2　2004～2015 年黄河源园区牧草生育期动态变化

3. 澜沧江源园区

2004～2015 年澜沧江源园区牧草返青开始时间变化较小,黄枯期略有推迟,而生育期总体呈延长趋势。澜沧江源园区牧草返青期平均为 5 月 26 日,最早为 5 月 22 日,最晚为 5 月 30 日。黄枯期平均为 9 月 23 日,最早为 9 月 14 日,最晚为 9 月 29 日;生育期平均为 120 天,最短为 111 天,最长达 125 天(图 10.3)。

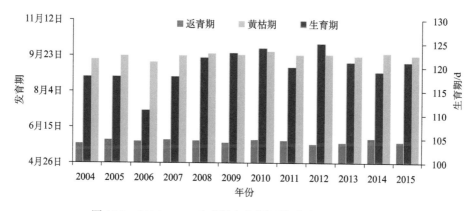

图 10.3　2004～2015 年澜沧江源园区牧草生育期动态变化

10.2.2　牧草生长状况

1. 长江源园区

2004～2015 年长江源园区牧草覆盖度和高度总体变化趋势不明显,但 2009 年以来牧草覆盖度出现了明显下降趋势。长江源园区牧草高度为 4～11 cm,平均为 7 cm;牧草覆盖度为 50%～70%，平均为 60%；牧草产量为 20～98 kg/亩，平均为 58 kg/亩（图 10.4）。

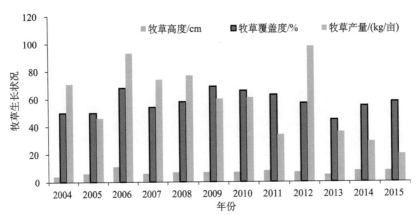

图 10.4　2004～2015 年长江源园区牧草长势动态变化

2. 黄河源园区

2004～2015 年黄河源园区牧草高度、牧草覆盖度及牧草产量均呈显著增加趋势，年牧草产量增幅达到 0.72 kg/亩。黄河源园区牧草高度为 3～14 cm，平均约 6 cm；牧草覆盖度为 40%～80%，平均为 60%；牧草产量为 17～52 kg/亩，平均为 38 kg/亩（图 10.5）。

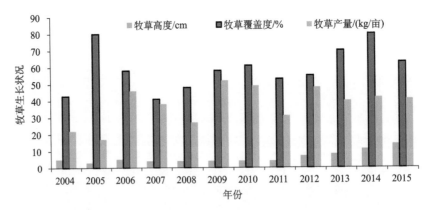

图 10.5　2004～2015 年黄河源园区牧草长势动态变化

3. 澜沧江源园区

2004～2015 年澜沧江源园区牧草高度、牧草产量均呈增加趋势，牧草覆盖度变化不明显。澜沧江源园区牧草高度为 4～15 cm，平均约 8 cm；牧草覆盖度高达 90%～100%，平均接近 100%；牧草产量为 151～661 kg/亩，平均达 295 kg/亩（图 10.6）。

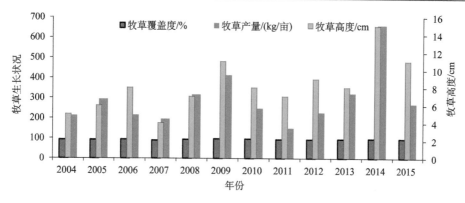

图 10.6　2004～2015 年澜沧江源园区牧草长势动态变化

根据 EOS/MODIS 卫星遥感资料，2004～2015 年长江源园区牧草年景丰年为 4 年、平年为 5 年、歉年为 3 年，黄河源园区牧草年景丰年为 6 年、平年为 1 年、歉年为 5 年，澜沧江源园区牧草年景丰年为 5 年、平年为 1 年、平偏歉为 1 年、歉年为 5 年，各园区牧草平年和丰年的比重稍大，说明近 12 年来三江源国家公园牧草长势趋好(图 10.7)。

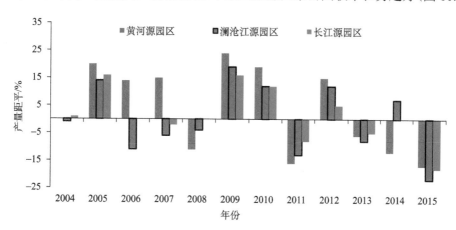

图 10.7　2004～2015 年三江源国家公园牧草长势年景变化

10.2.3　草地固碳能力

1. 长江源园区

2004～2015 年长江源园区草地固碳能力呈略增趋势。草地植被净初级生产力(NPP)年际波动在 572.9～775.9 g C/m^2，平均为 664.8 g C/m^2；土壤呼吸碳排放(SR)在 83.7～96.3 g C/m^2，平均碳排放量为 89.6 g C/m^2；净生态系统生产力(NEP)在 485.4～679.6 g C/m^2，平均净固碳量为 575.3 g C/m^2(图 10.8)。

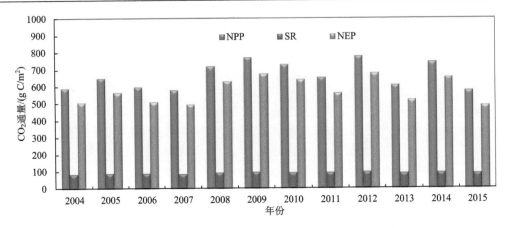

图 10.8　2004～2015 年长江源园区草地碳收支动态变化

2. 黄河源园区

2004～2015 年黄河源园区草地固碳能力总体呈略增趋势，但 2015 年由于降水偏少，草地固碳能力较前 11 年略低。NPP 年际波动在 713.4～929.4 g C/m^2，平均为 785.7 g C/m^2；SR 在 95.9～111.0 g C/m^2，平均碳排放量为 103.9 g C/m^2；NEP 在 613.8～819.1 g C/m^2，平均净固碳量为 681.84 g C/m^2（图 10.9）。

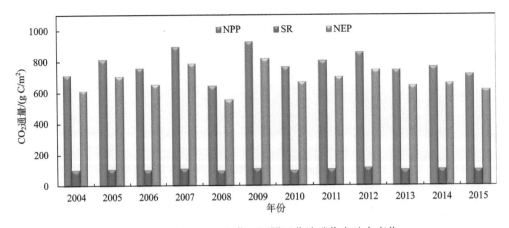

图 10.9　2004～2015 年黄河源园区草地碳收支动态变化

3. 澜沧江源园区

2004～2015 年澜沧江源园区草地固碳能力总体呈略增趋势，NPP 年际波动在 1056.8～1420.0 g C/m^2，平均为 1239.1 g C/m^2；SR 在 120.0～136.5 g C/m^2，平均碳排放量为 130.1 g C/m^2；NEP 在 936.4～1284.1 g C/m^2，平均净固碳量为 1109.0 g C/m^2（图 10.10）。

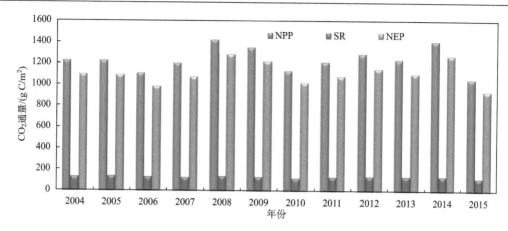

图 10.10　2004～2015 年澜沧江源园区草地碳收支动态变化

　　根据以上三江源园区草地碳收支情况可以得出,近 12 年来三江源国家公园草地固碳能力增强。

10.2.4　湖泊

　　2005～2015 年,三江源国家公园扎陵湖、鄂陵湖、可可西里湖、卓乃湖和库赛湖 5 个面积在 200 km² 以上的大型湖泊中,除卓乃湖因发生溃堤而面积大幅减小外,其余 4 个湖泊面积均呈增大趋势,且位于可可西里地区的可可西里湖和库赛湖湖泊面积呈显著增大趋势。2015 年湖泊面积与 2004～2014 年平均值相比,库赛湖增幅最大,达 46.07 km²;其次是可可西里湖,增加了 25.45 km²;扎陵湖增幅最小,增加了 3.62 km²(图 10.11)。

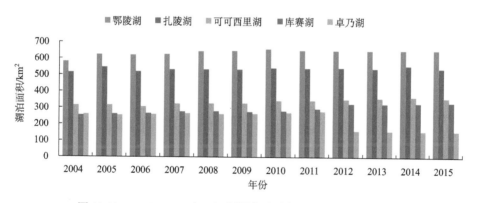

图 10.11　2004～2015 年三江源国家公园大型湖泊面积动态变化

10.2.5　河流

1. 长江源园区

　　1961～2015 年长江源园区年径流量总体呈上升趋势,年增速为 0.105 亿 m³,并于 2001 年出现了明显转折,由 1961～2002 年的下降趋势转变为 2002～2015 年的明显上升趋势,使得 2004~2015 年 12 年的径流量有 9 年大于近 55 年的年平均径流量(图 10.12)。

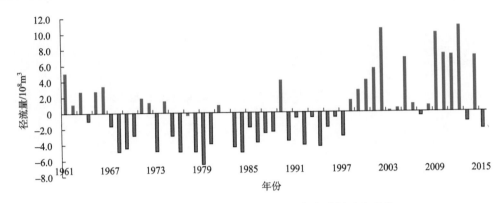

图 10.12　1961~2015 年长江源园区年径流量动态变化

2. 黄河源园区

1961~2015 年黄河源园区年径流量总体呈下降趋势,年降幅为 0.24 亿 m^3。黄河源园区年径流量在 1987 年发生了明显转折,1961~1986 年呈增加趋势,1987~2015 年以偏少为主,2004 年以来的 12 年间,年径流量偏少年数高达 8 年(图 10.13)。

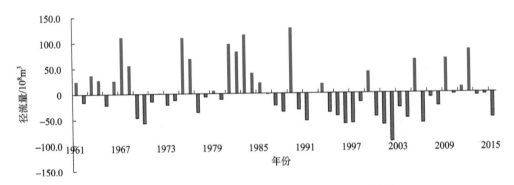

图 10.13　1961~2015 年黄河源园区年径流量动态变化

10.2.6　积雪

1. 积雪日数空间差异大

2004~2015 年三江源公园平均积雪日数分布具有明显的地域性差异,平均积雪日数在 20 天以上高值区主要集中在长江源园区西部、澜沧江源园区北部及黄河源园区北部;平均积雪日数在 10~20 天的区域主要分布在长江源—可可西里园区西部、澜沧江源园区北部及黄河源园区大部;平均积雪日数在 10 天以下的区域主要分布在长江源园区东部和澜沧江源园区中部。

2. 积雪面积总体减小

2004~2015 年三江源公园各园区年最大积雪面积变化总体上呈减少趋势，长江源园区、澜沧江源园区、黄河源园区分别每年以 1236 km²、551 km²、439 km² 减少。其中黄河源园区、澜沧江源园区积雪面积变化呈现较好的一致性，两者最大积雪面积总体上在 2004~2008 年呈现增加趋势，2008~2015 年呈现波动减少趋势；而长江源园区 2004~2007 年积雪面积变化较小，2007 年后总体呈现波动减少趋势，2013 年以后急剧下降（图 10.14）。

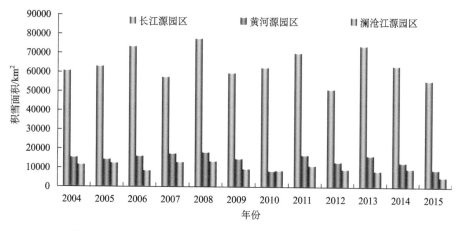

图 10.14　2004~2015 年三江源国家公园最大积雪面积时间变化

10.3　生态安全事件

10.3.1　荒漠化趋缓

2004~2015 年三江源国家公园荒漠化土地面积呈波动性下降趋势，生态趋于好转。其中，黄河源园区在 2010 年前荒漠化土地面积缓慢减少随后逐渐增加，除极重度荒漠化土地面积略有增大以外，其余等级荒漠化土地面积均减少，且以轻度荒漠化土地面积减幅最大；澜沧江源园区荒漠化土地面积呈缓慢减少趋势，2006~2009 年减少最明显，随后减幅趋缓，除轻度荒漠化土地面积有所增加外，其余等级荒漠化土地面积减少；长江源园区荒漠化土地面积呈减少趋势，2006~2009 年减少趋势最明显，随后略微增加，除中度荒漠化土地面积略微增加外，其余等级荒漠化土地面积均减少（图 10.15）。

截至 2015 年，黄河源园区荒漠化土地面积为 0.388 万 km²，占三江源国家公园荒漠化土地面积的 5.89%，以轻度荒漠化为主，其余程度面积相对较少；澜沧江源园区荒漠化土地面积为 0.147 万 km²，占三江源国家公园荒漠化土地面积的 2.23%，以轻度荒漠化土地面积分布最广，中度、重度、极重度荒漠化土地面积依次减少；长江源园区荒漠化土地面积为 6.052 万 km²，占三江源国家公园荒漠化土地面积的 91.88%，荒漠化程度以轻度为主，其次是中度（表 10.1）。

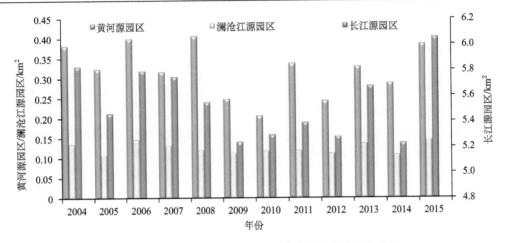

图 10.15　2004～2015 年三江源国家公园荒漠化面积变化

表 10.1　三江源国家公园荒漠化面积统计表　　　　（单位：万 km²）

荒漠化程度	三江源国家公园	长江源园区	黄河源园区	澜沧江源园区
轻度荒漠化	3.499	3.034	0.347	0.118
中度荒漠化	1.575	1.533	0.021	0.021
重度荒漠化	0.780	0.766	0.009	0.005
极重度荒漠化	0.733	0.719	0.011	0.003
合计	6.587	6.052	0.388	0.147

10.3.2　冻土退化

1. 冻土温度上升

2004～2015 年三江源国家公园冻土温度总体呈上升趋势，其中长江源园区变化最为明显，增幅达 0.8℃/10 a，2011 年之前冻土温度以 0℃ 以上为主，2011 年以后以 0℃ 以下为主，期间平均地温最高达到了 1.3℃，最低为–0.8℃；黄河源园区冻土温度呈增加趋势，增幅为 0.4℃/10 a，其中 2013 年以来地温略有下降；澜沧江源园区冻土温度变化趋势不明显，基本处于 5℃ 左右，变化幅度未超过 1℃（图 10.16）。

2. 最大冻土深度变化不显著

2004～2015 年三江源国家公园最大冻土深度的变化趋势不十分显著。黄河源园区最大冻土深度 2010 年达最低值，相对于平均值低 32 cm，其后呈逐年增加趋势，近 6 年增加了 53 cm；澜沧江源园区最大冻土深度基本接近 10 年平均值，其中 2006 年和 2009 年相对较低，低于 113 cm（图 10.17）。

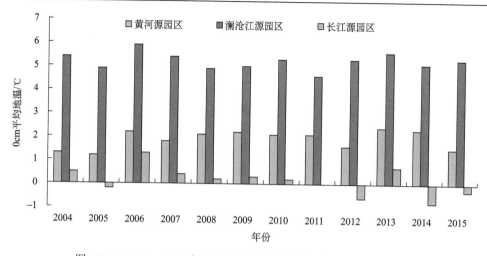

图 10.16　2004～2015 年三江源国家公园冻土温度(0 cm 地温)变化

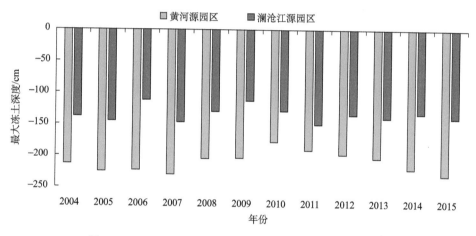

图 10.17　2004～2015 年三江源国家公园最大冻土深度变化

3. 卓乃湖水患

2011 年 8 月下旬长江源园区卓乃湖湖水出现外泄，9 月中旬溃堤湖水外泄造成湖体面积迅速减少，减少区域主要发生在湖泊的西部、南部和东部[图 10.18(a)]。卓乃湖决堤导致下游盐湖面积持续增大，2011 年 10 月～2014 年 7 月面积由 46.8 km² 增至 144.50 km²（图 10.18）。卓乃湖溃堤后，其西部、南部和东部湖岸线大幅退缩，湖岸附近土地大片沙化，同时洪水冲刷作用形成新河床，影响三江源地区藏羚羊前往卓乃湖南岸产仔的迁徙路径，高浓度盐分的盐湖面积扩大不仅使周边草地植被遭到侵蚀，而且威胁输油管线、青藏铁路和青藏公路的安全运行。

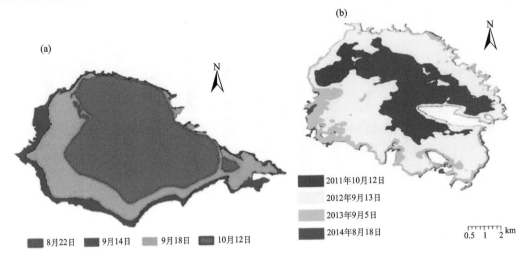

图 10.18　2011 年卓乃湖溃堤前后面积动态变化(a)及 2011～2014 年盐湖面积变化(b)遥感监测

10.3.3　生态气象灾害

1. 干旱

1)干旱空间分布

2004～2015 年三江源国家公园干旱发生的空间分布具有明显的区域性特征,干旱高发区主要集中在长江源园区大部、澜沧江源园区的中部和北部及黄河源园区北部。其中,长江源园区西部和中部、黄河源园区北部干旱年发生频次在 15 次以上;长江源园区东部、澜沧江源园区大部分干旱年发生频次为 2～10 次;黄河源园区南部干旱年发生频次低于 2 次(图 10.19)。

2)干旱时间变化

a. 干旱发生频次变化

2004～2015 年三江源国家公园干旱年发生频次除长江源园区变化较小外,澜沧江源园区、黄河源园区均呈总体减少趋势。其中,澜沧江源园区在 2009 年以前呈明显减少趋势,2010 年以后略有增多;黄河源园区虽在 2004～2008 年、2009～2015 年 2 个阶段呈略增趋势,但总体依然以减少趋势为主(图 10.20)。

b. 干旱发生面积变化

2004～2015 年三江源国家公园干旱发生面积呈总体减少趋势。其中,长江源园区干旱面积占公园总面积的 81%～84%,2007 年以前呈略增趋势,2007～2011 年干旱面积变化较小,2012 年后呈波动减少趋势;澜沧江源园区干旱面积变化趋势与长江源园区干旱面积变化趋势较为一致;黄河源园区干旱面积变化呈波动减少趋势,其中 2012～2013 年干旱面积减幅最大(图 10.21)。

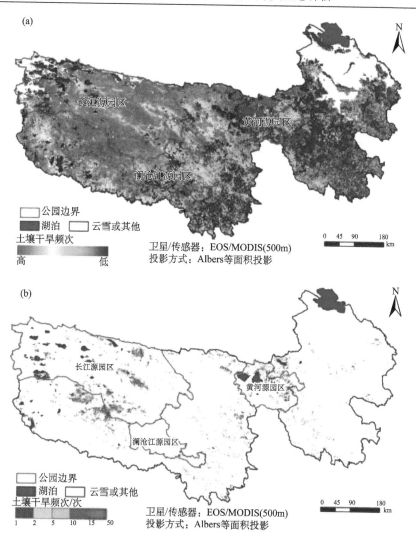

图 10.19　2004～2015 年三江源国家公园干旱发生频率空间分布(a)及年均干旱发生频次空间分布(b)

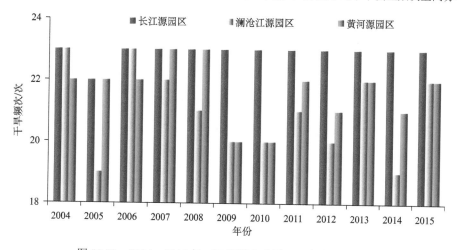

图 10.20　2004～2015 年三江源国家公园干旱发生频次变化

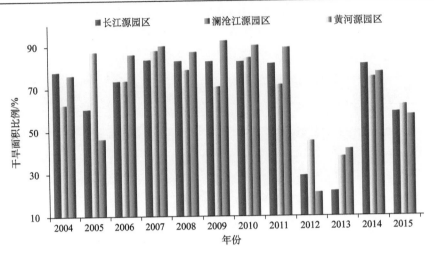

图 10.21　2004～2015 年三江源国家公园干旱面积比例变化

c. 典型干旱灾害

2006 年 7 月 9 日～8 月 7 日长江源园区出现连续高温干旱天气，高温干旱天气日数持续长达 16 天，导致中度土壤干旱发生，长江源园区 60% 的牧草提前黄枯，较上年减产 43.5%。根据 8 月上旬遥感监测资料，长江源—可可西里园区 71.1% 的区域发生干旱，治多县中部和曲麻莱县西部 0～20 cm 土壤重量含水率大部分为 5%～12%，达到中度干旱；澜沧江源园区 47.0% 的区域发生干旱，杂多县中部 0～20 cm 土壤重量含水率大部分在 12%～15%，达到轻度干旱；黄河源园区 10.5% 的区域发生干旱，玛多县北部 0～20 cm 土壤重量含水率大部分在 12%～15%，为轻度干旱（图 10.22）。

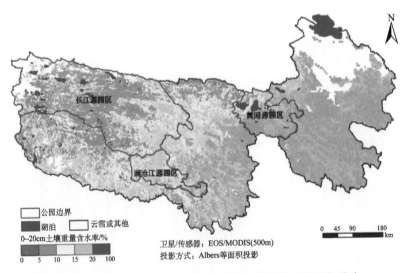

图 10.22　2006 年 8 月上旬三江源国家公园土壤水分空间分布

2. 雪灾

1）雪灾空间分布

2004～2015 年三江源国家公园雪灾空间分布具有明显的区域性特征，澜沧江源园区的东北部为雪灾高发区，长江源园区和黄河源园区雪灾发生频率较低。其中，长江源园区北部、澜沧江源园区东部达到雪灾标准的年平均频次在 5 次以上，澜沧江源园区北部年平均频次在 4 次左右，澜沧江源园区其余地区年平均频次为 1～3 次（图 10.23）。

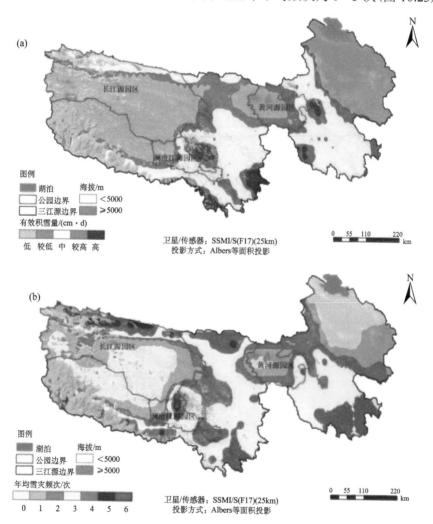

图 10.23　2004～2015 年三江源国家公园有效积雪量空间分布(a)及年均雪灾频次空间分布(b)

2）雪灾时间变化

a. 雪灾发生频次变化

2004～2015 年三江源国家公园雪灾频次变化为，长江源园区呈波动增加趋势，澜沧江源园区、黄河源园区均呈先减后增趋势。其中，长江源一可可西里园区于 2015 年达到峰值，澜沧江源园区、黄河源园区分别在 2005 年、2004 年出现峰值（图 10.24）。

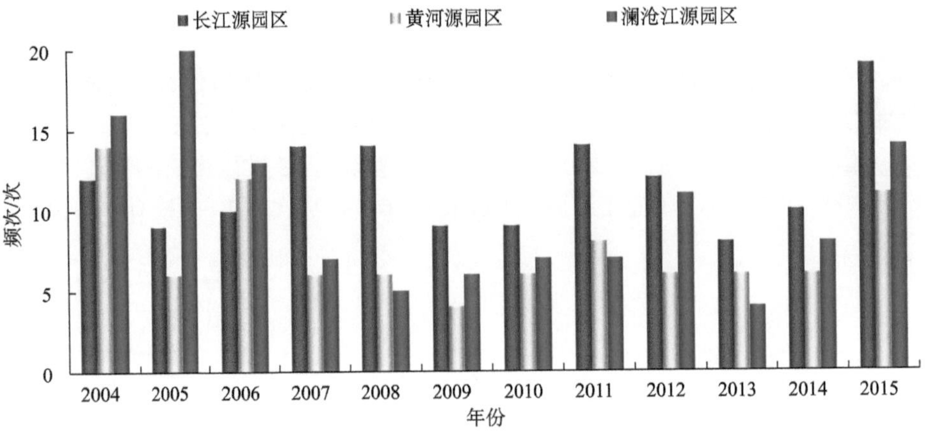

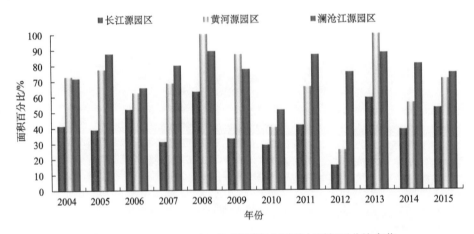

图 10.24 2004～2015 年三江源国家公园雪灾频次变化

b. 雪灾发生面积变化

2004～2015 年三江源国家公园雪灾面积变化为长江源园区和黄河源园区不甚明显，澜沧江源园区呈增加趋势。其中，长江源园区雪灾发生面积占公园总面积的 16%～63%，2008年以前呈略增趋势，2008～2012 年呈波动减少趋势；黄河源园区面积变化趋势与长江源园区面积变化趋势较为一致；澜沧江源园区面积变化较长江源园区面积变幅小（图 10.25）。

图 10.25 2004～2015 年三江源国家公园雪灾面积百分比变化

c. 典型雪灾

2012 年 1～3 月三江源国家公园出现多次降雪过程，造成积雪长时间、大范围维持，长江源—可可西里园区 33% 的区域、澜沧江源园区 61% 的区域、黄河源园区 65% 的区域达到雪灾标准（图 10.26）。其中，1 月 11～29 日玛多县 2～5 cm 的积雪日数为 19 天，牲畜死亡 2219 头（只）；1 月 3 日～3 月 10 日曲麻莱县降雪日数为 28 天，牲畜死亡 18385头（只）；3 月 7 日夜间～10 日杂多县出现了持续性降雪天气，牲畜死亡数为 1743 头（只）。

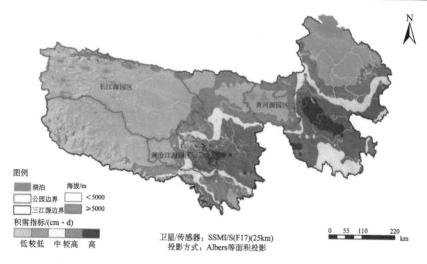

图 10.26　2012 年 1～3 月三江源国家公园有效积雪量空间分布

3. 草原火灾

1) 草原火灾时间变化

2004～2015 年三江源国家公园发生不同程度火灾共 7 次，从火灾发生的年际变化来看，2001 年、2004 年和 2013 年各发生 1 次，2014 年、2015 年各发生两次，可见近年来草原火灾呈多发趋势；从火灾发生年内变化来看，2 月 4 次，1 月、3 月、11 月各 1 次，表明冬半季三江源国家公园降水稀少且多大风，气候干燥，为草原火灾的高发时期。

2) 草原火灾空间变化

2004～2015 年黄河源园区共发生草原火灾 5 次，累计过火面积 2209.85 亩，造成经济损失 5.07 万元；澜沧江源园区发生草原火灾 2 次，累计过火面积 9680 亩，造成经济损失 0.68 万元；长江源园区未发生草原火灾（表 10.2）。

表 10.2　2004～2015 年三江源国家公园火情统计信息

	地点	时间/(年.月.日)	过火面积/亩	经济损失/万元
澜沧江源园区	杂多县阿多乡	2001.02.02	680	0.68
	杂多县莫云乡、查旦乡	2013.02.27	9000	—
黄河源园区	玛多县	2004.11.19	133.3	2
	玛多县黄河乡白玛纳村	2014.01.26	1.5	3.07
	玛多县玛查理镇坎木青村	2014.02.01	1855.05	—
	玛多县玛查理镇坎木青村	2015.02.16	70	—
	玛多县玛查理镇江多村	2015.03.08	150	—

注：数据来自草原防火办。

3) 典型草原火灾

2015 年 3 月 8 日，黄河源园区玛多县玛查理镇江多村发生草原火灾，利用高分辨卫星高分 1 号进行过火面积监测表明，过火面积约为 259.9 亩（图 10.27）。

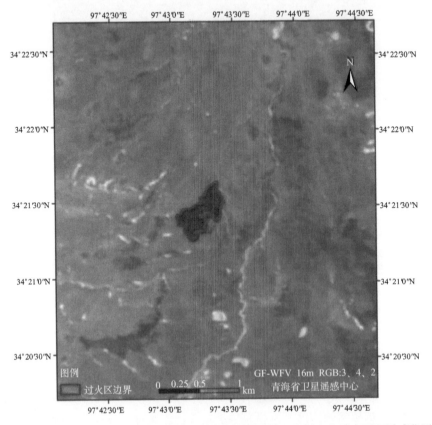

图 10.27　2015 年 3 月 8 日黄河源园区玛多县玛查理镇江多村火灾过火面积遥感监测

10.4　气候变化特征

10.4.1　年平均气温升高

1. 长江源园区气温升高

1961～2015 年长江源园区年平均气温呈升高趋势，升温率为 0.32℃/10a。其中，2004～2015 年园区年平均气温升高趋势更加显著，升温率达到 0.41℃/10a。其间，除 2008 年略低外，其余年份气温也高于气候平均值，尤其是 2006 年、2009 年、2010 年、2011 年、2015 年年平均气温偏高幅度均大于 1.0℃，表明长江源园区正处于 1961 年以来的最暖时期（图 10.28）。

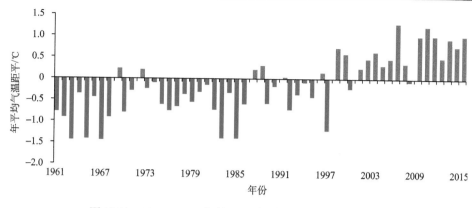

图 10.28　1961～2015 年长江源园区年平均气温距平变化图

2. 黄河源园区增温尤为显著

1961～2015 年黄河源园区年平均气温升高趋势尤为显著,升温率为 0.39℃/10a。其中,2004～2015 年黄河源园区年平均气温升高趋势减缓,升温率为 0.25℃/10a,但每年年平均气温均高于气候平均值,特别是 2006 年、2009 年、2010 年、2014 年、2015 年年平均气温偏高幅度均大于 1.0℃,表明 2004～2015 年黄河源园区同样处于 1961 年以来的最暖时期(图 10.29)。

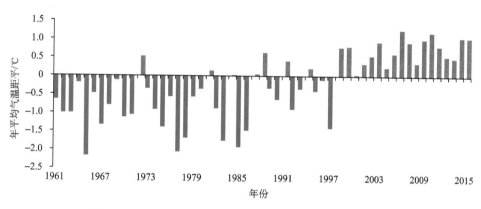

图 10.29　1961～2015 年黄河源园区年平均气温距平变化图

3. 澜沧江源园区年平均气温明显升高

1961～2015 年澜沧江源园区年平均气温呈明显升高趋势,升温率为 0.36℃/10a。其中,2004～2015 年澜沧江源园区年平均气温呈波动性下降趋势,降温率为 0.15℃/10a,增暖趋势明显趋缓,但年平均气温依然均高于气候平均值,表明澜沧江源园区处于 1961 年以来最温暖时期的基本态势仍在持续(图 10.30)。

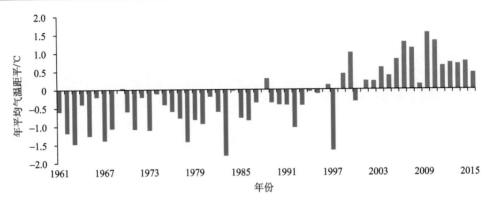

图 10.30　1961～2015 年澜沧江源园区年平均气温距平变化

10.4.2　年降水增多

1. 长江源园区年降水量明显增多

1961～2015 年长江源园区年降水量呈现增多的趋势，增幅为 19.4 mm/10a。长江源园区年降水量阶段性波动明显，其中 20 世纪 60～80 年代中期为少雨期，降水减幅约为 14.9 mm/10a；20 世纪 80 年中期至 21 世纪降水在大幅波动性中增加，进入多雨期，降水增幅达 32.1 mm/10a。其中，2004～2015 年长江源园区年降水量明显增加，增幅为 33.7 mm/10a，进入 1961 年以来气候显著偏湿阶段(图 10.31)。

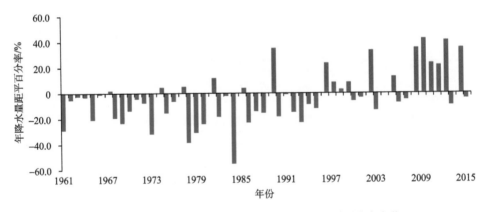

图 10.31　1961～2015 年长江源园区年降水量距平百分率变化

2. 黄河源园区年降水量增多

1961～2015 年，黄河源园区年降水量呈现增多的趋势，增幅为 13.2 mm/10 a。55 年间黄河源园区年降水量偏少年份为 38 年，偏多年份仅为 17 年，偏少年份明显多于偏多年份。其中，2004～2015 年黄河源园区年降水量呈波动性减少趋势，减幅为 22.7 mm/10a，但降水量偏多、偏少年份相当，均为 6 年(图 10.32)。

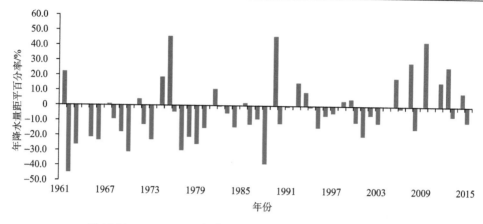

图 10.32　1961～2015 年黄河源园区年降水量距平百分率变化

3. 澜沧江源园区年降水量微弱增多

1961～2015 年澜沧江源园区年降水量呈现微弱增多的趋势，增幅仅为 5.6 mm/10a。20 世纪 60～70 年代末期为少雨期，此期间降水减幅约为 13.0 mm/10a；20 世纪 80 年代初期开始至 90 年代末降水呈大幅度波动性减少趋势，减幅达到 33.2 mm/10a；21 世纪初以后属于多雨期，降水增多幅度达到 39.9 mm/10a。其中，2004～2015 年澜沧江源园区年降水量增多趋势明显，增幅为 18.9 mm/10a（图 10.33）。

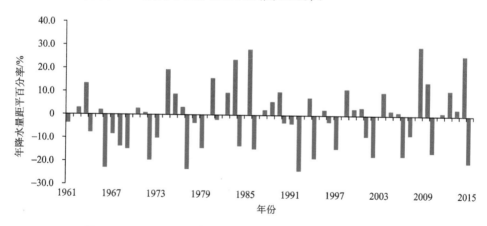

图 10.33　1961～2015 年澜沧江源园区年降水量距平百分率变化

10.4.3　年日照时数微弱增加

1. 长江源园区年日照时数微弱增加

1961～2015 年长江源园区年日照时数呈少量增加的趋势，增幅为 15.6 g/10a。长江源园区 20 世纪 60～90 年代末期明显增加，增幅约为 39.9 h/10a；21 世纪以来波动性减少，其减幅约为 11.4 h/10a。其中，2004～2015 年长江源园区年日照时数呈明显增加趋势,增幅为 62.6 h/10a,日照时数偏多、偏少的年份都为 6 年(图 10.34)。

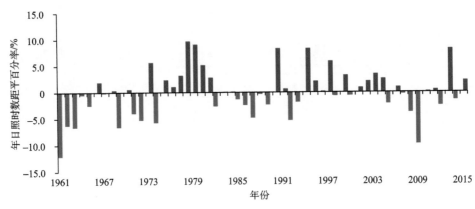

图 10.34　1961~2015 年长江源园区年日照时数距平百分率变化

2. 黄河源园区年日照时数增加

1961~2015 年黄河源园区年日照时数呈增加趋势,增幅为 27.5 h/10a。20 世纪 60~90 年代末期黄河源园区年日照时数明显增多,进入 21 世纪以来呈现波动性减少趋势。其中,2004~2015 年黄河源园区年日照时数增加明显,增幅达 62.5 h/10a,此期间年日照时数偏多、偏少年数都为 6 年(图 10.35)。

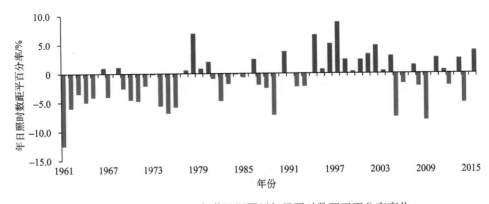

图 10.35　1961~2015 年黄河源园区年日照时数距平百分率变化

3. 澜沧江源园区年日照时数减少

1961~2015 年澜沧江源园区年日照时数呈减少趋势,减幅为 17.5 h/10a。澜沧江源园区年日照时数 20 世纪 60~70 年代末期明显偏少,20 世纪 80 年代初~90 年代末期明显增加,进入 21 世纪以来以偏少为主。其中,2004~2015 年澜沧江源园区年日照时数呈增加趋势,增幅为 126.0 h/10a,此期间年日照时数仅有 4 年偏多,其余 8 年偏少(图 10.36)。

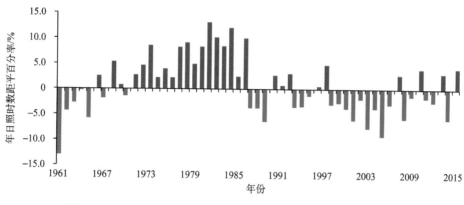

图 10.36　1961～2015 年澜沧江源园区年日照时数距平百分率变化

10.4.4　年平均风速降低

1. 长江源园区年平均风速降低

1961～2015 年长江源园区年平均风速呈微弱降低趋势，降低速率为 0.07 m/(s·10a)。长江源园区风速阶段性变化非常明显，20 世纪 60 代初期至 1968 年，年平均风速明显偏低，1969 年至 20 世纪 90 年代末期年平均风速明显偏高；21 世纪以来年平均风速总体呈偏低态势。其中，2004～2015 年长江源园区年平均风速处于 1961 年以来明显偏低阶段，偏低年数达 10 年，偏高年数仅为 2 年(图 10.37)。

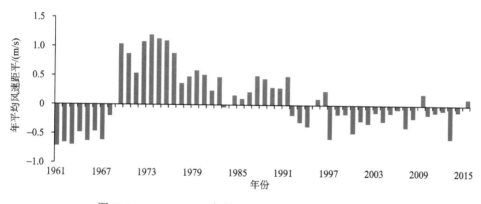

图 10.37　1961～2015 年长江源园区年平均风速距平变化

2. 黄河源园区年平均风速微弱降低

1961～2015 年黄河源园区年平均风速呈微弱降低趋势，降速为 0.01 m/(s·10a)。黄河源园区年平均风速具有非常明显的阶段性变化特征，20 世纪 60 年代初至 1968 年，年平均风速明显偏低，1969 年～20 世纪 80 年代末期年平均风速偏大，20 世纪 90 年代初至 21 世纪初年平均风速再次进入偏低阶段。其中，2004～2015 年黄河源园区年平均风速呈降低趋势，减幅为 0.28 m/(s·10a) (图 10.38)。

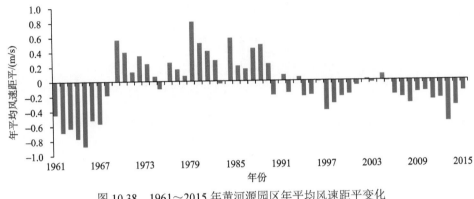

图 10.38　1961～2015 年黄河源园区年平均风速距平变化

3. 澜沧江源园区年平均风速降低

1961～2015 年澜沧江源园区年平均风速呈降低趋势,降低幅度为 0.10 m/(s·10a)。澜沧江源园区年平均风速同样具有明显的阶段性变化特征,20 世纪 60 年代初至 1968 年明显偏大,1969 年～20 世纪 80 年代末风速偏低明显,20 世纪 90 年代初至 21 世纪初呈增加趋势。其中,2004～2015 年澜沧江源园区年平均风速呈增大趋势,增幅为 0.03 m/(s·10a)(图 10.39)。

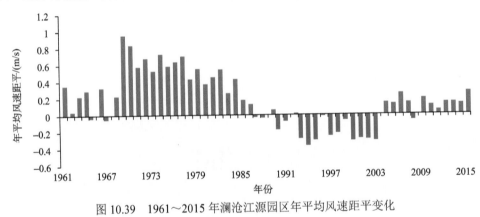

图 10.39　1961～2015 年澜沧江源园区年平均风速距平变化

10.5　未来气候变化及其对生态的可能影响

10.5.1　未来 50 年气候变化趋势

利用联合国政府间气候变化专门委员会(Intergovernmental Panel on Climate Change, IPCC)第五次评估报告(AR5)所发布的未来气候变化情景资料,预估在中等排放情景(RCP4.5)下未来 50 年三江源国家公园气温和降水的变化趋势。

1. 气温可能持续增高

a. 长江源园区

2016～2066 年长江源园区气候可能持续变暖。其中,2016～2026 年平均气温显著升高,增温率为 0.32℃/10a;2016～2046 年年平均气温升高尤为明显,增温率为 0.36℃/10a,未来 2016～2066 年年平均气温升高略有趋缓,增温率为 0.31℃/10a(图 10.40)。

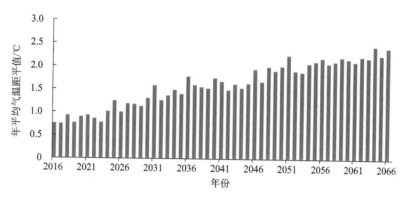

图 10.40　2016～2066 年长江源园区年平均气温距平变化

b. 黄河源园区

2016～2066 年黄河源园区气候可能同样持续变暖。其中,2016～2026 年年平均气温增加趋势相对平缓,增温率为 0.21℃/10a;2016～2046 年,增温趋势十分显著,增温率为 0.36℃/10a,是 2016～2066 年增温趋势最显著的阶段;2016～2066 年,增温幅度较高,增温率为 0.33℃/10a(图 10.41)。

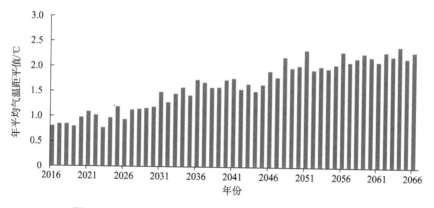

图 10.41　2016～2066 年黄河源园区年平均气温距平变化

c. 澜沧江源园区

2016～2066 年澜沧江源园区气候变暖趋势显著。其中,2016～2026 年,年平均气温增加趋势平缓,增温率为 0.24℃/10a;2016～2046 年,增温趋势显著,增温率为 0.36℃/10a,是 2016～2066 年增温幅度最高的阶段;2016～2066 年,增温幅度略有趋缓,增温率为 0.34℃/10a(图 10.42)。

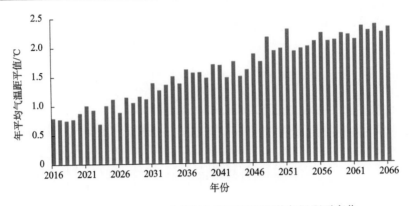

图 10.42　2016～2066 年澜沧江源园区年平均气温距平变化

2. 降水量可能总体增加

a. 长江源园区

2016～2066 年长江源园区气候可能总体变湿。2016～2026 年，年降水量呈缓慢增加趋势，增加率为 19.4 mm/10a，较 1971～2000 年平均值增加 1.06%；2016～2046 年，年降水量增加趋势更加明显，增加率为 28.3 mm/10a，较 1971～2000 年平均值增加 4.66%；2016～2066 年，年降水量依然增加，增加率为 13.6 mm/10a，较 1971～2000 年平均值增加 5.66%（图 10.43）。

b. 黄河源园区

2016～2066 年黄河源园区年降水量变化趋势可能先减后增。其中，2016～2026 年，年降水量变化平缓，变率为 1.3 mm/10a，较 1971～2000 年平均值减少 0.72%；2016～2046 年，年降水量增加趋势明显，变率为 28.3 mm/10a，较 1971～2000 年平均值增加 4.66%；2016～2066 年，年降水量仍保持增加趋势，变率为 16.9 mm/10a，较 1971～2000 年平均值增加 1.65%（图 10.44）。

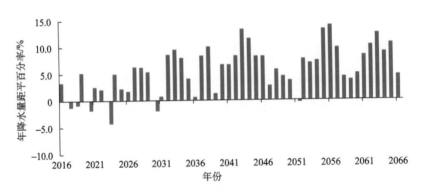

图 10.43　2016～2066 年长江源园区年降水量距平百分率变化

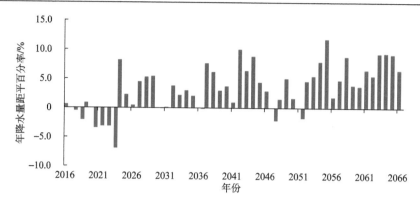

图 10.44　2016～2066 年黄河源园区年降水量距平百分率变化

c. 澜沧江源园区

2016～2066 年澜沧江源园区年降水量变化趋势不明显。其中，2016～2026 年，年降水量略有下降，变率为 3.5 mm/10a，较 1971～2000 年平均值增加 0.2%；2016～2046 年，年降水量增加趋势明显，变率为 26.5 mm/10a，较 1971～2000 年平均值增加 2.71%；2016～2066 年，年降水量增加趋势趋缓，变率为 13.5 mm/10a，较 1971～2000 年平均值增加 1.6%（图 10.45）。

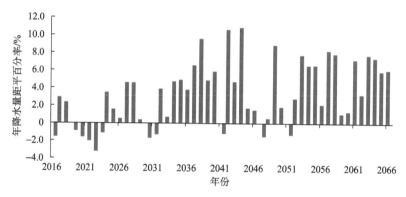

图 10.45　2016～2066 年澜沧江源园区年降水量距平百分率变化

10.5.2　对生态的可能影响

1. 对植被的影响

2016～2066 年气候变暖背景下，三江源国家公园植被覆盖度可能趋于增加，植被初级生产力可能明显提高，草地和森林面积有所增加，低覆盖度的植被分布区域不断减少。生态结构可能发生明显变化，湿地生态系统面积有所扩张。

2. 对水资源的影响

2016～2066 年气候变暖对三江源国家公园的影响可能进一步加剧，积雪、冰川面积进一步缩小；长江源园区年平均径流量有所增加，但长期呈减少趋势，峰值流量可能增大，极端洪水将增加，枯水期径流有一定上升，但总体上呈减少趋势；黄河源园区年平均径流量呈平缓增加态势，增加幅度随着时间推移逐渐减小，长期呈下降趋势；长江源园区青藏公路沿线冻土极稳定带、稳定带及亚稳定带分布面积均呈减少态势，分布界线向更高的海拔迁移。

3. 对生态系统安全事件及生态气象灾害的可能影响

2016～2066 年三江源国家公园发生干旱、雪灾、暴雨洪涝的强度可能会有所增大，频次可能增多，带来的不利影响和损害可能增大；受干旱加剧的影响，森林、草原火险等级可能趋高；气温升高、冰川消融加剧等环境要素的变化，可能导致冰崩、湖泊决堤、水库险情等生态安全事件增多。

10.6　三江源生态系统碳收支状况

10.6.1　植被 NPP 的变化趋势

位于中纬度西风带的青海三江源区，是亚洲季风气候变化的敏感区，近年来气候的不断变化对区域内植被 NPP 产生了一定的影响（图 10.46）。从图 10.46 中可以看出，1961～2010 年三江源区植被 NPP 在波动中呈上升趋势，每 10 年增加 16.52 g C/m^2。从 2005 年开始，植被 NPP 趋于稳定，且一直保持在较高值。三江源区 50 年植被 NPP 平均值为 579.170 g C/m^2，三江源区东部及玉树部分地区植被 NPP 较高，而三江源区西部和高海拔地区由于气候异常寒冷，植物生长发育慢，植被 NPP 较低。

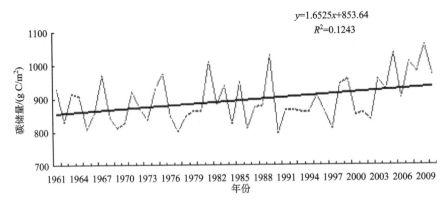

图 10.46　1961～2010 年三江源地区植被 NPP 变化趋势

10.6.2　SR 变化趋势

气候变化，尤其是气温升高可使土壤中微生物活动加强，刺激微生物分解，从而增加土壤向大气的碳输出量。1961～2010 年三江源地区 SR 呈增加趋势（图 10.47），增加趋势为 2.61 g/(m^2·10a)。1961～1988 年变化较为平稳，1989～2004 年变幅较大，从 2005 年开始变化幅度减小，且保持在较高值。1961～2010 年三江源地区平均 SR 为 108.258 g/m^2，三江源地区东部、玉树部分地区 SR 较高, 而治多、小唐古拉山等地 SR 较低。值得一提的是, 目前国内外 SR 统计方法较多, 且相互之间差异较大, 本节统计结果也仅供参考。

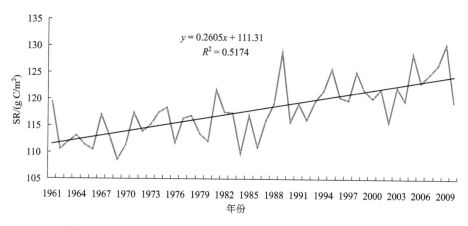

图 10.47　1961～2010 年三江源地区土壤呼吸碳排放量变化趋势图

10.6.3　NEP 变化趋势

NEP 是生态区内植被净初级生产力与土壤微生物呼吸碳排放之间的差额, NEP 是区域碳平衡估算的重要指标, 如果 NEP 为正, 说明植被固定的碳多于土壤排放碳, 表现为碳汇, 如果其值为负, 则土壤排放碳多于植被的碳固定量, 起到碳源的作用。1961～2010 年三江源地区 NEP 变化与植被 NPP 变化相同(图 10.48), 呈增加趋势, 每 10 年增加 13.92 g/m^2 C, 近几年来, 三江源地区 NEP 呈明显增多趋势, 且一直保持在较高水平。从 1961～2010 年平均 NEP 来看, 三江源地区是一个较大的碳汇区, 平均固碳量约为 471.056 g/m^2, 年平均固碳总量约合 1.5 亿 t。但各地固碳能力不同, 三江源地区东部及玉树藏族自治州等地草地生态系统以固碳为主, 是碳汇区, 而五道梁、沱沱河、治多及区内高海拔地区草地生态系统以碳排放为主, 是碳源区。

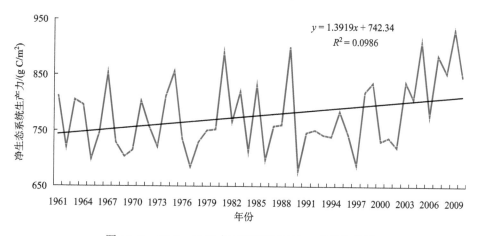

图 10.48　1961～2010 年三江源地区 NEP 变化趋势图

10.7 对 策 建 议

1. 建立三江源国家公园生态气象服务中心

建立三江源国家公园生态气象服务中心，下设长江源园区生态气象服务分中心、黄河源园区生态气象服务分中心和澜沧江源园区生态气象服务分中心，分别挂靠青海省气象科学研究所(青海省卫星遥感中心、青海省生态环境监测中心)，以及治多县气象局、玛多县气象局和杂多县气象局，对口三江源国家公园管理局、长江源园区管理委员会、黄河源园区管理委员会和澜沧江源园区管理委员会，具体承担生态气象服务任务，围绕各园区不同功能分区对生态气象服务的不同需求，全方位开展生态工程建设、生态畜牧业发展、生态防灾减灾和生态适应气候变化气象保障服务任务。

2. 完善生态监测评估预警体系

结合不同园区生态功能定位，调整和完善生态气象地面监测站网，建立高分卫星、资源卫星、气象卫星等多源卫星资料地面接收站，开展无人机航拍技术应用，建设三江源国家公园地基、空基、天基一体化生态监测体系，制定《草地遥感监测评估方法》《积雪遥感监测评估方法》《水体遥感监测评估方法》等地方标准，规范生态遥感监测技术，建立集约化、智慧型生态气象监测评估预警一体化平台，实现生态数据处理、技术支撑、产品制作、信息发布等功能的全程自动化，开展生态要素、生态安全事件和生态气象灾害的规范化监测、精细化评估和精准化预警，不断提升气象部门服务于国家公园生态文明建设的服务能力。

3. 联合开展多学科技术攻关

充分发挥青海省遥感学会等学会组织在学术交流、技术合作领域的引领作用，加强与国内外生态、遥感、气候变化等研究领域科研机构的开放合作和协同创新，大力开展高寒生态监测实验研究、生态防灾减灾适用技术实验示范，科学评估生态保护与修复的生态效应与气候效应；深入探究生态演变与气候变化相互作用的机制和反馈效应，开发气候变化对生态系统影响的定量评估技术；系统开展草地、积雪、湖泊等典型生态要素多源遥感数据开发，建立标准化、均一性的三江源国家公园生态遥感数据集；开展气候变化下生态气象灾害风险评估与精细化区划，强化对气候变化生态迭代风险管理的技术支撑。

4. 将气象公园纳入三江源国家公园建设

针对三江源是我国天气气候上游、东亚地区气候变化敏感区的客观实际，借鉴国家森林公园、国家地质公园等的建设理念，在三江源国家公园不同园区选取气象景观典型、气象过程复杂多变、自然景观优美的地域设立气象公园，并将其作为生态体验和自然教育的重要内容，一并纳入国家公园建设，使高原访客在游憩体验中深切感受气象万千的变化景观，接受丰富有趣的气象科普教育，自觉地增强气象防灾减灾和适应气候变化的意识，进而丰富三江源国家公园的科学内涵，提升高原生态旅游的品牌价值，更好地促进人与自然的和谐共处，实现生态保护与气象科普的有机融合与协同发展。